面向高等职业院校基于工作过程项目式系列教材
企业级卓越人才培养解决方案规划教材

三维动画制作任务式教程
——MAYA 从入门到精通

天津滨海迅腾科技集团有限公司　编著

图书在版编目(CIP)数据

三维动画制作任务式教程：MAYA从入门到精通 / 天津滨海迅腾科技集团有限公司编著. -- 天津：天津大学出版社, 2021.7（2023.3重印）

面向高等职业院校基于工作过程项目式系列教材　企业级卓越人才培养解决方案规划教材

ISBN 978-7-5618-6997-0

Ⅰ. ①三…　Ⅱ. ①天…　Ⅲ. ①三维动画软件－高等职业教育－教材　Ⅳ. ①TP391.414

中国版本图书馆CIP数据核字(2021)第144679号

SANWEI DONGHUA ZHIZUO RENWUSHI JIAOCHENG—MAYA CONG RUMEN DAO JINGTONG

出版发行	天津大学出版社
地　　址	天津市卫津路92号天津大学内(邮编:300072)
电　　话	发行部:022-27403647
网　　址	www.tjupress.com.cn
印　　刷	廊坊市海涛印刷有限公司
经　　销	全国各地新华书店
开　　本	185 mm×260 mm
印　　张	16
字　　数	399千
版　　次	2021年7月第1版
印　　次	2023年3月第2次
定　　价	59.00元

面向高等职业院校基于工作过程项目式系列教材
企业级卓越人才培养解决方案规划教材
指导专家

基于工作过程项目式教程
《三维动画制作任务式教程：MAYA 从入门到精通》

主　编　苗　鹏　楚书来

副主编　顾　芸　陈军章　葛洪央　郭慧云
　　　　　张曼莉　张朝红

前　言

Autodesk 公司出品的 MAYA 是一款功能强大、应用广泛、世界顶级的三维动画软件，常用于影视广告、角色动画、电影特技等创作，MAYA 不仅包含三维效果制作的功能，而且还集结了最先进的动力学、布料模拟、毛发渲染和运动匹配技术。如今 MAYA 已成为众多喜爱三维制作、影视特效人士不可缺少的工作工具。

本书为零基础读者量身定制，深入浅出地对 MAYA 的各项操作功能进行了详细的讲解，以“企业级项目”为背景，在知识点中穿插大量实际应用的企业级项目实训案例，开展基于工作过程（含系统化）的案例教学模式。项目案例覆盖多种类型、多种解决方案，可轻松应对三维领域效果的各种需求。

本书主要内容模块包括：第一章模型篇，主要介绍 MAYA 基础知识与建模方法，使读者掌握三维制作的基本概念，了解其制作方法与实际应用领域。通过本章的学习，大家可以熟悉软件的操作方法及主流建模的工作流程；第二章材质篇，主要介绍材质效果的制作。除了掌握调节材质球中的属性，如颜色、透明度、反射率等，还要对灯光、贴图、UV 等元素学习掌握；第三章动画篇，主要介绍关键帧动画与制作方法。“动画”顾名思义，是与运动不可分离的，动画的本质其实就是“运动”。在 MAYA 中包含了一套强大的动画系统，可以制作出任何想象得到的动画效果，通过本章的学习，大家可以掌握骨骼与关键帧动画的制作，为后续的学习建立良好基础；第四章特效篇，主要介绍粒子特效效果的应用方法，粒子是一个十分特殊、抽象的概念，多用于模拟自然界中的云、雨、水等，有流动性和随机性的自然现象，或是由大量细小元素合在一起形成的现象，这些效果可以应用在图像、视频上，粒子既可以通过关键帧动画来实现，也可以通过动力学来实现。

本书的主要特点是系统讲解了 MAYA 的技术操作与使用技巧，同时通过多个企业级项目案例对知识进行串联，使读者在实际项目操作中迅速提升对软件的操控能力，从而丰富制作经验。本书知识点明确，涉及内容全面，语言通俗易懂，有利于教学和自学，是不可多得的优秀教材。

本书由苗鹏、楚书来共同担任主编，顾芸、陈军章、葛洪央、郭慧云、张曼莉、张朝红担任副主编。第一章由苗鹏、楚书来编写；第二章由顾芸、陈军章编写；第三章由葛洪央、郭慧云编写；第四章由张曼莉、张朝红编写。

本书的主旨是使读者从入门到熟练操作软件各种功能，再到自如运用到各个案例之中，通过基于工作过程（含系统化）的“企业级”系列实战项目贯穿全文知识点，使读者在实际项目操作中轻松、快速地学习并熟练运用 MAYA 软件，制作出符合企业标准的三维效果作品。

天津滨海迅腾科技集团有限公司

2021 年 4 月

目　录

模型篇

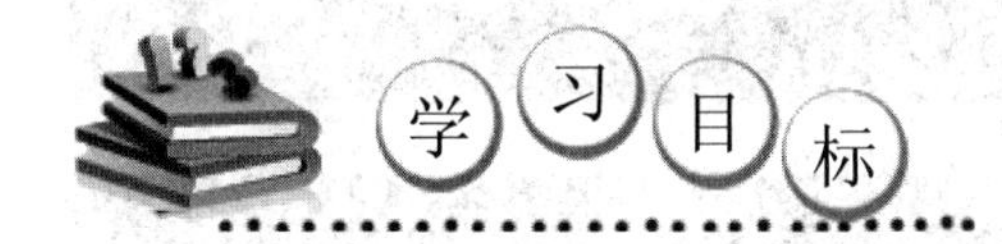

通过学习三维软件的基础操作与模型制作的相关知识，了解 MAYA 等相关软件的使用方法、制作思路与注意问题。在任务实现过程中：

- 了解 MAYA 的基本设置；
- 掌握多边形模型的制作方法；
- 掌握曲面模型的制作方法。

【情境导入】

随着科技的发展，三维软件也在不断地更新换代。作为三维软件元老之一的“AUTODESK MAYA”依然能够作为主流三维软件屹立在三维世界中，其实力可见一斑。无论是从多边形、曲面、细分建模到材质与渲染，还是从骨骼、动画到动力学、粒子系统以及后期合成等方面，“MAYA”的制作效果都是顶级的、一流的、不可替代的。特别是在影视动画（如《功夫熊猫》《冰河世纪》《指环王》《蜘蛛人》《黑客帝国》《侏罗纪公园》）等大的制作项目中，“AUTODESK MAYA”可以说是当仁不让。“AUTODESK MAYA”获得了美国电影艺术和科学学院（奥斯卡奖项主办方）颁发的奥斯卡科学与技术发展成就奖。其强大的功能受到了广告设计、游戏开发、视觉设计、网站建设等行业人员的青睐。其建模效果如图 1-0-1 所示。

1-0-1　建模效果（组图）

1.1　MAYA 的基本介绍

1.1.1　MAYA 概述

科学技术发展到今时今日，三维图像设计技术已经完全融入我们的生活之中。无论是图案设计、电商广告、传统媒体或是新兴媒体，无一例外地都使用三维技术来展现产品。而 MAYA 从众多三维软件中脱颖而出，是世界上使用最广泛的一款三维制作软件。MAYA 技术运用到平面设计之中，增加了产品的视觉效果，也开阔了设计师的设计视野，让很多以前不可能实现的效果，能够更准确、真实、不受限制地表现出来。MAYA 在视觉特效方面的运用也趋于成熟、完美。好莱坞电影的视觉效果有目共睹，其背后的制作也多依赖于 MAYA 技术的运用。可以说，三维软件 MAYA 是一款顶级的三维动画软件，拥有最先进的建模、材质选择、动画制作、布料模拟、毛发渲染等技术，可以满足多个行业的工作要求。

自 1998 年 MAYA 问世以来，其始终处在三维制作领域的领先地位。著名的电影特效制作公司—— 工业光学魔术公司将其作为主要的制作软件进行大量采购。MAYA 示意图如图 1-1-1 和图 1-1-2 所示。

图 1-1-1 MAYA 示意图(1)

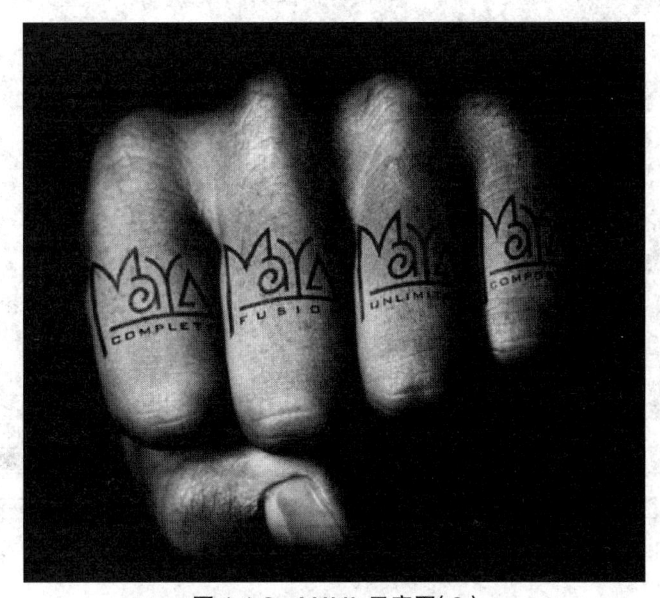

图 1-1-2 MAYA 示意图(2)

1999 年 MAYA 软件被移植到 Windows 系统平台上，工业光学魔术公司使用 MAYA 制作技术参与制作了《木乃伊》《星球大战》等影片。

2000 年推出多平台进行渲染，同时 MAYA 软件可以在多个系统平台上操作使用。

2001 年 MAYA 软件作为唯一的三维制作软件制作了全三维电影《最终幻想》和电影《指环王》，任天堂公司使用 MAYA 软件制作了游戏《星际战争 2》。

2003 年发布的 MAYA 5.0 版本获得美国电影艺术与科学学院奖评选委员会授予的奥斯卡科学与技术发展成就奖。

2005 年发布的 MAYA 8.0 版本便是现在 MAYA 版本的雏形。随着时间的推移，MAYA 不但未像其他软件那样沉寂下去，反而历久弥坚，成为三维制作软件的中流砥柱，向世人提供了越来越多的优秀三维作品。

1.1.2 MAYA 的界面与基本操作

在启动 MAYA 后将进入工作界面。工作界面由菜单栏、状态栏、工具架、工具箱、时间滑块、范围滑块、命令栏、帮助栏、通道盒 / 层编辑器、属性编辑器等部分组成（图 1-1-3）。当版本中出现新功能时，新功能便会在界面中以高亮绿色显示出来（图 1-1-4）。

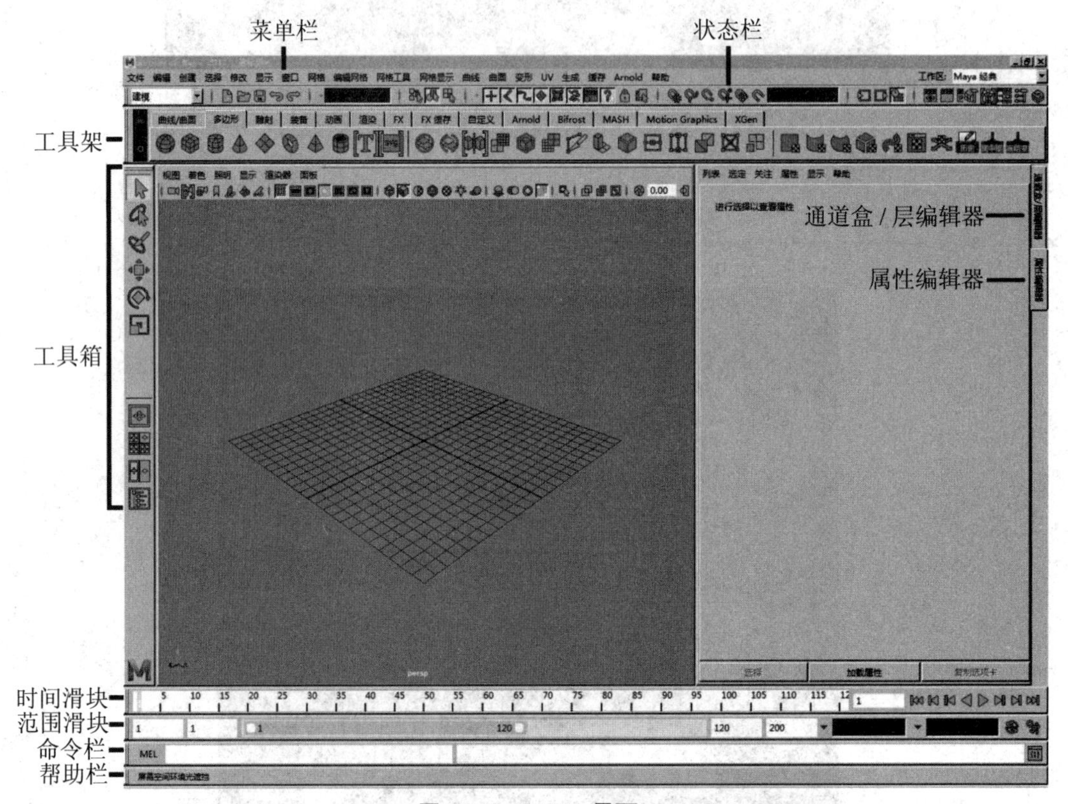

图 1-1-3　MAYA 界面

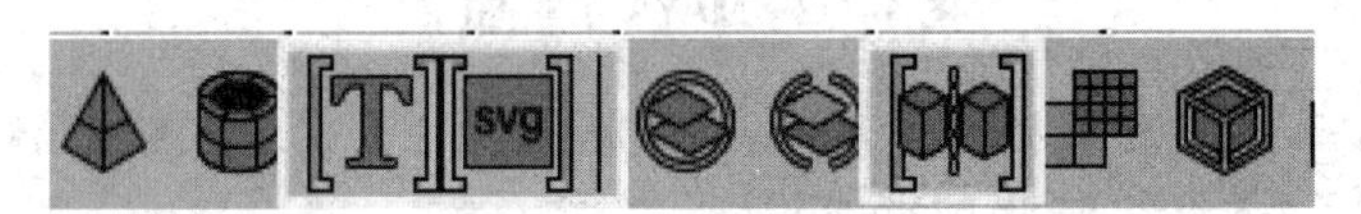

图 1-1-4　新功能显示

1. 菜单栏

菜单栏包含了 MAYA 所有的命令和工具，除了文件、编辑、创建、选择、修改、显示、窗口、缓存、Arnold、帮助等公共菜单命令外，其他的菜单命令都属于不同模式的专属命令（图 1-1-5）。

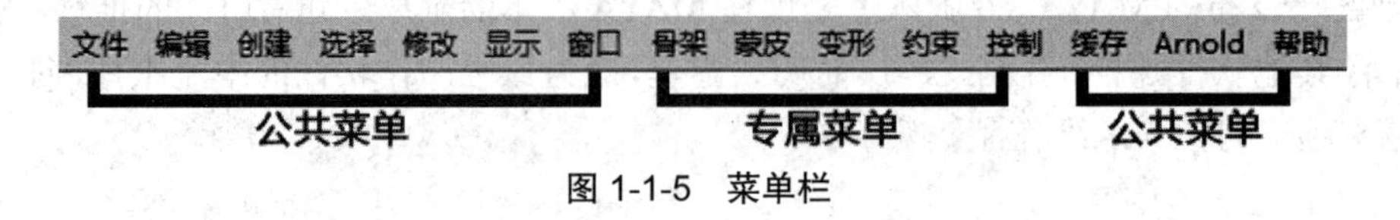

图 1-1-5　菜单栏

2. 状态栏

状态栏包含一些常用的操作与选择按钮，如模式选择、渲染设置、历史开关等，零散且繁多（由于篇幅有限就不一一介绍了，待到案例中涉及时再作详细讲解。需要注意状态栏中

建模
装备
动画
FX

可以选择 MAYA 的工作模块 渲染 ）（图 1-1-6）。

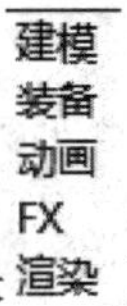

装备

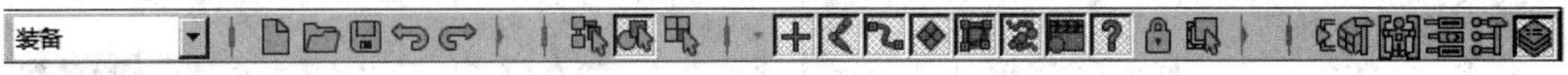

图 1-1-6　状态栏

3. 工具架

工具架分上下两部分，上层是标签栏，每个标签都与一个模式相对应；下层是工具栏，将常用命令以图标的形式显示出来，方便大家快速准确地进行选择（在 MAYA 中当频繁使用某一个命令时，按“Shift+Ctrl”键，再点击此命令，就可以将其放置在“工具架”之中，方便选择使用）（图 1-1-7）。

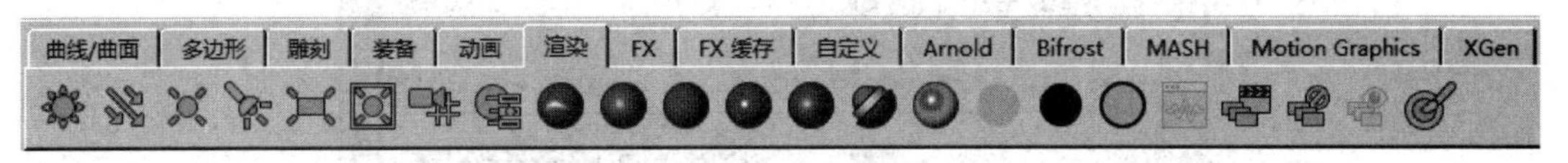

图 1-1-7　工具架

4. 工具箱

工具箱包含了选择、平移、旋转、缩放等常用工具与视图的不同布局显示（具体使用方法将在后续章节中进行讲解）（图 1-1-8）。

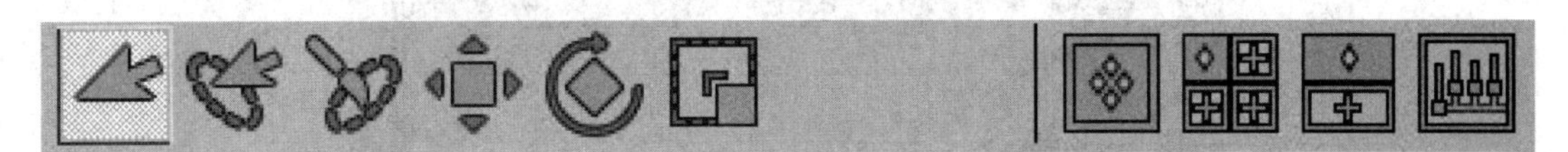

图 1-1-8　工具箱

5. 通道盒 / 层编辑器

通道盒 / 层编辑器是可以对物体基本属性进行快捷编辑的工具，也可以进行显示层和动画层的创建与编辑，便于三维项目的制作（图 1-1-9）。

6. 属性编辑器

属性编辑器可以展现出物体完整的节点属性，便于制作与查询（图 1-1-10）。

7. 时间滑块

时间滑块主要用于进行动画关键帧的记录、调节与编辑，设置动画的播放等操作（图 1-1-11）。

8. 范围滑块

范围滑块用于设置动画的时间范围、手动设置与自动设置关键帧的变换、动画层与首选项的编辑（图 1-1-12）。

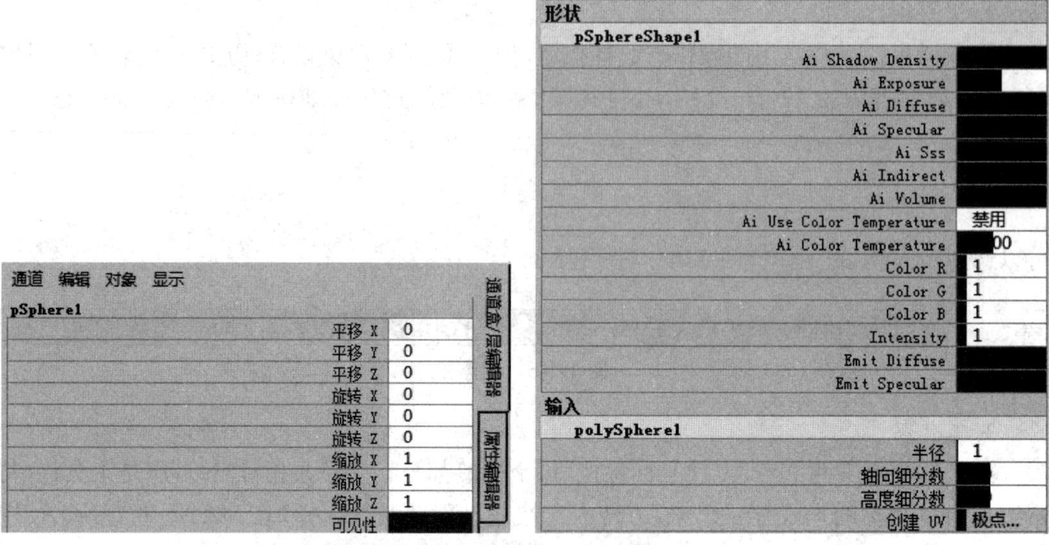

图 1-1-9 通道盒 / 层编辑器

图 1-1-10 属性编辑器

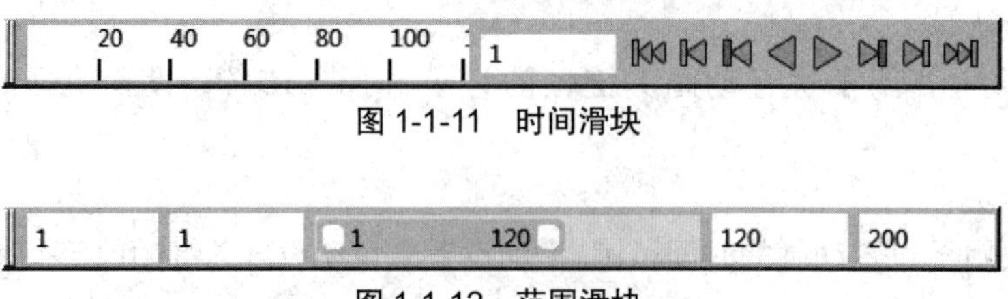

图 1-1-11 时间滑块

图 1-1-12 范围滑块

9. 命令栏

命令栏用于输入 MEL 命令或脚本命令（即使用代码编程方法进行制作）（图 1-1-13）。

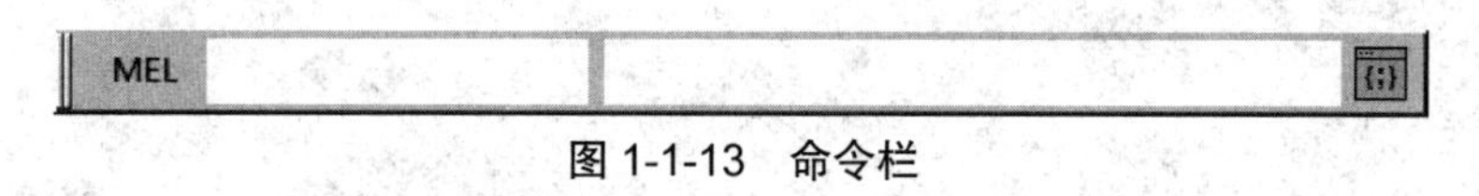

图 1-1-13 命令栏

10. 帮助栏

当大家使用工具或命令进行操作，将鼠标光标放在相应的选项时，帮助栏中将显示出该选项的说明信息，给大家提供直观的数据信息，便于大家操作使用（图 1-1-14）。

图 1-1-14 帮助栏

11. 操作界面

操作界面是 MAYA 制作中最重要的视图，在视图中可以对物体进行属性编辑与效果观察。模型、材质、动画、特效等制作都离不开操作界面的使用，可以说操作界面像桥梁一样，将使用者与 MAYA 紧紧连接在一起（图 1-1-15）。

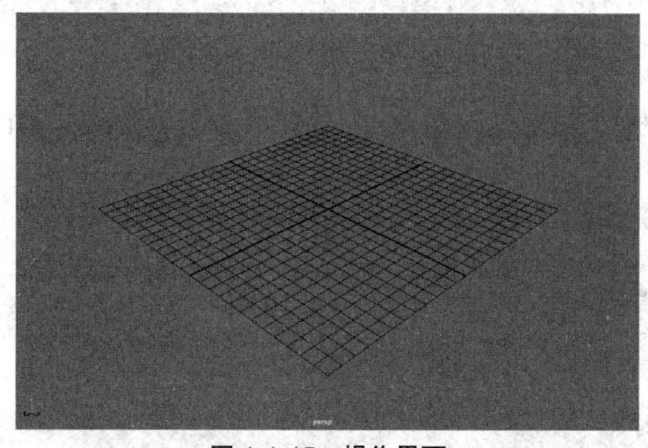

图 1-1-15 操作界面

1.1.3 模型制作

“千里之行始于足下”，如果想要使用 MAYA 的软件技术制作出世界级的优秀作品，那 MAYA 的基础操作是重要的环节之一。基础知识掌握得是否扎实，将直接影响下一步的动画制作质量水平。虽然 MAYA 是一款世界级的主流三维软件，但是其基本操作还是易于掌握和理解的，通过这一章节的学习，读者可以对 MAYA 软件有一个初步的了解与认识。

1. 操作界面的基本使用

在 MAYA 的操作界面中进行旋转、移动、缩放等操作，可以说是基础操作中的基础，任何一次对物体的编辑，都离不开这些操作。

（1）操作界面的旋转。按住“Alt 和鼠标左键”，即可对操作界面进行 360° 旋转操作，如果希望操作界面在固定的水平方向上或垂直方向进行旋转，使用“Shift + Alt + 鼠标左键”，即可完成水平或垂直方向上的旋转操作（图 1-1-16）。

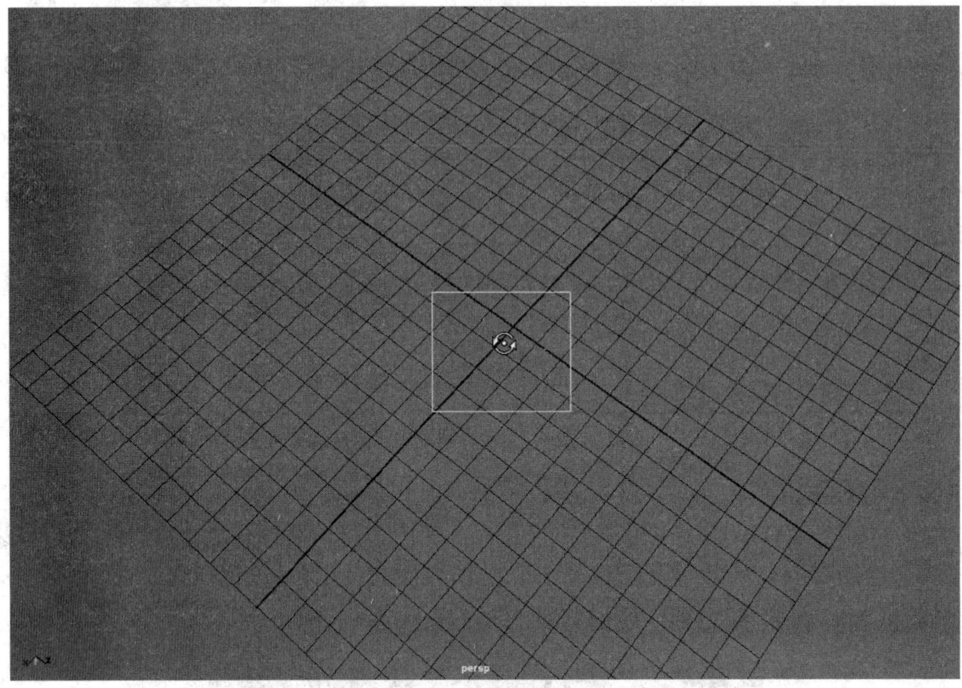

图 1-1-16 操作界面的旋转

（2）操作界面的移动。按住“Alt + 鼠标中键（滚轮）”，即可对操作界面进行移动操作，如果希望操作界面在固定的水平方向或垂直方向上进行移动，使用“Shift + Alt + 鼠标中键（滚轮）”，即可完成水平或垂直方向上的移动操作（图 1-1-17）。

（3）操作界面的缩放。按住“Alt + 鼠标左键”，即可对操作界面进行缩放操作，如果希望操作界面在固定的水平方向或垂直方向上进行移动，使用“Shift + Alt + 鼠标左键”，即可完成水平或垂直方向上的缩放操作（图 1-1-18）。

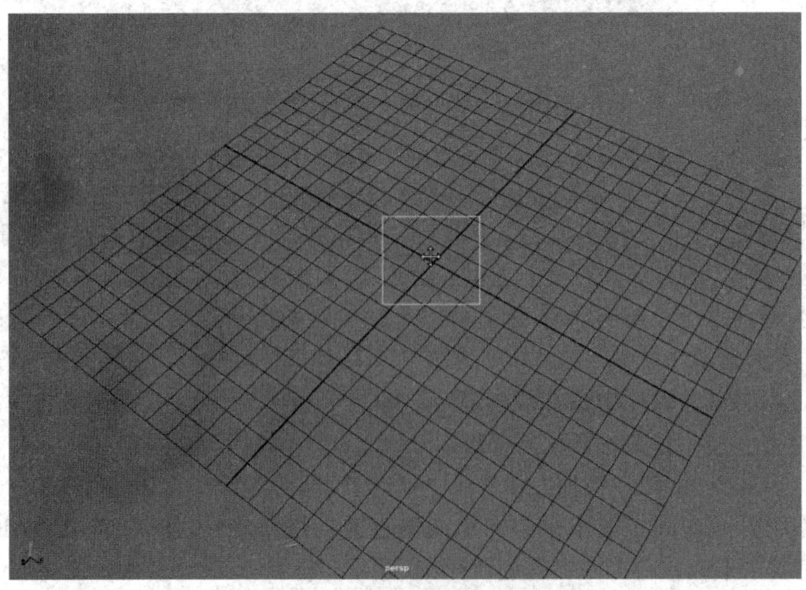

图 1-1-17 操作界面的移动

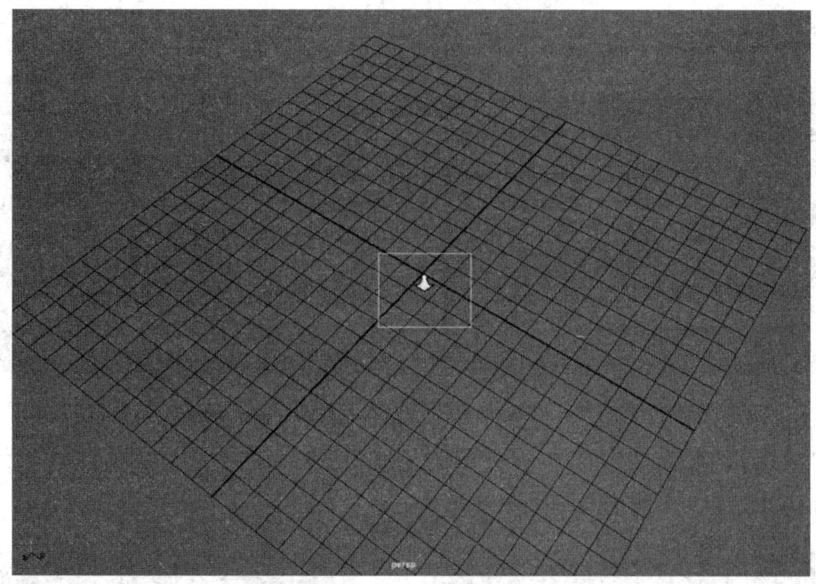

图 1-1-18　操作界面的缩放

实际上 MAYA 的操作界面是由 4 个摄像机组合而成的，分别是透视摄像机、前视摄像机、侧视摄像机、顶视摄像机。对操作界面的旋转、移动、缩放也就是对摄像机的旋转、移动、缩放。透视摄像机也就是透视图，随着距离的变化，物体大小也会随之变化，是三维制作中常用的操作界面；另一种是平面摄像机（前视摄像机、侧视摄像机、顶视摄像机），这 3 种摄像机不会有透视变化，但是在制作过程中也是不可或缺的视角显示。

转换操作界面视角有如下两种方法。

（1）点击“工具箱”中“四视图面板布局”（图 1-1-19）得到 4 种摄像机的视角显示（图 1-1-20）。

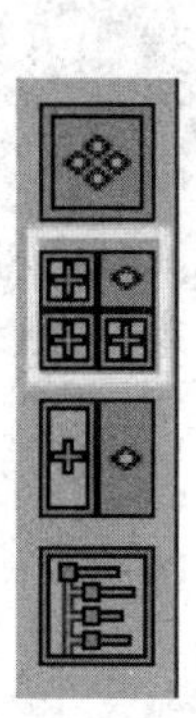

图 1-1-19　四视图面板布局

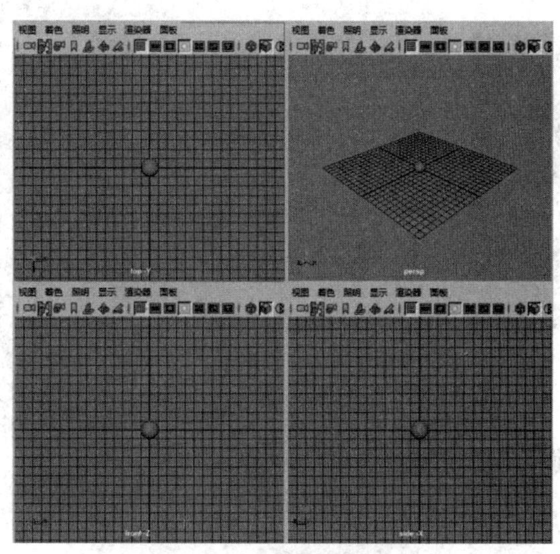

图 1-1-20　四种视图显示

（2）按住“Space”键单击鼠标右键，在弹出的菜单中选择“透视视图”（图 1-1-21），操作界面将以透视摄像机视角显示(图 1-1-22)。

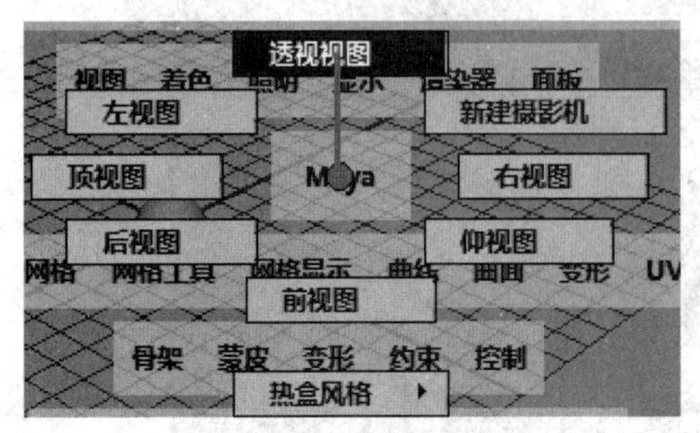

图 1-1-21　透视视图

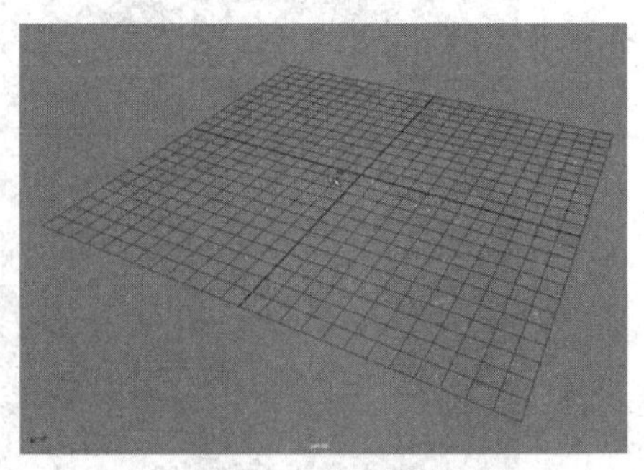

图 1-1-22　透视摄像机视角

按住“Space”键单击鼠标右键,在弹出的菜单中选择“顶视图”(图 1-1-23),操作界面将以顶视摄像机视角显示(图 1-1-24)。

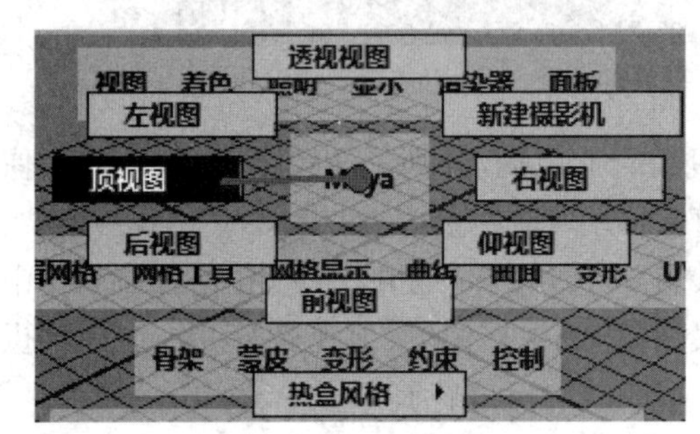

图 1-1-23　顶视图

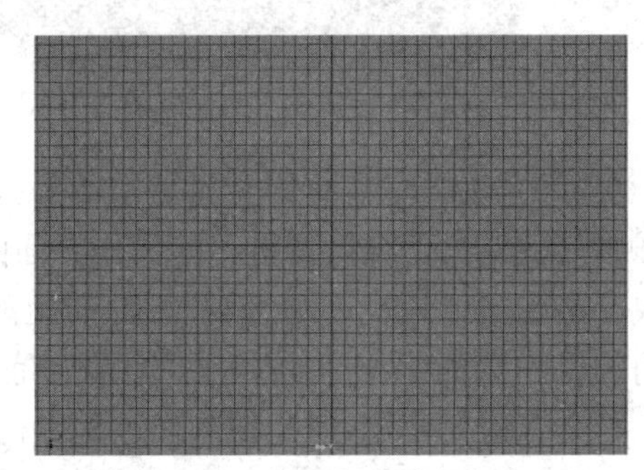

图 1-1-24　顶视摄像机视角

按住“Space”键单击鼠标右键,在弹出的菜单中选择“右视图”(图 1-1-25),操作界面将以右视摄像机视角显示(图 1-1-26)。

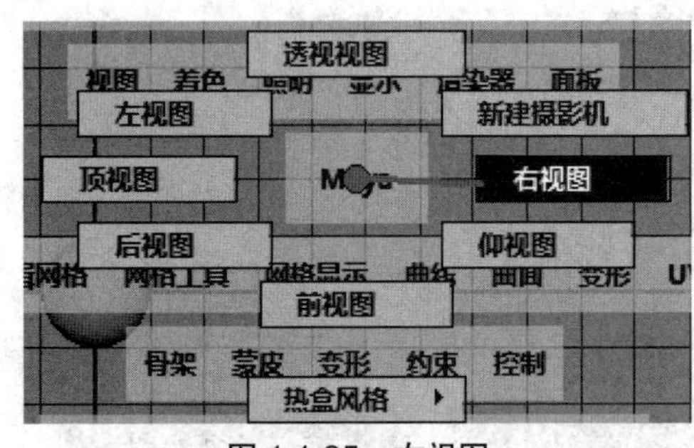

图 1-1-25　右视图

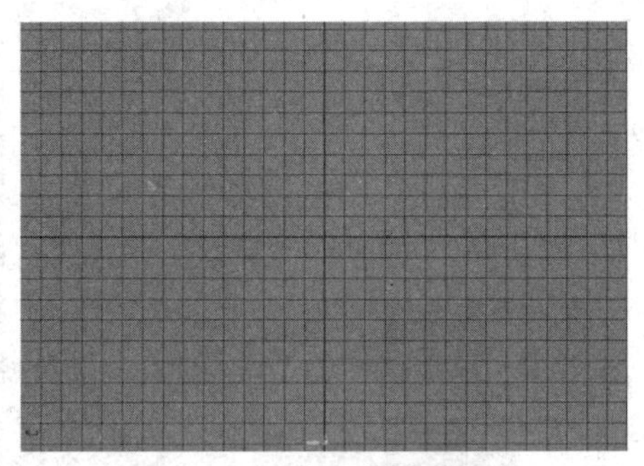

图 1-1-26　右视摄像机视角

按住“Space”键单击鼠标右键,在弹出的菜单中选择“前视图”(图 1-1-27),操作界面将以前视摄像机视角显示(图 1-1-28)。

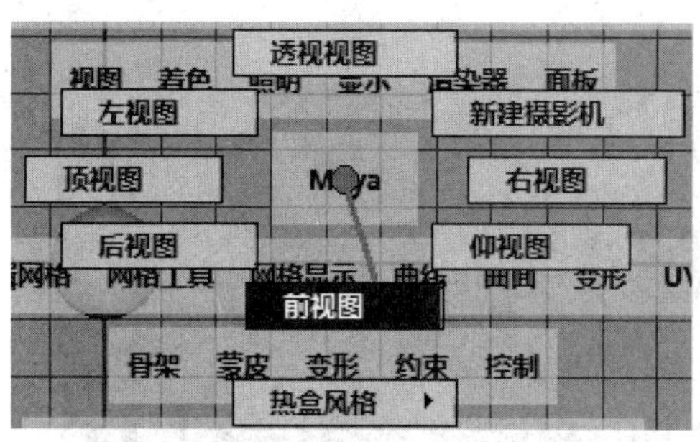

图 1-1-27　前视图

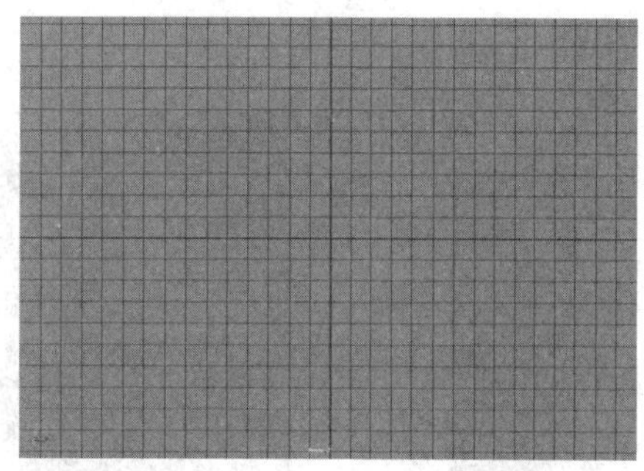

图 1-1-28　前视摄像机视角

2. 物体的基本操作方法

在 MAYA 的世界中，无论制作哪一个环节，都离不开对物体的操作使用。其实物体与操作界面的使用方法是一样的，不外乎移动、旋转、缩放 3 种运动方式。只不过 MAYA 是一款三维软件，置在其中的物体分别沿着 3 个维度，即 X、Y、Z（X、Y、Z 3 个维度对应 3 种颜色，分别是红、绿、蓝）进行运动。对物体的操作通常是使用快捷键进行的，移动、旋转、缩放的快捷键即是“W”“E”“R”键，也可以在“工具箱”中进行“移动工具、旋转工具、缩放工具”的选择。另一种方法是在“通道盒 / 层编辑器”中进行操作，这种方法虽然不如上一种方法灵活，但是准确度更高，大家可以根据自己的使用习惯，选择一种操作方式，或是将两种方法结合使用。

（1）在操作界面中创建物体后，单击“W”键或是在“工具箱”中选择“移动工具”（图 1-1-29）观察操作界面中的物体，会出现移动图标，此时使用鼠标左键，选择相应的方向进行拖动即可（图 1-1-30）。

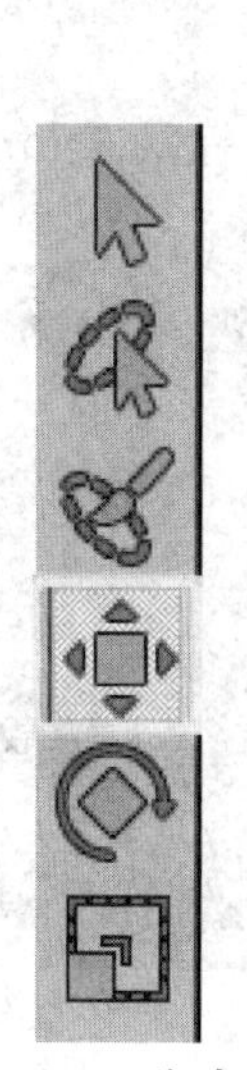

图 1-1-29　移动工具

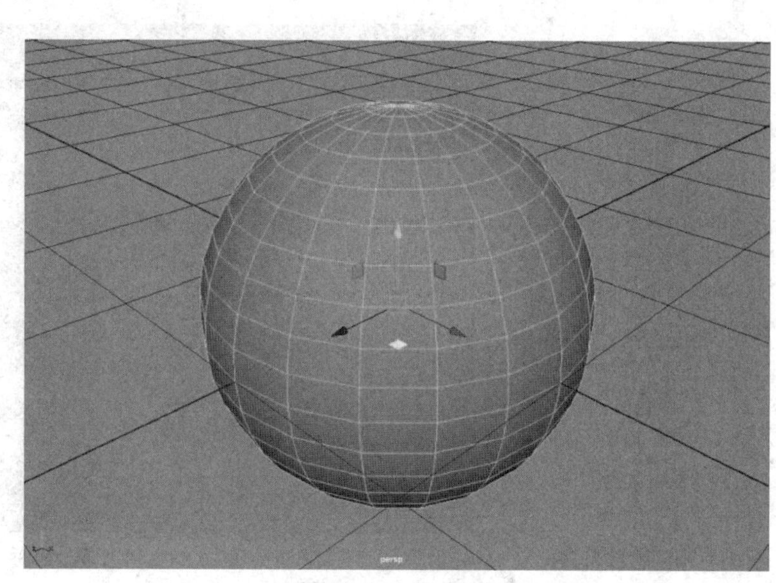

图 1-1-30　移动图标

在操作界面中创建物体后，单击“E”键或是在“工具箱”中选择“旋转工具”（图 1-1-31）观察操作界面中的物体，会出现旋转图标，此时使用鼠标左键，选择相应的轴向进行转动即可(图 1-1-32)。

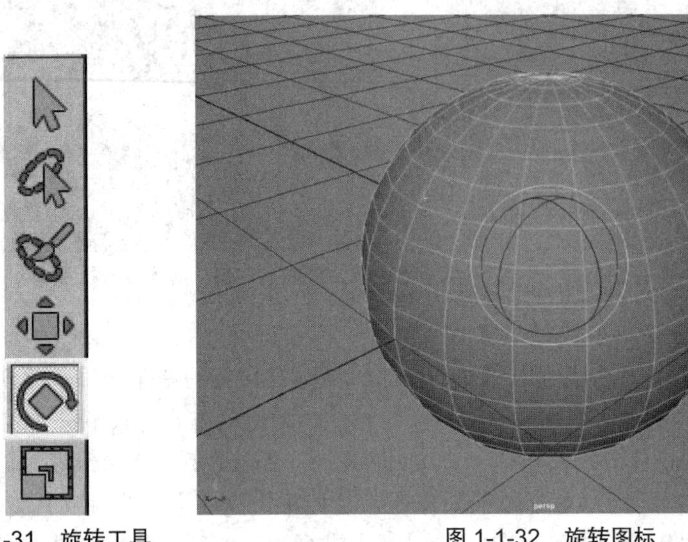

图 1-1-31 旋转工具

图 1-1-32 旋转图标

在操作界面中创建物体后,单击“R”键或是在“工具箱”中选择“缩放工具”(图 1-1-33)观察操作界面中的物体,会出现缩放图标,此时使用鼠标左键,选择相应的方向进行缩放即可(若要等比例进行缩放,拖动缩放图标中心的黄色正方体即可)(图 1-1-34)。

(2)在“通道盒 / 层编辑器”中,会分别显示“平移 X、平移 Y、平移 Z、旋转 X、旋转 Y、旋转 Z、缩放 X、缩放 Y、缩放 Z”,在相应的网格中输入数值即可,例如,在“缩放 Y”项中输入“1.5”(图 1-1-35),观察操作界面中的物体变化(图 1-1-36)。

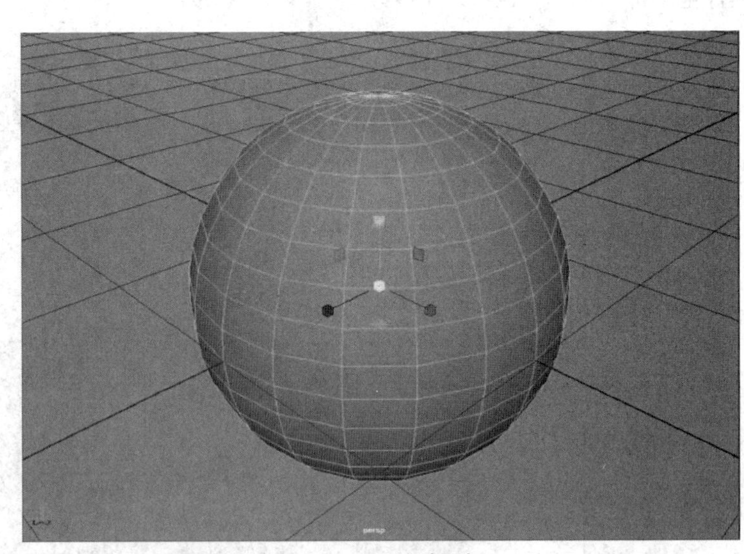

图 1-1-33 缩放工具

图 1-1-34 缩放图标

pSphere1	
平移 X	0
平移 Y	0
平移 Z	0
旋转 X	0
旋转 Y	0
旋转 Z	0
缩放 X	1
缩放 Y	1.5
缩放 Z	1
可见性	[illegible]

图 1-1-35　通道盒 / 层编辑器

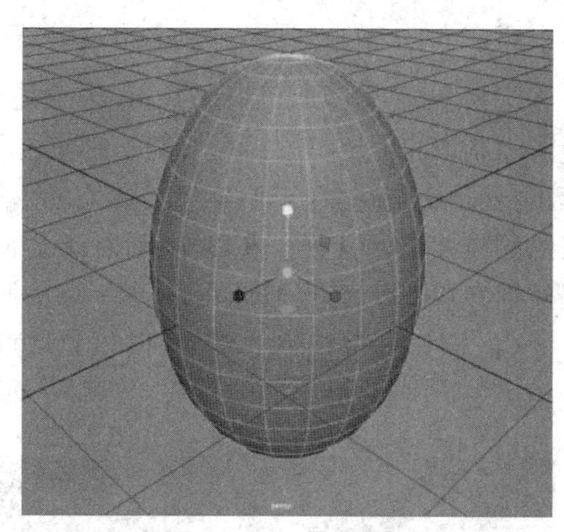

图 1-1-36　操作界面

“通道盒 / 层编辑器”中“可见性”项是物体显示的开关，当输入数值“1”时，“可见性”是“启用”状态（图 1-1-37），此时物体在操作界面中是显示的（图 1-1-38）。

pSphere1	
平移 X	0
平移 Y	0
平移 Z	0
旋转 X	0
旋转 Y	0
旋转 Z	0
缩放 X	1
缩放 Y	1
缩放 Z	1
可见性	启用

图 1-1-37　“可见性”项

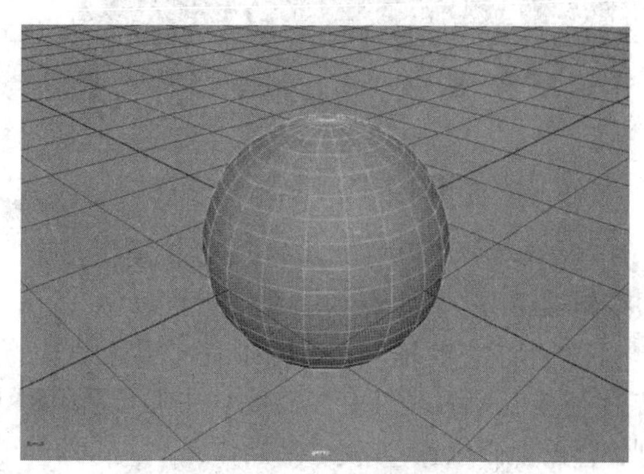

图 1-1-38　显示物体

当输入数值“0”时，“可见性”是“禁用”状态（图 1-1-39），此时物体在操作界面中是不显示的（图 1-1-40）。

pSphere1	
平移 X	0
平移 Y	0
平移 Z	0
旋转 X	0
旋转 Y	0
旋转 Z	0
缩放 X	1
缩放 Y	1
缩放 Z	1
可见性	禁用

图 1-1-39　“可见性”项

图 1-1-40　不显示物体

3. 历史、居中枢轴、冻结变换命令

这 3 个选项在项目制作的过程中也是十分重要、不可忽视的命令。“历史”命令的作用即清除制作的历史记录。在模型的制作过程中，随着制作的深入，会积累大量的模型编辑记录，也就是历史记录，它们不但会影响软件的运行速度，有些历史记录还会直接影响下一步骤的制作效果，所以适当合理地清除历史记录，不但可以提高工作效率，还会为其他环节的工作打好基础，可谓一举两得。

（1）制作一个精致的模型（图 1-1-41）后在“通道盒 / 层编辑器”的“输入”中会生成大量的历史记录（图 1-1-42）。

图 1-1-41　模型

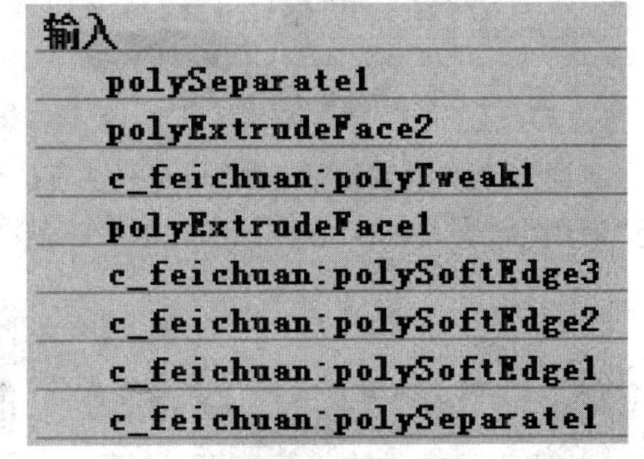

图 1-1-42　历史记录

选择“菜单栏”中的“编辑”→“按类型删除”→“历史”命令（图 1-1-43），观察“通道盒 / 层编辑器中”的显示，清除历史后就可以得到“干净”的物体，方便继续制作（图 1-1-44）。

（2）“居中枢轴”命令用于完成坐标回归原点。在 MAYA 中反复操作“移动”“旋转”“缩放”等后，坐标会脱离物体中心位置，而“居中枢轴”命令的作用就是使坐标再次回到物体的中心位置，方便进行操作。

对“球体”进行反复操作后，坐标脱离了物体的中心位置（图 1-1-45），选择“菜单栏”中的“修改”→“居中枢轴”命令（图 1-1-46），即可使坐标回归原点，观察操作界面中坐标回归物体中心位置（图 1-1-47）。

（3）“冻结变换”命令是使物体保持当前的角度、样式、结构，而将 X、Y、Z 3 个轴向的数值改换成初始数值，也就是说，将模型编辑后的状态设置成初始状态，为后续的动画制作创建好基础，可以“轻装”前行。

例如，对“立方体”（图 1-1-48）进行 X、Y、Z 3 个轴向的调节，观察“通道盒 / 层编辑器”中的数值显示（图 1-1-49）。

选择“菜单栏”中的“修改”→“冻结变换”命令（图 1-1-50），“立方体”X、Y、Z 3 个轴向状态恢复原始状态（图 1-1-51）。

4. 特殊复制

顾名思义，特殊复制与复制相对应，特殊复制不是简单地复制出物体，而是依照 X、Y、Z 3 个轴向对物体进行复制，不同轴向复制出的物体效果不同。实际操作中可以根据具体情况，使用不同的轴向进行复制。选择菜单栏中的“编辑”→“特殊复制”命令，点击“特殊复制”对话框后的“小方块”（在 MAYA 中的命令选项，凡是后面带有“小方块”的，则表示此命令带有“对话框”，可以进一步进行编辑）（图 1-1-52），显示出“特殊复制选项”对话框（图 1-1-53）。

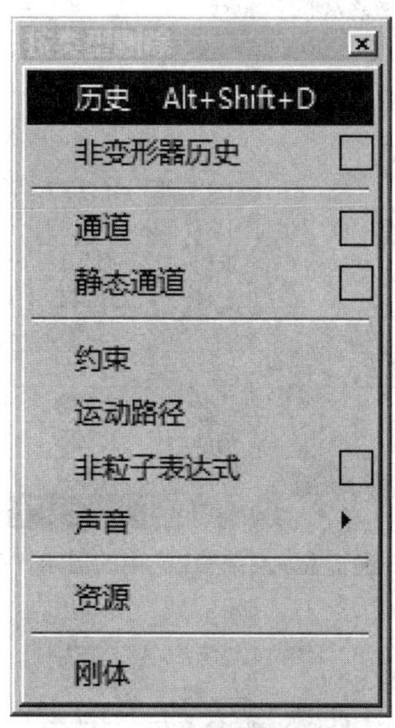

图 1-1-43 “历史”命令

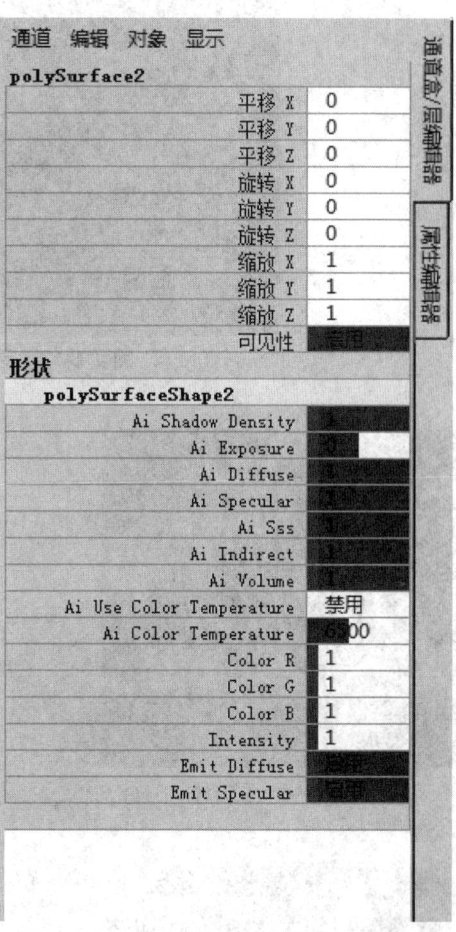

图 1-1-44 “通道盒 / 层编辑器”中的显示

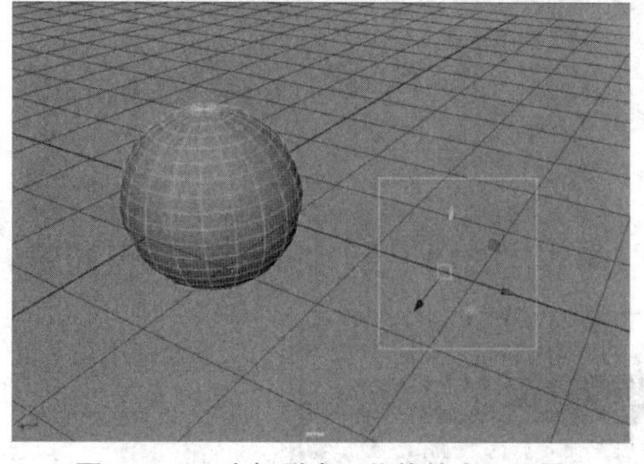

图 1-1-45 坐标脱离了物体的中心位置

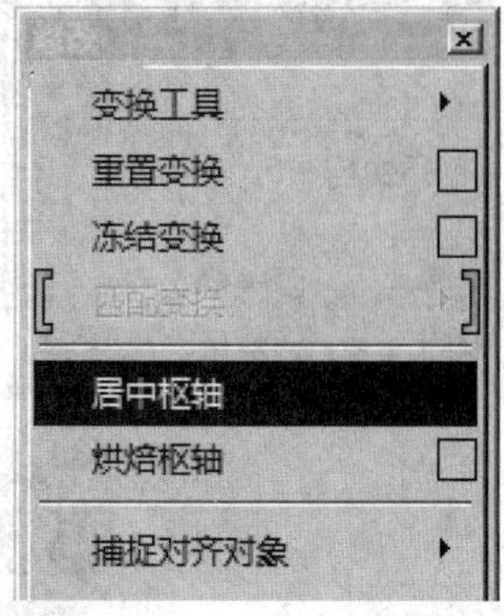

图 1-1-46 “居中枢轴”命令

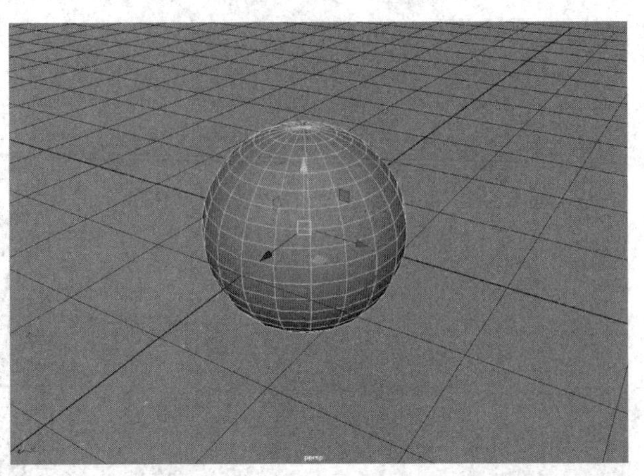

图 1-1-47　原点回归物体中心

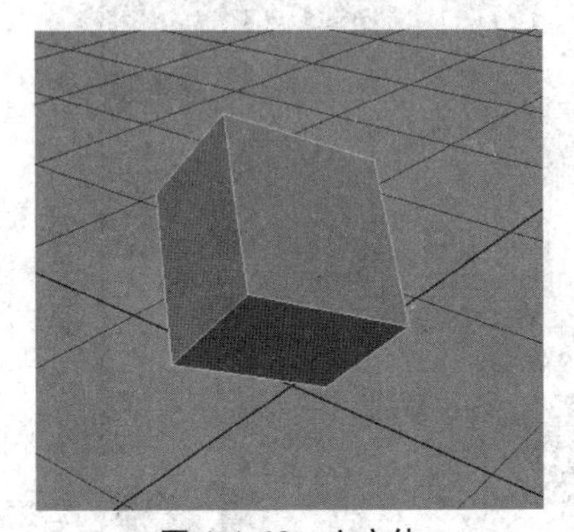

图 1-1-48　立方体

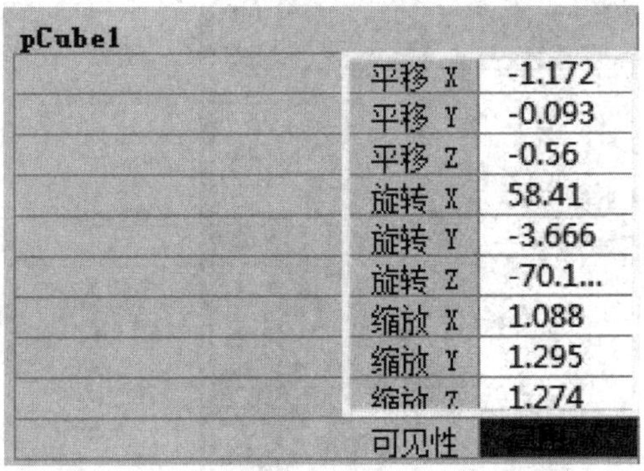

pCube1
平移 X -1.172
平移 Y -0.093
平移 Z -0.56
旋转 X 58.41
旋转 Y -3.666
旋转 Z -70.1...
缩放 X 1.088
缩放 Y 1.295
缩放 Z 1.274
可见性

图 1-1-49　“通道盒 / 层编辑器”中的显示

变换工具
重置变换
冻结变换
居中枢轴
烘焙枢轴

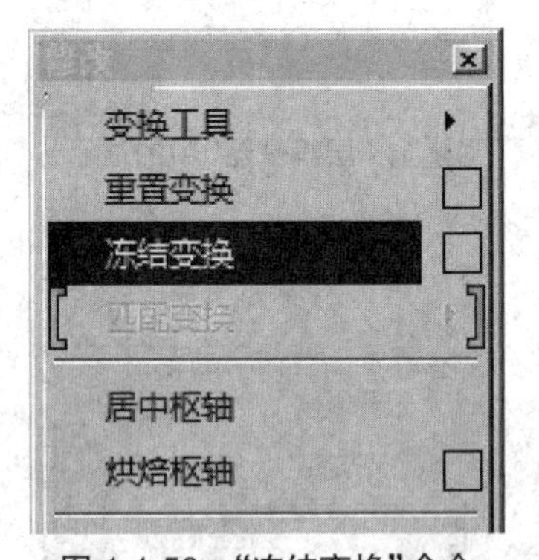

图 1-1-50　“冻结变换”命令

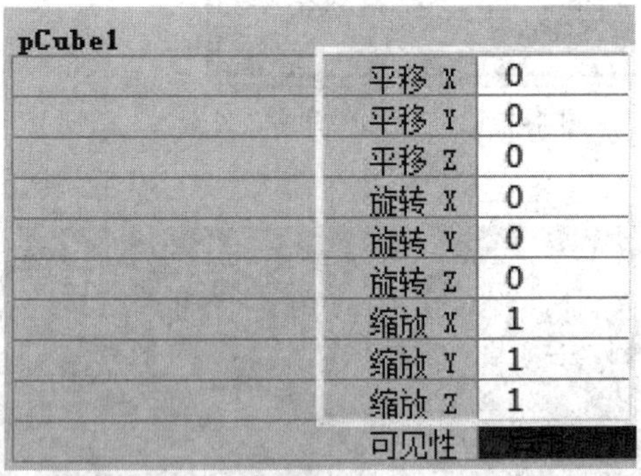

pCube1
平移 X 0
平移 Y 0
平移 Z 0
旋转 X 0
旋转 Y 0
旋转 Z 0
缩放 X 1
缩放 Y 1
缩放 Z 1
可见性

图 1-1-51　X、Y、Z 3 个轴向状态恢复原始状态

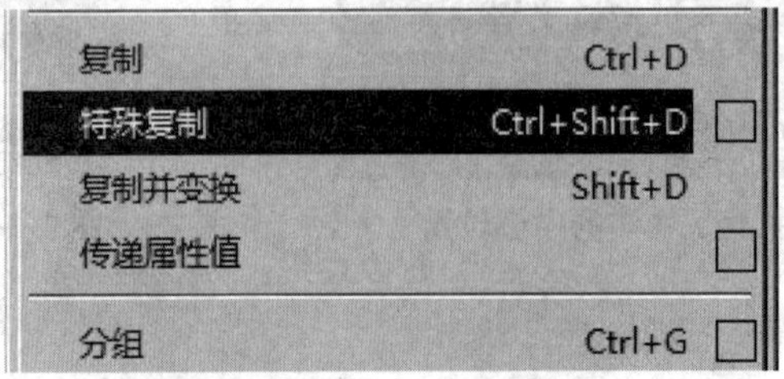

复制 Ctrl+D
特殊复制 Ctrl+Shift+D
复制并变换 Shift+D
传递属性值
分组 Ctrl+G

图 1-1-52　“特殊复制”命令

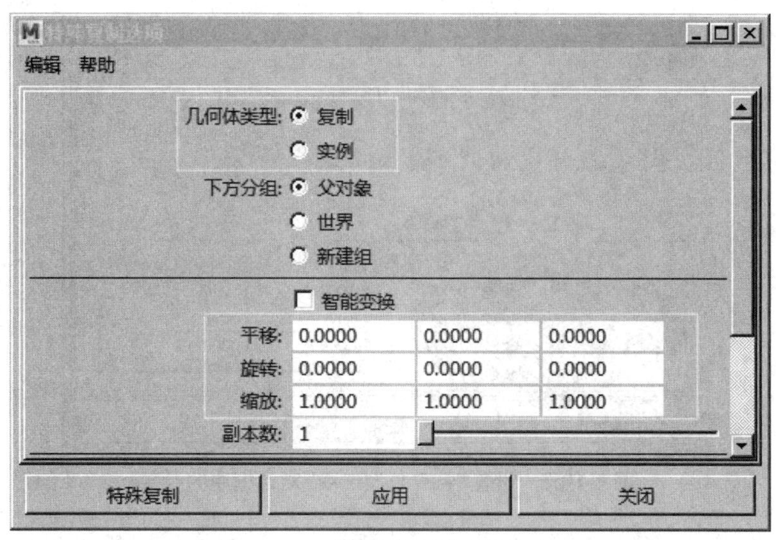

图 1-1-53 “特殊复制选项”对话框

在“几何体类型”中的“复制”选项，只是将物体进行复制；“实例”选项也是将物体进行复制，但是此时复制出的物体带有相关节点，编辑一个物体的时候，另一个物体也会随之变化，进行相同的编辑；“平移”“旋转”“缩放”项的后方分别有 3 个“输入框”，3 个“输入框”分别代表“X”“Y”“Z”3 个轴向，可以输入相应的数值，对物体进行“平移”“旋转”“缩放”复制；“副本数”项是设置复制物体的数量。

例如，对机械战士（图 1-1-54）进行“平移复制”。

（1）选择“菜单栏”中的“编辑”→“特殊复制”命令（图 1-1-52）。

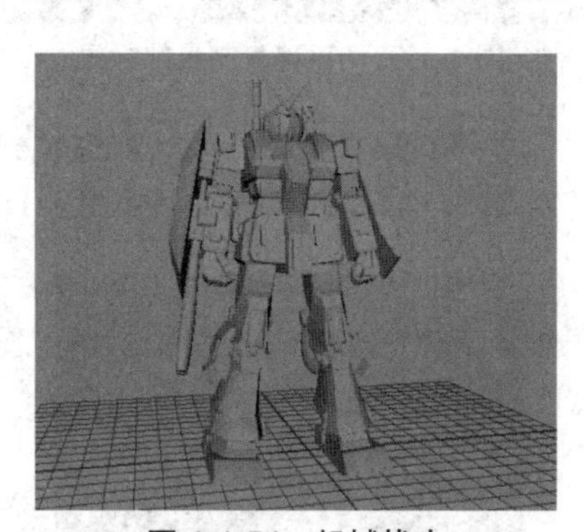

图 1-1-54 机械战士

（2）在“特殊复制”选项对话框中的“几何体类型”中选择“复制”选项，按照需要的排列方向，在“X”“Y”“Z”某个轴向中输入数值（数值的大小决定复制后物体与物体之间的距离），本例中在“平移”的“Z”轴中输入“10”，“副本数”项中输入“10”（图 1-1-55），选择机械战士，点击“应用”按钮得到最终效果（图 1-1-56）。

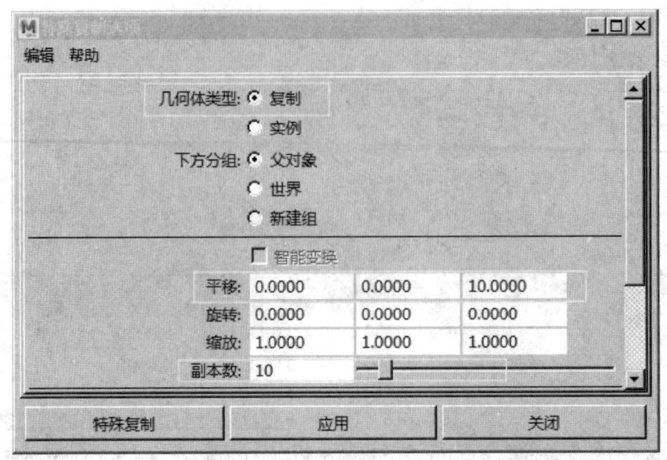

图 1-1-55　设置“特殊复制选项”对话框中的参数

图 1-1-56　平移复制最终效果

例如，在 MAYA 中打开“羽毛球”文件（图 1-1-57），对羽毛进行“旋转复制”。

（1）选择“菜单栏”中的“编辑”→“特殊复制”命令（图 1-1-52）。

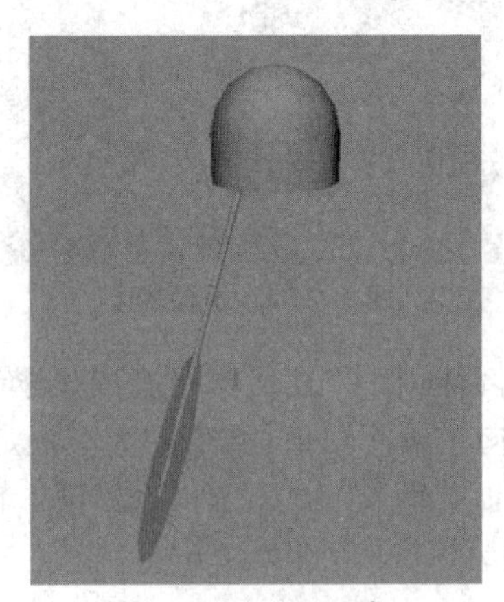
图 1-1-57　羽毛球

（2）在“特殊复制选项”对话框中的“几何体类型”中选择“复制”项，本例中在“旋转”的“Y”轴中输入“10”，“副本数”项中输入“36”（用 360° 除以 X、Y、Z 3 个轴向的输入值就是副本数数值)(图 1-1-58),选择“羽毛”,点击“应用”按钮,得到最终效果(图 1-1-59)。

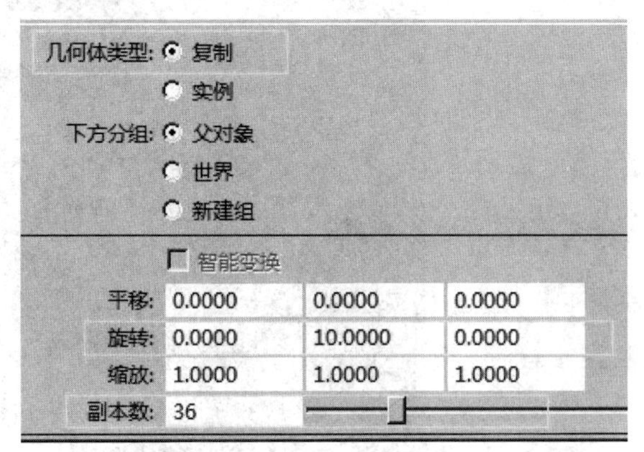

图 1-1-58　设置“特殊复制选项”对话框中的参数

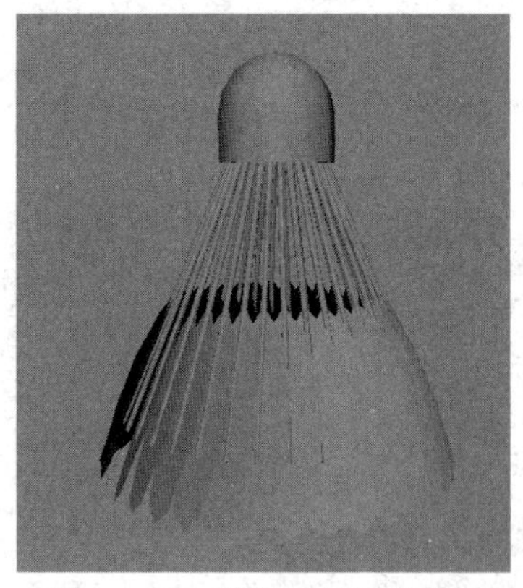

图 1-1-59　旋转复制最终效果

例如,在 MAYA 中打开“小狗”文件(图 1-1-60),对小狗进行“缩放复制”。

(1)选择“菜单栏”中的“编辑”→“特殊复制”命令(图 1-1-52)。

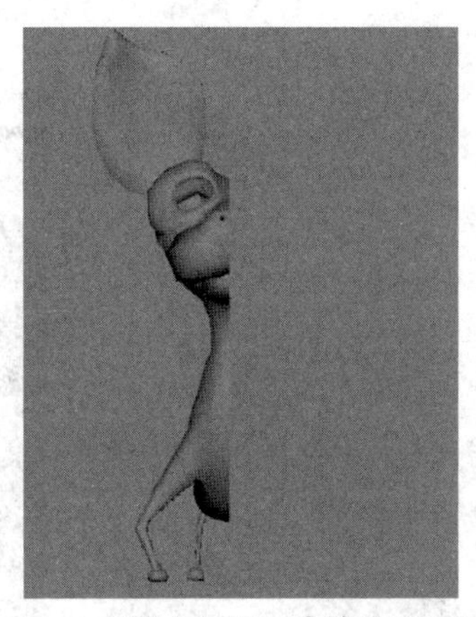

图 1-1-60　小狗

(2)在“特殊复制选项”对话框中的“几何体类型”中选择“复制”项,本例中在“缩放”的“X”轴中输入“-1”(物体需要向“X”“Y”“Z”某个轴向进行“缩放复制”,就在“X”“Y”“Z”某个轴向的数值框中输入“-1”),“副本数”项中输入“1”(图 1-1-61)。选择“小狗”,点击“应用”按钮,得到最终效果(图 1-1-62)。

如果在“特殊复制选项”对话框中的“几何体类型”中选择“实例”项,其他不变(图 1-1-63)。选择“小狗”,点击“应用”按钮,得到的效果看起来没有发生任何变化(图 1-1-64)。

但是,当选择一边的时候,另一边也自动被选择(图 1-1-65);当编辑一边的时候,另一边也自动被编辑,这种操作称作镜像复制(图 1-1-66)。

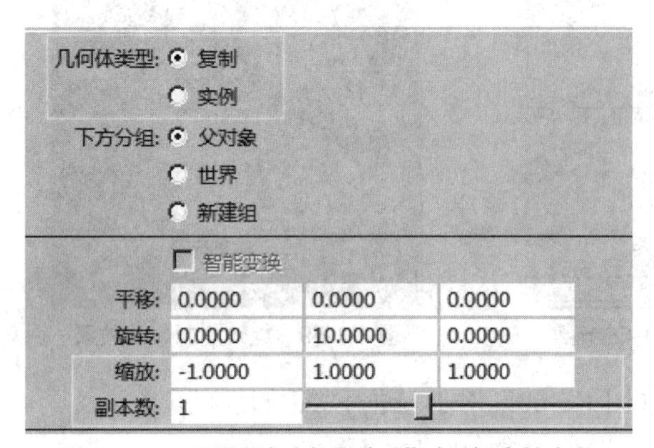

图 1-1-61 设置“特殊复制选项”对话框中的参数

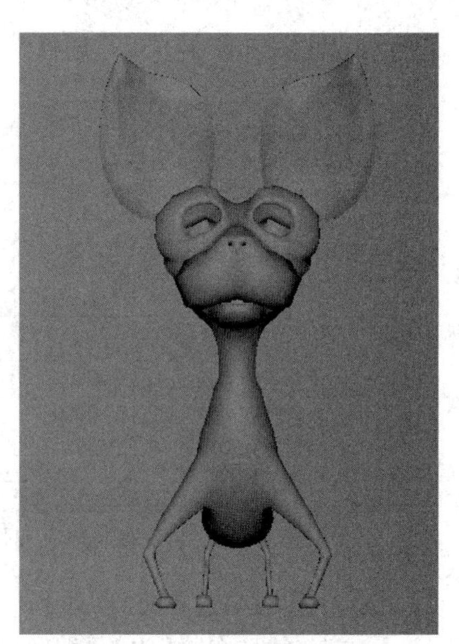

图 1-1-62 缩放复制最终效果

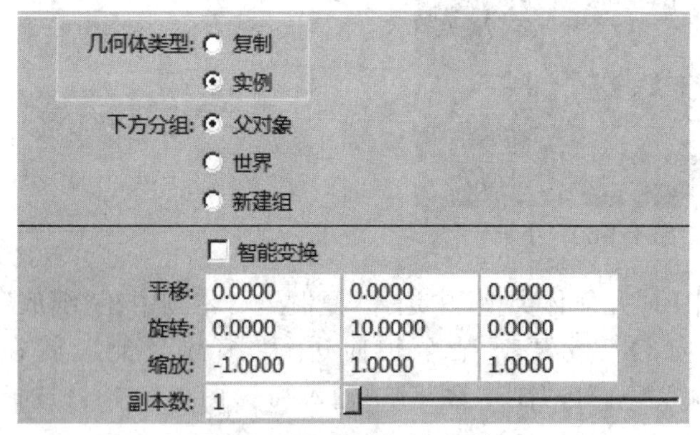

图 1-1-63 特殊复制对话框

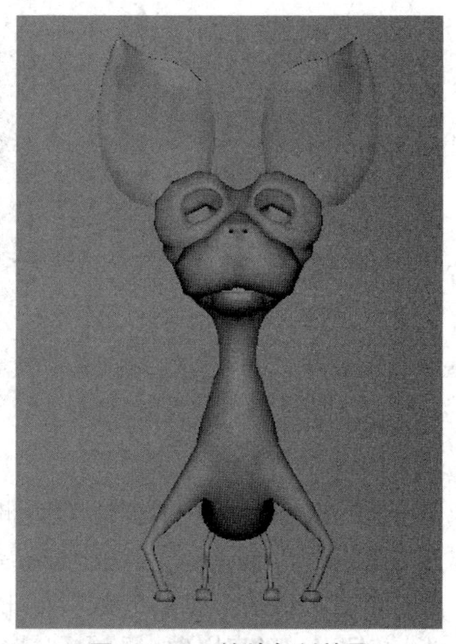

图 1-1-64 缩放复制效果

5. 捕捉命令

在 MAYA 中如果要快速准确地吸附到某个位置，利用捕捉命令就可以轻松地完成，特别是在选择或对齐的时候。捕捉命令共有 6 个，其中“捕捉栅格”“捕捉到曲线”“捕捉到点”“激活选定对象”是常用命令。使用这些捕捉命令的方法通常有 2 种，一种是在“状态栏”中进行相应捕捉命令的选择（图 1-1-67）。当捕捉命令上出现蓝色正方形时，就表示此捕捉命令已经被选择（图 1-1-68）；另一种方法是使用快捷键，“捕捉到栅格”命令的快捷键是“X”键，“捕捉到曲线”命令的快捷键是“C 键”，“捕捉到点”命令的快捷键是“V”键。

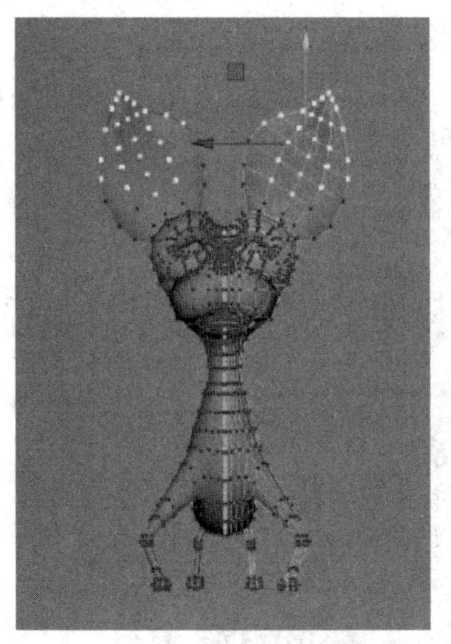
图 1-1-65　自动被选择

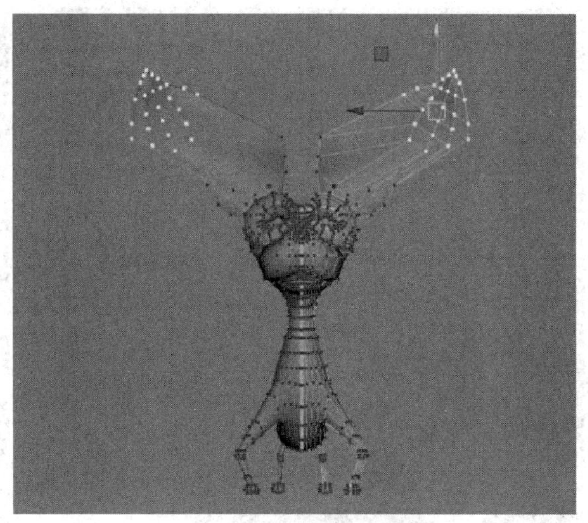
图 1-1-66　镜像复制

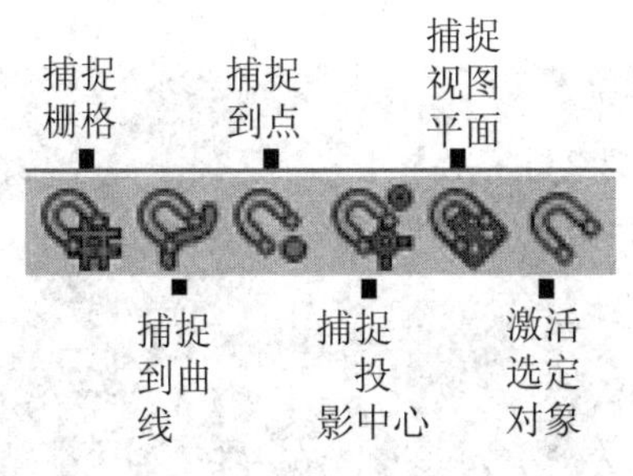

图 1-1-67　捕捉命令

图 1-1-68　选择捕捉栅格

例如，在“操作界面”中创建“球体”，点击“W”键或“工具箱”中的“移动工具”，注意“移动工具”中心是黄色方块（图 1-1-69），选择“捕捉到栅格”命令或按住“X”键，注意此时“移动工具”中心是黄色圆环（图 1-1-70）。

按住鼠标左键对“球体”进行移动，此时“球体”只能按照栅格位置移动（图 1-1-71），再次点击“工具箱”中的“移动工具”或松开“X”键，“移动工具”显示恢复正常，“球体”可以任意移动（图 1-1-72）。

“捕捉到曲线”命令与“捕捉到点”命令是针对物体本身或“点、线、面”（“点、线、面”是构成多边形模型的元素，在后面的章节将进行讲解）进行捕捉。在“操作界面”中创建“球体”和“立方体”，选择“球体”，点击“W”键或“工具箱”中的“移动工具”（图 1-1-73），选择“捕捉到曲线”命令或按住“C”键，按住鼠标中键（滚轮）对“球体”进行移动，此时“球体”的移动是按照“立方体”中曲线的位置移动（图 1-1-74）。

同样，“捕捉到点”命令的使用方法也是如此。在“操作界面”中创建“球体”和“立方体”，选择“球体”，点击“W”键或“工具箱”中的“移动工具”（图 1-1-75），选择“捕捉到点”命令或按住“V”键，按住鼠标中键（滚轮）对“球体”进行移动，此时“球体”的移动是按照“立方体”中点的位置移动（图 1-1-76）。

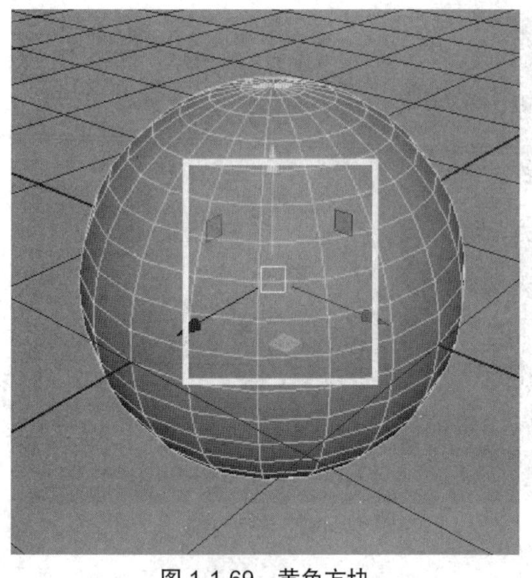

图 1-1-69 黄色方块

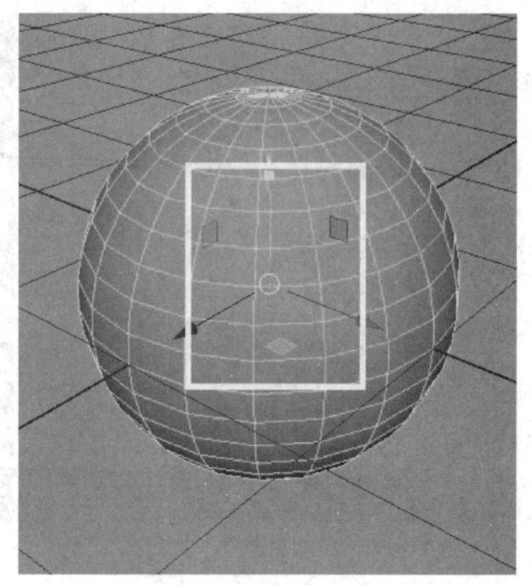

图 1-1-70 黄色圆环

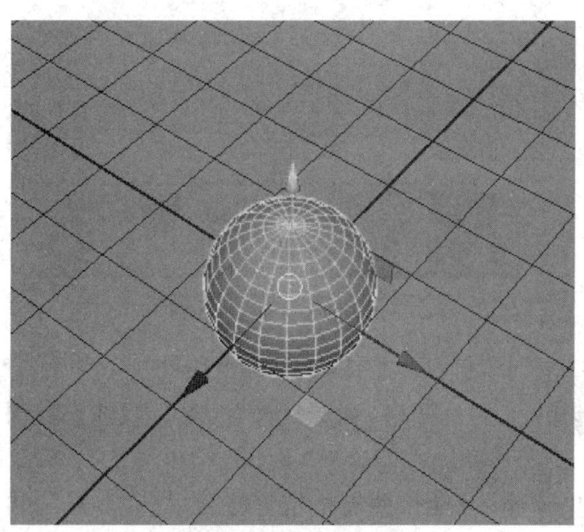

图 1-1-71 捕捉栅格

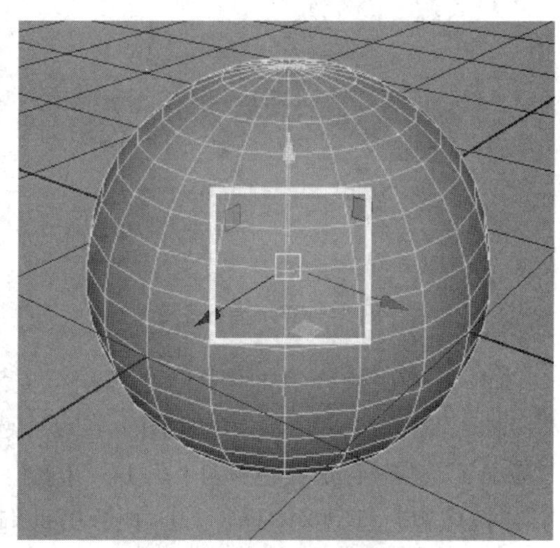

图 1-1-72 正常显示

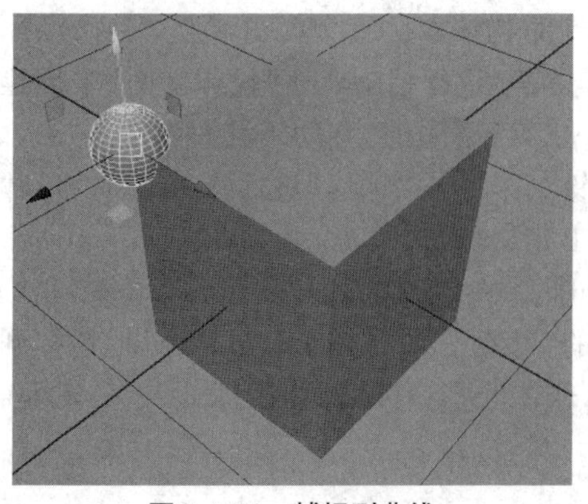

图 1-1-73 捕捉到曲线

图 1-1-74 按曲线移动

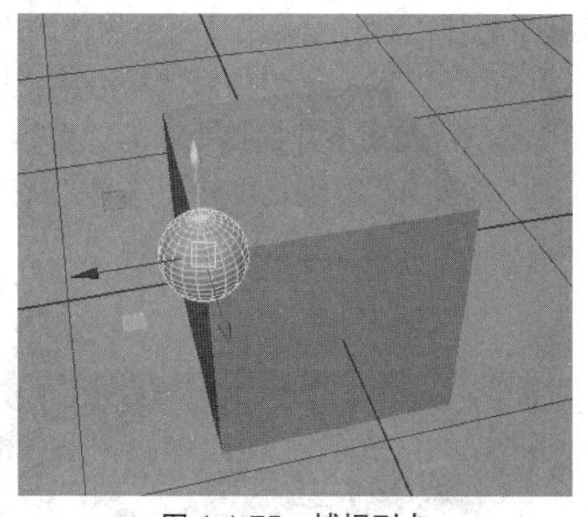

图 1-1-75　捕捉到点

图 1-1-76　按点移动

“激活选定对象”命令就是将选择物体转化为可吸附的表面，绘制出的曲线便会吸附在这个表面上。例如，在操作界面中创建球体，选择球体，点击“激活选定对象”命令，“操作界面”中显示“已激活”字样（图 1-1-77），点击“菜单栏”中的“创建”→“曲线工具”→“CV 曲线工具”命令（图 1-1-78）。

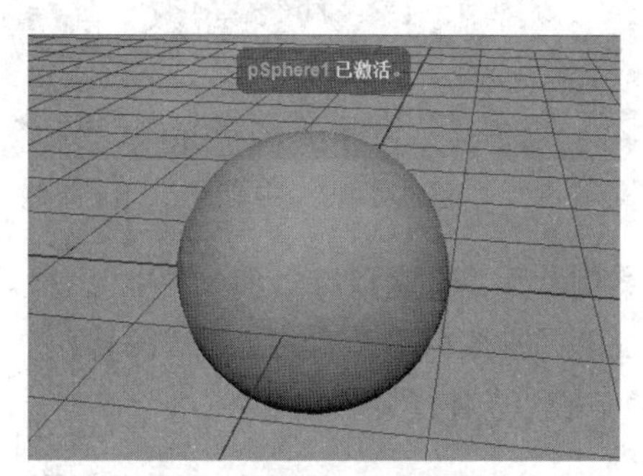

图 1-1-77　激活选定对象

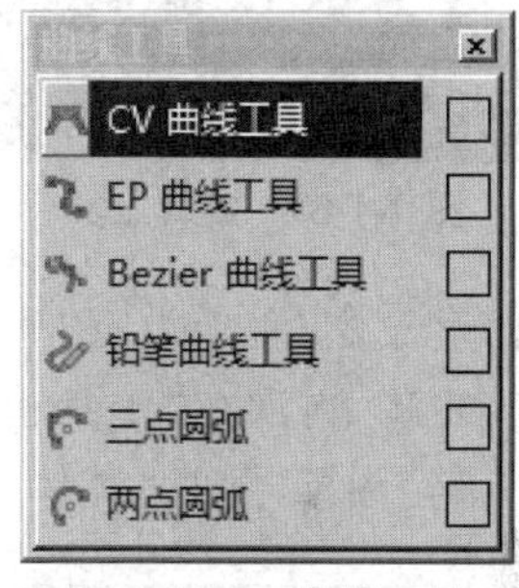

图 1-1-78　曲线工具

使用“CV 曲线工具”在球体上绘制曲线，曲线将自动吸附到球体上（图 1-1-79）。曲线绘制完成后，点击“激活选定对象”命令，选择“球体”，单击“Delete”键进行删除，得到曲线（图 1-1-80）。

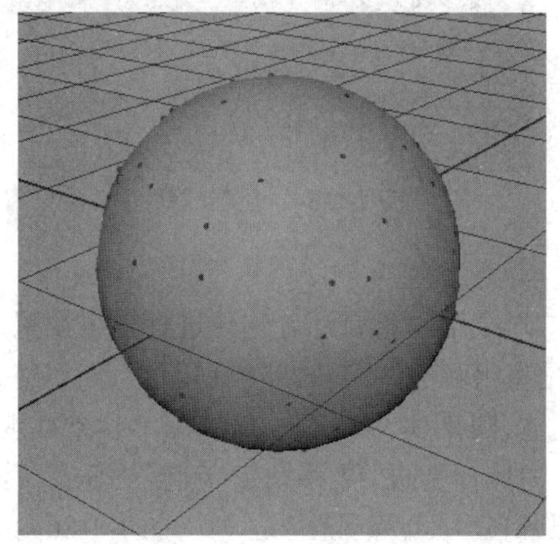

图 1-1-79　曲线吸附球体

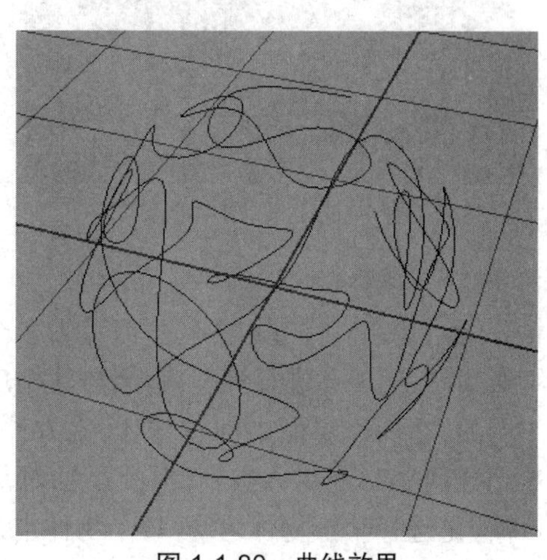

图 1-1-80　曲线效果

特别是“中心点”位置的设置，离不开捕捉命令的使用（“中心点”是一个物体的中心位置，确定了这个物体运动的基础位置，在制作过程中由于运动变化较频繁，“中心点”也要随之变化，所以要快速准确地将“中心点”放置在相应位置，就离不开捕捉命令的使用）。在操作界面中创建球体，在“工具箱”中选择“旋转工具”或按“E”键进行旋转，“球体”以自身的“中心点”进行旋转（图 1-1-81）。单击“Insert”键，“旋转工具”图标消失，显示出“中心点”图标（图 1-1-82）。

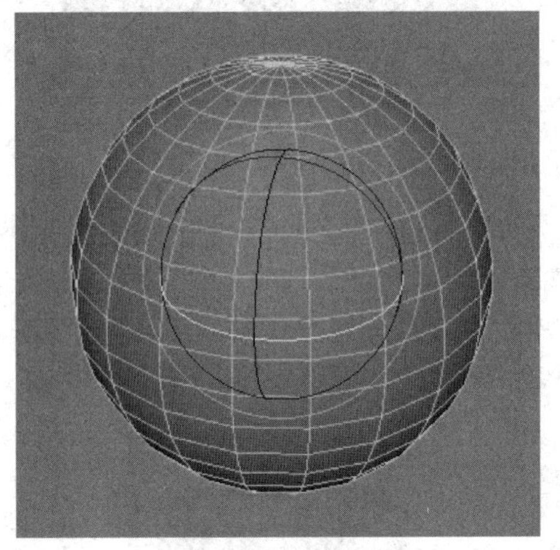

图 1-1-81 旋转工具

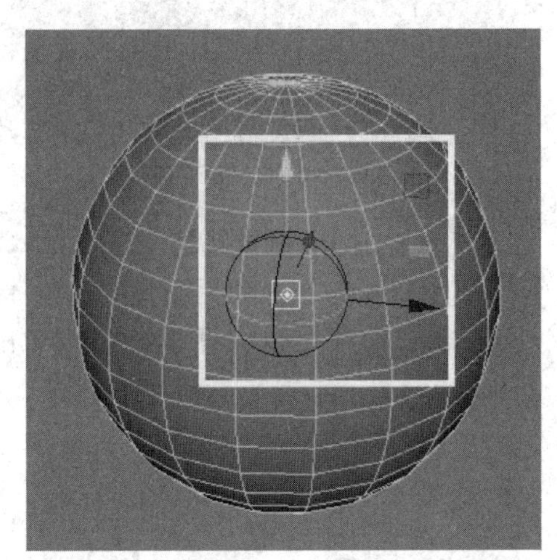

图 1-1-82 中心点

使用“捕捉命令”重新设定“中心点”位置，本案例使用“捕捉到点”，将“中心点”吸附到侧面（图 1-1-83）。再次在“工具箱”中选择“旋转工具”或按“E”键，“中心点”图标消失，显示出“旋转工具”图标，此时“球体”旋转按照新的“中心点”进行旋转（图 1-1-84）。

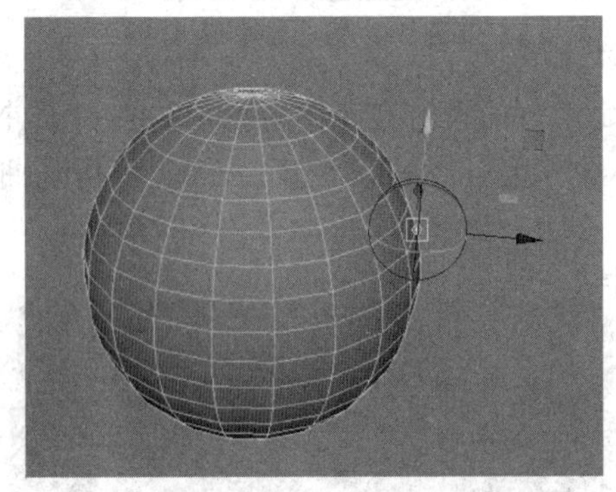

图 1-1-83 吸附中心点

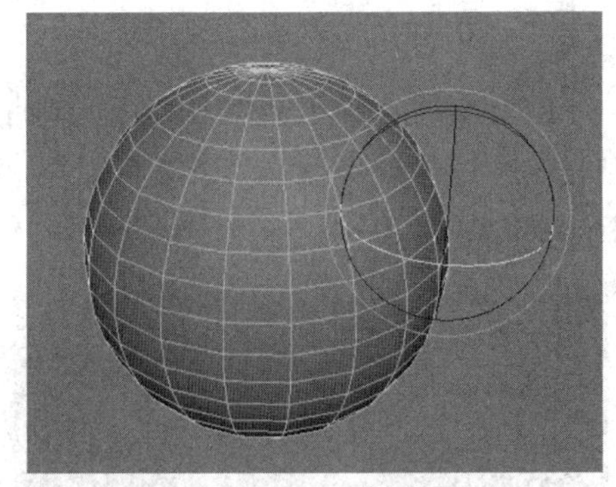

图 1-1-84 旋转球体

6. 分组与解组

分组就是在制作过程中创建或编辑多个物体，对全部物体或部分物体进行分组设置，生成组级别，方便整体进行管理；解组与其相反，就是将组解散，恢复物体级别。

例如，在操作界面中创建球体、立方体、圆柱体、圆锥体、圆环等物体（图 1-1-85），现在这 5 个几何体都是物体级别，只能单独对每一个物体分别进行“移动”“旋转”“缩放”等操作（即便是选择全部物体运动，每个物体也是依照各自“中心点”进行运动）（图 1-1-86）。

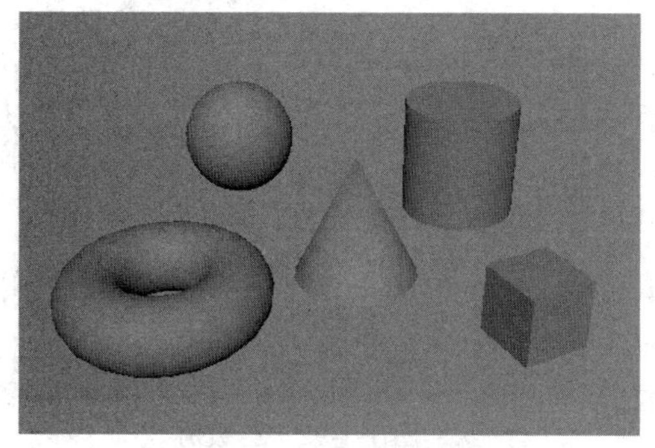

图 1-1-85 创建几何体

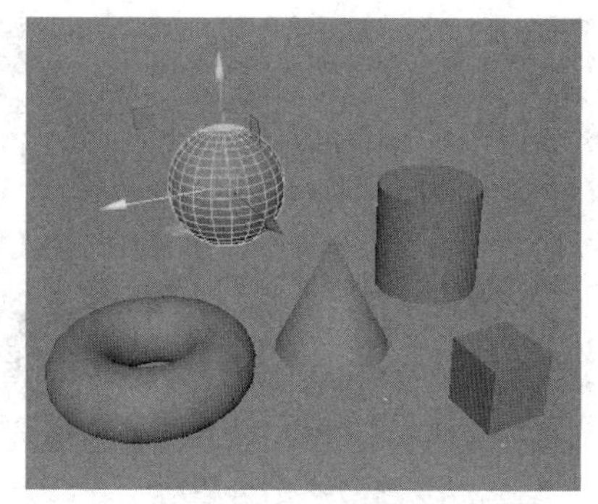

图 1-1-86 移动球体

在“操作界面”中选择全部几何体（图 1-1-87），选择“菜单栏”中的“编辑”→“分组”命令（图 1-1-88）。

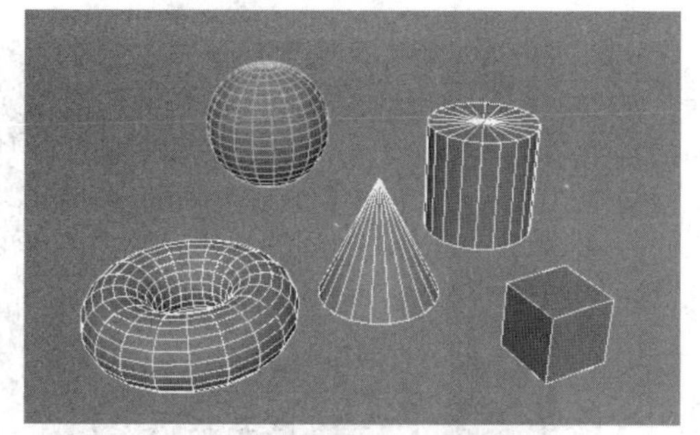

图 1-1-87 选择全部几何体

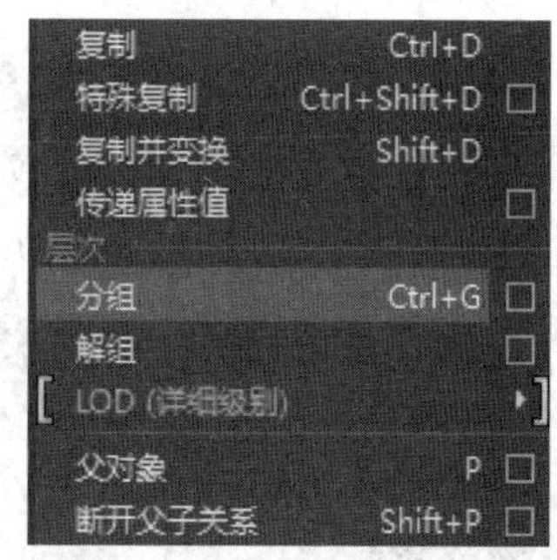

图 1-1-88 “分组”命令

所有几何体将被放置在同一个组之中（组名将自动生成为“group1”）（图 1-1-89），可以同时对所有几何体进行操作（图 1-1-90）。

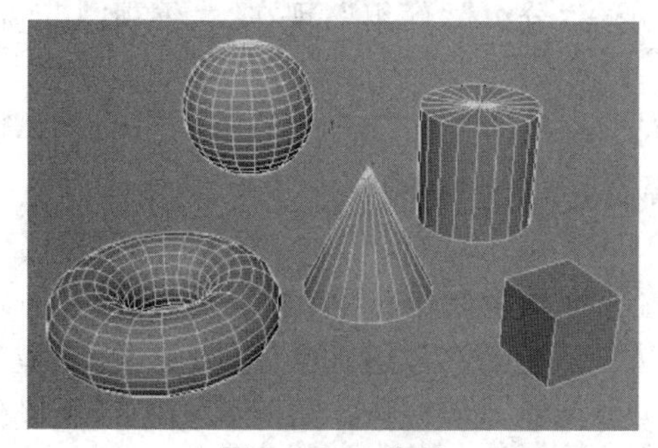

图 1-1-89 分组

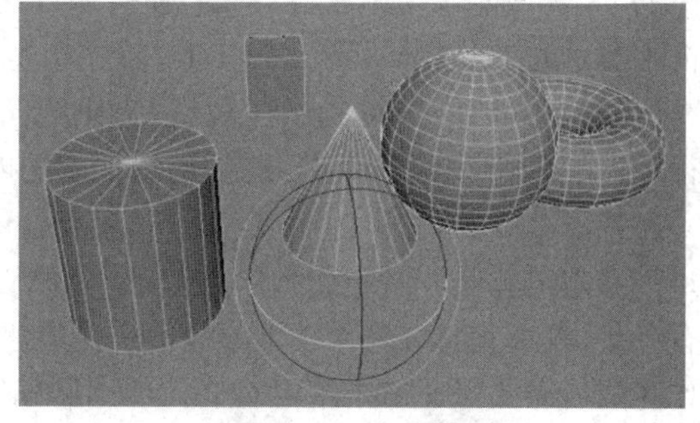

图 1-1-90 旋转

分组后，也可以单独对一个物体进行操作，只要选中一个物体进行操作即可（图 1-1-91）。如果想要对组级别进行选择，先选中组中的一个物体，单击“↑”键，便可从物体级别进入组级别（图 1-1-92）。

图 1-1-91　移动

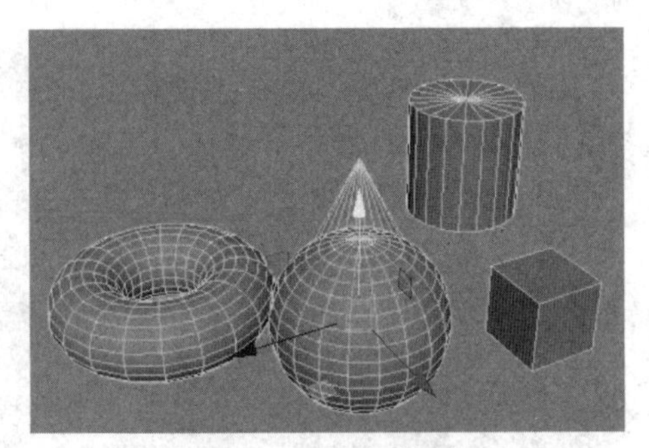
图 1-1-92　组级别

分组后如果需要将组解散恢复物体级别，先选择该组，再选择“菜单栏”中的“编辑”→“解组”命令（图 1-1-93），几何体将恢复成物体级别，每个物体都是单独的一个级别（图 1-1-94）。

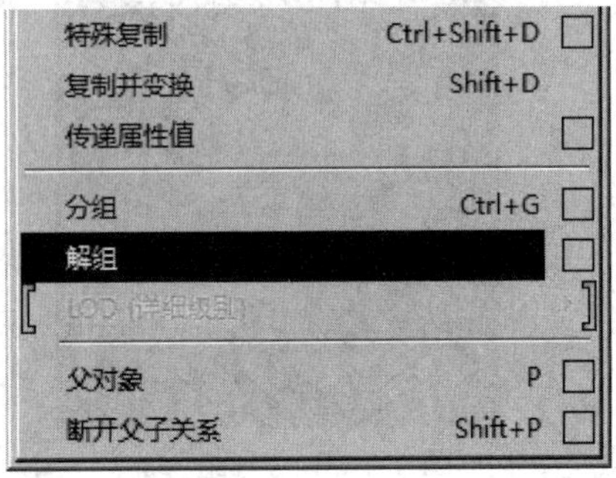

特殊复制　Ctrl+Shift+D
复制并变换　Shift+D
传递属性值
分组　Ctrl+G
解组
LOD (详细级别)
父对象　P
断开父子关系　Shift+P

图 1-1-93　解组

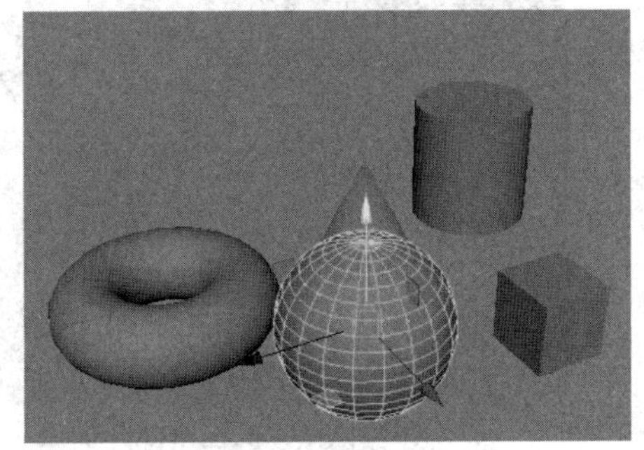
图 1-1-94　物体级别

也可以选择“菜单栏”中的“窗口”→“大纲视图”命令（图 1-1-95）或者点击“工具栏”中的“显示或隐藏大纲视图”，便可通过列表观察“分组”“解组”，现在“大纲视图”对话框中显示的是“物体级别”（图 1-1-96）。

将物体进行“分组”设置，观察“大纲视图”对话框中的内容显示（图 1-1-97），将物体进行“解组”设置，观察“大纲视图”对话框中的内容显示（图 1-1-98）。

7. 布尔运算

布尔运算是一种逻辑数学计算法，MAYA 经常在模型制作的环节中使用，其运算方式有并集、差集、交集，是一种十分简便快捷的建模方法。但是布尔运算也有不足之处，模型制作完成后需要保证拓扑结构的整齐，使用布尔运算建模很难保证拓扑结构不被破坏，所以使用布尔运算建模，在后期需要完成大量工作对拓扑结构进行修补，以确保拓扑结构的整齐。在模型制作过程中是否使用布尔运算，就要根据实际情况决定了。布尔运算使用十分简单，将两个物体相交放置，再选择不同的布尔运算方式，就可以制作出各种模型效果。

例如，在操作界面中创建立方体、圆柱体，将两个物体相交摆放，先选择立方体，再选择圆柱体（图 1-1-99），选择“菜单栏”中的“网格”→“布尔”命令（图 1-1-100）。

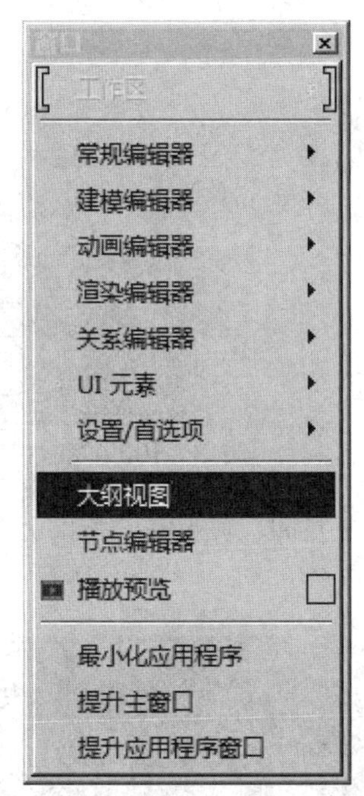

图 1-1-95　选择“大纲视图”命令

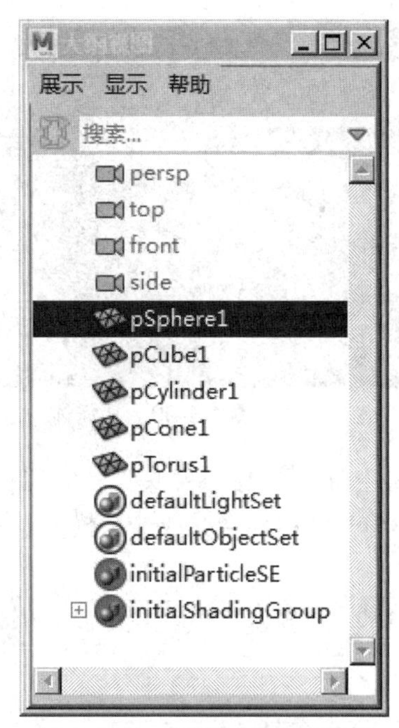

图 1-1-96　“大纲视图”对话框

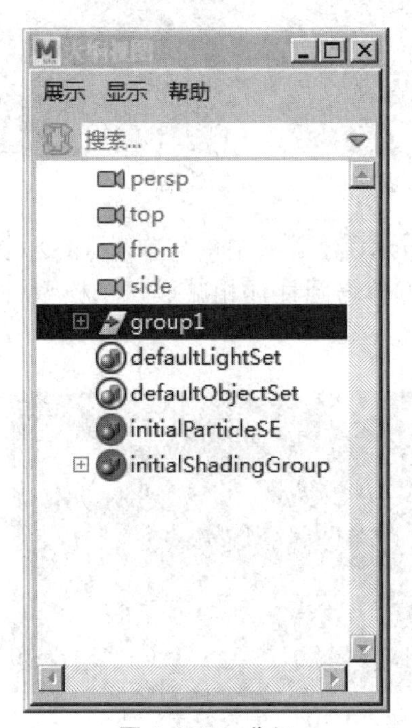

图 1-1-97　分组

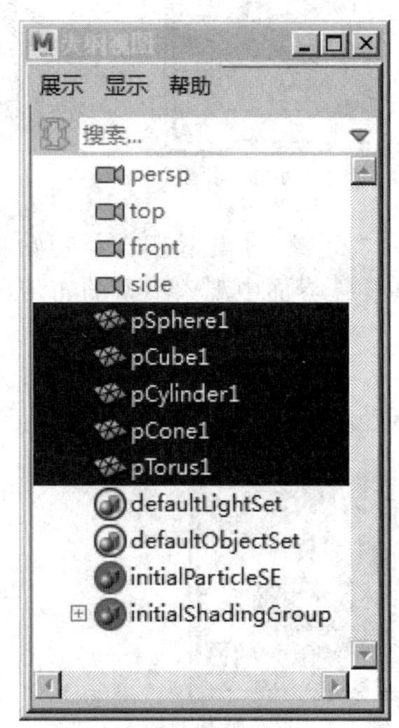

图 1-1-98　解组

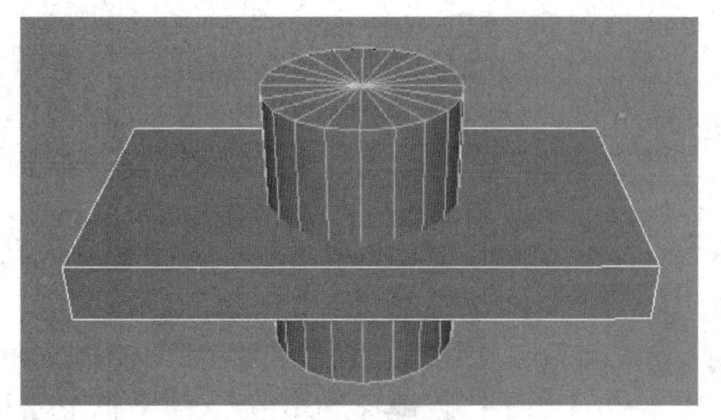

图 1-1-99 几何体

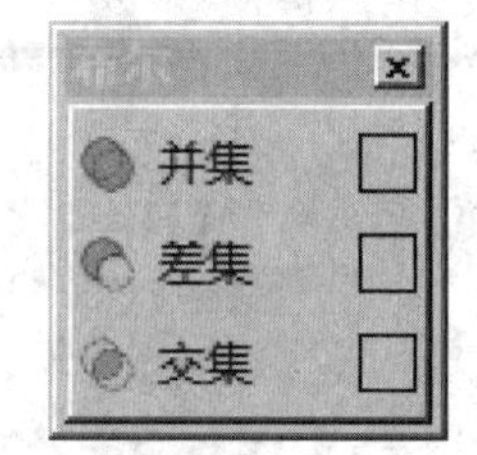

图 1-1-100 “布尔”对话框

点击“布尔”中的“并集”命令(图 1-1-101),在“操作界面”中观察模型的布尔运算效果,立方体与圆柱体合并成一个模型(图 1-1-102)。

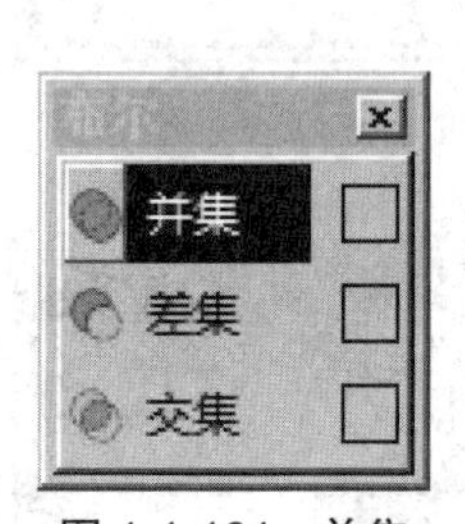

图 1-1-101 并集

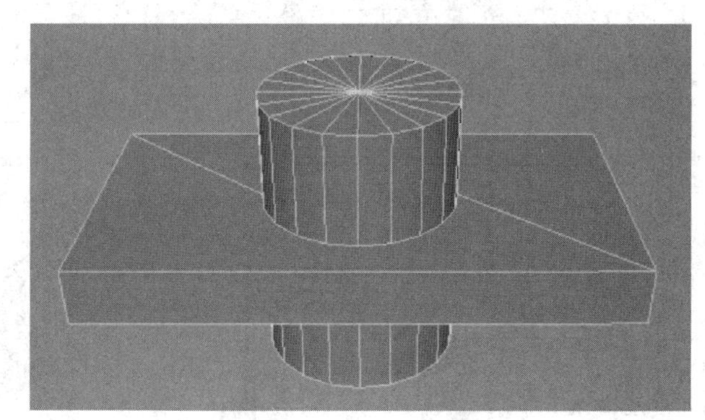

图 1-1-102 并集效果

单击“Z”键,将模型恢复至初始状态,点击“布尔”对话框中的“差集”命令(图 1-1-103),在操作界面中观察模型的布尔运算效果,立方体与圆柱体相减成一个模型(图 1-1-104)。

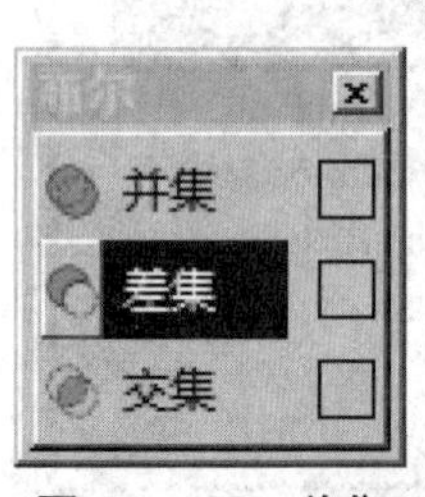

图 1-1-103 差集

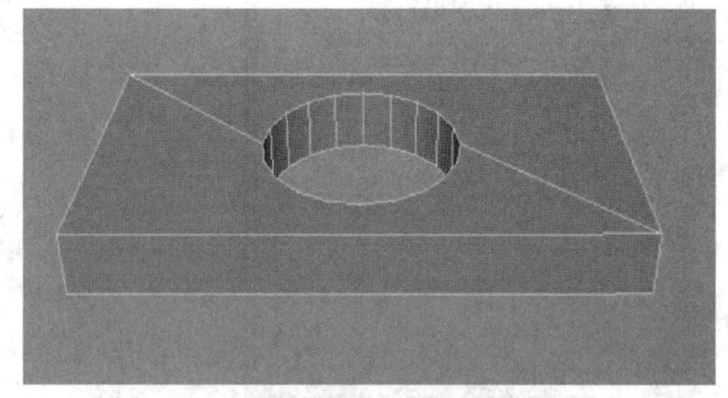

图 1-1-104 差集效果

单击“Z”键,将模型恢复至初始状态,点击“布尔”对话框中“交集”命令(图 1-1-105),在操作界面中观察模型的布尔运算效果,立方体与圆柱体相交成一个模型(图 1-1-106)。

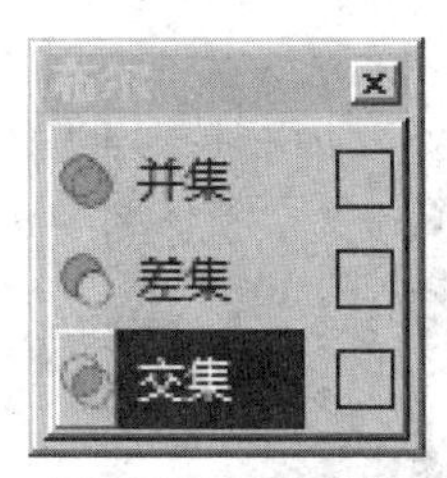

图 1-1-105　交集

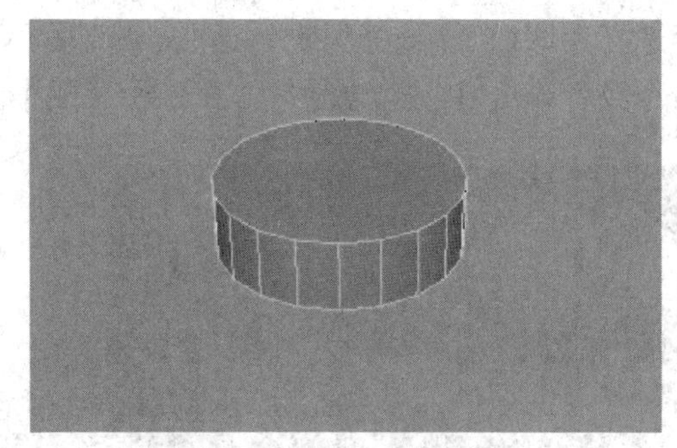

图 1-1-106　交集效果

8. 父子关系

父子关系是指一个物体（子级别物体）跟随另一个物体（父级别物体）进行“位移”“旋转”“缩放”的运动，特别是在动画制作的环节中，经常会使用“父子关系”。由于“父子关系”的物体级别简单、实用，所以在运动设置、骨骼绑定时可以起到不可替代的作用。

例如，在操作界面中创建一个球体（图 1-1-107），在“通道盒 / 层编辑器”的“缩放 X”“缩放 Y”“缩放 Z”项中输入“1.2”（图 1-1-108）

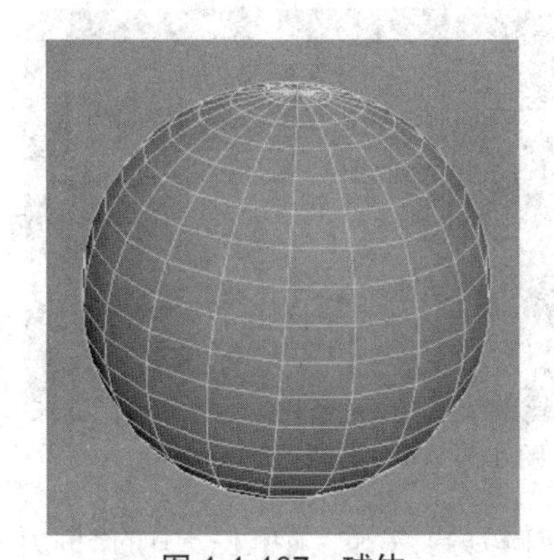

图 1-1-107　球体

pSphere1	
平移 X	0
平移 Y	0
平移 Z	0
旋转 X	0
旋转 Y	0
旋转 Z	0
缩放 X	1.2
缩放 Y	1.2
缩放 Z	1.2
可见性	启用

图 1-1-108　缩放值

再次创建一个球体，在“通道盒 / 层编辑器”的“缩放 X”“缩放 Y”“缩放 Z”项中输入“0.8”（图 1-1-109），在操作界面中观察效果（图 1-1-110）。

pSphere1	
平移 X	0
平移 Y	0
平移 Z	0
旋转 X	0
旋转 Y	0
旋转 Z	0
缩放 X	0.8
缩放 Y	0.8
缩放 Z	0.8
可见性	启用

图 1-1-109　缩放值

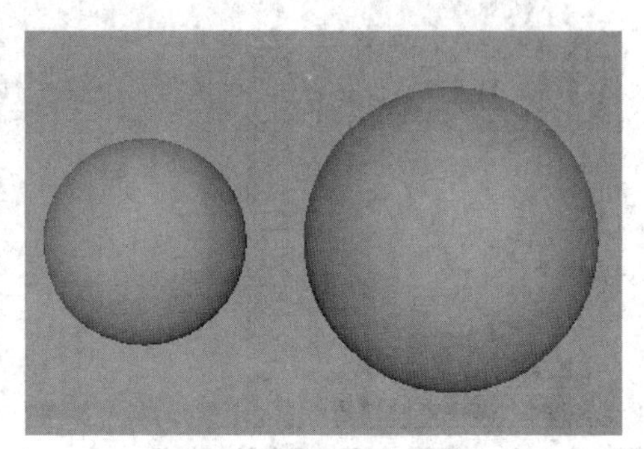

图 1-1-110　两个球体

现在需要让小球跟随大球一起进行运动。先选择小球（先被选择的物体是“子级别物体”)，再选择大球(后被选择的物体是“父级别物体”)(图 1-1-111)，选择“菜单栏”中的“父对象”命令或者单击“P”键，创建“父子关系”(图 1-1-112)。

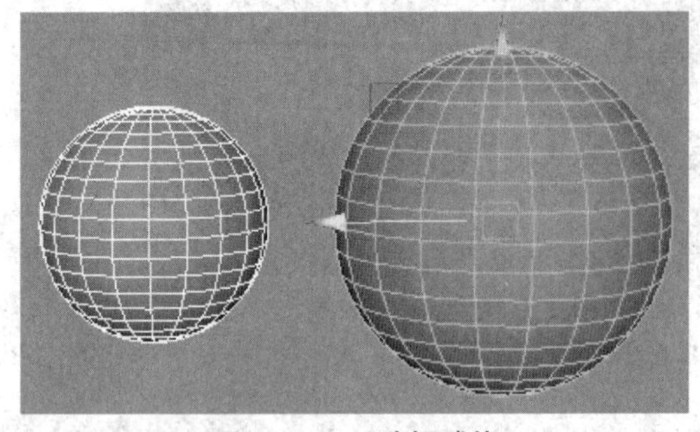

图 1-1-111 选择球体

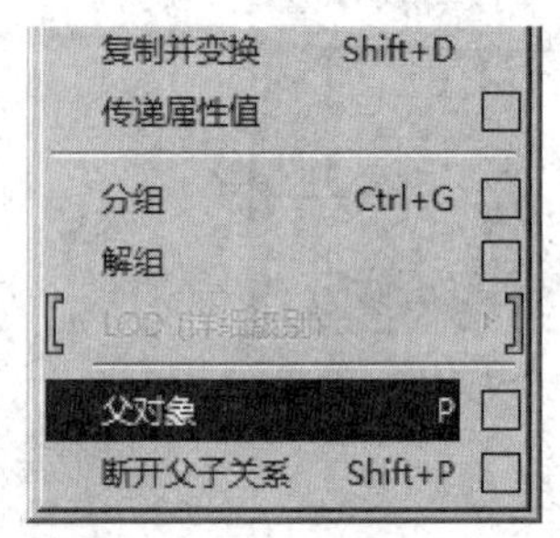

图 1-1-112 “父对象”命令

此时“父子关系”创建完成，只需要对“大球”进行“移动”“旋转”“缩放”等操作，“小球”就会自动跟随一起运动(图 1-1-113)。如果对“小球”进行“移动”“旋转”“缩放”等操作，则不会影响到“大球”(图 1-1-114)。

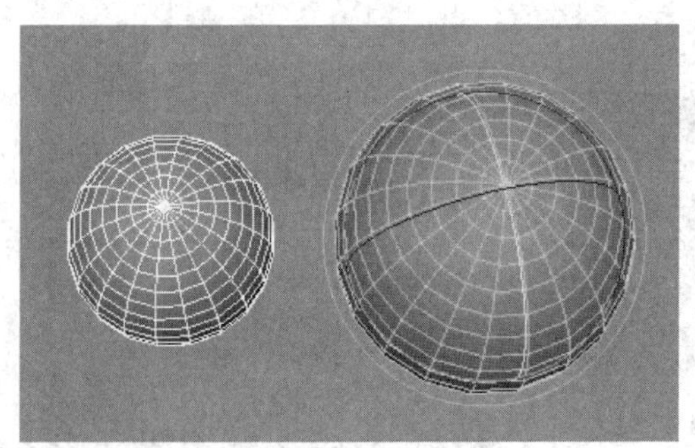

图 1-1-113 父子关系

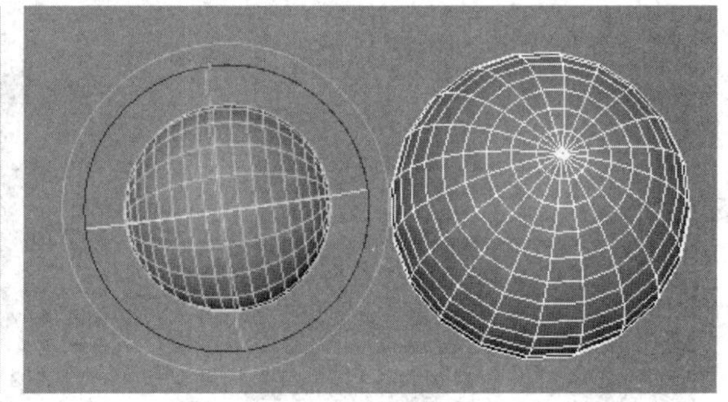

图 1-1-114 小球运动

如果需要取消“父子关系”，先选择“小球”(子级别物体)，再选择“菜单栏”中的“断开父子关系”命令(图 1-1-115)或者点击“Shift+P”键，“父子关系”被取消，两个球体之间没有任何联系，运动时也不会相互产生影响(图 1-1-116)。

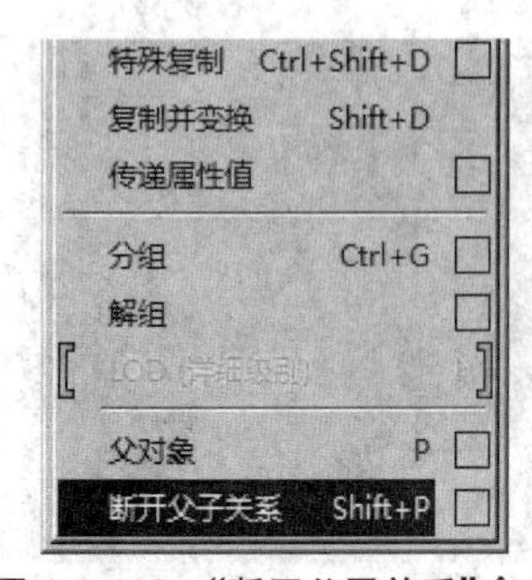

图 1-1-115 “断开父子关系”命令

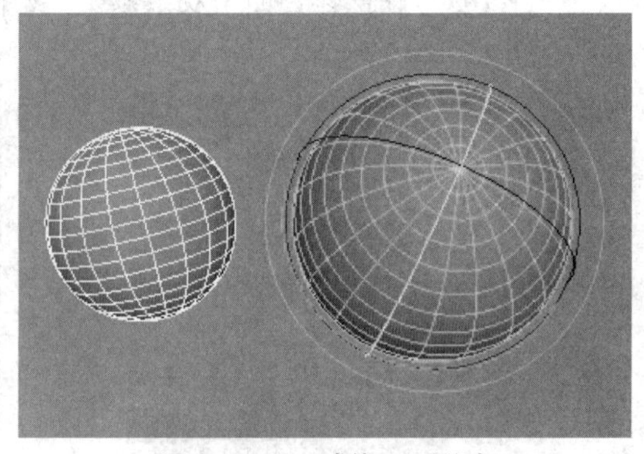

图 1-1-116 球体互不影响

在“大纲视图”对话框中观察两个球体创建“父子关系”的显示(图 1-1-117)，观察两个球体取消“父子关系”的显示（图 1-1-118）。

图 1-1-117 创建“父子关系”

图 1-1-118 取消“父子关系”

1.2 多边形建模

多边形建模又称作 Polygon 建模，在许多三维软件中是一种重要的建模方式。多边形建模的技术相对简单，容易理解和掌握，但这并不意味着多边形建模不能制作复杂模型，相反多边形建模可以把复杂模型的制作简单化，越是关系结构复杂的模型，越能体现其优势。

多边形建模是将三维空间中的点相连形成一个封闭的空间，也就是多边形的面。如果将若干个这种多边形的面组合在一起，相邻面都有一条公共边，这是多边形的边，其制作特点就是通过调节模型拓扑结构上的点、线、面来塑造物体模型，而且在使用的过程中，可以很直观地对物体进行修改调节以观察效果。

1.2.1 多边形建模的点、线、面

多边形建模之所以能够成为一种常用、实用的建模方法，其中点、线、面起到的作用功不可没。通过调节点、线、面，可以自由地编辑模型的造型效果，也可以轻松驾驭细节丰富、烦琐复杂的模型。在多边形建模中，点、线、面是以子级别身份存在的，在点、线、面 3 个子级别之上，还有一个“物体级别”（就是物体本身），也就是说，在操作过程中，使用点、线、面调节后或者对物体本身进行操作后，需要变换到“物体级别”。

例如，在操作界面创建一个球体，将鼠标光标放置在球体上，单击鼠标右键弹出快捷菜单，选择“顶点”命令或者单击“F9”键（图 1-2-1），观察操作界面中球体的变化（黄色的点代表被选择的点）（图 1-2-2）。

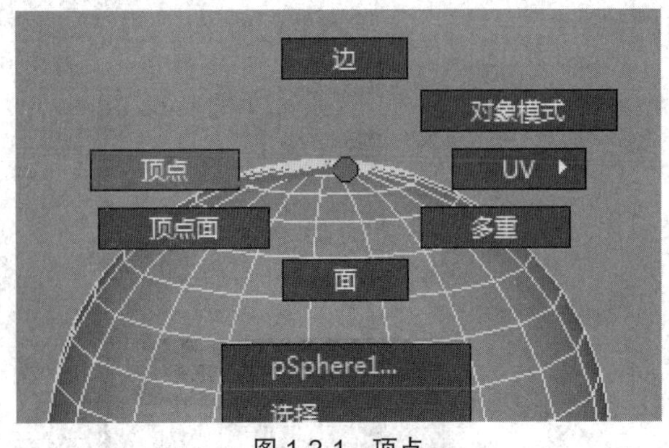

图 1-2-1　顶点

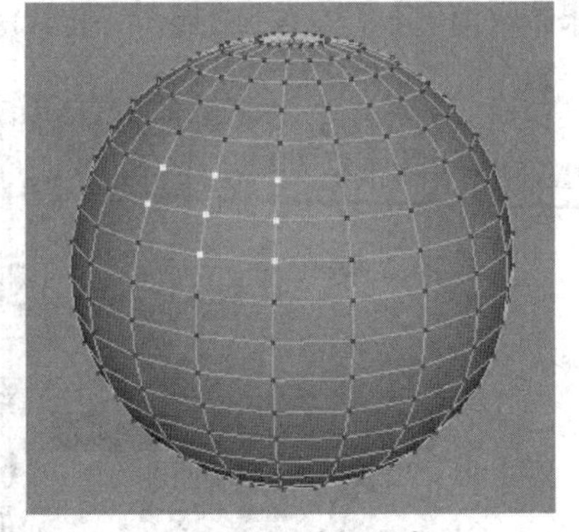
图 1-2-2　选择顶点

将鼠标光标放置在球体上，单击鼠标右键出现快捷菜单对话框，选择“边”命令或者单击“F10”键（图 1-2-3），观察操作界面中球体的变化（橘色的线代表被选择的边）（图 1-2-4）。

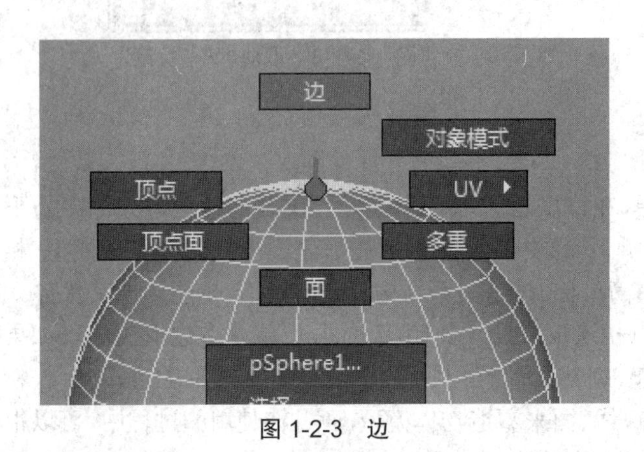

图 1-2-3　边

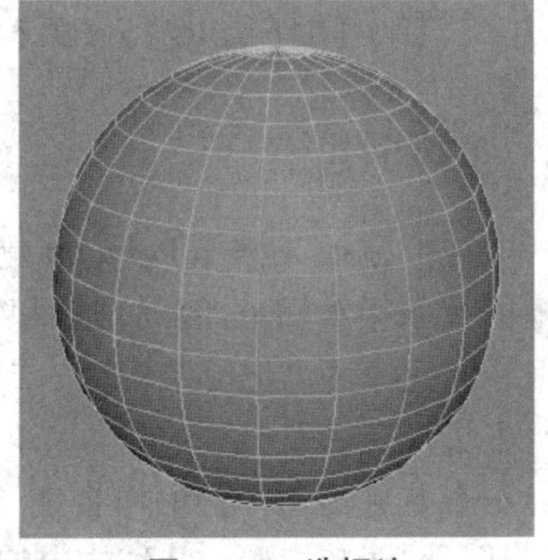
图 1-2-4　选择边

将鼠标光标放置在球体上，单击鼠标右键出现快捷菜单对话框，选择“面”或者单击“F11”键（图 1-2-5），观察操作界面中球体的变化（橘色的面代表被选择的面）（图 1-2-6）。

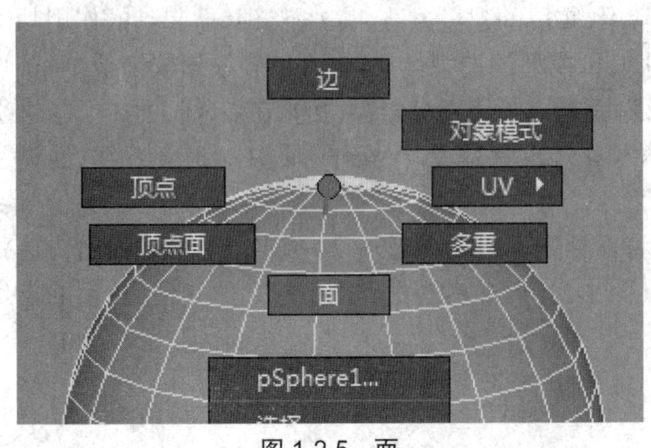

图 1-2-5　面

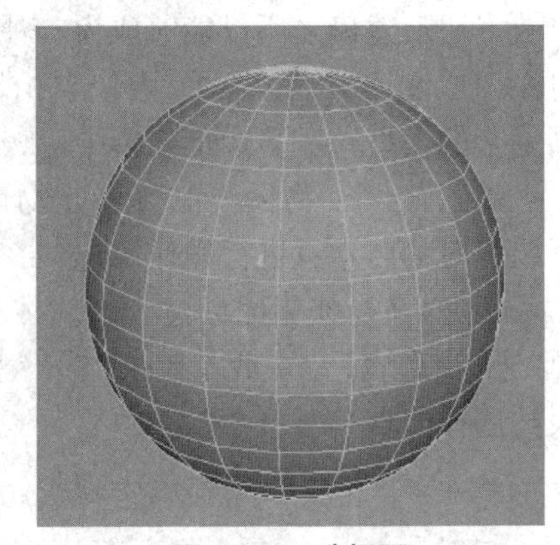
图 1-2-6　选择面

将鼠标光标放置在球体上，单击鼠标右键出现快捷菜单对话框，选择“对象模式”（物体级别）命令或者单击“F8”键（图 1-2-7），观察操作界面中球体的变化（物体呈绿色高亮显示代表被选择）（图 1-2-8）。

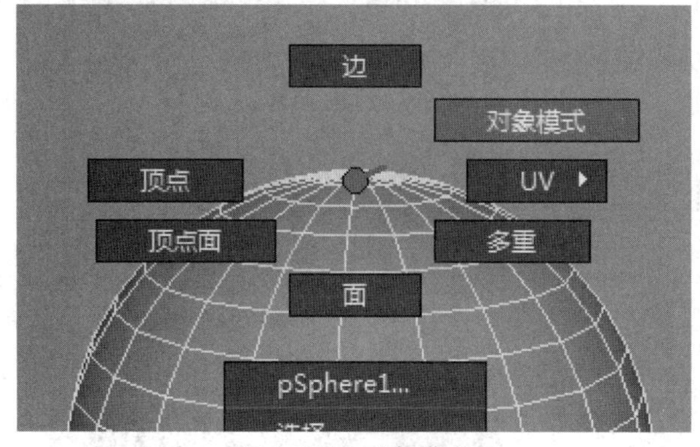

图 1-2-7 对象模式

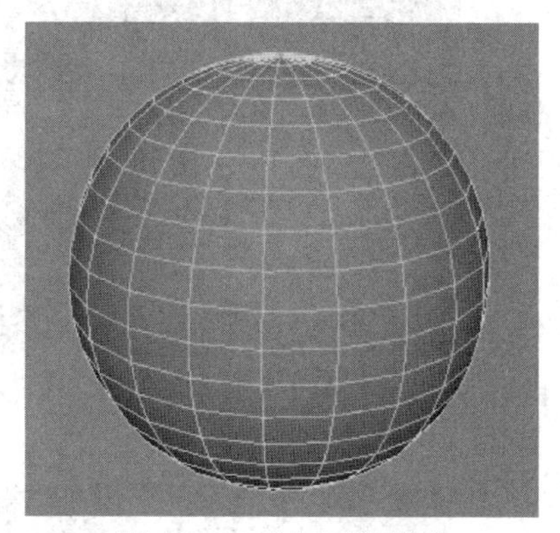
图 1-2-8 选择对象模式

当选择“点”“线”“面”或者选择“对象”后，都可以使用“移动”“旋转”“缩放”等命令进行操作。选择“点”级别后，以“缩放工具”为例进行操作，观察球体的变化（图 1-2-9）。选择“线”级别后，以“缩放工具”为例进行操作，观察球体的变化（图 1-2-10）。选择“面”级别后，以“缩放工具”为例进行操作，观察球体的变化（图 1-2-11）。

选择“对象模式”后，以“缩放工具”为例进行“Y 轴”缩放操作，观察球体变化（图 1-2-12）。

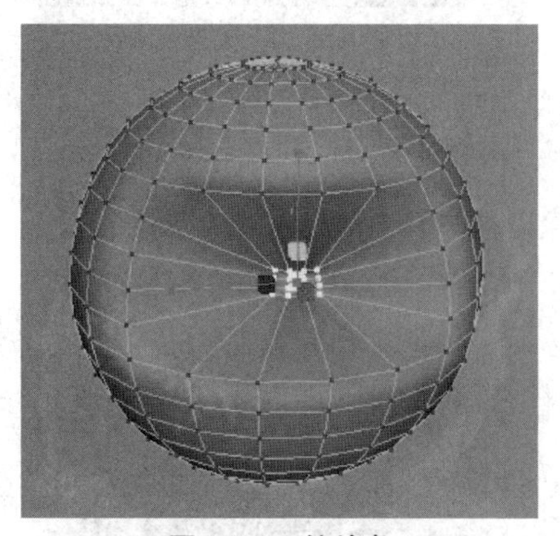
图 1-2-9 缩放点

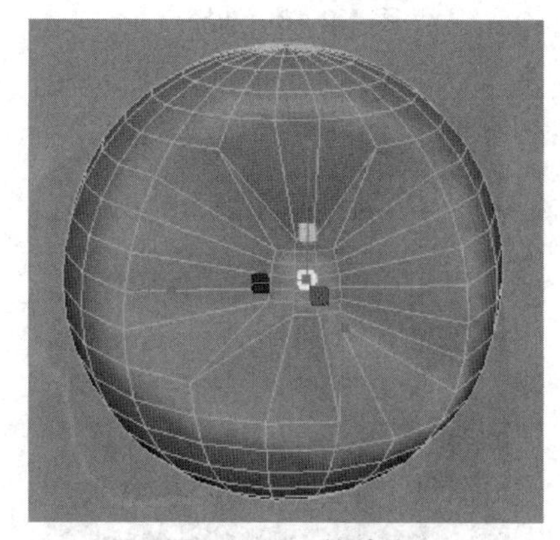
图 1-2-10 缩放线

很多时候，对“点”“线”“面”进行选择后，或多或少需要对选择的部分进行增减，这里就涉及一些技巧。以选择“顶点”为例，当选择部分“点”后，需要继续加选“点”（图 1-2-13），可以按住“Shift”键单击鼠标左键选择要加选的“点”（图 1-2-14）。

选择完成后，松开“Shift”键观察效果（图 1-2-15），当需要减选“点”时，按住“Ctrl”键，单击鼠标左键选择需要减选的“点”（图 1-2-16）。

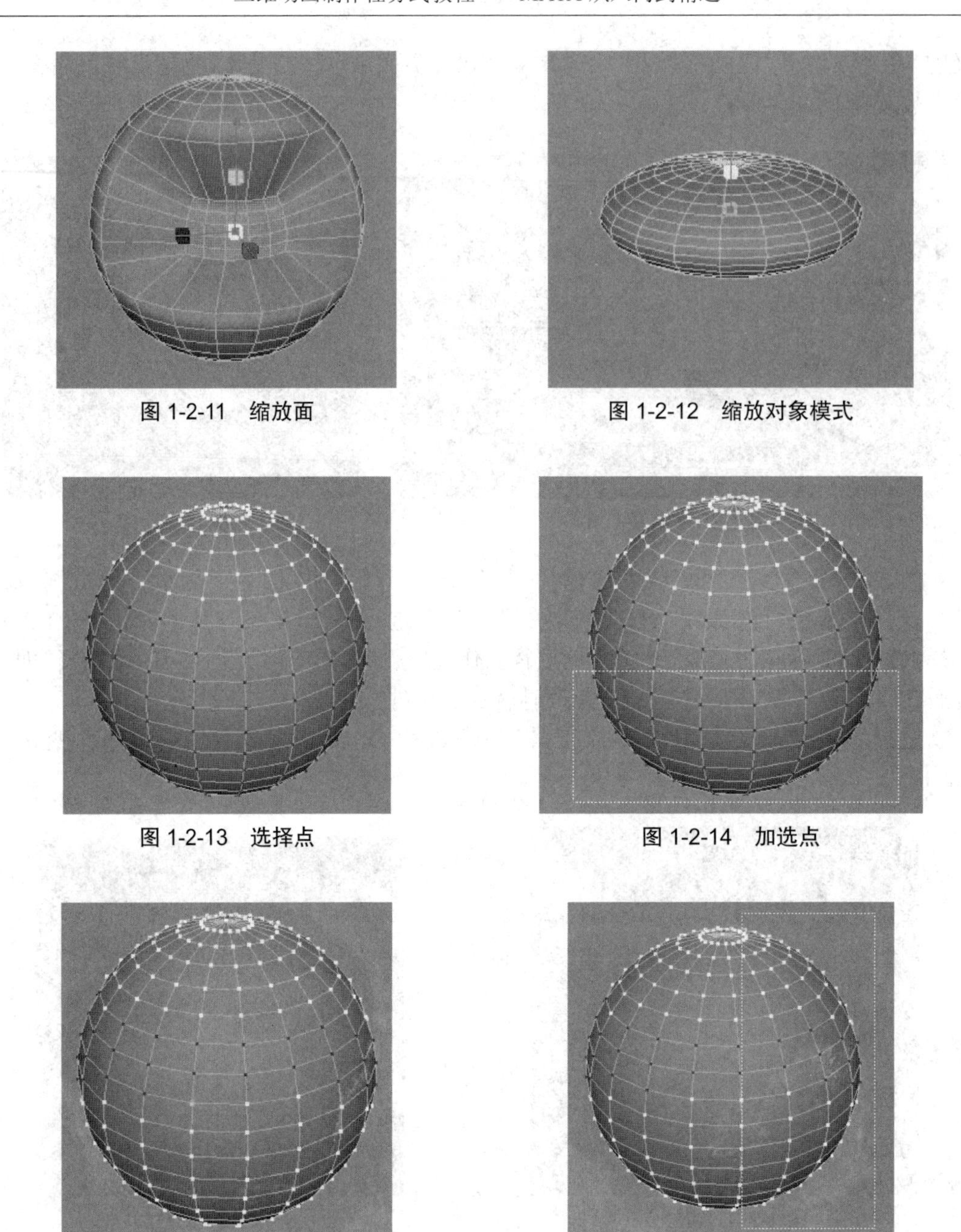

图 1-2-11　缩放面

图 1-2-12　缩放对象模式

图 1-2-13　选择点

图 1-2-14　加选点

图 1-2-15　加选点后的效果

图 1-2-16　减选点

选择完成后，松开“Ctrl”键观察效果（图 1-2-17）。如果需要“反选”，按住“Shift”键进行选择即可。现在球体上选择的“点”是不需要的，而其余未被选中的“点”是需要的，此时就可以利用“反选”进行选择，会更加方便快捷（图 1-2-18）。

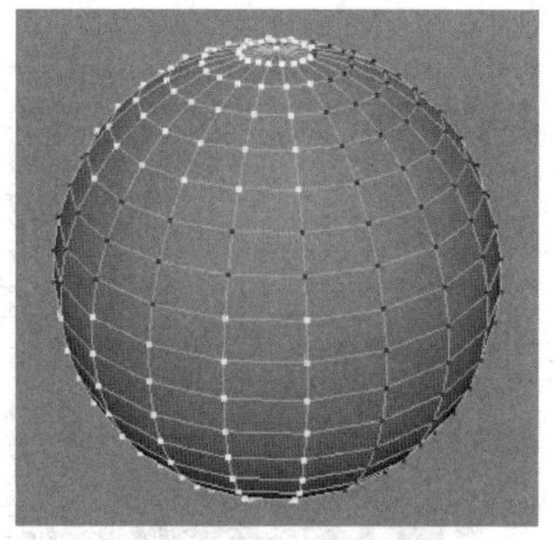

图 1-2-17　减选点后的效果

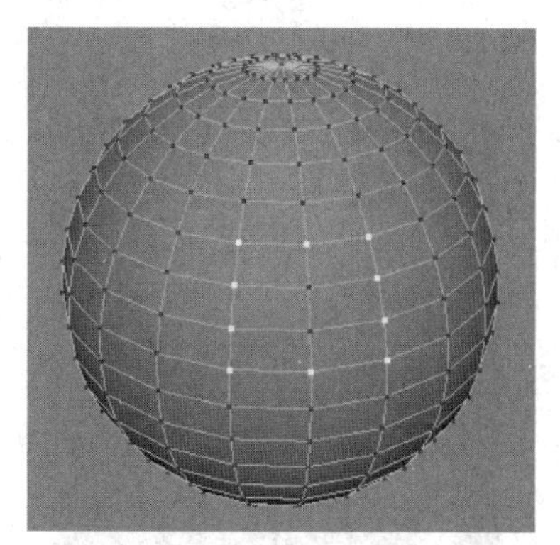

图 1-2-18　用“反选”减选点

按住“Shift”键选择全部的“点”(图 1-2-19),选择完成后,松开鼠标左键观察效果(图 1-2-20)。

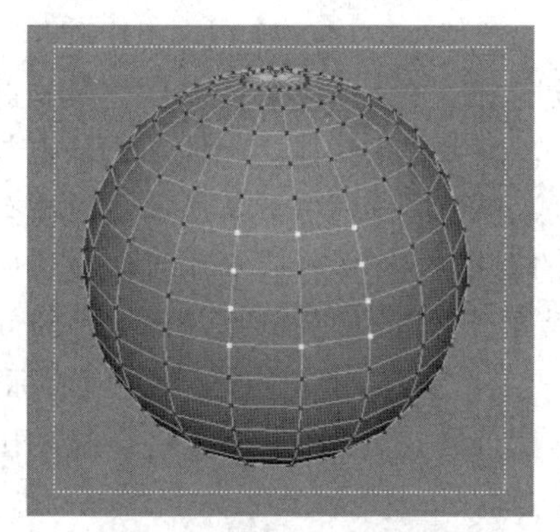

图 1-2-19　选择全部点

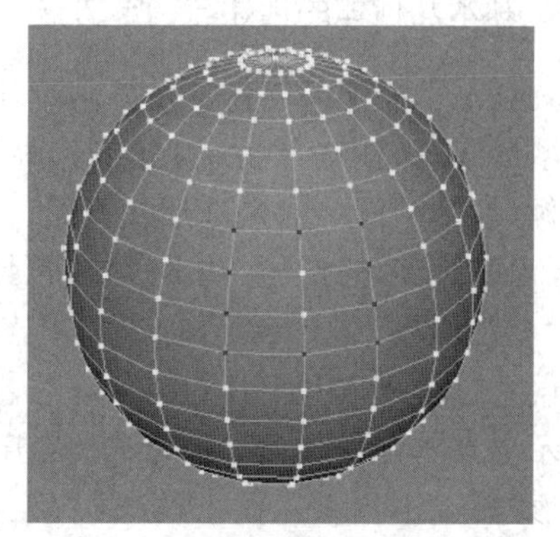

图 1-2-20　反选效果

“点”级别与“线”级别可以通过“↑”“↓”“←”“→”键进行选择。观察“点”级别效果(图 1-2-21),观察“线”级别效果(图 1-2-22)。

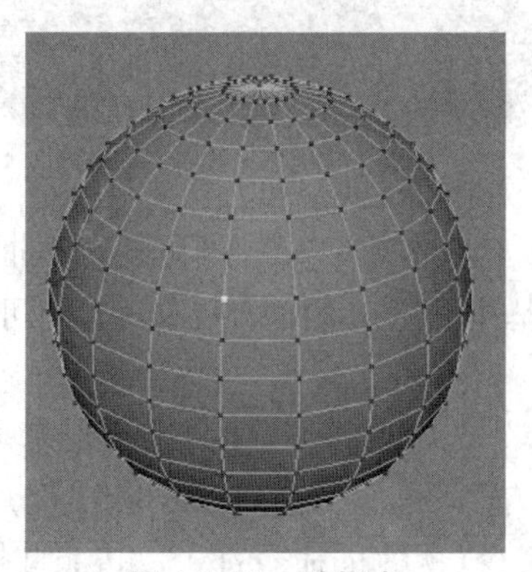

图 1-2-21　选择点

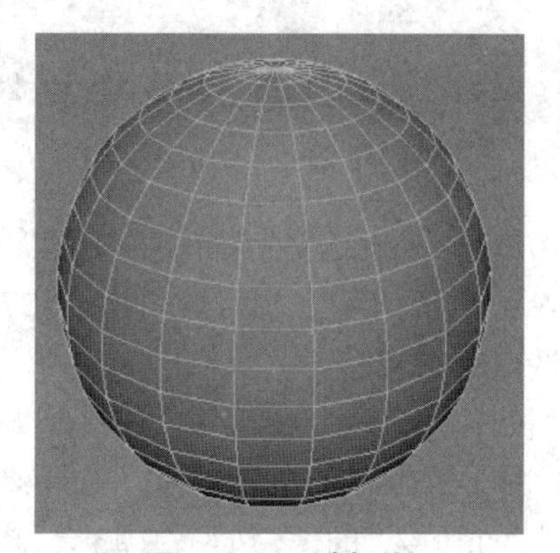

图 1-2-22　选择线

在 MAYA 中进行操作,随着制作的深入,使用的命令会越来越多,这样就会产生一个问题,鼠标的光标图形会发生变化,虽然不是错误,但是对于选择“点”“线”“面”等元素会造成很多麻烦(图 1-2-23)。选择“工具箱”中的“选择工具”或者按“Q”键,即可将鼠标光标图形恢复正常(图 1-2-24)。

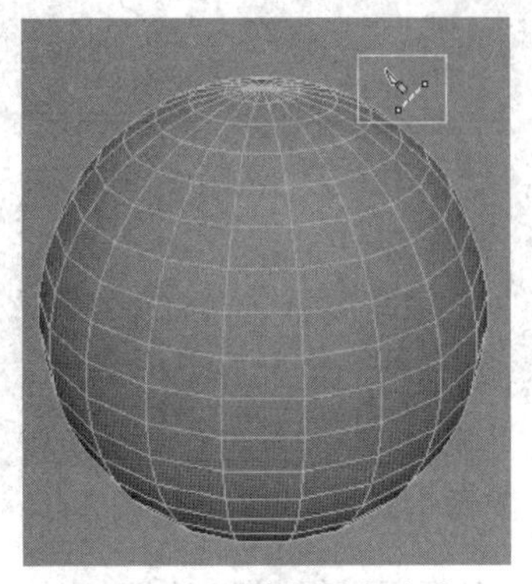

图 1-2-23 鼠标光标变化

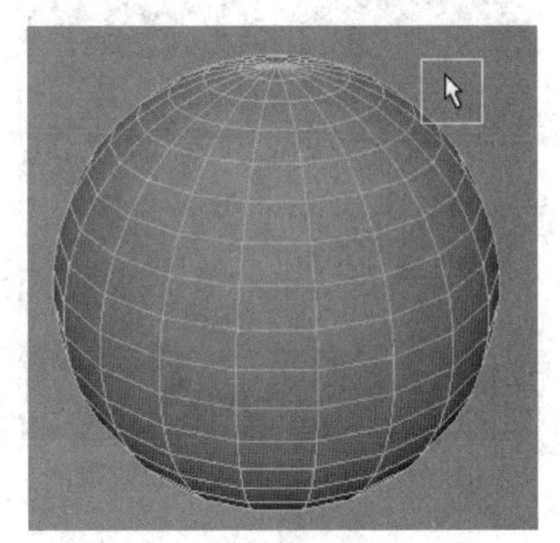

图 1-2-24 光标圆形恢复正常

1.2.2 基本几何体的创建与调节方法

MAYA 中模型的制作都是从基本几何体开始创建的,多边形模型的制作更是如此。无论模型最终效果多么复杂,开始制作时都是从最简单的基本几何体做起的。这一点与素描十分像,都是从简单的基础形状开始,直至作品完成。MAYA 中的不同基本几何体有不同属性,可以对其进行一些基本设定,包括点、线、面的数量(注意,对基本几何体设置属性时是对"物体级别"进行调节,如果先对点、线、面进行调节,再设置基本几何体属性时就会出现错误),创建基本几何体有两种方法,第一种方法是在"工具架"上点击"多边形"标签,将会显示出基本几何体(图 1-2-25),点击相应的基本几何体,在操作界面上将会显示出几何体图形(图 1-2-26)。

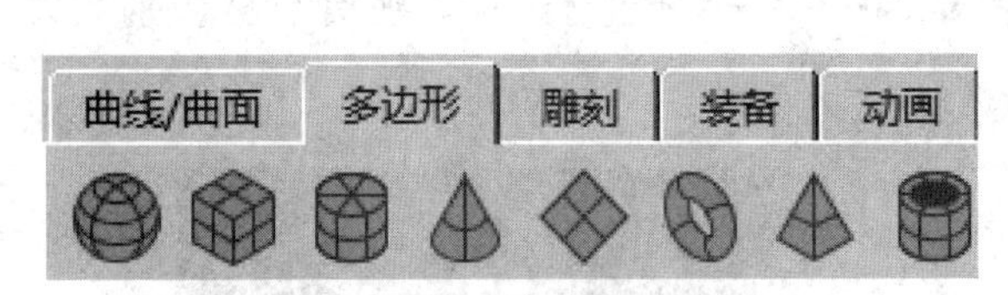

图 1-2-25 "多边形"标签

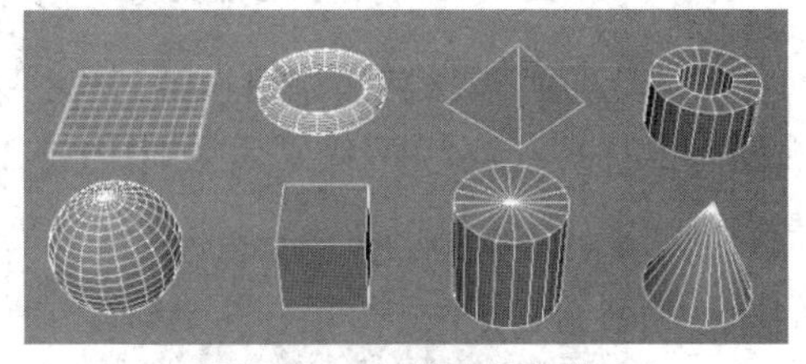

图 1-2-26 基本几何体

第二种方法,选择"菜单栏"中的"创建"→"多边形基本体"命令,弹出的对话框中包含 MAYA 中全部的基本几何体(图 1-2-27),点击每个基本几何体后面的小方块,便可以调节其属性(图 1-2-28)。

"棱柱""管道""螺旋线""足球""柏拉图多面体"只在"菜单栏"的"多边形基本体"中显示(图 1-2-29),如果需要在"工具架"中显示"足球"图标,按住"Ctrl+Shift"键点击"足球",在"工具架"的"多边形"中就会显示出"足球"命令(所有的命令都可以按照此操作,放置在"工具架"中)(图 1-2-30)。

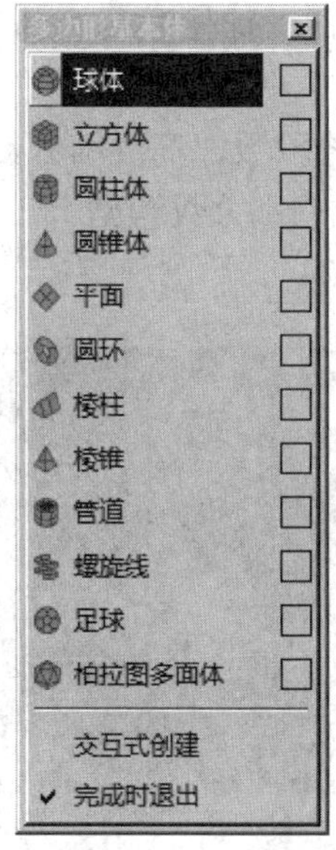

图 1-2-27 基本几何体

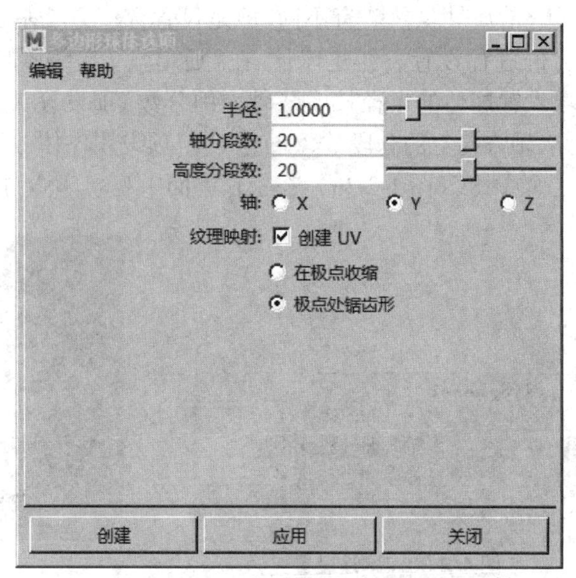

图 1-2-28 “多边形属性选项”对话框

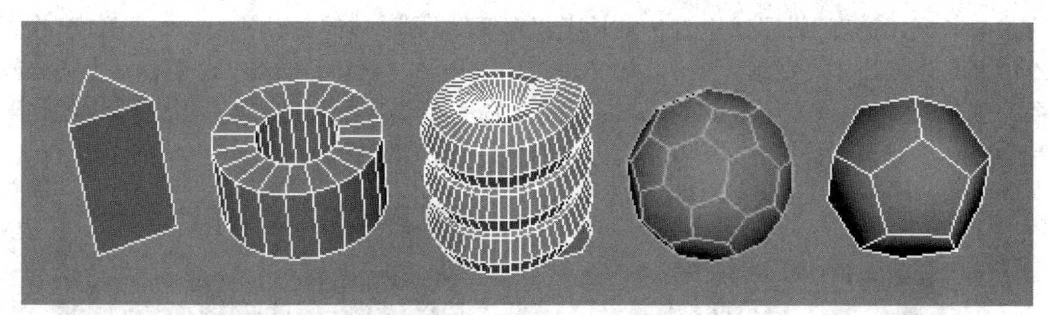

图 1-2-29 多边形基本体

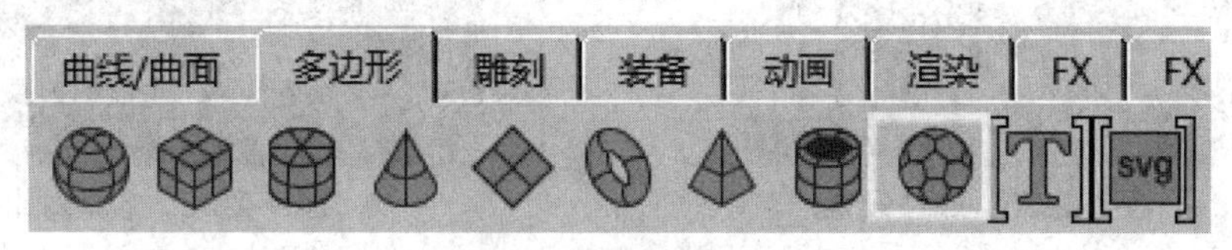

图 1-2-30 足球

如果需要在“工具架”中删除“足球”命令图标，按住鼠标右键点击“足球”命令图标，选择“删除”命令（图 1-2-31），“工具架”中将不再显示“足球”命令图标（图 1-2-32）。

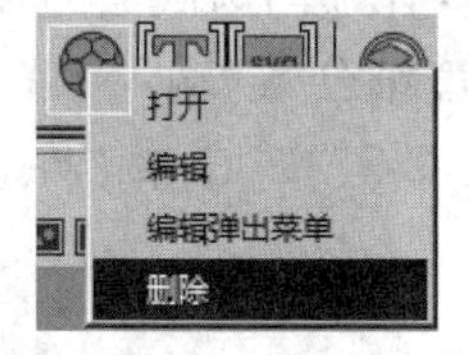

图 1-2-31 “删除”命令

图 1-2-32 不再显示“足球”命令图标

在“通道盒 / 层编辑器”的“输入”中也可以对“多边形基本体”进行属性设置。“多边形基本体”的属性虽然略有不同，但是设置数值方法基本相同。下面以“球体”“立方体”“圆柱”为例进行设置。创建球体，在“通道盒 / 层编辑器”的“输入”中调节属性。其中，“半径”项设置球体的半径长度、“轴向细分数”项设置 X 轴方向上的分段数、“高度细分数”项设置 Y 轴方向上的分段数、“创建 UV”项设置球体 UV 样式，在“轴向细分数”与“高度细分数”处输入“8”（图 1-2-33），在操作界面中观察球体的变化（图 1-2-34）。

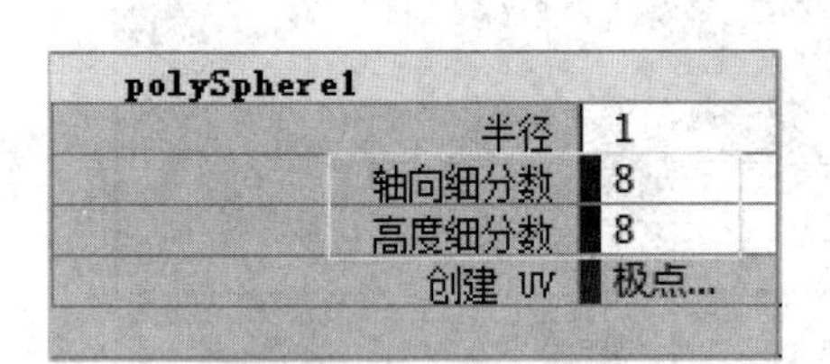

图 1-2-33　属性设置

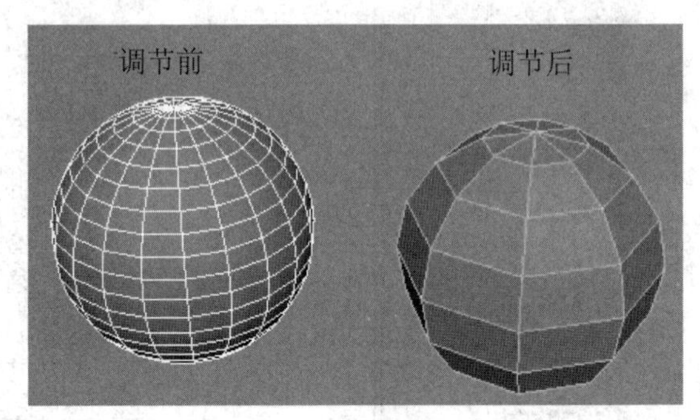

图 1-2-34　效果对比

创建立方体，在“通道盒 / 层编辑器”的“输入”中调节属性。其中，“宽度”项设置球体的 X 轴长度、“高度”设置球体的 Y 轴长度、“深度”设置球体的 Z 轴长度、“细分宽度”设置 X 轴上的分段数、“高度细分数”设置 Y 轴上的分段数、“深度细分数”设置 Z 轴上的分段数、“创建 UV”设置立方体 UV 样式，在“细分宽度”“高度细分数”“深度细分数”处输入“3”（图 1-2-35），在操作界面中观察立方体的变化（图 1-2-36）。

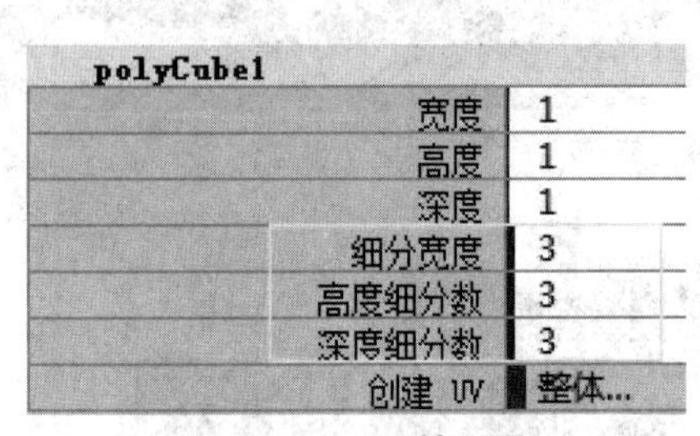

图 1-2-35　属性设置

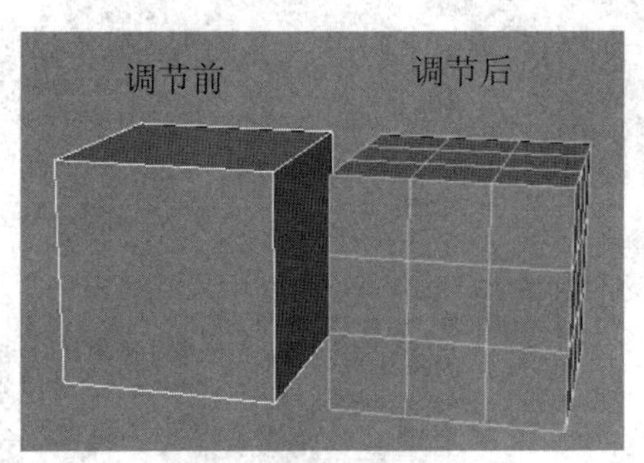

图 1-2-36　效果对比

创建圆柱体，在“通道盒 / 层编辑器”的“输入”中调节属性。其中，“半径”设置圆柱体的半径长度、“高度”设置圆柱体的 Y 轴长度、“轴向细分数”设置圆柱体 X 轴上的分段数、“高度细分数”设置圆柱体 Y 轴上的分段数、“端面细分数”设置圆柱体顶面与底面的分段数、“创建 UV”设置立方体 UV 样式、“圆形端面”设置圆柱体顶面与底面的样式。“半径”输入“0.5”、“高度”输入“2”、“轴向细分数”输入“8”、“高度细分数”输入“4”、“圆形端面”设置“启用”（输入“1”是“启用”、输入“0”是“禁用”）（图 1-2-37）。在操作界面中观察圆柱体的变化（图 1-2-38）。

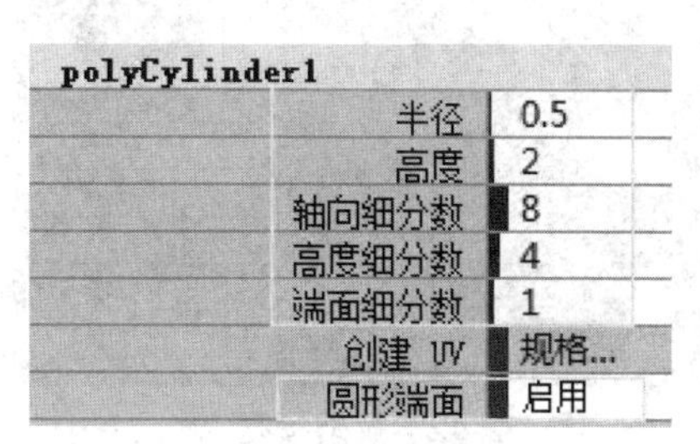
polyCylinder1

半径	0.5
高度	2
轴向细分数	8
高度细分数	4
端面细分数	1
创建 UV	规格...
圆形端面	启用

图 1-2-37　属性设置

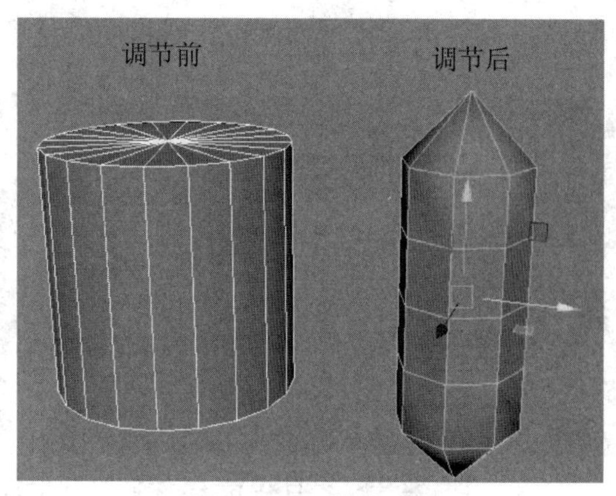

图 1-2-38　效果对比

1.2.3　常用的建模命令

多边形的建模命令多位于菜单栏中的“网格”→“编辑网格”→“网格工具”内，下面将针对这些 MAYA 建模的常用命令进行学习。首先进行“网格”中常用建模命令的学习。

1. 结合

可以将两个或两个以上的多边形模型结合成为一个（但是并不意味模型的点、线、面是相互连接的）。

（1）在“操作界面”中创建“球体”与“立方体”，同时进行选择（注意，此时被选择的两个模型颜色不同）（图 1-2-39）。选择“菜单栏”中的“网格”→“结合”命令（图 1-2-40）。

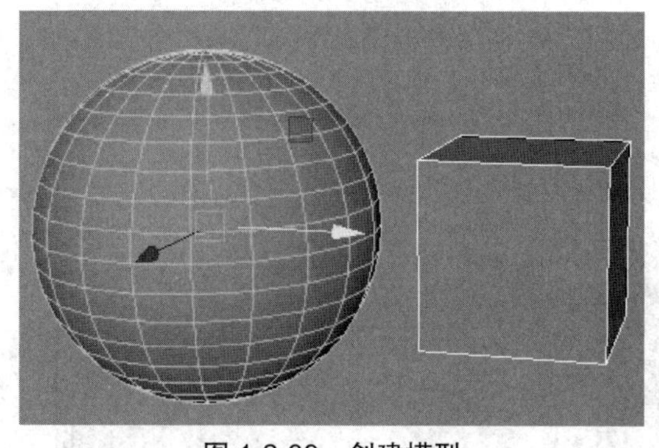
图 1-2-39　创建模型

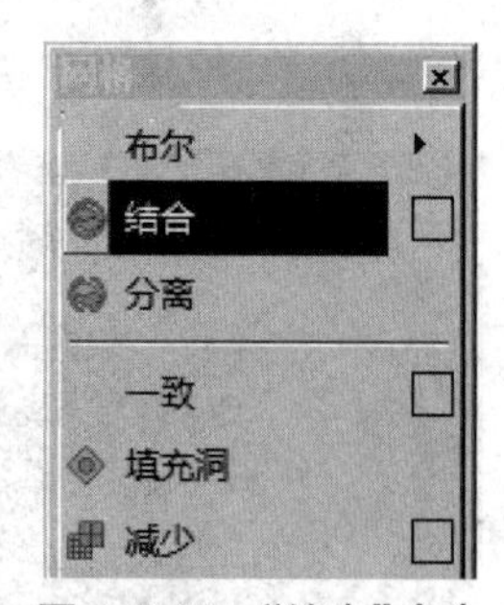

图 1-2-40　“结合”命令

（2）“球体”与“立方体”的颜色统一（呈绿色高亮显示，移动图标显示在两个模型中间位置），两个模型之间虽然没有点、线、面的连接，但是在属性上已经是一个模型了（图 1-2-41）。旋转模型将以两者中心位置为轴进行（图 1-2-42）。

（3）点击“结合”命令右侧的方块（图 1-2-43），打开“结合选项”对话框（图 1-2-44）。其中“合并 UV 集”项包含“不合并”（对合并模型的 UV 集不进行合并）、“按名称合并”（依照合并模型的名称进行合并）、“按 UV 链接合并”（依照合并模型的 UV 链接进行合并）、“合并蒙皮”（决定是否使用以前的权重绑定蒙皮）；“枢纽位置”包含“中心”（合并后模型的原点在模型的中心位置）、“最后一个对象”（合并后模型的原点在最后选择的模型上）、

“世界原点”（合并后模型的原点在网格中心位置）。

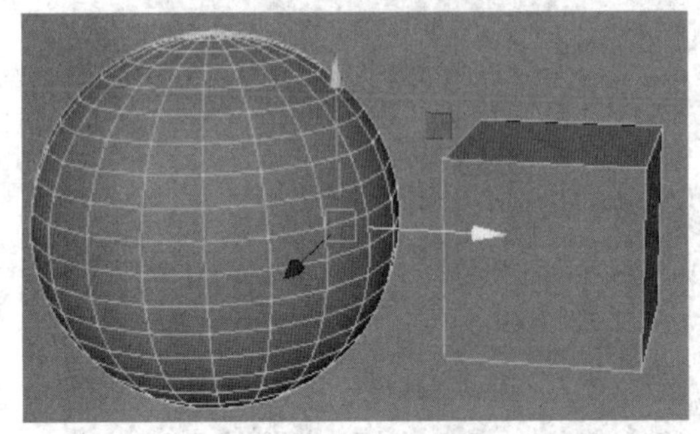

图 1-2-41　结合效果

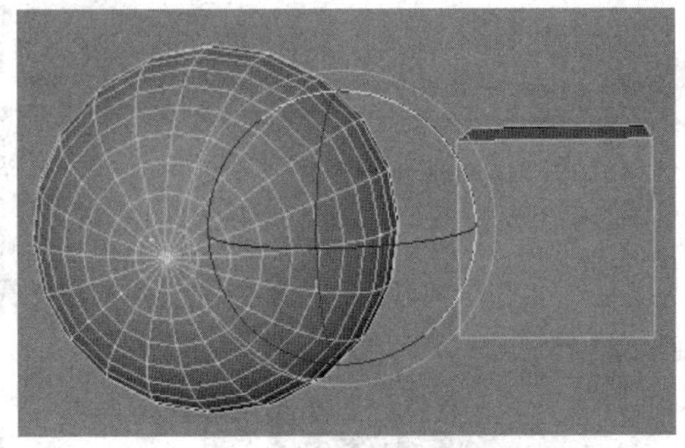

图 1-2-42　旋转模型

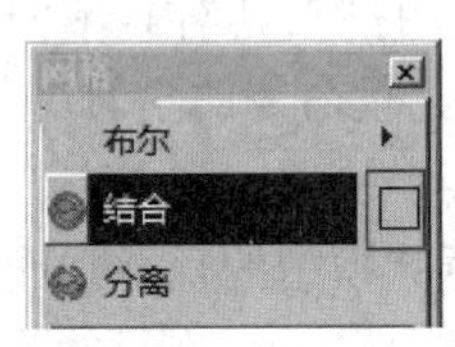

图 1-2-43　结合命令

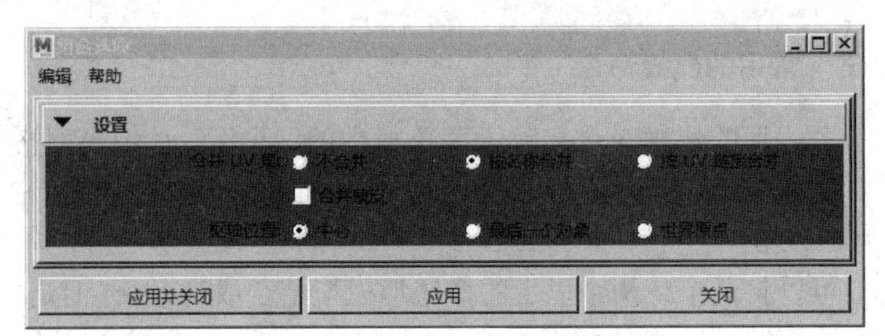

图 1-2-44　“结合选项”对话框

2. 分离

可以将结合在一起的模型剥离分开，与结合命令的作用刚好相反。

（1）选择一个合并的模型（图 1-2-45）。选择菜单栏中的“网格”→“分离”命令（图 1-2-46）。

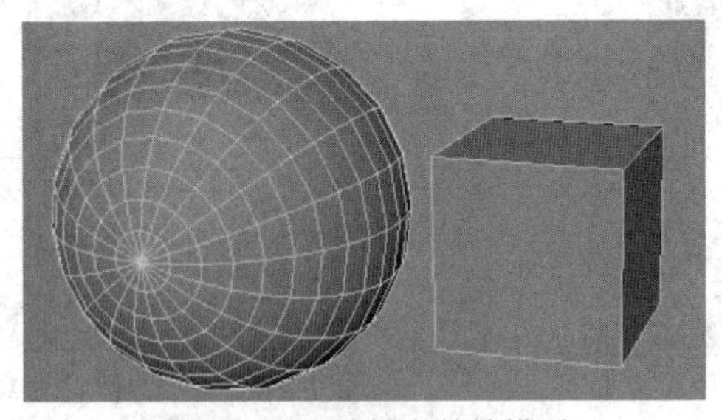

图 1-2-45　选择合并的模型

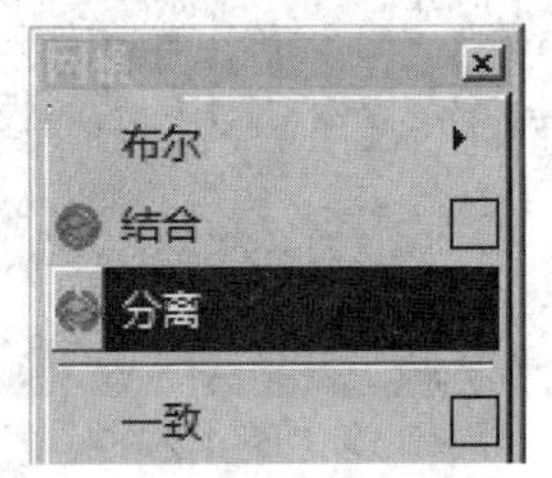

图 1-2-46　“分离”命令

（2）模型将分离成两个模型（图 1-2-47）。选择“球体”进行移动，“立方体”不受影响（图 1-2-48）。

3. 填充洞

对模型中缺失的“面”进行补充，也可以同时对多个面进行补充。

（1）创建一个“球体”，选择其中的一个面，点击“Delete”键进行删除（图 1-2-49）。选择“球体”的“对象模式”，点击“菜单栏”中的“网格”→“填充洞”命令（图 1-2-50）。

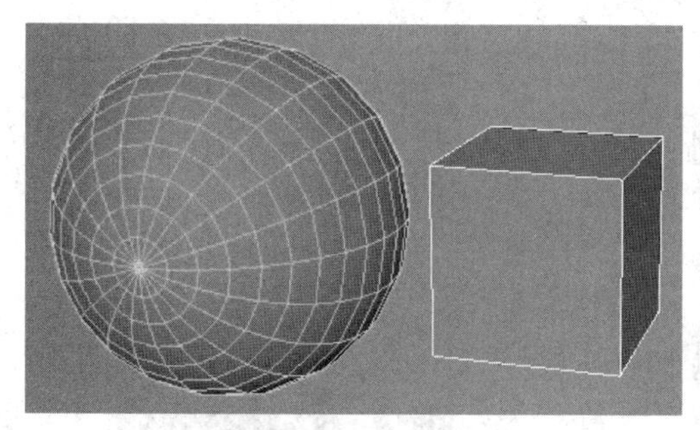
图 1-2-47 分离模型

图 1-2-48 移动模型

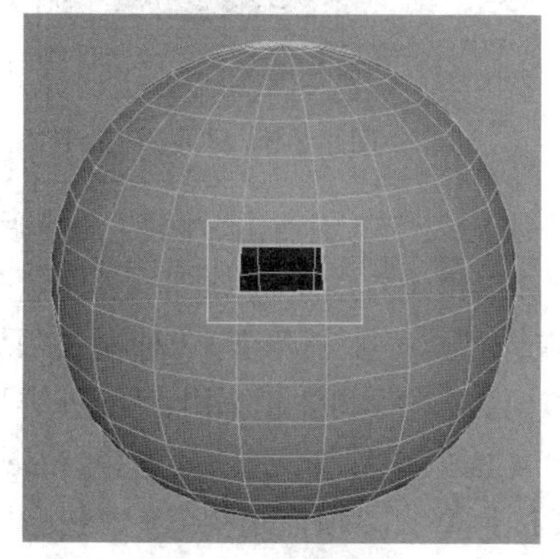
图 1-2-49 删除面

图 1-2-50 "填充洞"命令

（2）随机选择“球体”的多个面，点击“Delete”键进行删除（图 1-2-51）。选择“球体”的“对象模式”，点击“菜单栏”中的“网格”→“填充洞”命令进行填充，观察“操作界面”中的效果（图 1-2-52）。

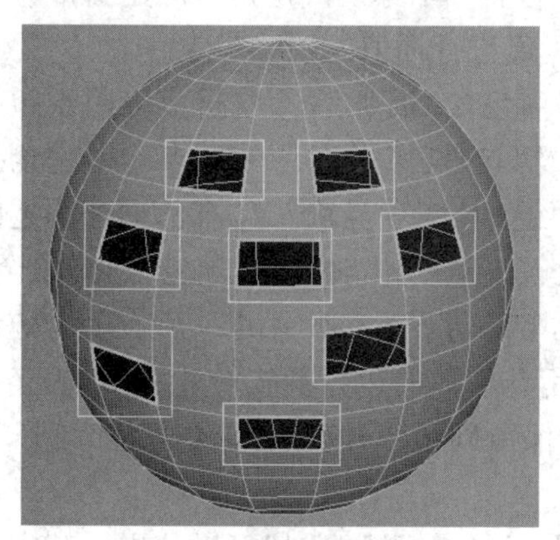
图 1-2-51 删除多个面

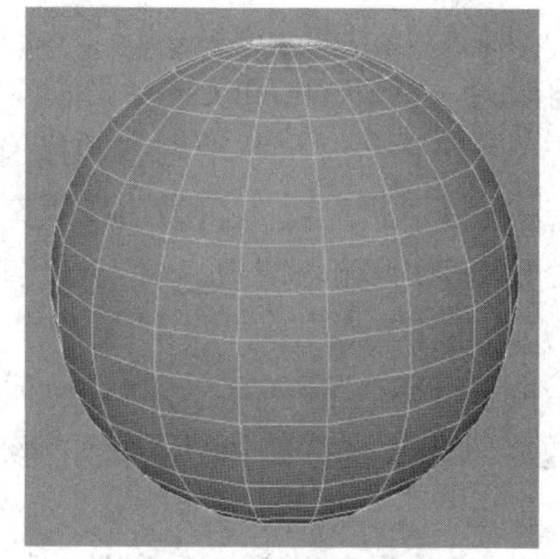
图 1-2-52 填充效果

4. 平滑

多边形模型制作完成后表面并非光滑流畅，此时需要使用“平滑”命令，对表面粗糙的模型进行平滑处理。平滑次数越多，面数就越多，模型也就越光滑流畅。

（1）创建“立方体”时选择其“对象模式”（图 1-2-53）。选择“菜单栏”中的“网格”→“平滑”命令（图 1-2-54）。

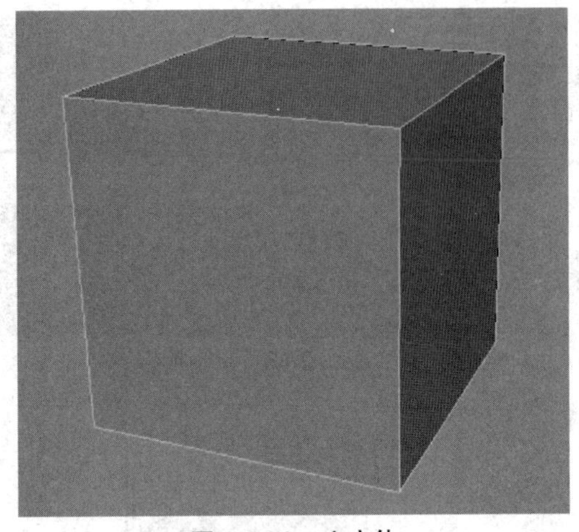

图 1-2-53 立方体

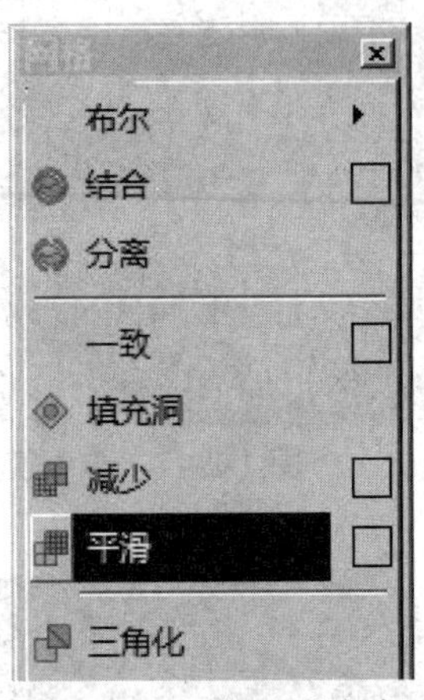

图 1-2-54 “平滑”命令

（2）在“操作界面”中观察“立方体”的平滑效果（图 1-2-55）。点击“平滑”命令后的方块打开“平滑选项”对话框观察其属性（图 1-2-56）。其中“设置”的“添加分段”项包含“指数”（将模型网格全部拓扑成为四边形）和“线性”（在模型上产生三角面）2 种模式（默认选择“指数”）。“指数控制”中“分段级别”项数值越高，面数越多，物体越平滑；“细分类型”项中包含“Maya Catmull-Clark”与“OpenSubdiv Catmull-Clark”2 种算法（默认选择“OpenSubdiv Catmull-Clark”）。先学习 OpenSubdiv Catmull-Clark 算法，“顶点边界”项中包含“锐边和角”（边和角在平滑后保持为锐边和角（默认选项））、“锐边”（边在平滑后保持锐边，角进行平滑）；“UV 边界平滑”项包含“无”（不平滑 UV）、“保留边和角”（平滑 UV）、“保留边”（平滑 UV 和角、边保持为锐边）、“Maya Catmull-Clark”（平滑不连续边界上的点（默认选项））、“传播 UV 角”（决定是否应用于平滑网格 UV 角）、“平滑三角形”（决定是否将细分规则应用到网格使三角形更平滑）；“折痕方法”项包含“法线”（决定是否应用折痕锐度平滑（默认选项））、“Chaikin”（决定是否对关联边的锐度进行插值）。

再学习 Maya Catmull-Clark 算法，“边界规则”项包含“旧版”（不将折痕应用于边界边和顶点）、“折痕全部”（平滑网格前所有边界边以及只有两条关联边的顶点应用完全折痕（默认选项））、“折痕边”（仅为边应用完全折痕）；“连续性”项当输入“0”时，面与面之间的连接处较生硬，当输入“1”时，面与面之间的连接处较平滑；“映射边界”项包含“平滑全部”（平滑所有的 UV 边界）、“平滑内部”（平滑内部的 UV 边界）、“不平滑”（所有的 UV 边界都不会被平滑）；“保留”项包含“几何体边界”（保留几何体的边界不被平滑细分）、“当前选择的边界”（保留选择的边界不被平滑）、“硬边”（保留硬边不被转换为软边）、“细分”（可以更改历史节点）。

如果在“设置”的“添加分段”中选择“指数”项，那么“线性控制”可以使用。其中包含“分段级别”项（控制物体的平滑程度和细分数量）；“每个面的分段数”项（设置细分边的次数），数值是“1”，每条边细分 1 次，数值是“2”，每条边细分 2 次；“推动强度”项控制平滑细分的结果，数值越大细分模型越向外扩张，数值越小细分模型越向内内缩；“圆度”项控制平滑细分的圆滑度。

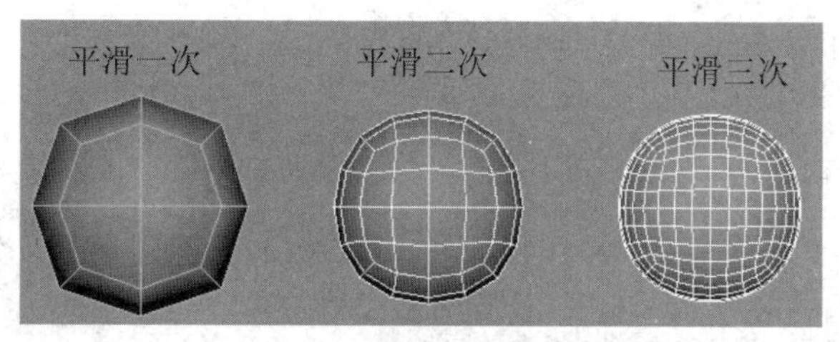

图 1-2-55 平滑效果

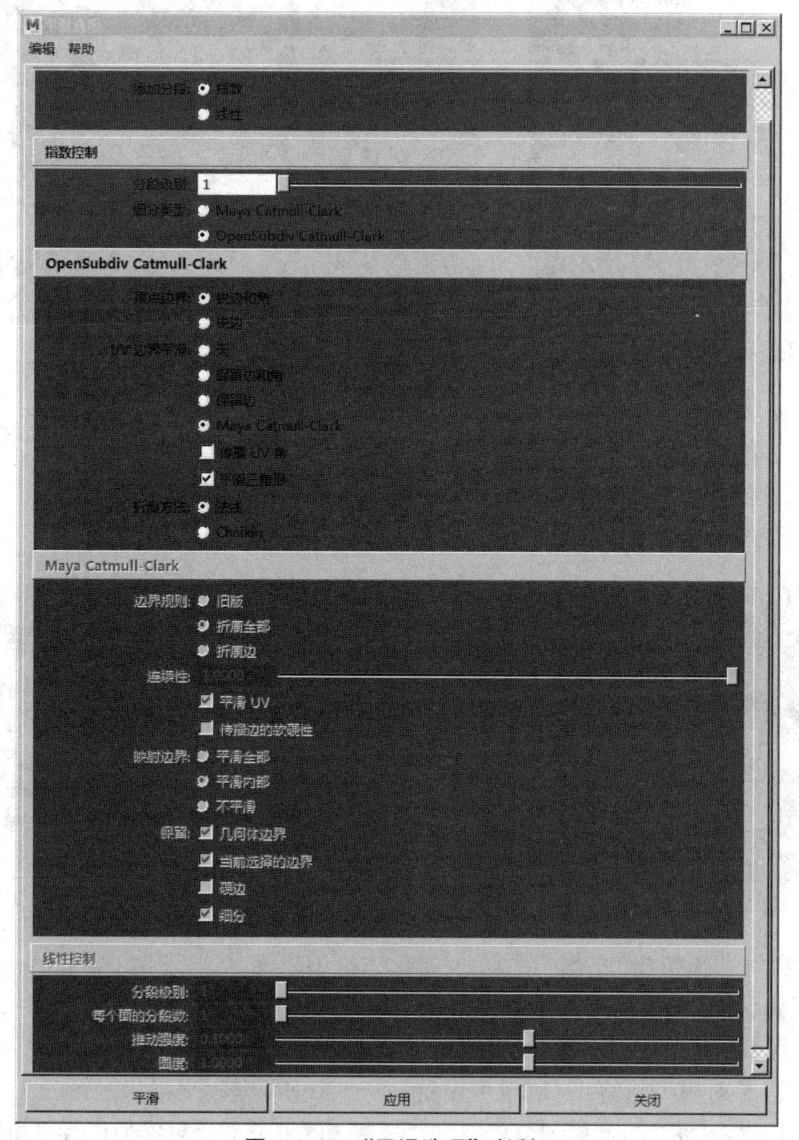

图 1-2-56 “平滑选项”对话框

使用“平滑”命令后，可在“通道盒 / 层编辑器”的“输入”中的“polySmoothFace1”中对平滑效果继续进行调节，“polySmoothFace1”显示的调节属性与“平滑选项”对话框中的属性相同（通常“平滑选项”对话框是在平滑前进行调节，“通道盒 / 层编辑器”中的平滑属性可以在平滑后调节），对“立方体”进行平滑，在“polySmoothFace1”的“分段”项中输入“3”

（图 1-2-57），在“操作界面”中观察“立方体”的变化（图 1-2-58）。

polySmoothFace1

方法	指数
连续性	1
分段	3
平滑 UV	启用
保持边界	启用
保持选择边界	启用
保持硬边	禁用
保持贴图边界	内部
保持细分	启用
细分级别	1
每边分段数	1
推动强度	0.1
圆度	1

图 1-2-57　调节分段

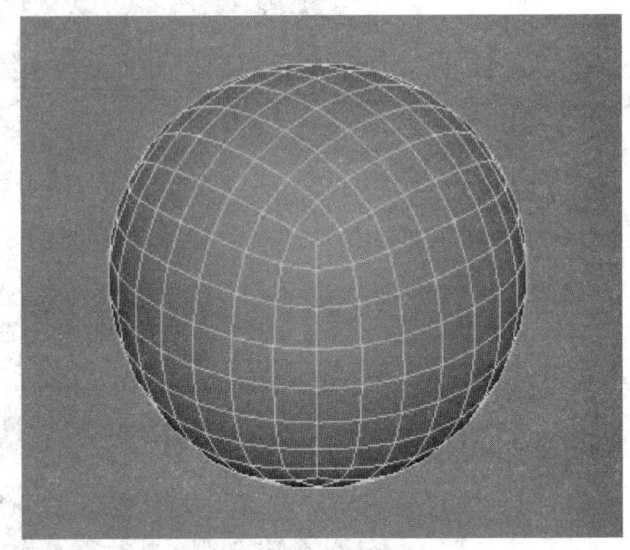

图 1-2-58　三次分段

在 MAYA 中还可以快速模拟生成“平滑”效果，但是这种效果不是真正的“平滑”效果，不会生成更多的面，所以这个方法只是模拟“平滑”效果，不可以取代“平滑”命令。在“操作界面”中创建两个“立方体”（图 1-2-59）。选中一个“立方体”执行两次“平滑”命令，另一个点击“3”键模拟出“平滑”效果（图 1-2-60）。

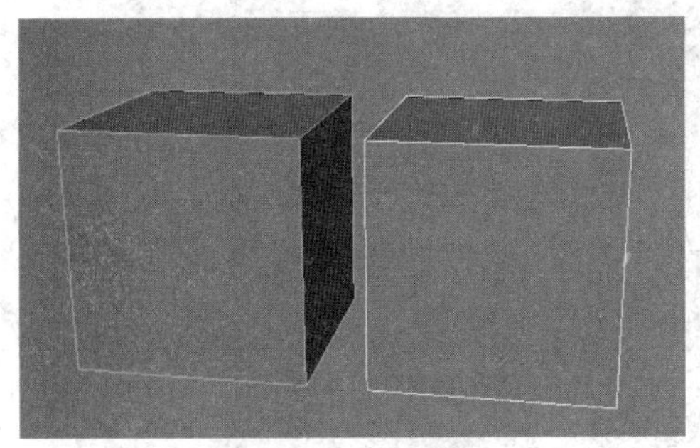

图 1-2-59　立方体

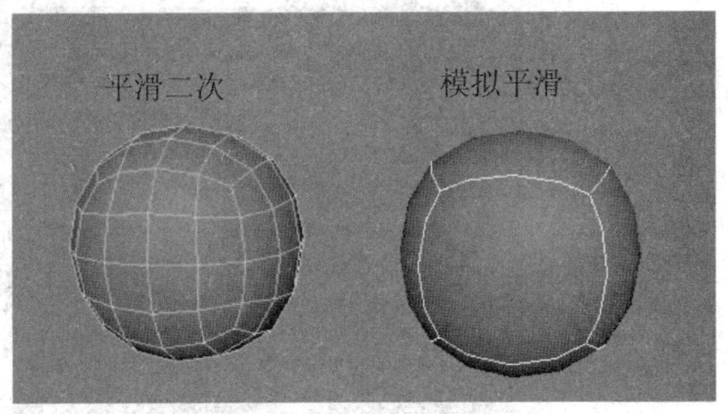

图 1-2-60　对比效果

点击“2”键即模拟出“平滑”效果，也显示出模型原始状态（图 1-2-61）。点击“1”键显示出模型原始状态（图 1-2-62）。

5. 添加分段

添加分段是对模型进行细分，也可设置细分的级别。与“平滑”命令相似但是不相同，它们都是通过提升“面”的数量细分模型，但是“添加分段”不会对模型进行平滑处理。

（1）创建一个“立方体”，选择“菜单栏”中的“编辑网格”→“添加分段”命令（图 1-2-63）。在“操作界面”中观察“立方体”变化（图 1-2-64）。

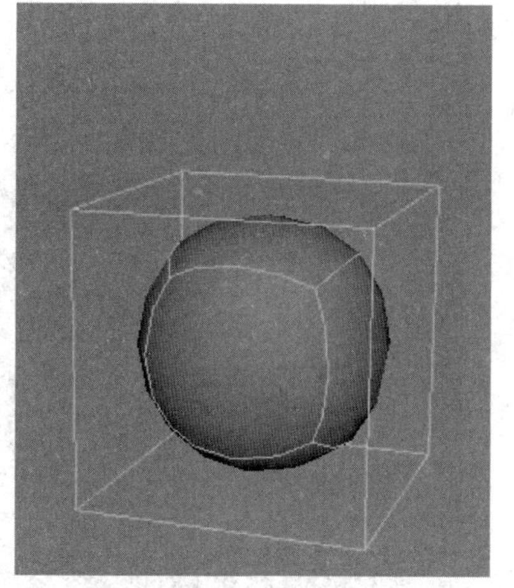

图 1-2-61 既模拟平滑也显示原始状态

图 1-2-62 显示模型原始状态

图 1-2-63 “添加分段”命令

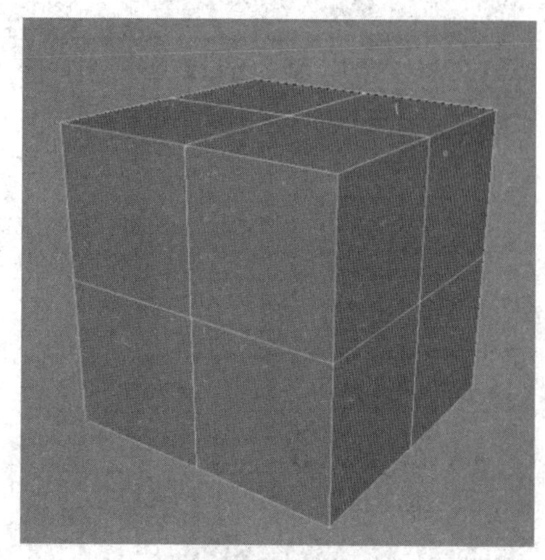

图 1-2-64 立方体

(2)点击“添加分段”命令右侧的方块,打开“添加:面 的分段数选项”对话框。其中“设置”中的“添加分段”项,包含“指数”(是以递进方式进行细分(默认选项))和“线性”(是进行绝对数量的分段)。“指数控制”“分段级别”项(设置细分的级别,范围值是 1~4;“模式”项包含四边形与三角形。当“添加分段”项中选择“线性”时,“线性控制”才可用,其中包含“U 向分段数”项(设置 U 向细分的分段数量)和“V 向分段数”项(设置 V 向细分的分段数量)。在“指数控制”中的“分段级别”中输入“4”(图 1-2-65),在“操作界面”中观察效果(图 1-2-66)。

可在“通道盒 / 层编辑器”的“输入”中的“polySubdFace1”中对分段效果继续进行调节,在“polySubdFace1”的“分段”项中输入“2”(图 1-2-67),在“操作界面”中观察效果(图 1-2-68)。

6. 倒角

“倒角”命令是 MAYA 中最常使用的命令之一,可以对选择的模型或面、线进行倒角效果,目的在于消除尖锐棱角,增强模型质感。

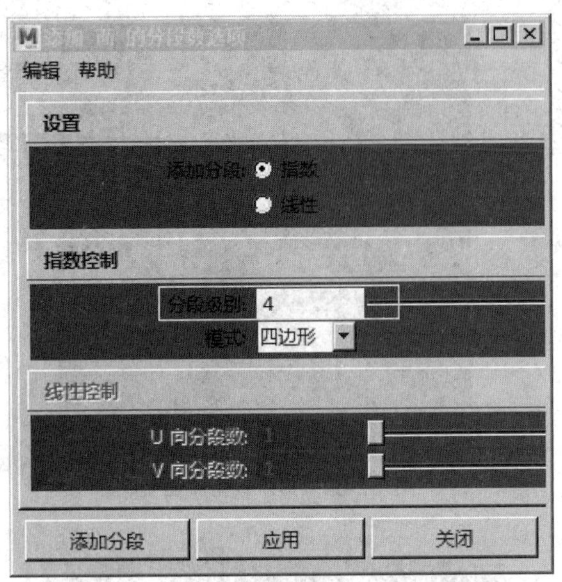

图 1-2-65 “添加:面 的分段数选项”对话框

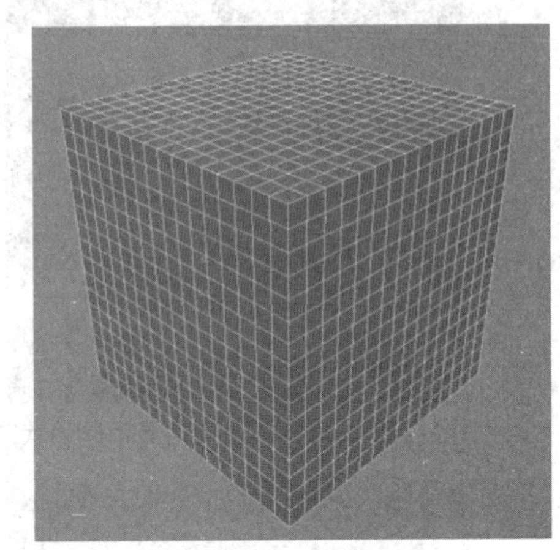

图 1-2-66 分段效果

polySubdFace1	
分段	2
U 向分段数	1
V 向分段数	1
模式	四边形
细分方法	指数

图 1-2-67 分段

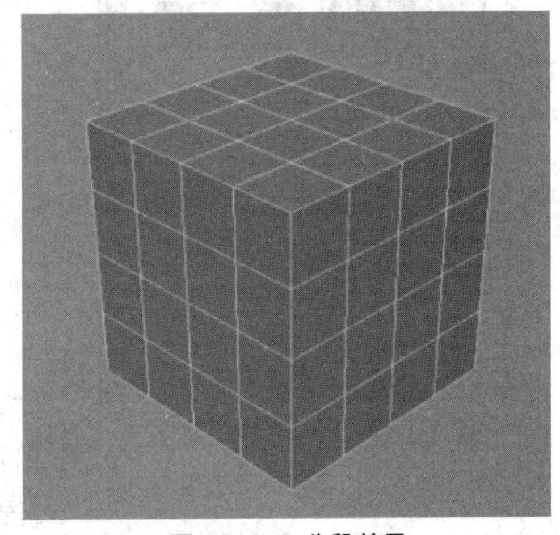

图 1-2-68 分段效果

（1）创建两个“立方体”，选择其中一个“立方体”，选择“菜单栏”中“编辑网格”→“倒角”（图 1-2-69），在“操作界面”中对比效果（由此可以理解“倒角”是把一根线分成两根或多根线，可以针对“对象模式”或是“边”级别）（图 1-2-70）。

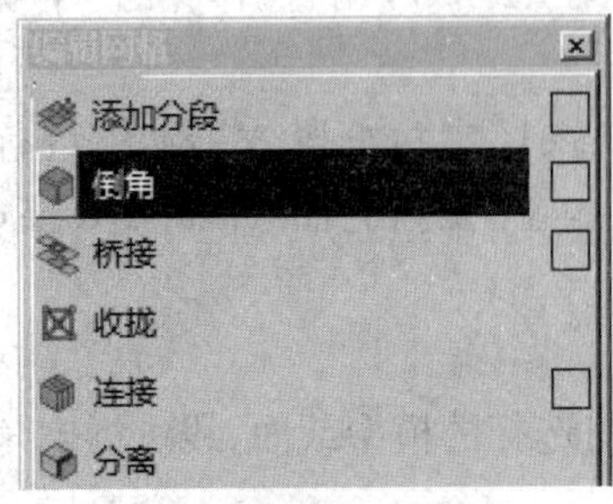

图 1-2-69 “倒角”命令

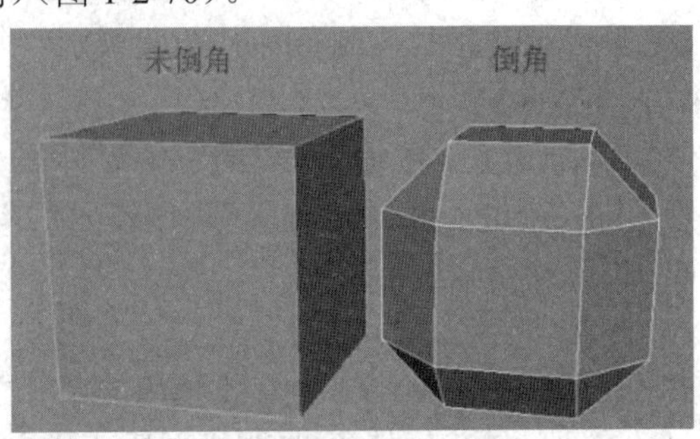

图 1-2-70 对比效果

(2)点击“倒角”命令右侧的方块,打开“倒角选项”对话框(图 1-2-71)。其中“设置”中的“偏移类型”项包含“分形(防止出现由内到外的倒角)”(平滑分段该选项会限制倒角的大小,倒角宽度将不会大于最短边)、“绝对”(创建倒角时没有限制);“偏移空间”项包含“世界”(按世界坐标进行缩放偏移)、“局部”(按对象坐标缩放来缩放偏移);“宽度”项设置倒角的大小;“分段”项设置倒角后生成的面数,数量越多,倒角圆弧效果越明显;“深度”项调整向内或向外倒角边的距离,“斜接”项包含“自动”(自动为倒角的几何体指定最佳斜接类型)、“一致”(创建的倒角效果只生成一个顶点)、“面片”(创建的倒角效果会生成多个顶点,但是倒角效果更平滑)、“径向”(在拐角处生成弧线)、“无”(在每个非倒角边上创建顶点);“斜接方向”项包含“自动”(自动指定最佳斜接方向)、“中心”(斜接顶点沿位于两个连接倒角边之间所成角度的中心的路径移动)、“边”(沿所有连接线移动)、“硬边”(仅沿硬边移动),“切角”决定是否要对倒角边进行切角(默认选项);“平滑角度”项决定倒角边是硬边还是软边;“自动适配倒角到对象”自动确定倒角适配对象的方式,如果勾选此项,则无法更改圆度;“圆度”项圆滑倒角边。在“宽度”项中输入“0.2”,“分段”项中输入“5”,再次在“操作界面”中观察效果(图 1-2-72)。

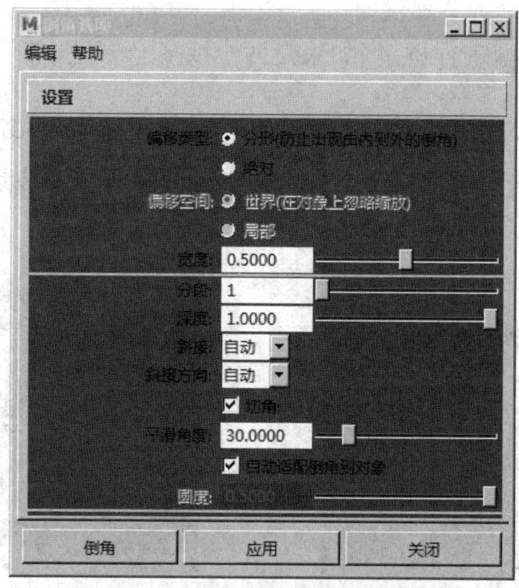

图 1-2-71 “倒角选项”对话框

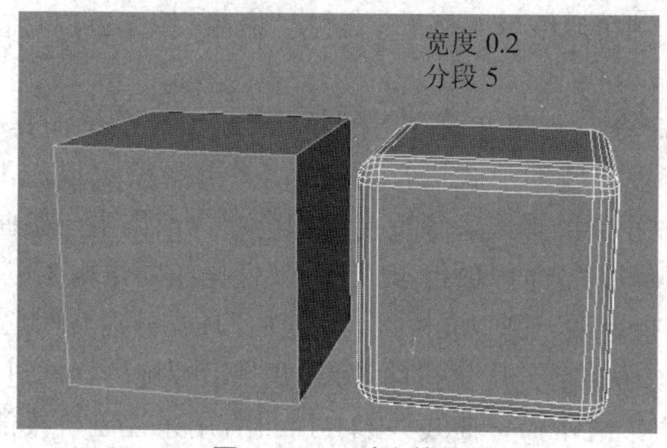

图 1-2-72 对比效果

可在“通道盒 / 层编辑器”的“输入”中的“polyBevel1”中对倒角效果继续进行调节，在“polyBevel1”的“分数”项中输入“0.5”、“分段”项中输入“12”（图 1-2-73），在“操作界面”中观察效果（图 1-2-74）。

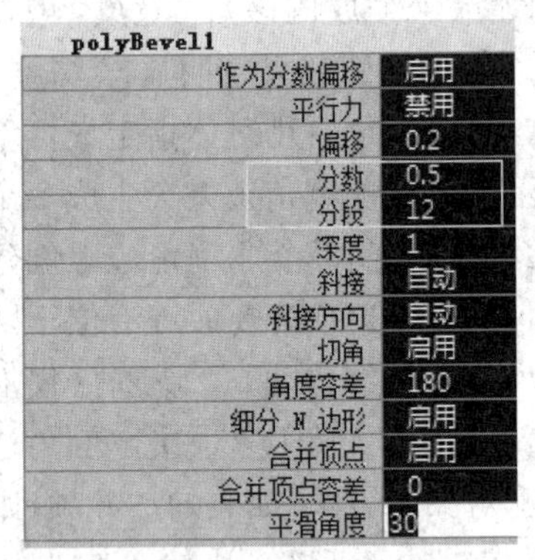

图 1-2-73 输入数值

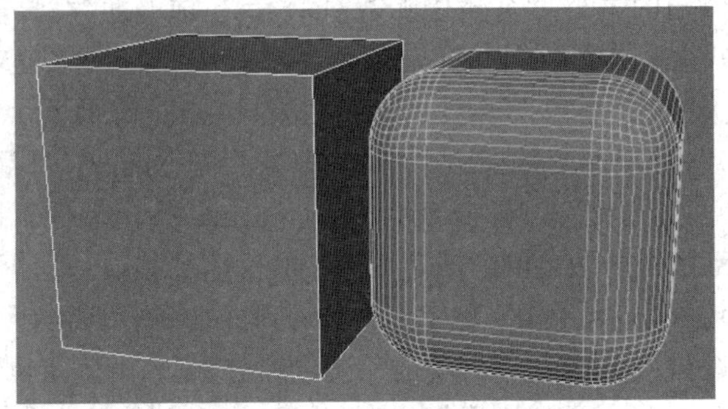

图 1-2-74 倒角效果

7. 桥接

对同一个多边形模型进行桥接（如果是两个或多个模型，必须先对模型执行“结合”命令）。

（1）导入“桥接”文件，选择两个多边形模型，选择“菜单栏”中的“网格”→“结合”命令，将两个模型合并成一个模型（图 1-2-75），分别设置两个多边形模型的“边级别”（图 1-2-76）。

图 1-2-75 合并模型

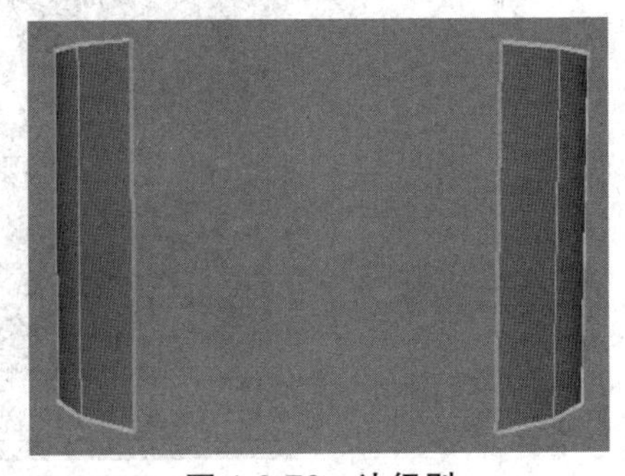

图 1-2-76 边级别

（2）选择“菜单栏”中的“编辑网格”→“桥接”命令（图 1-2-77），在“操作界面”中观察桥接的效果（图 1-2-78）。

（3）点击“桥接”命令右侧的方块，打开“桥接”选项对话框。其中“设置”的“桥接类型”包含“线性路径”（以直线的形式进行桥接）、“平滑路径”（以光滑的形式进行桥接）、“平滑路径 + 曲线”（以平滑的形式进行桥接），都会在内部产生一条曲线，通过曲线的弯曲度来控制桥接部分的弧度；“方向”项包含“自动”（根据拓扑结构生成桥接）、“自定义”（通过设置“源”和“目标”指定某一侧生成桥接）；“扭曲”项在开启“平滑路径”项或“平滑路径 + 曲线”项时才可用，使桥接部分产生扭曲效果，并且以螺旋的样式进行扭曲；“锥化”项当开启“平滑路径”项或“平滑路径 + 曲线”项时才可用，用来控制桥接部分中间部分的大小，与两端形成过渡效果；“分段”项控制桥接部分的分段数，“平滑角度”项改变桥接部分法线方向产生平滑的效果（图 1-2-79）。在“分段”项中输入“10”，进行桥接，观察效果（图 1-2-80）。

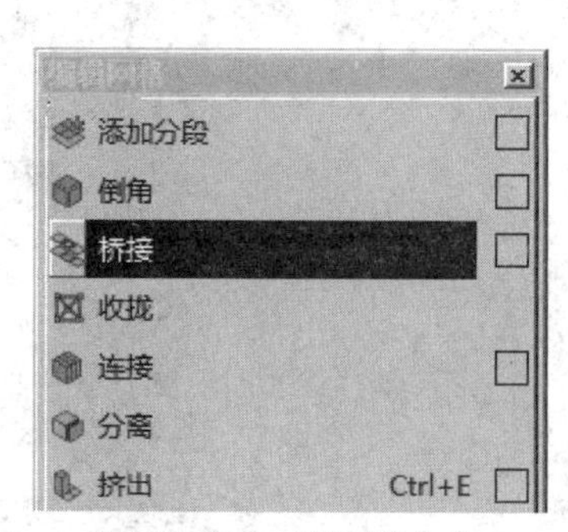

图 1-2-77 “桥接”命令

图 1-2-78 桥接效果

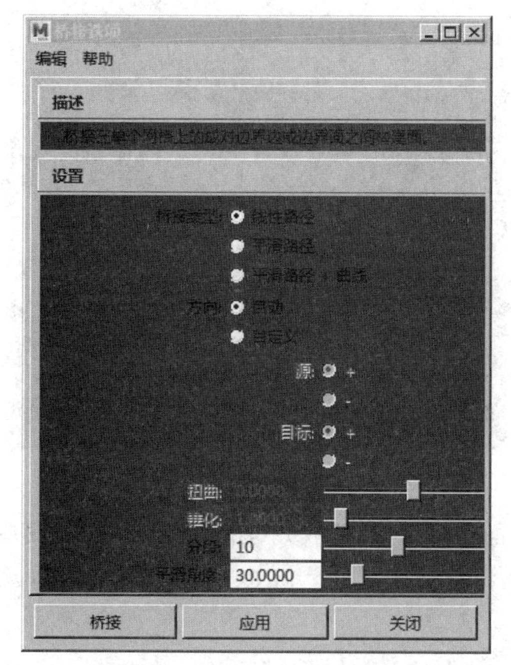

图 1-2-79 “桥接选项”对话框

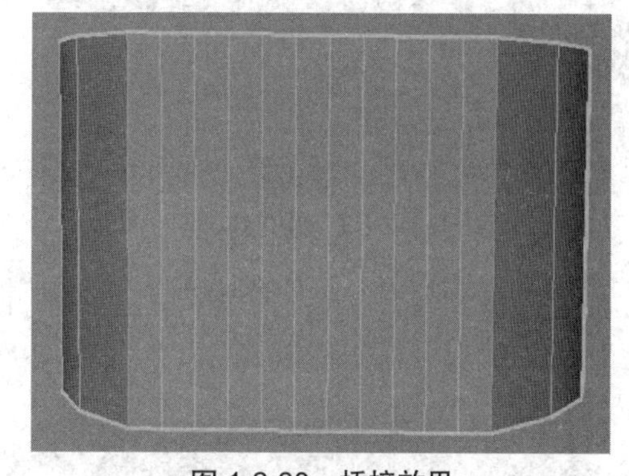

图 1-2-80 桥接效果

可在“通道盒 / 层编辑器”的“输入”中的“polyBridgeEdge1”中对桥接效果继续进行调节，在“polyBridgeEdge1”的“分段”项中输入“5”（图 1-2-81），在“操作界面”中观察效果（图 1-2-82）。

8. 挤出

“挤出”命令是多边形建模中使用频率最高的命令，可以说只要进行多边形建模就离不开“挤出”命令。在多边形建模过程中“挤出”命令十分实用。“挤出”命令通过对多边形的面或边进行向外或向内的拉拽，从而得到新的模型形状，是一个重要的建模工具。

（1）制作一个托盘，首先创建圆柱体（图 1-2-83），选择圆柱体顶部的面，使用“移动工具”或“W”键让面向下移动(图 1-2-84)。

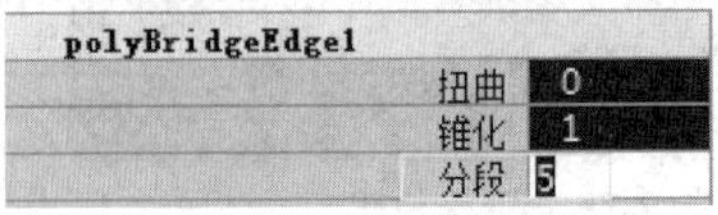

polyBridgeEdge1
扭曲 0
锥化 1
分段 5

图 1-2-81 输入数值

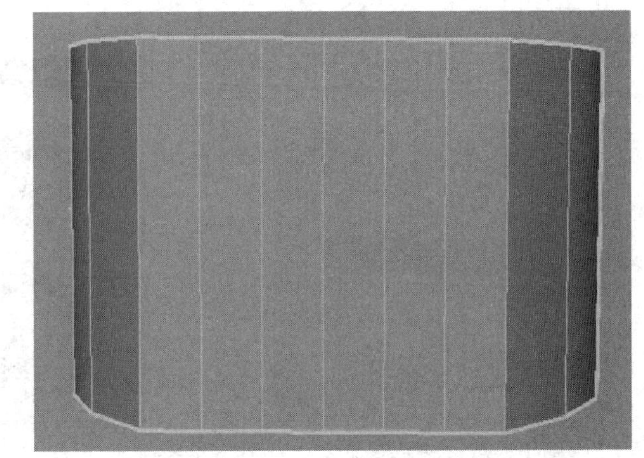

图 1-2-82 桥接效果

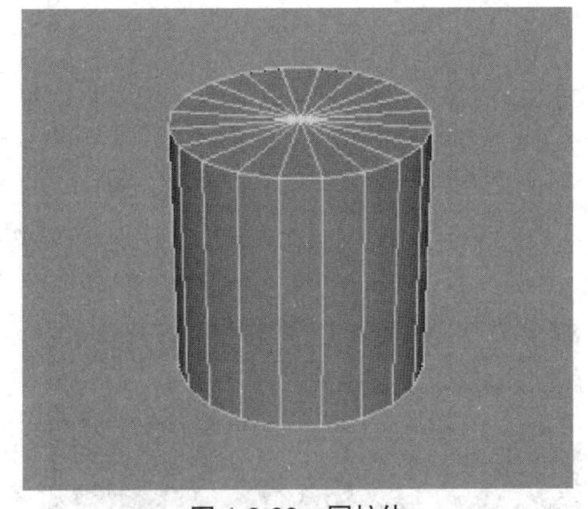

图 1-2-83 圆柱体

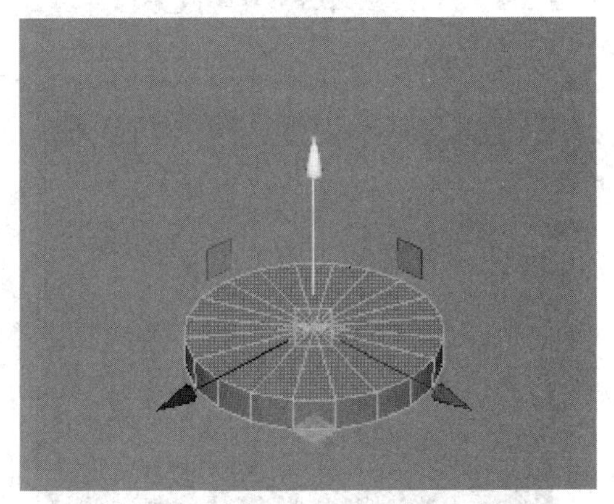

图 1-2-84 向下移动面

(2)使用“缩放工具”或“R”键,对选择的“面”进行等比例放大(图 1-2-85),选择“菜单栏”中的“编辑网格”→“挤出”命令(图 1-2-86)。

图 1-2-85 等比例放大

添加分段
倒角
桥接
收拢
连接
分离
挤出 Ctrl+E
合并

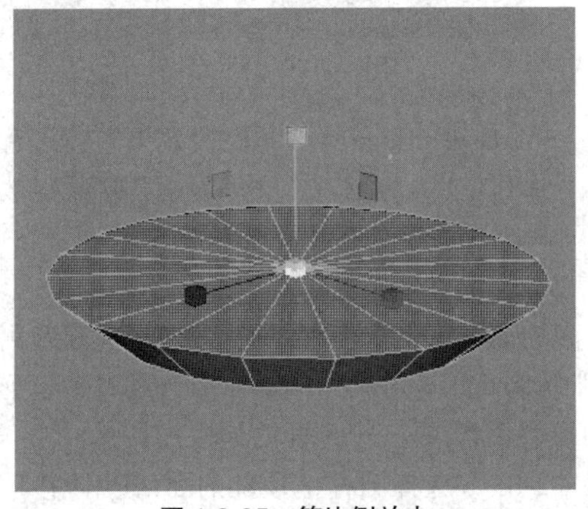

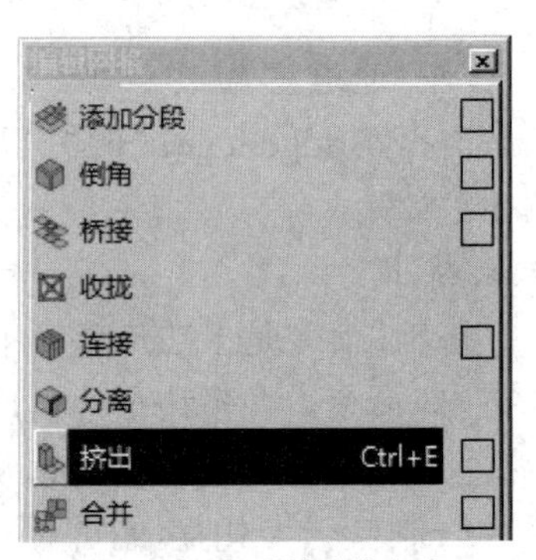

图 1-2-86 “挤出”命令

(3)“挤出”命令的图标是由“移动工具”“旋转工具”“缩放工具”组合而成的,也就是说可以进行“移动”“旋转”“缩放”的挤出。使用时,可以直接对“挤出”命令进行操作,也可按“W”“E”“R”键切换成“移动工具”“旋转工具”“缩放工具”进行挤出操作(图 1-2-87)。本案例使用“缩放工具”或“R”键,对选择的“面”进行等比例缩小(图 1-2-88)。

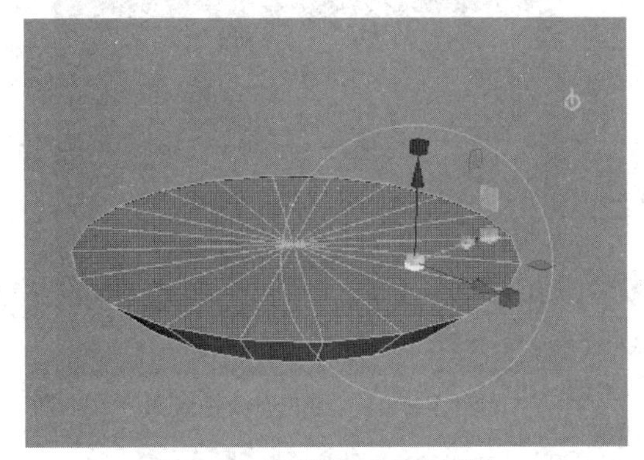

图 1-2-87 “挤出”命令图标

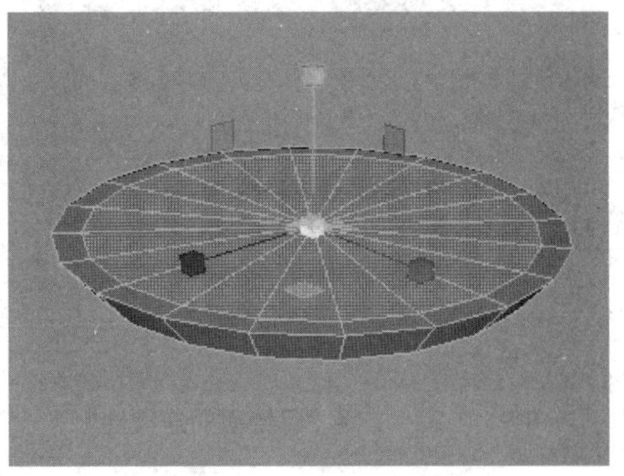

图 1-2-88 等比例缩小

(4)再次选择“挤出”命令,向下移动选择的面(图 1-2-89),使用“缩放工具”或“R”键,对选择的“面”进行等比例缩小(图 1-2-90)。

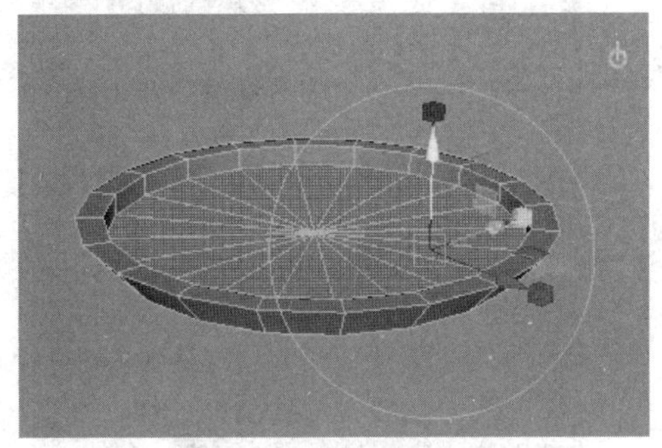

图 1-2-89 向下移动面

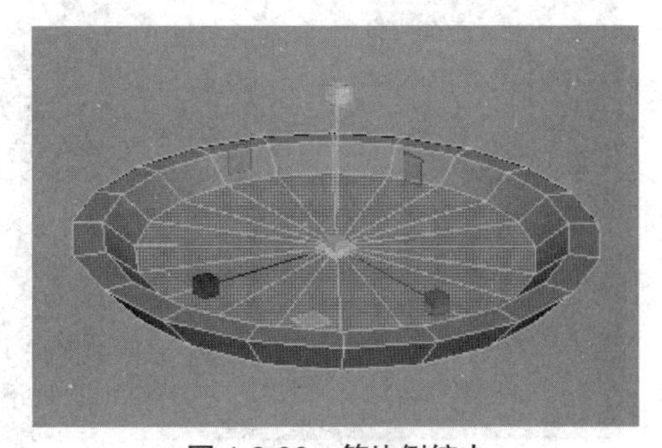

图 1-2-90 等比例缩小

(5)在“操作界面”中观察最终效果(图 1-2-91)。在 MAYA 中,部分命令在选择后,在“操作界面”的右上角会显示出其属性对话框,方便快捷设置属性。“挤出”命令在“操作界面”的右上角也会显示出其属性对话框,其中要特别注意“保持面的连续性”项,这个属性决定了挤出的方式与效果(图 1-2-92)。

图 1-2-91 最终效果

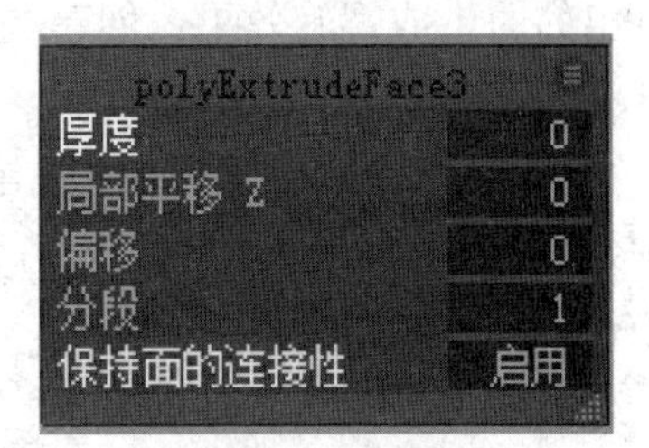

图 1-2-92 “保持面的连续性”项

(6)创建一个“球体”,选择其“对象模式”,再选择“挤出”命令,如果在“保持面的连续性”项中输入“1”,则显示“启用”(图 1-2-93)。此时向外拖拽“挤出”命令移动 Z 轴(蓝色箭头),“球体”全部的“面”默认成一个整体进行挤出(图 1-2-94)。

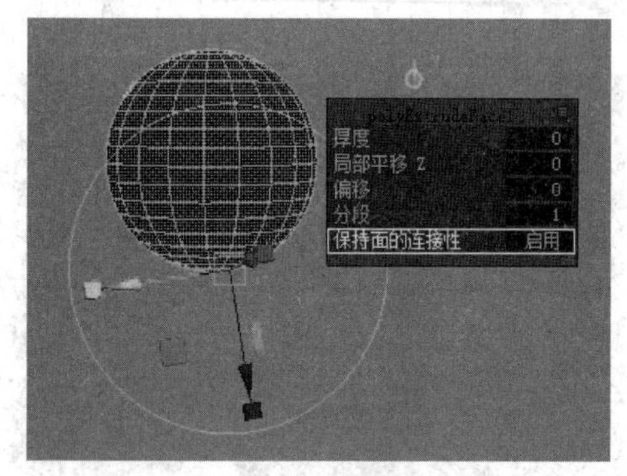

图 1-2-93　启用“保持面的连续性”

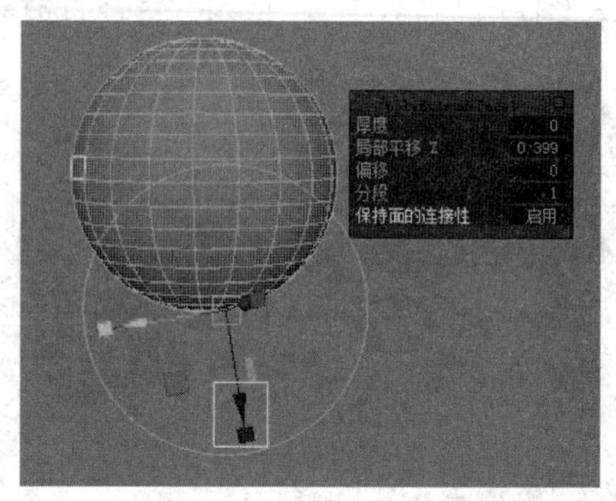

图 1-2-94　面的连续性效果

(7)如果在“保持面的连续性”项中输入“0”则显示“禁用”(图 1-2-95)。此时向外拖拽“挤出”命令移动 Z 轴(蓝色箭头),“球体”全部的“面”默认成独立的状态进行挤出(图 1-2-96)。

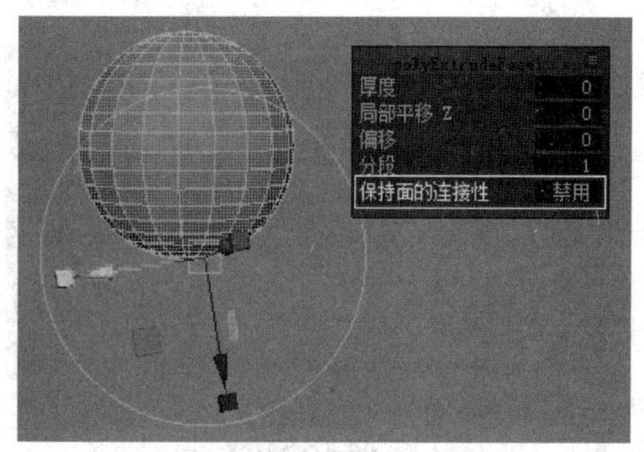

图 1-2-95　禁用“保持面的连续性”

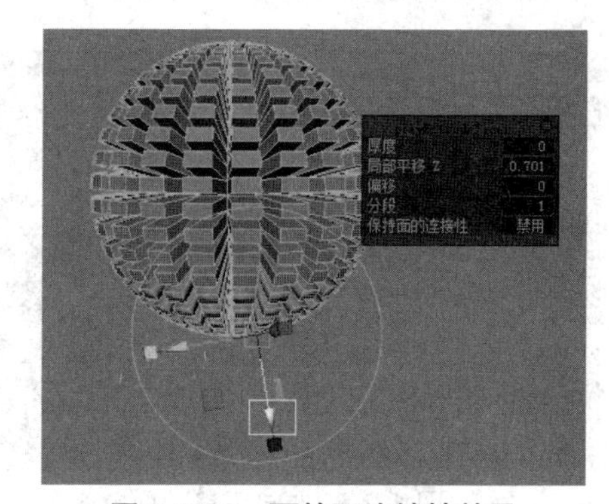

图 1-2-96　面的不连续性效果

(8)点击“挤出”命令右侧的方块,打开“挤出面选项”对话框(图 1-2-97)。其中“设置”的“分段”项设置挤出的多边形线段数量;“平滑角度”项设置平面效果(法线),通常不做调节,使用默认数值;“偏移”项调节挤出面的缩放大小;“厚度”项设置挤出面的长短。“曲线设置”的“曲线”项包含“无”(不按照曲线挤出面)、“选定”(按照曲线挤出面(默认选项))、“已生成”(挤出面时也将创建曲线);“锥化”可将挤出面生成过渡效果;“扭曲”项可将挤出的面生成螺旋效果。创建“正方体”,在其“缩放 X、Y、Z”轴向项输入“0.3”,选择其中一个“面”(图 1-2-98)。

(10)选择“菜单栏”中的“创建”→“曲线工具”→“CV 曲线工具”命令(曲线工具是另一种建模方式,将在下一章节进行讲解)(图 1-2-99),点击生成一根旋转的曲线(默认点击 4 次生成曲线)(图 1-2-100)。

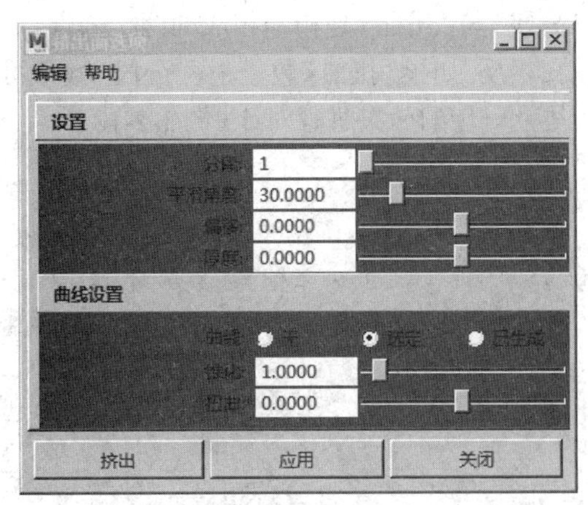

图 1-2-97　挤出属性

图 1-2-98　选择面

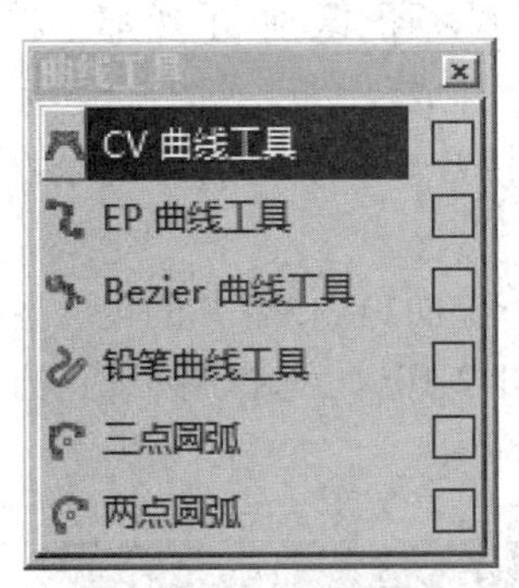

图 1-2-99　曲线工具

图 1-2-100　生成曲线

（11）点击“挤出”命令观察模型变化（图 1-2-101）。在“通道盒 / 层编辑器”的“输入”中的“polyExtrudeFace1”中对挤出效果继续进行调节。在“分段”项中输入“60”，“扭曲”项中输入“360”，“锥化”项中输入“0”（图 1-2-102）。

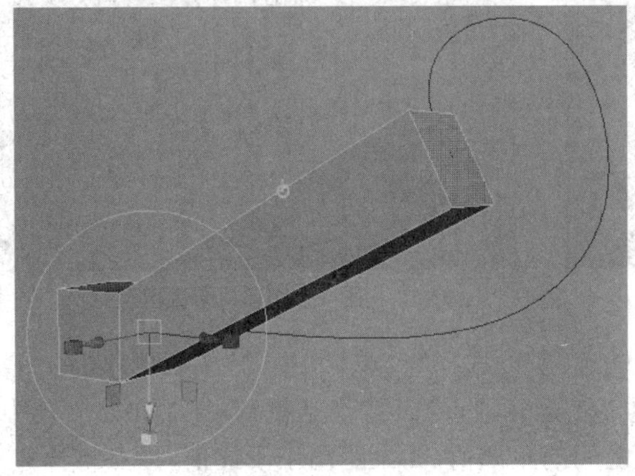

图 1-2-101　挤出模型

图 1-2-102　调节属性

（12）观察最终效果（图 1-2-103）。这里的“分段”与“扭曲”是相辅相成的两个属性，如果“分段”数量少，“扭曲”数量再大也不会起作用；相反，如果“扭曲”数量小，“分段”数量再大也一样不会起作用。在“分段”项中输入“2”，与上一步的效果进行对比（图 1-2-104）。

图 1-2-103 挤出效果

图 1-2-104 效果对比

9. 合并

将两个或多个模型合并成一个模型（使用“合并”命令前，一定先对需要合并的模型执行“结合”命令）。需要了解，这里的“合并”命令与“结合”命令有本质的区别，虽然都是将多个模型合成一个模型，“合并”命令是选择模型的多个点或边合并成一个点或边，合并后的移动点或边不会出现缝隙，但“结合”命令只是把两个物体合并成一个物体，合并的是物体，合并后的移动点或边依然会出现缝隙，不是真正的一个模型。

（1）导入文件“合并”，观察两个“正方体”模型，但是都缺少一个面（需要合并的位置一定不能存在面，否则合并后的模型将会在制作中出现错误）（图 1-2-105），选择两个“正方体”模型，先进行结合（图 1-2-106）。

图 1-2-105 观察模型

图 1-2-106 结合模型

（2）因为两个“正方体”模型距离较远，所以选择“菜单栏”中的“编辑网格”→“合并”命令，点击“合并”命令右侧的方块，打开“合并顶点选项”对话框（图 1-2-107）。其中“设置”的“阈值”项是控制合并点时模型之间的距离值，如果距离小于此值，顶点将合并在一起，如果距离大于此值，顶点将不会合并在一起；当勾选“始终为两个顶点合并”项，又只选择两个点时，无论“阈值”项数值大小，点都将进行合并。此时在“阈值”项中输入“1”，观察合并效果（图 1-2-108）。

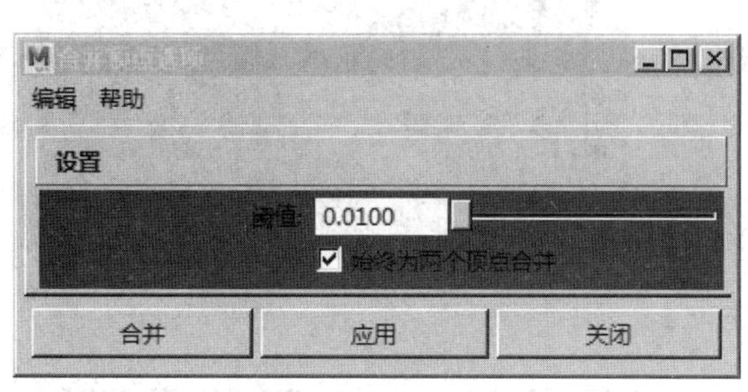

图 1-2-107 合并属性

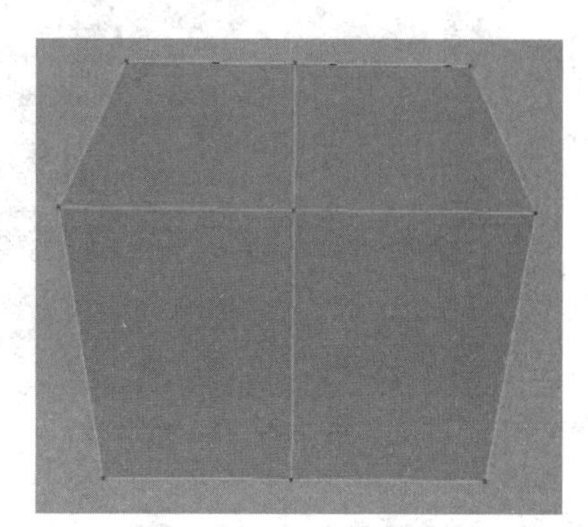

图 1-2-108 合并效果

10. 删除边 / 顶点

“删除边 / 顶点”命令与“Delete”键都是起到删除的作用，但又有着本质的区别。“删除边 / 顶点”命令在删“边”时，可以将“边”上面的“顶点”同时删除，而“Delete”键只是将选择的“边”删除，而“顶点”依然保留。

（1）在“操作界面”中创建“圆柱体”，在“通道盒 / 层编辑器”的“输入”中的“polyCylinder1”中在“高度细分数”项中输入“2”（图 1-2-109），在“操作界面”中观察“圆柱体”（图 1-2-110）。

polyCylinder1	
半径	1
高度	2
轴向细分数	20
高度细分数	2
端面细分数	1
创建 UV	规格...
圆形端面	禁用

图 1-2-109 设置高度细分数

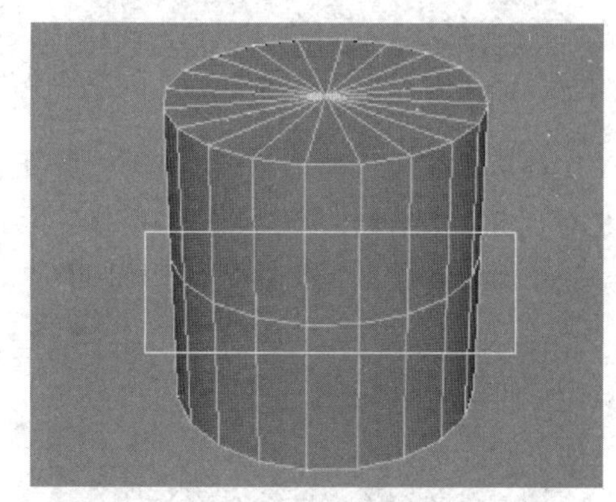

图 1-2-110 圆柱体

（2）选择“边级别”对“圆柱体”中间的线进行选择（鼠标光标放置在线段上变红后，双击即可）（图 1-2-111）。选择“缩放工具”或按“R”键，对线进行收缩（图 1-2-112）。

（3）此时删除线有两种方法，一种方法是点击“Delete”键，在“操作界面”中观察效果（图 1-2-113）。因为只是删除了“边”而“点”还存在（选择“点级别”进行观察），所以模型形状不变，这种删除方法是极不可取的，会给下面的操作造成错误（图 1-2-114）

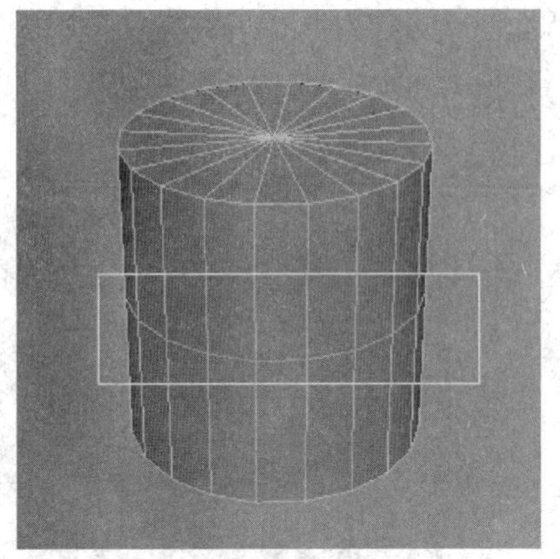

图 1-2-111 选择线

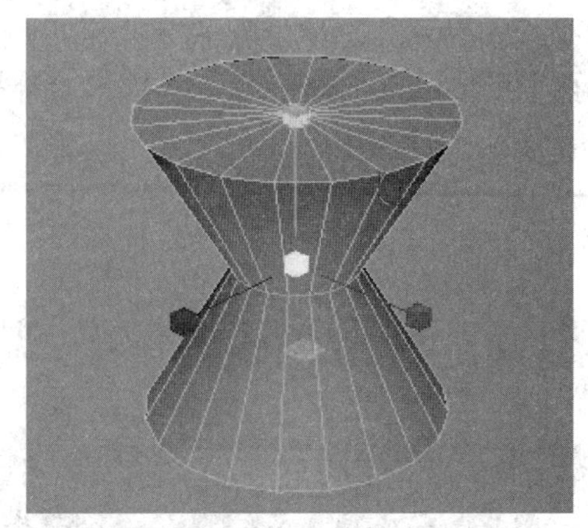

图 1-2-112 收缩线

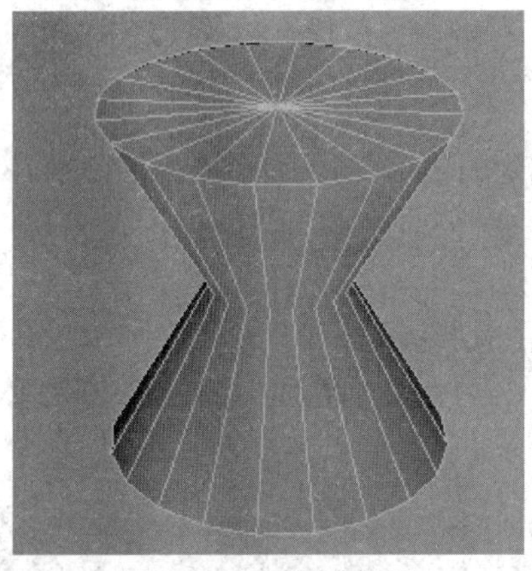

图 1-2-113 删除效果

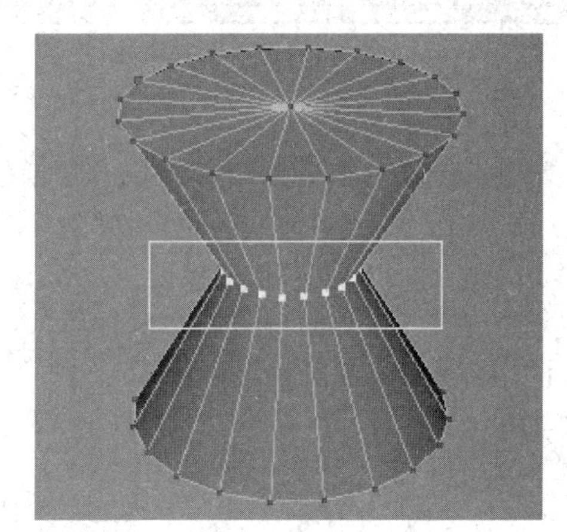

图 1-2-114 “点级别”观察

（4）再观察下一种方法，对线进行选择后，点击“删除边 / 顶点”命令，观察效果（图 1-2-115）。此时，“圆柱体”恢复形状，选择“点级别”发现“点”同时被删除。这是正确的删除方法，不会影响模型下一步制作（图 1-2-116）。

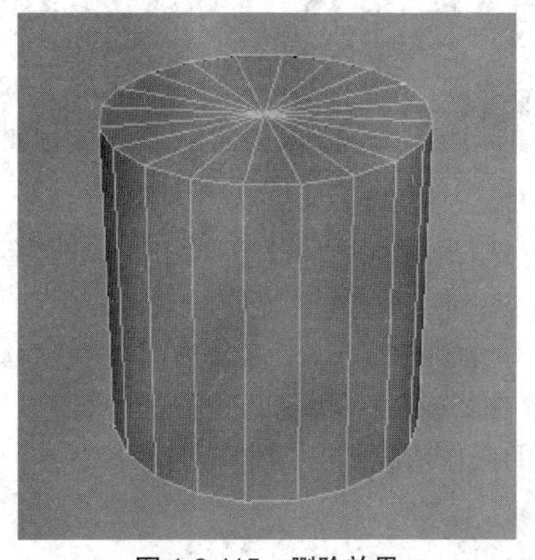

图 1-2-115 删除效果

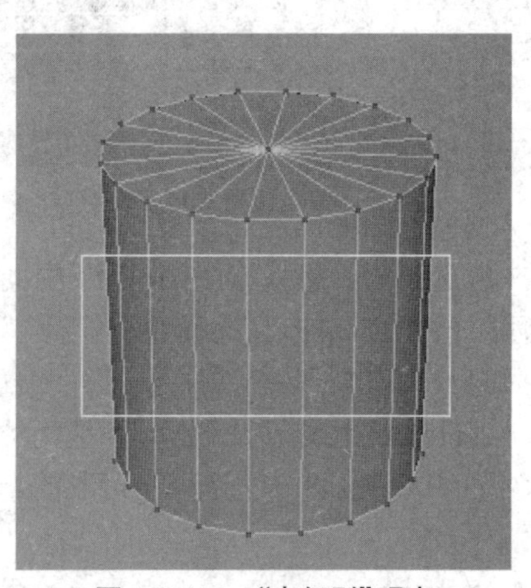

图 1-2-116 “点级别”观察

11. 翻转三角形边

“三角形”命令是一个针对三角形拓扑结构进行修改的命令，通过变换、拆分三角形边的方向进行修改。

(1)创建“球体”，点击“菜单栏”中的“网格”→“三角化”命令(在 MAYA 中模型多是四边形，只有极少情况下或有特殊要求时才转换成三角形)(图 1-2-117)，观察“球体”的效果(图 1-2-118)。

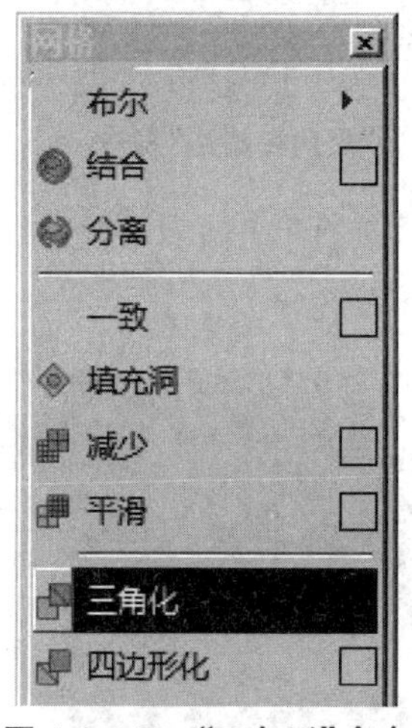

图 1-2-117 “三角形”命令

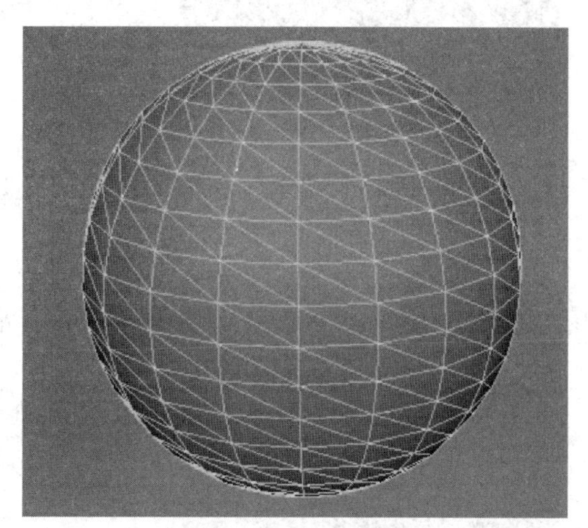
图 1-2-118 球体效果

(2)选择“球体”中的一段线(图 1-2-119)，点击“菜单栏”中的“编辑网格”→“翻转三角形边”命令，观察此线段的变化(图 1-2-120)。

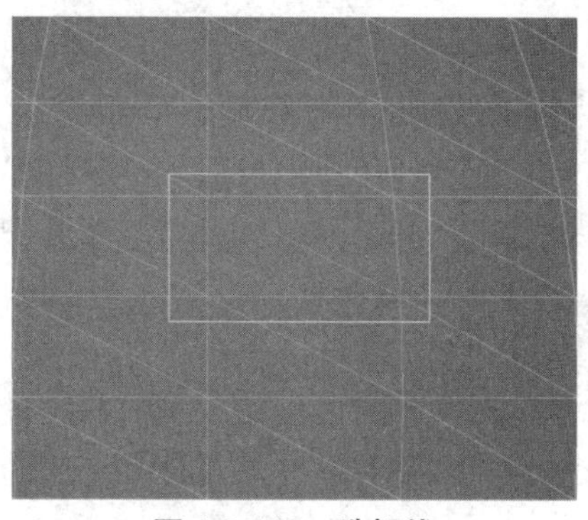
图 1-2-119 选择线

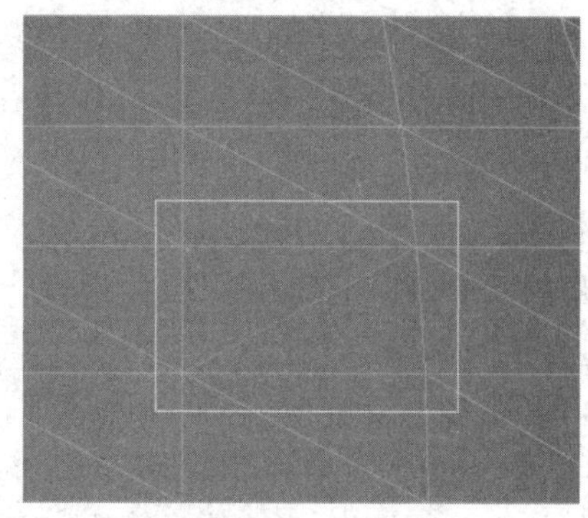
图 1-2-120 翻转线

12. 反向自旋边、正向自旋边

“反向自旋边”与“正向自旋边”命令作用与使用方法基本一样，区别只是“顺时针旋转”与“逆时针旋转”，与“翻转三角形边”命令作用类似，可以便捷地改变模型中拓扑结构的走向，是一个十分实用的模型编辑工具。

(1)导入“自旋边”文件，使用“边级别”选择边(图 1-2-121)，选择“菜单栏”中的“编辑网格”→“反向自旋边”命令(图 1-2-122)。

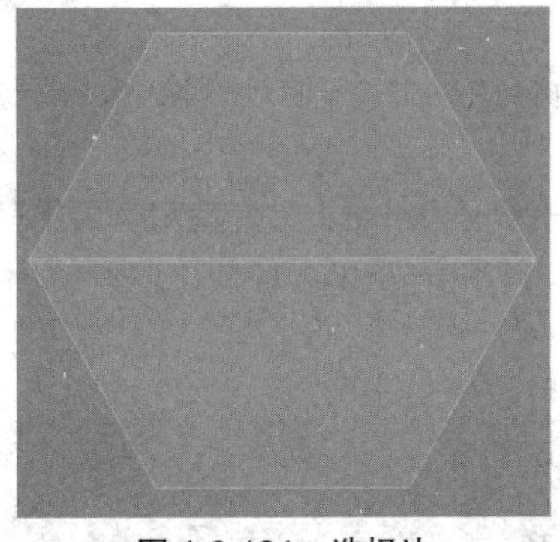

图 1-2-121　选择边

图 1-2-122　“反向自旋边”命令

（2）在“操作界面”中观察“边”的变化（图 1-2-123）。同样，选择“正向自旋边”命令，观察“边”的变化（图 1-2-124）。

图 1-2-123　反向自旋边效果

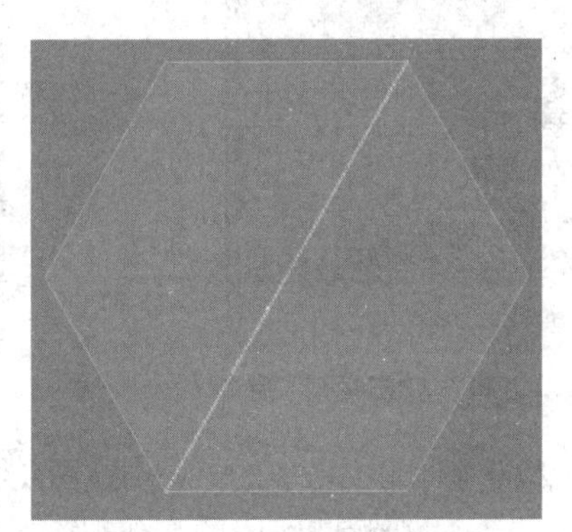

图 1-2-124　正向自旋边效果

13. 显示建模工具包

“显示建模工具包”命令，默认大量的建模工具，可以便捷地制作模型。

选择“菜单栏”中的“网格工具”→“显示建模工具包”命令（在点击后，变成“隐藏建模工具包”命令）（图 1-2-125）。在 MAYA 界面右侧显示出“Modeling ToolKit”，在其中包含了大量的常用建模工具，可以快捷地进行选择使用（图 1-2-126）。

14. 插入循环边

可以在多边形模型（必须是四边形，当遇到三边形或大于四边形的模型时将不能产生环形线）的指定位置插入一条环形线。“插入循环边”命令可以产生更多的“点”与“面”，方便模型的进一步细化，在建模过程中起到重要作用。

（1）创建一个“立方体”，选择“菜单栏”中的“网格工具”→“插入循环边工具”命令（图 1-2-127）。如果要沿 X 轴插入循环边，需在 Y 轴的某一条线上进行点击（图 1-2-128）。

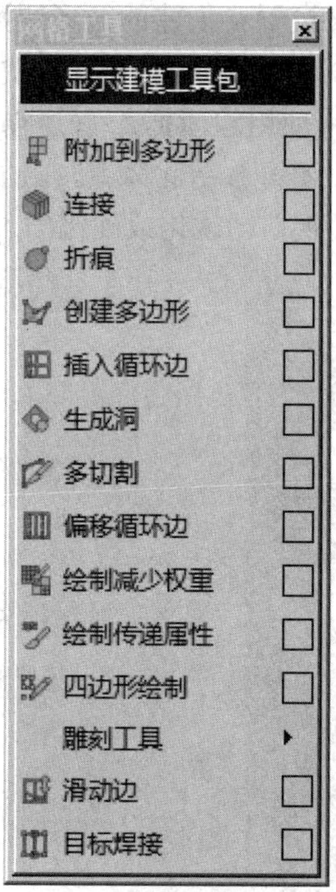

网格工具
显示建模工具包
附加到多边形
连接
折痕
创建多边形
插入循环边
生成洞
多切割
偏移循环边
绘制减少权重
绘制传递属性
四边形绘制
雕刻工具
滑动边
目标焊接

图 1-2-125 “显示建模工具包”命令

对象 帮助
多组件
选择了 1 个边
拾取/框选
拖选
调整/框选
亮显背面
亮显最近组件
基于摄影机的选择
禁用
对称
禁用
选择约束
禁用
变换约束
禁用
软选择
网格
结合
分离
平滑
布尔
组件
挤出
倒角
桥接
添加分段
工具
多切割
目标焊接
连接
四边形绘制
通道盒/层编辑器
属性编辑器
Modeling Toolkit

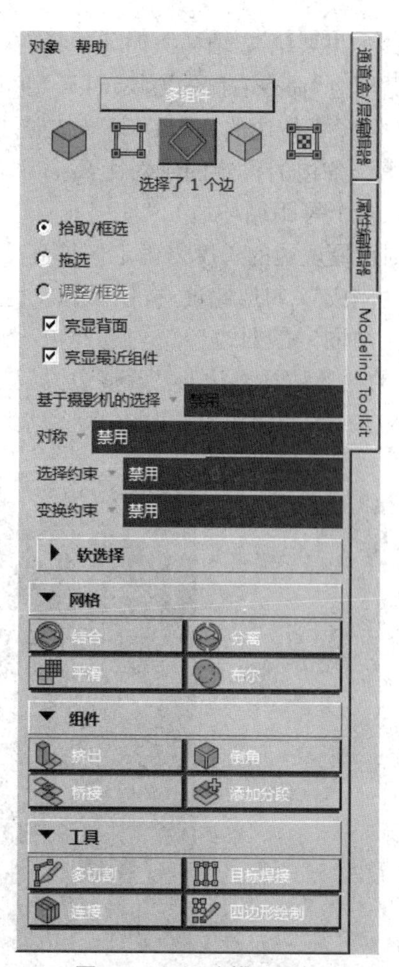

图 1-2-126 建模工具包

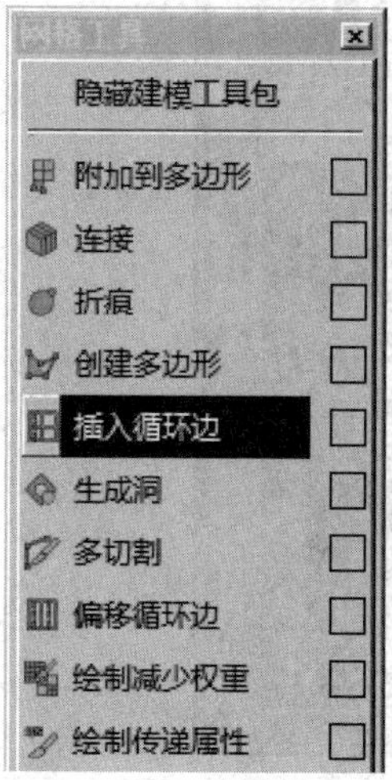

网格工具
隐藏建模工具包
附加到多边形
连接
折痕
创建多边形
插入循环边
生成洞
多切割
偏移循环边
绘制减少权重
绘制传递属性

图 1-2-127 “插入循环边”命令

Y
X

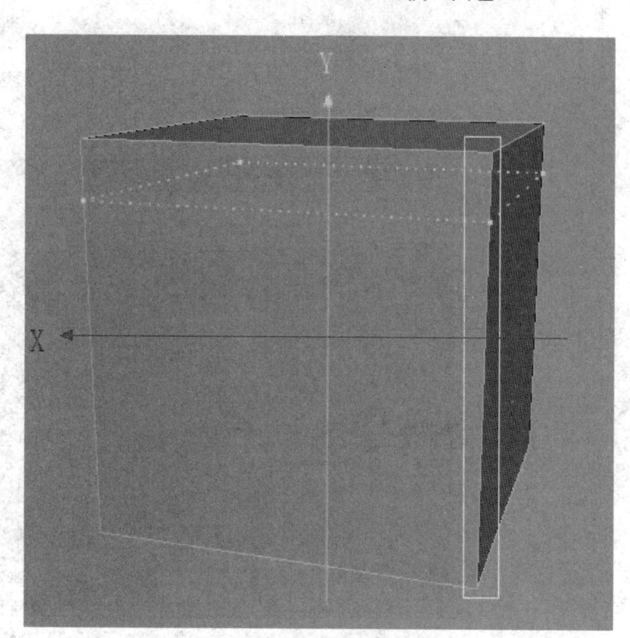

图 1-2-128 点击 Y 轴

（2）如果要沿 Y 轴插入循环边，需在 X 轴的某一条线上进行点击（图 1-2-129）。点击“插入循环边”命令右侧的方块，打开“工具设置”对话框（图 1-2-130），其中“设置”的“保持位置”项包含“与边的相对距离”（按照边的百分比距离插入循环边），“与边的相等距离”（按照第一条边的位置的绝对距离插入循环边），“多个循环边”（按照“循环边数”中的数量，插入多个等距循环边），“使用相等倍增”（需选择“多个循环边”才可激活此命令，勾选此项，则用最短边的长度来确定偏移高度）；“循环边数”用来设置要创建的循环边数量，包含“自动完成”（勾选此项，按住鼠标左键拖动到相应的位置，然后释放鼠标左键，便会插入循环边），“固定的四边形”（勾选此项，会自动生成四边形），“使用边流插入”（遵循周围网格曲率的循环边插入边）；“调整边流”项需选择“调整边流”才可激活此命令，在插入边之前，输入值或调整滑块以更改边的形状；“平滑角度”项决定是否自动软化或硬化插入的。

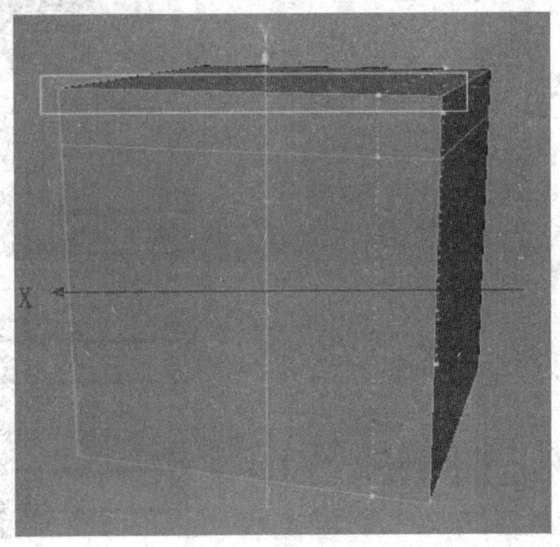

图 1-2-129 点击 X 轴

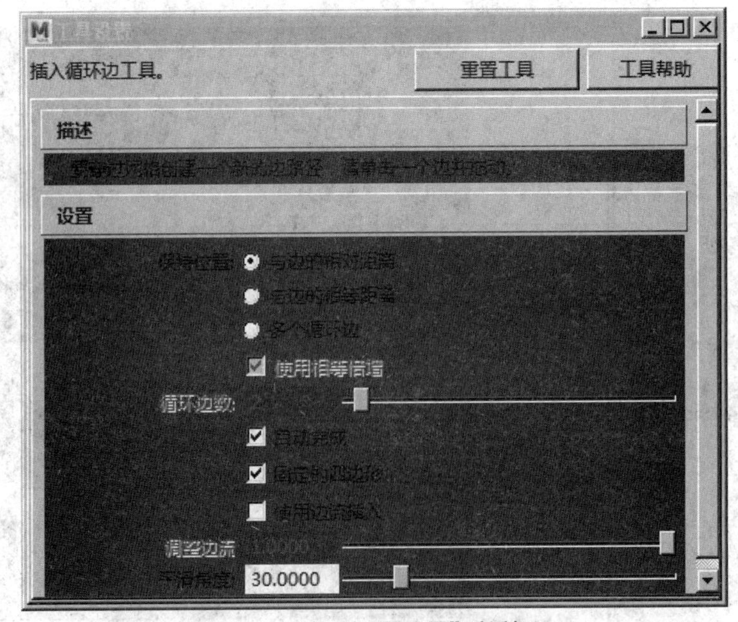

图 1-2-130 “工具设置”对话框

（3）在“工具设置”对话框中，选择“多个循环边”，在“循环边数”项中输入“5”（图 1-2-131），在“立方体”上进行点击，在“操作界面”中观察效果（图 1-2-132）。

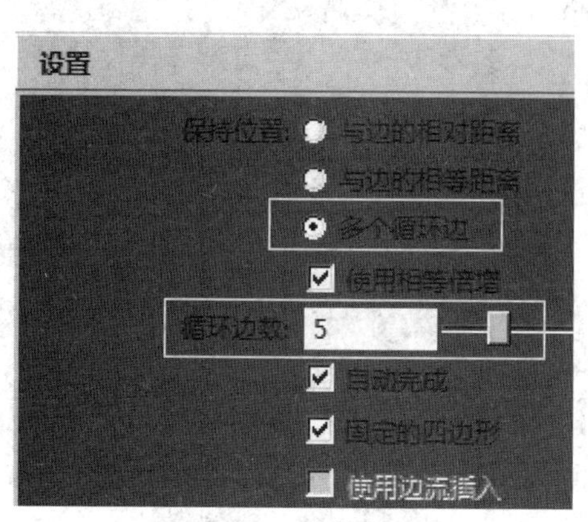

图 1-2-131 调置属性

图 1-2-132 插入边效果

15. 多切割

“多切割”命令与“插入循环边”命令作用相似，但是“插入循环边”命令是插入循环的整条边，而“多切割”命令是手动插入边，即可在四边形模型中插入，也可在三角形或多于四边形的模型中插入边。

（1）创建一个“平面”，选择“菜单栏”中的“网格工具”→“多切割”命令（图 1-2-133）。在“顶点”或“边”上进行点击（默认“多切割”自动吸附到“点”或“边”），点击鼠标右键或“Enter”键完成线的绘制（图 1-2-134）。

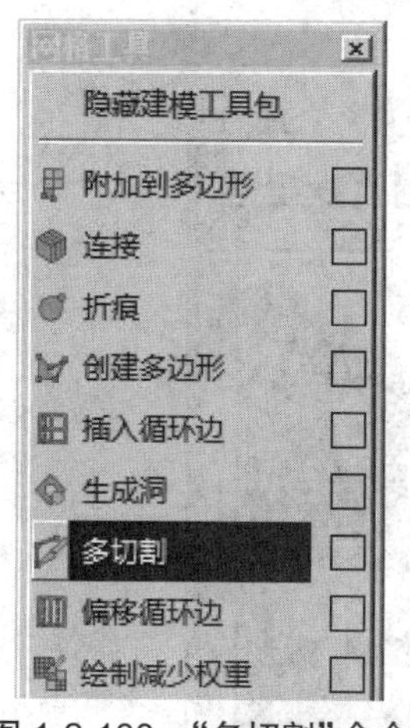

图 1-2-133 “多切割”命令

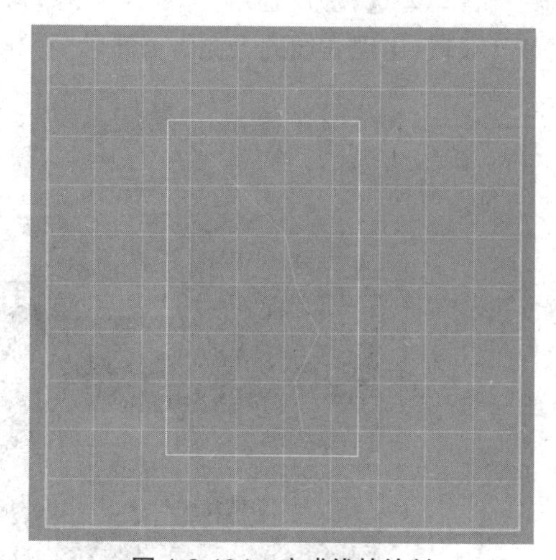

图 1-2-134 完成线的绘制

（2）如果按住“Ctrl”键点击鼠标左键，则插入循环线，作用与“插入循环边”命令一样（图 1-2-135），观察插入后的效果（图 1-2-136）。

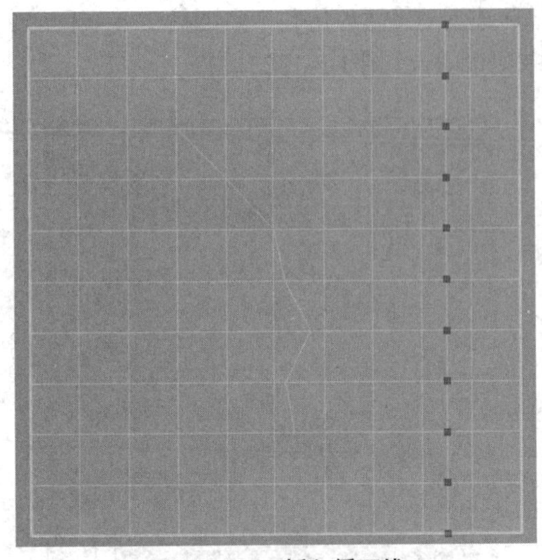

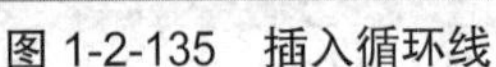
图 1-2-135 插入循环线

图 1-2-136 观察效果

（3）点击“多切割”命令右侧的方块打开“工具设置”对话框。其中“捕捉步长 %”项控制吸附增量，默认值为 25%“切割 / 插入循环边工具”的；“平滑角度”项决定是否自动软化或硬化插入的边，如果设置为“180”则显示为软边，如果设置为“0”则显示为软边；“边流”项表示遵循周围网格曲率的循环边插入边；“细分”项指定沿已创建的每条新边出现的细分数目；“切片工具”的“删除面”项可用于直接删除模型被选择的一部分；“提取面”项用于将模型按照切割角度分离，“沿平面的切片”用于设置沿指定“YZ”“ZX”“XY”对模型进行切片。“颜色设置”项设置“多切割”属性的显示颜色。“键盘 / 鼠标快捷键”项设置“多切割”属性的快捷键。勾选“删除面”项（图 1-2-137）切换成顶视图，在空白位置进行点击，然后拖动出现橘红线段，出现虚线的一侧将被删除（图 1-2-138）。

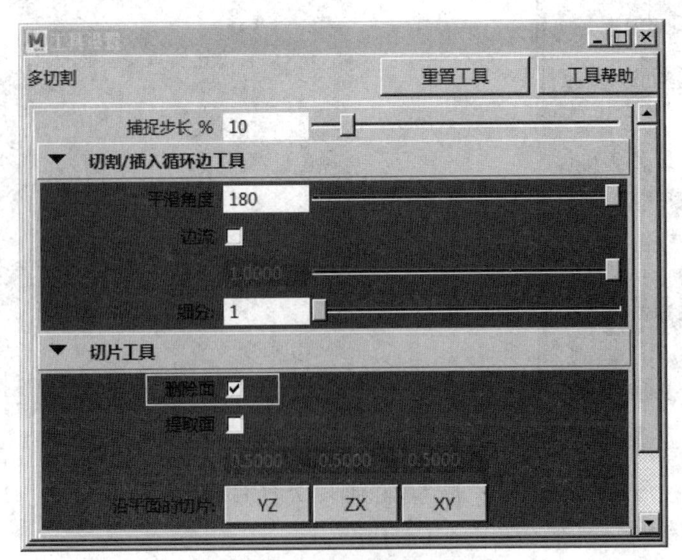

图 1-2-137 “工具设置”对话框

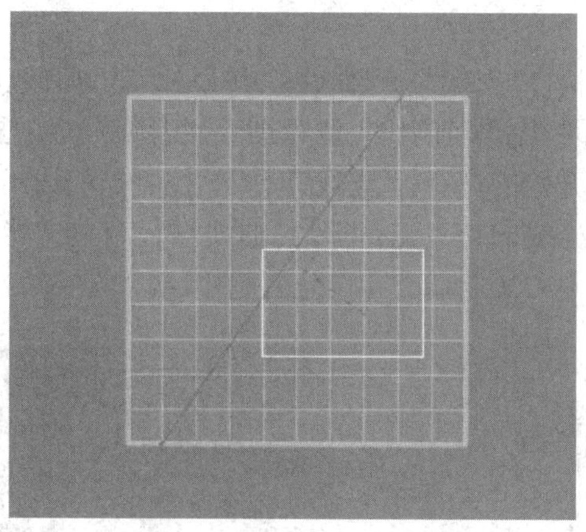

图 1-2-138　绘制多切割

（4）在“操作界面”中观察效果（图 1-2-139）。若勾选“提取面”项，操作步骤与删除面相同，在“操作界面”中观察效果（图 1-2-140）。

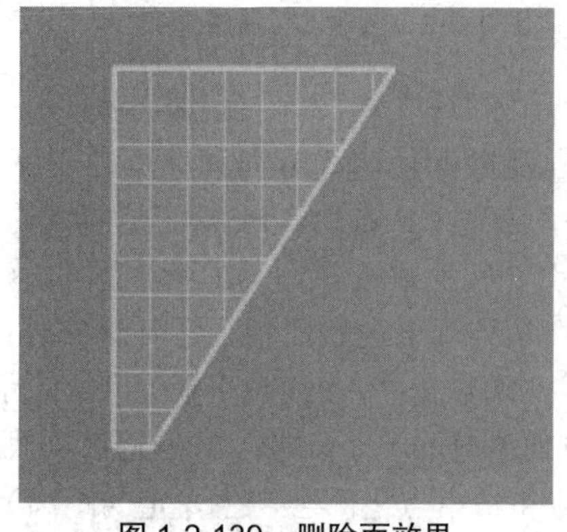

图 1-2-139　删除面效果

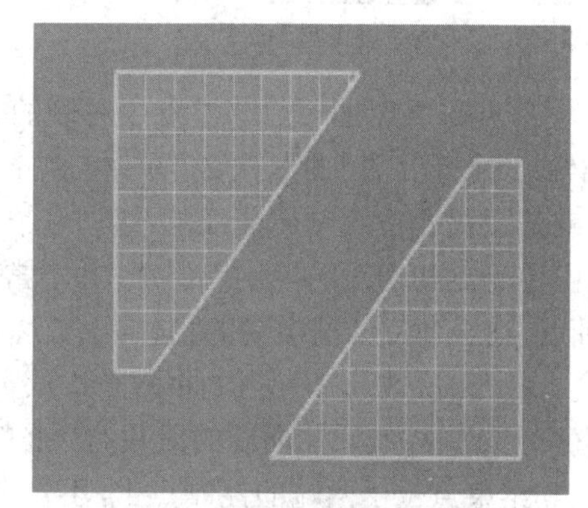

图 1-2-140　提取面效果

1.3　曲线曲面建模

MAYA 中还有一种创建模型的方式，叫作曲线曲面建模。曲线曲面建模可以通过较少的点来控制平滑度，从而获得流线型效果。它是使用函数进行模型计算并通过参数来进行精确控制，这就是曲线曲面建模最大的优势与特点。在一个项目制作过程中，既可以使用多边形建模，也可以使用曲线曲面建模，更多的时候是将两者相结合，发挥各自优势进行模型的创建。

1.3.1　曲线曲面建模常用命令

既然称作曲线曲面建模，顾名思义其中就包括曲线与曲面两部分。这两部分又是相辅相成、可以相互转化的。曲线转化曲面的操作是十分关键的制作方法，制作模型快速便捷、效率极高。下面将分别对曲线、曲面进行学习。

1. 曲线

MAYA 中的曲线有两种，一种是 CV 曲线，另一种是 EP 曲线（使用率较低，这里就不做介绍了）。

（1）选择“菜单栏”中的“创建”→“曲线工具”→“CV 曲线工具”命令（图 1-3-1），将“操作界面”选择成“平面视图”（前视图、侧视图、顶视图等），点击鼠标左键形成曲线。其中，“起始点”是 CV 曲线开始的位置；“壳线”是 CV 控制点的边线，可以通过壳线控制曲面的操作；“CV 控制点”是壳线的交界点，可以对曲线进行调整又能保持曲线平滑度，不破坏曲线的连续性；“结束点”是 CV 曲线终止的位置（图 1-3-2）。

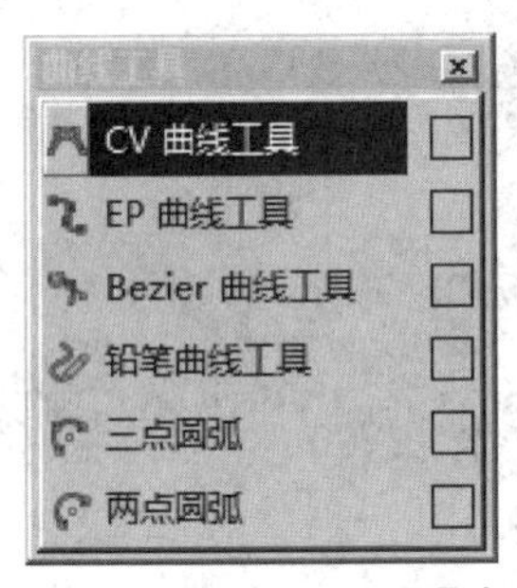

图 1-3-1 “CV 曲线工具”命令

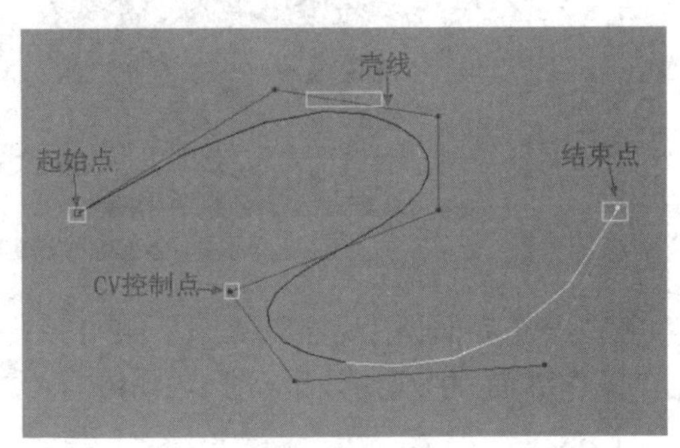

图 1-3-2 创建 CV 曲线

（2）点击“CV 曲线工具”命令右侧的方块，打开“工具设置”对话框（图 1-3-3）。其中“CV 曲线设置”的“曲线次数”项，控制曲线平滑程度也就是切线方向和曲率是否保持连续，或是理解成设置创建曲线的次数，包含“1 线性”“2”“3 立方”“3 Bezier（是曲线的子级别，由定位点和切线的控制点组成，并不常用）”“5”“7”（次数选择“1”时，是一种直棱直角的曲线，适合建立一些尖锐的物体；次数选择“2”时，从外观上观察比较平滑，但在渲染曲面时会有棱角、次数选择“3”时曲线非常平滑，以此类推次数越高，曲线越平滑）；“结间距”项包含“一致”（控制增加曲线的段数），“弦长”（控制曲率分布），“多端结”（勾选后曲线的起始点和结束点位于两端的控制点上，不勾选，起始点和结束点之间会产生一定的距离）。分别选择次数“1”与“7”，绘制 2 根弧形曲线观察效果（图 1-3-4）。

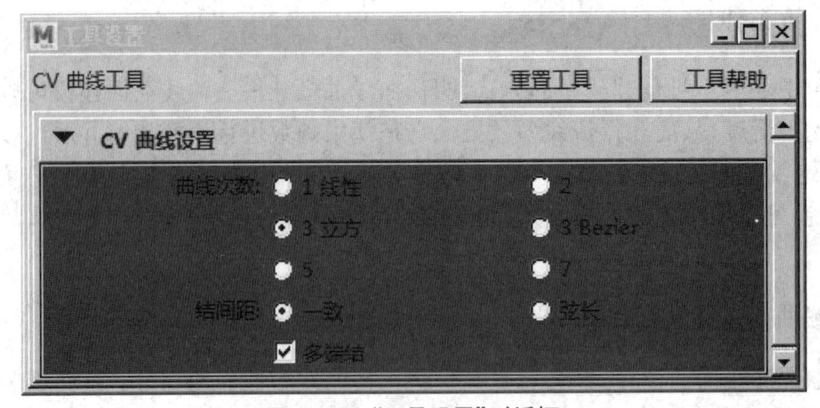

图 1-3-3 “工具设置”对话框

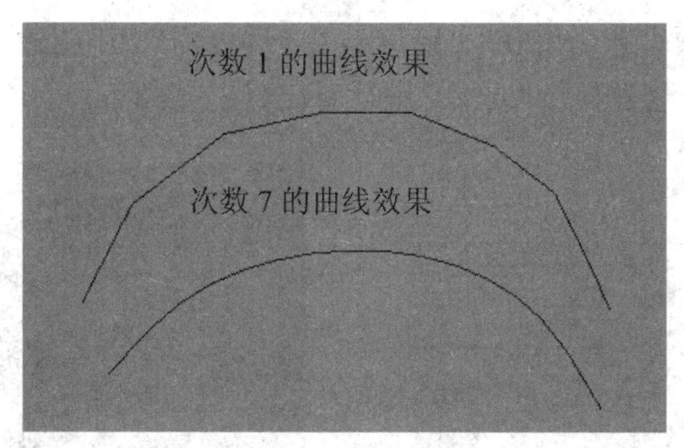

图 1-3-4　效果对比

2. 曲面

曲面和曲线类似，是通过很少的元素来控制一个平滑的曲面。曲面基本几何体的创建与多边形模型的创建相同，可以在“工具架”的“曲线 / 曲面”标签中创建（此标签内也包含“曲线”的基本形状），也可通过“菜单栏”中的“创建”→“NURBS 基本体”命令进行创建（图 1-3-5）。以“球体”为例，点击“球体”命令右侧的方块，打开“NURS：球体选项”对话框（图 1-3-6）。其中“枢轴”项包含“对象”（从原点创建基本体），“用户定义”（通过在“枢轴点”的“X”“Y”“Z”框中输入数值定位创建位置）；“轴”项包含“X”“Y”“Z”（设定轴的方向）、“自由”（可使用“X”“Y”“Z”与“轴定义”选项，输入数值以确定轴方向），“活动视图”（创建垂直于当前正交视图的对象，如果当前建模视图是摄影机或透视视图，则此选项无作用）；“开始扫描角度”项设置球体数值在 0~360° 的起始角度，可以产生不完整的球面；“结束扫描角度”项与“开始扫描角度”项正好相反，设置球体数值在 0~360° 的结束角度；“半径”项设置球的大小；“曲面次数”项包含“线性”（即直线型，可形成尖锐的棱角）、“立方”（可生成平滑的曲面）；“使用容差”项包含“无”，“局部”（可通过调整“位置容差”进行“球体”的创建），“全局”使用默认的分段数值“球体”的创速）；“截面数”项设置 V 向的分段数，最小值为 4；“跨度数”项设置 U 向的分段数，最小值为 2。

图 1-3-5　“NURBS 基本体”命令

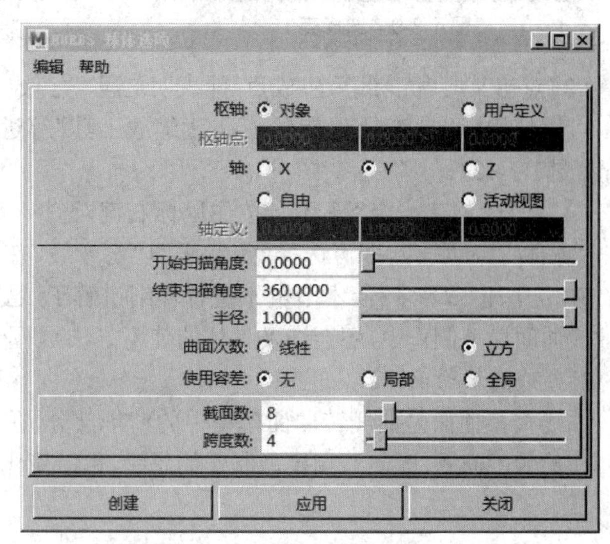

图 1-3-6　“NURBS：球体选项”对话框

（1）将“截面数”项设置为“20”，“跨度数”项设置为“20”创建一个“球体”（图 1-3-7），与使用默认的属性数值创建一个“球体”进行对比（图 1-3-8）。

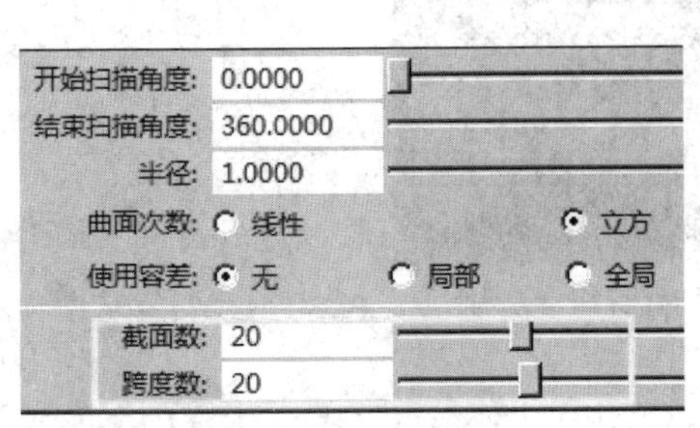

图 1-3-7　设置属性

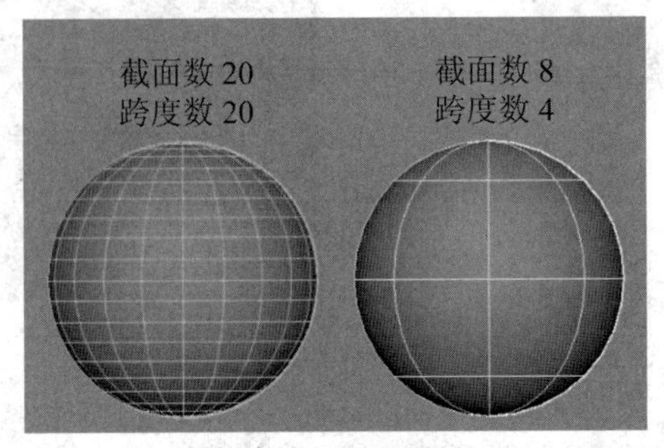

图 1-3-8　对比球体

（2）“曲面”模型编辑多通过“壳”与“等参线”实现。创建一个“球体”，按住鼠标右键，选择“壳”（图 1-3-9），“球体”外层的线段就是“壳”，可以通过对“壳”的调节改变模型形状（图 1-3-10）。

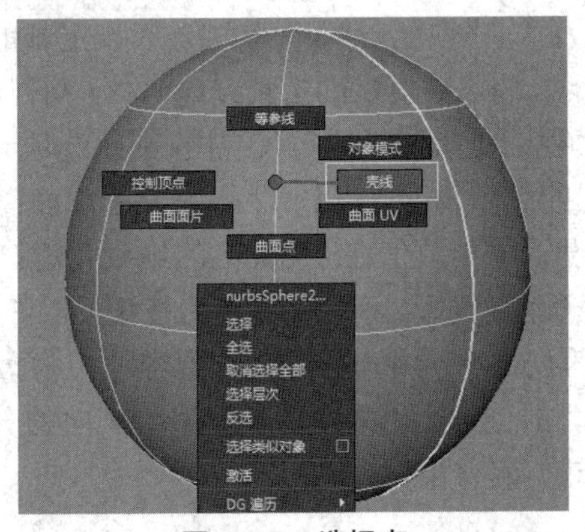

图 1-3-9　选择壳

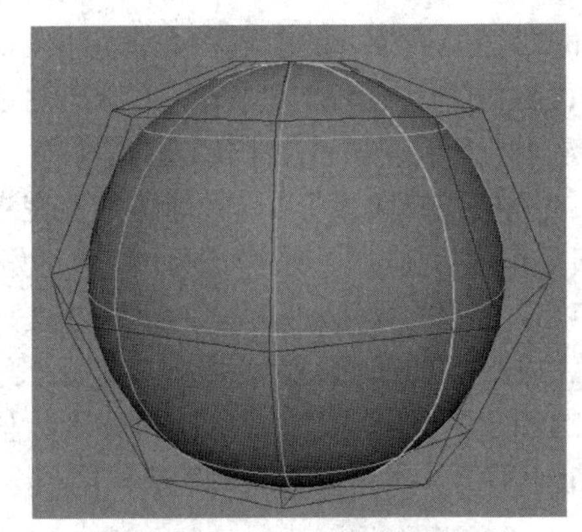

图 1-3-10　改变模型形状

（3）点击某段“壳”线后生成点，即表明这段“壳”线已经被选择（图 1-3-11）。

可以使用“移动工具”“旋转工具”“缩放工具”等进行调节，这里使用“缩放工具”进行调节（图 1-3-12）。

（4）同样，创建一个“球体”，按住鼠标右键，选择“等参线”（图 1-3-13），再用鼠标左键点击“球体”上的线段，即可选择“等参线”（“等参线”在曲面模型制作中起到十分重要的作用，使用方法也多种多样，本节就不进行详细讲解了，这里只需要有一个初步认识。在下面的曲线曲面模型制作中，还会涉及具体的使用方法）（图 1-3-14）。

3. 曲线转换曲面

曲线转换曲面是曲线转曲面模型中的精华部分，在实际工作中可以十分便捷地解决模型制作的棘手问题，既能开阔模型制作的思路，也能简化模型制作的步骤流程。

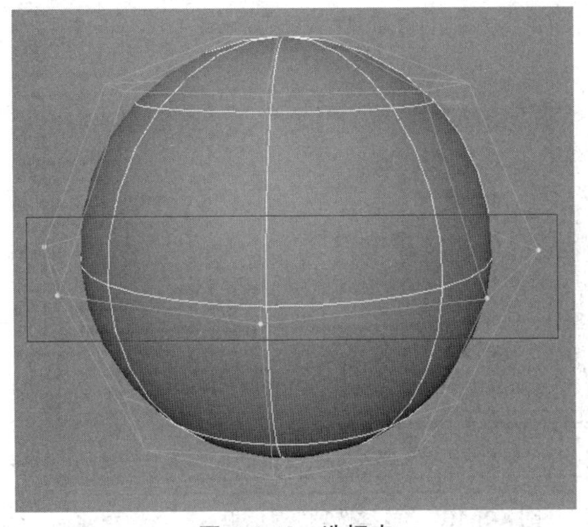

图 1-3-11　选择壳

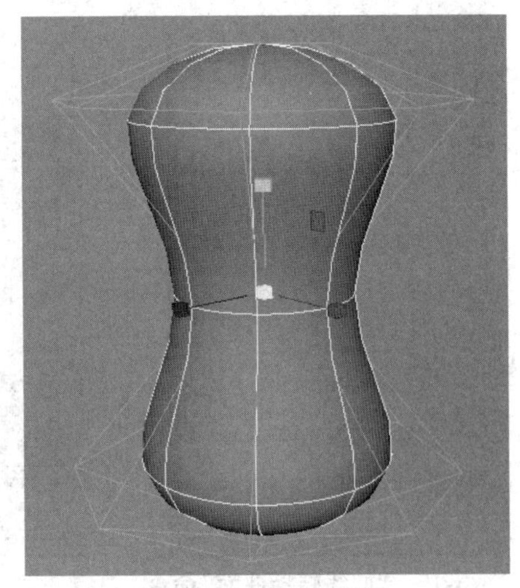

图 1-3-12　缩放壳线

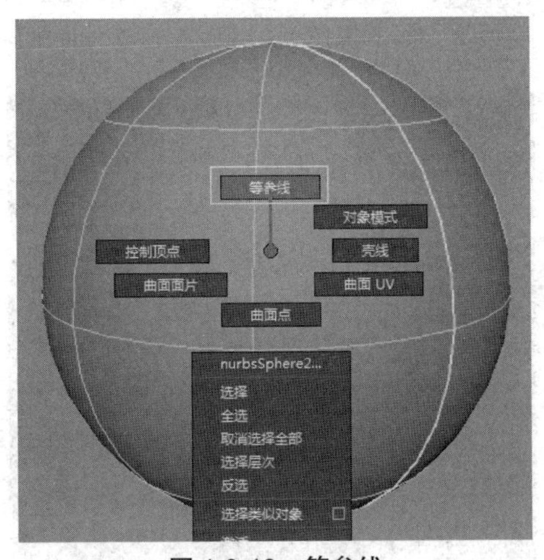

图 1-3-13　等参线

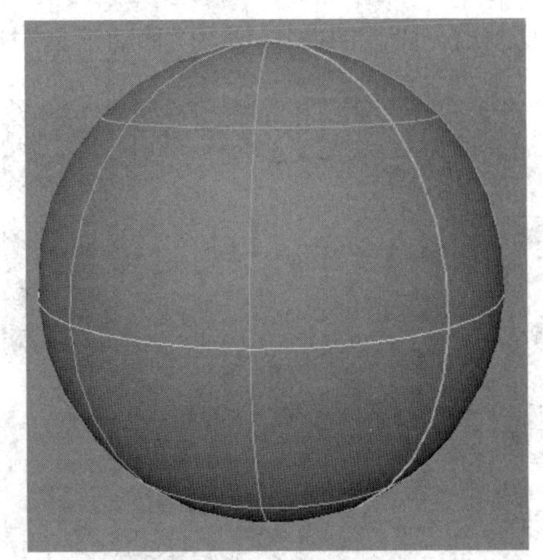

图 1-3-14　选择等参线

1）放样

（1）点击“菜单栏”中的“曲面”命令，弹出“曲面”对话框，这 9 个命令就是“曲线转换曲面”命令（图 1-3-15）。“放样”命令可以将两条或两条以上曲线生成一个曲面。点击“放样”命令右侧的方块，打开“级样选项”对话框（图 1-3-16）。其中“参数化”项包含“一致”（生成的曲面在 V 方向上的参数值），“弦长”（生成的曲面在 V 方向上的参数值等于轮廓线之间的距离），“自动反转”（勾选后生成的曲面不产生扭曲现象），“关闭”（勾选后生成的曲面会自动闭合）；“曲面次数”包含“线性”（曲面有棱角），“立方”（曲面较平滑）；“截面跨度”项设置曲面的分段数；“曲线范围”项包含“完成”（默认的曲面效果放样后不可调节），“部分”（放样后可使用“显示操纵器工具”调节）；“输出几何体”项即输出的类型，包含“NURBS”“多边形”“Bezier”3 种类型。

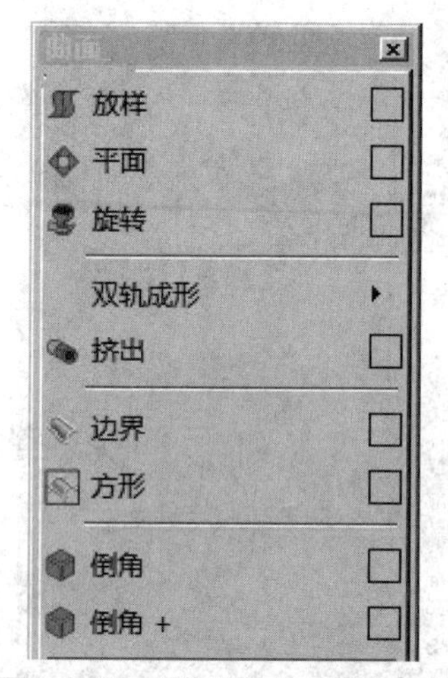

图 1-3-15　“曲线转换曲面”命令

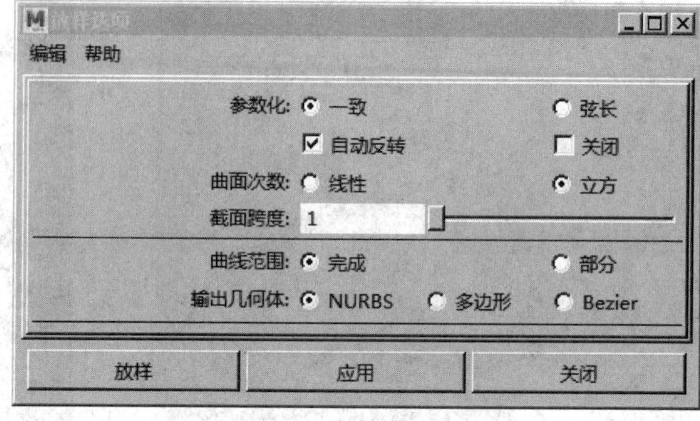

图 1-3-16　“放样选项”对话框

（2）在“操作界面”中使用“CV 曲线工具”命令绘制一段曲线（图 1-3-17），按“Ctrl+D”键复制出一段新的曲线，使用“移动工具”拖动一段距离（图 1-3-18）。

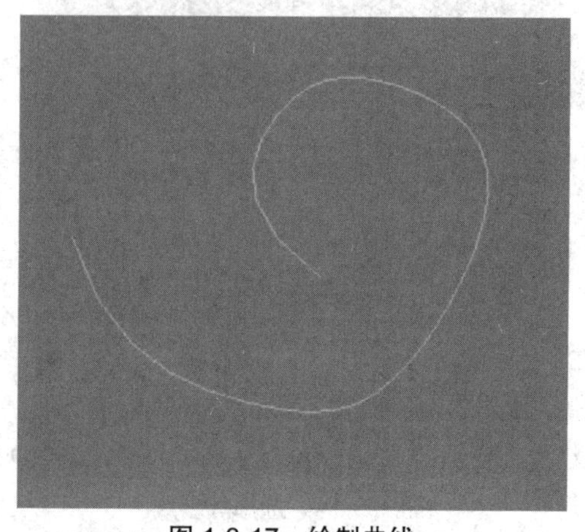
图 1-3-17　绘制曲线

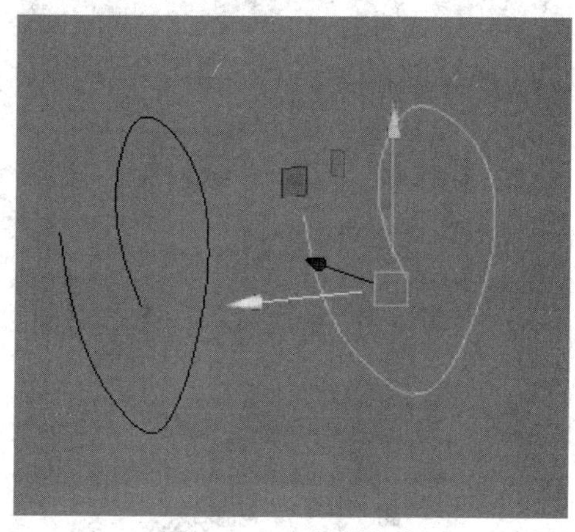
图 1-3-18　复制曲线

（3）对两条“曲线”进行框选（图 1-3-19），点击“菜单栏”中的“曲面”→“放样”命令（使用默认选项），观察放样效果（图 1-3-20）。

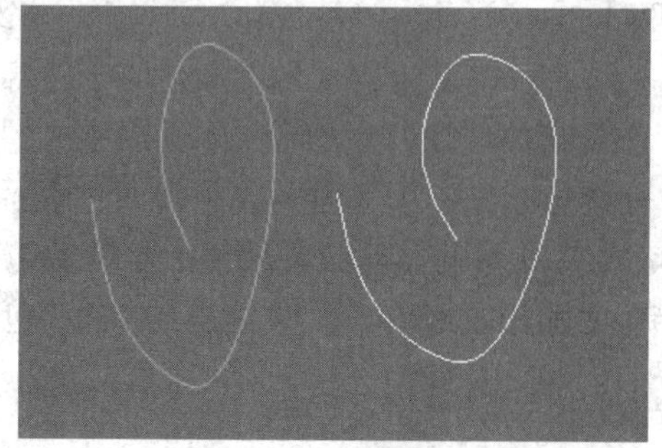
图 1-3-19　选择曲线

图 1-3-20　放样效果

2）平面

（1）“平面”命令可以将封闭的曲线生成一个曲面，但曲线必须位于同一平面内。点击“平面”命令右侧的方块，打开“平面曲面选项”对话框（图 1-3-21）。其中“次数”项包含“线性”（曲面有棱角）；“立方”（曲面较平滑）；“曲线范围”项包含“完成”（默认的曲面效果放样后不可调节）；“部分”（放样后可使用“显示操纵器工具”调节）；“输出几何体”项即输出的类型，包含“NURBS”“多边形”两种类型。将“操作界面”转换成“顶视图”（“顶视图”“侧视图”“前视图”都属于“平面视图”，绘制“曲线”多在“平面视图”中，这样绘制出的“曲线”准确工整）（图 1-3-22）。

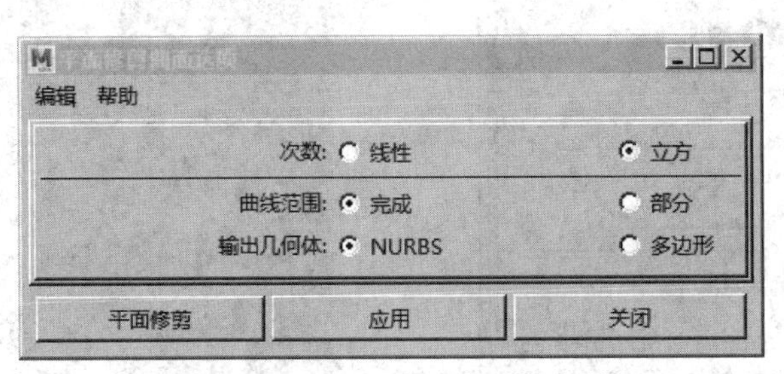

图 1-3-21　“平面曲面选项”对话框

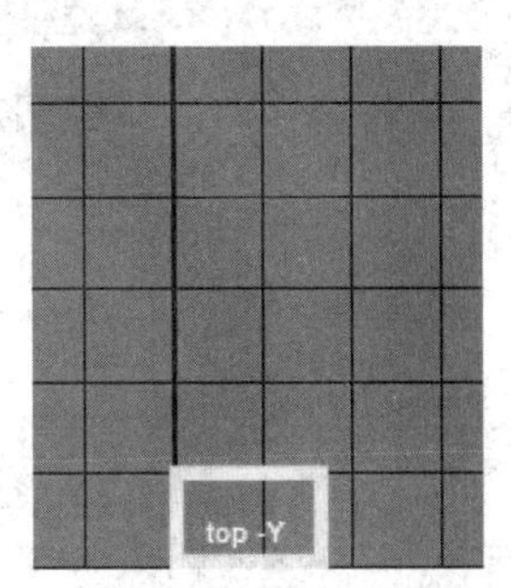

图 1-3-22　顶视图

（2）选择“CV 曲线工具”命令，在“顶视图”中绘制 4 条曲线（图 1-3-23），点击“平面”命令，使用默认选项，观察“平面”命令的效果（图 1-3-24）。

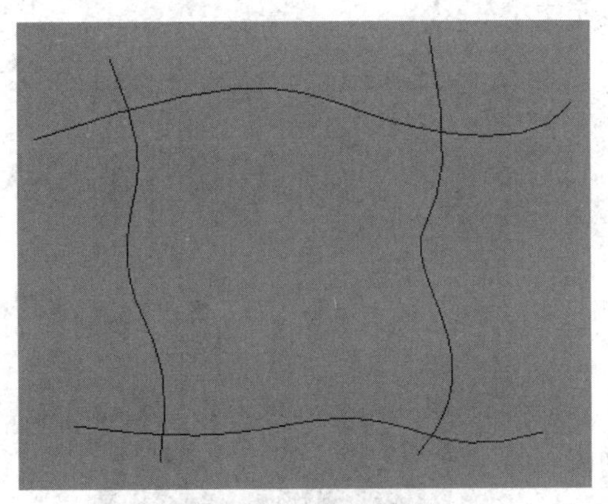
图 1-3-23　绘制曲线

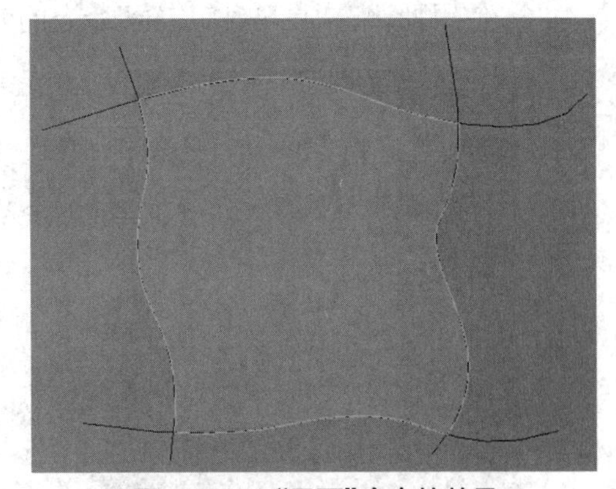
图 1-3-24　“平面”命令的效果

3）旋转

（1）“旋转”命令可以将一条曲线通过控制旋转角度生成一个曲面。点击“旋转”命令右侧的方块对话框。其中，“轴预设”项包含“X”“Y ”“Z”和“自由”4 个选项（如果选择“自由”，可以通过在打开“轴”项的“旋转选项”“ X”“ Y”“ Z”中输入数值确定旋转方向）；“枢轴”项包含“对象”（以自身的轴心位置作为旋转方向），“预设”（可以在“枢轴点”项“X”“Y”“Z”中输入数值更改枢轴点的 X、Y、Z 位置）；“曲面次数”项包含“线性”（曲面有棱角），“立方”（曲面较平滑），“开始扫描角度”项设置球体旋转角度数值在 0~360；“结束扫描角度”项与“开始扫描角度”项正好相反，设置球体数值在 0~360° 的结束角度；“使用容差”项包含“无”(可以更改“分段”数值,数值越大,精度越高),“局部”(可调整“容差”数值,数值越低,精度越高),“全局”(使用默认的数值进行旋转),“曲线范围”包含“完成”(默认的曲面效果旋转后不可调节);“部分”(旋转后可使用“显示操纵器工具”调节);“输出几何体”项即输出的类型包含,“NURBS”“多边形”“Bezier”3 种类型。将“操作界面”转换成“侧视图”效果(图 1-3-26)。

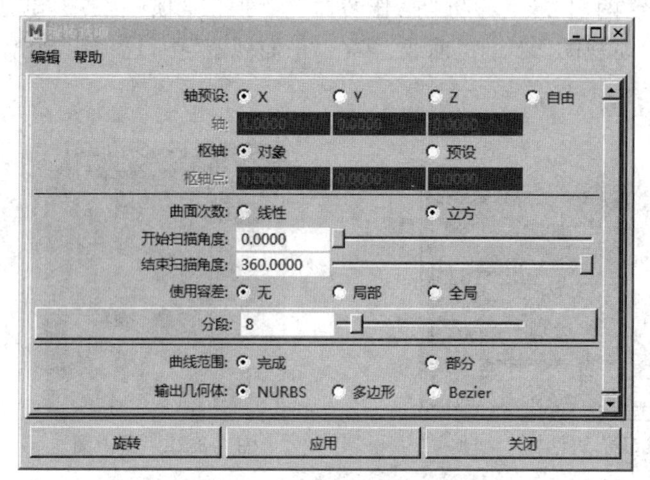

图 1-3-25 “旋转选项”对话框

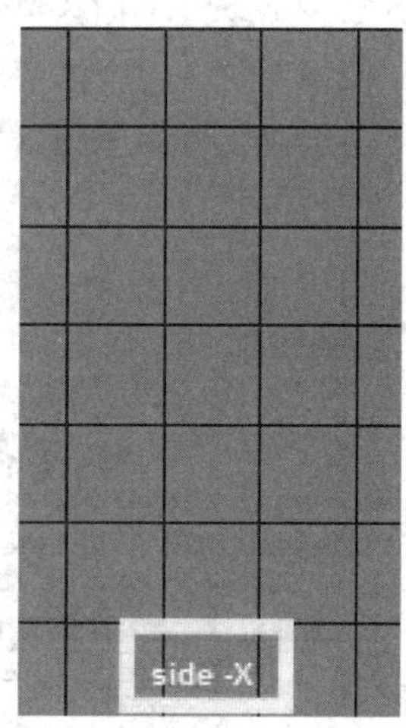

图 1-3-26 侧视图

(2)选择“CV 曲线工具”命令,在“侧视图”中绘制一条弧形曲线(图 1-3-27),点击“旋转”命令,使用默认选项,观察“旋转”命令的效果(图 1-3-28)。

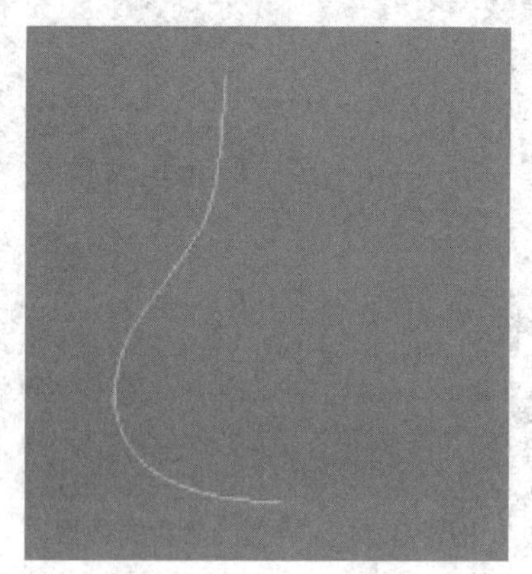

图 1-3-27 弧形曲线

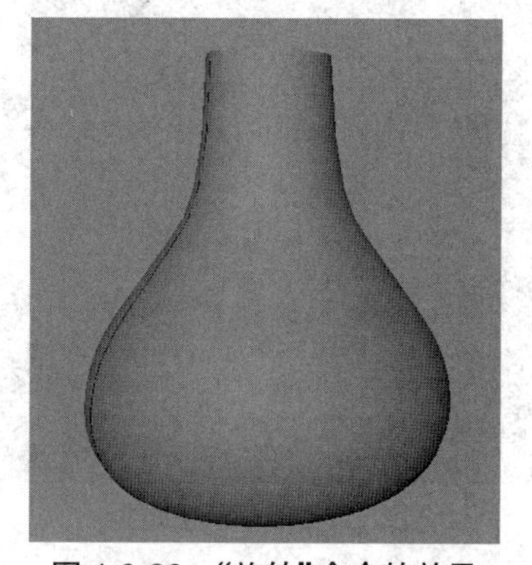

图 1-3-28 “旋转”命令的效果

4)双轨成形

(1)“双轨成形”命令是指轮廓线沿两条轨道线进行扫描从而生成曲面。其中又包含“双轨成形 1 工具”“双轨成形 2 工具”“双轨成形 3+ 工具”3 个命令(图 1-3-29)。“双轨成形 1 工具”命令是指一条轮廓线沿两条轨道线进行扫描从而生成曲面,点击“双轨成形 1 工具”命令右侧的方块,打开“双轨成形选项”对话框(图 1-3-30)。其中,“变换控制”项包含“不成比例”(以不成比例的方式扫描曲线),“成比例”(以成比例的方式扫描曲线);“连续性”项决定曲面切线方向的连续性;“重建”项决定重建轮廓线和路径曲线,包含“第一轨道”(决定重建第一次选择的轮廓线),“第二轨道”(决定重建第二次选择的轮廓线);“输出几何体”项即输出的类型,包含“NURBS”“多边形”两种类型;“工具行为”项包含“完成时退出”(会在创建双轨成形曲面后结束工具的使用,如不勾选,则可以执行其他双轨成形操作,而不必再次选择该工具),“自动完成”(在使用双轨成形工具的每步中均会显示提示,如不勾选,则必须按正确的顺序拾取曲线,然后选择双轨成形工具完成操作)。

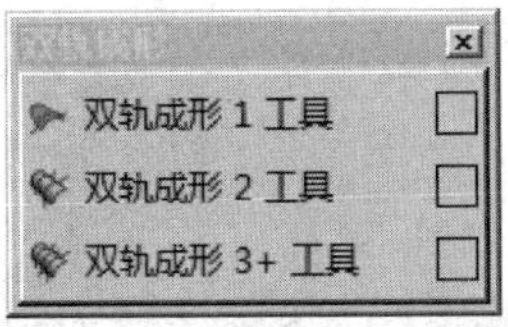

图 1-3-29“双轨成形”命令

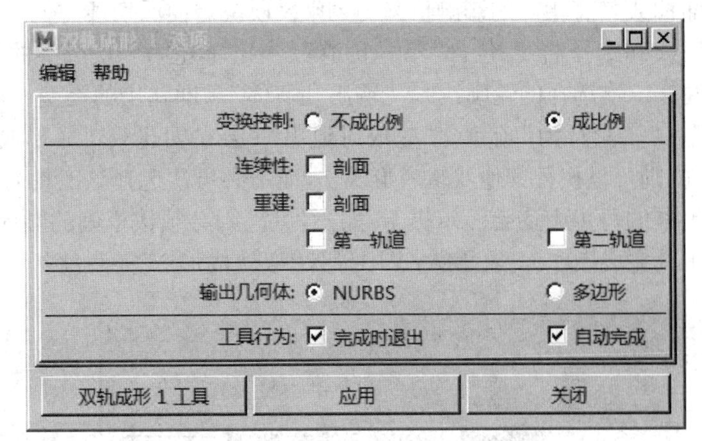

图 1-3-30 “双轨成形 1 选项”对话框

(2)在 MAYA 中导入“双轨成形 1”文件(图 1-3-31),先选择轮廓线(图 1-3-32)。

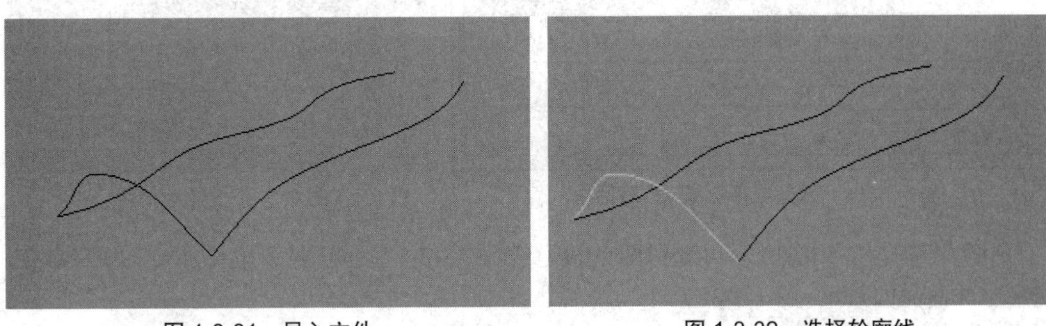

图 1-3-31 导入文件　　图 1-3-32 选择轮廓线

(3)再选择“轨道线”命令(图 1-3-33),点击“双轨成形 1 工具”,观察生成曲面的效果(图 1-3-34)。

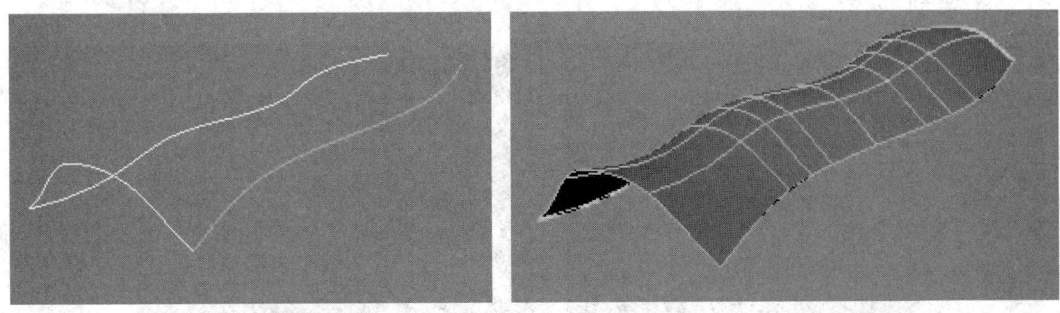

图 1-3-33 选择轨道线　　图 1-3-34 生成曲面

（3）“双轨成形2工具”命令是指两条轮廓线沿两条轨道线进行扫描从而生成曲面，点击“双轨成形2工具”命令右侧的方块，打开“双轨成形2选项”对话框（图1-3-33）。其中，“变换控制”项包含“不成比例”（以不成比例的方式扫描曲线）；“成比例”（以成比例的方式扫描曲线）；“剖面混合值”项可设定已创建曲面的中间剖面的影响值，数值为“1”时第一条轮廓线比第二条轮廓线影响力大，数值为“0”时效果相反，默认情况下，这两条选定的剖面曲线具有相等的影响值；“连续性”项决定曲面切线方向的连续性；“重建”项决定重建轮廓线和路径曲线，包含“第一轨道”（决定重建第一次选择的轮廓线），“第二轨道”（决定重建第二次选择的轮廓线）。“输出几何体”项即输出的类型，包含“NURBS”“多边形”两种类型；“工具行为”项包含“完成时退出”（会在创建双轨成形曲面后结束工具的使用，如不勾选，则可以执行其他双轨成形操作，而不必再次选择该工具），“自动完成”（在使用双轨成形工具的每步中均会显示提示，如不勾选，则必须按正确的顺序拾取曲线，然后选择双轨成形工具完成操作）。在MAYA中导入“双轨成形2”文件（图1-3-36）。

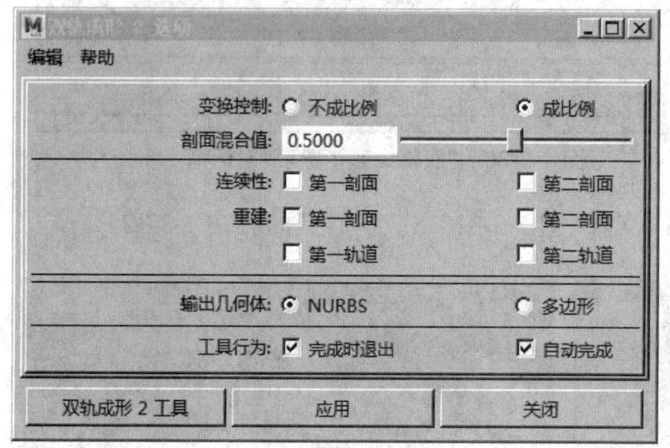

图1-3-35 “双轨成形2选项”对话框

图1-3-36 导入文件

（4）先选择两条轮廓线，再选择两条轨道线（图1-3-37），点击“双轨成形2工具”命令，观察生成曲面的效果（图1-3-38）。

（5）在MAYA中导入“双轨成形3+”文件，它的属性参数与“双轨成形2”相同，可以相互进行参考（图1-3-39）。“双轨成形3+工具”命令的使用与“双轨成形1工具”“双轨成形2”命令略有不同，先选择“双轨成形3+工具”命令（图1-3-40），再选择轮廓线，然后，点击“Enter”键进行确定。

图1-3-37 选择曲线

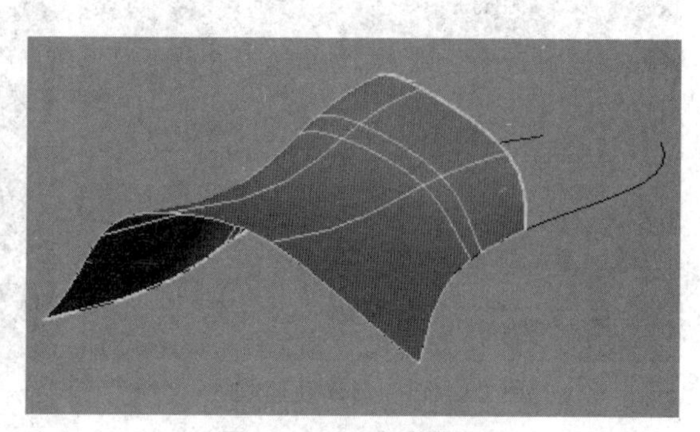

图1-3-38 生成曲面

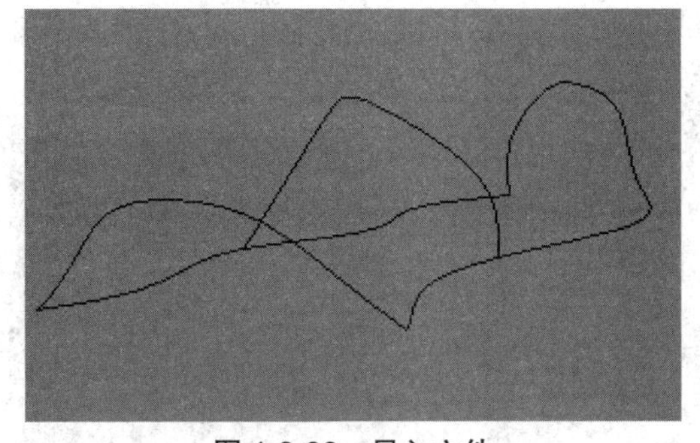

图 1-3-39 导入文件

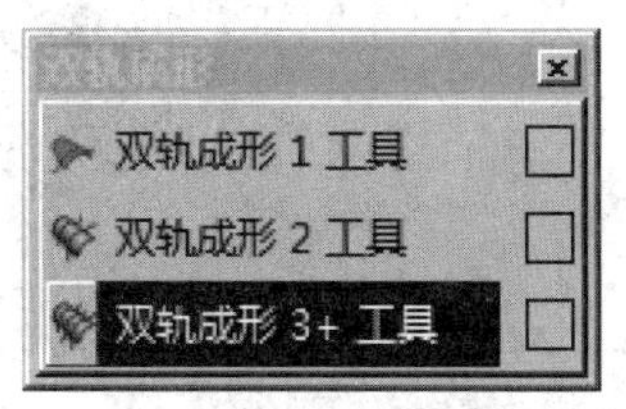

图 1-3-40 “双轨成形 3+ 工具”命令

（6）最后选择轨道线（图 1-3-41），观察生成曲面的效果（图 1-3-42）。

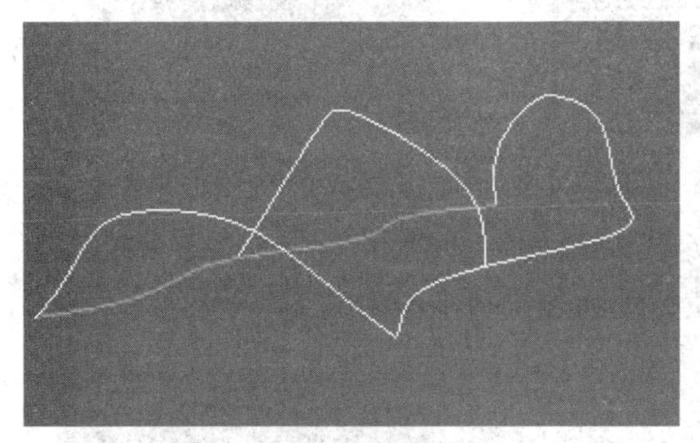

图 1-3-41 选择轨道线

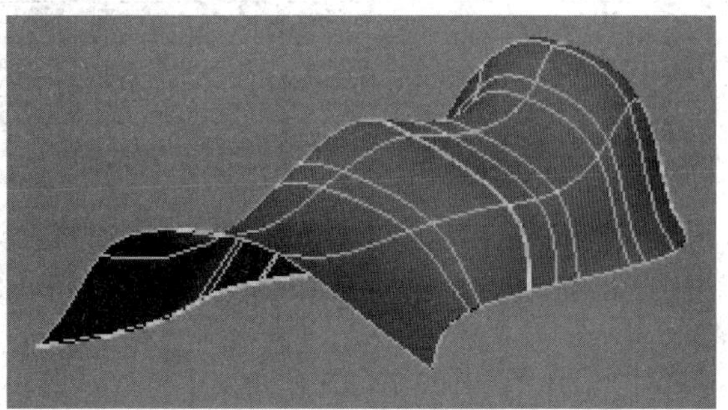

图 1-3-42 生成曲面

5）挤出

（1）“挤出”命令可将一条轮廓线沿着另一条路径曲线生成曲面，点击“挤出”命令右侧的方块，打开“挤出选项”对话框（图 1-3-43）。其中，“样式”项包含“距离”（沿指定距离进行挤出），“平坦”（将轮廓线沿路径曲线进行挤出，但在挤出过程中始终平行于自身的轮廓线），“管”（将轮廓线以与路径曲线相切的方式挤出曲面）；“结果位置”项包含“在剖面处”（挤出的曲面在轮廓线上），“在路径处”（挤出的曲面在路径上）；“枢轴”项包含“最近结束点”（使用路径上最靠近轮廓曲线边界盒中心的端点作为枢轴点），“组件”（让各轮廓线使用自身的枢轴点）；“方向”项包含“路径方向”（沿着路径的方向挤出曲面），剖面法线”（沿着轮廓线的法线方向挤出曲面）；“旋转”项设置挤出的曲面的旋转角度；“缩放”项设置挤出的曲面的缩放量；“曲线范围”包含“完成”（默认的曲面效果旋转后不可调节），“部分”（旋转后可使用“显示操纵器工具”调节）；“输出几何体”项即输出的类型，包含“NURBS”“多边形”“Bezier”3 种类型。在“操作界面”中创建一个“曲线圆环”，再使用“CV 曲线工具”命令绘制一条曲线（图 1-3-44）。

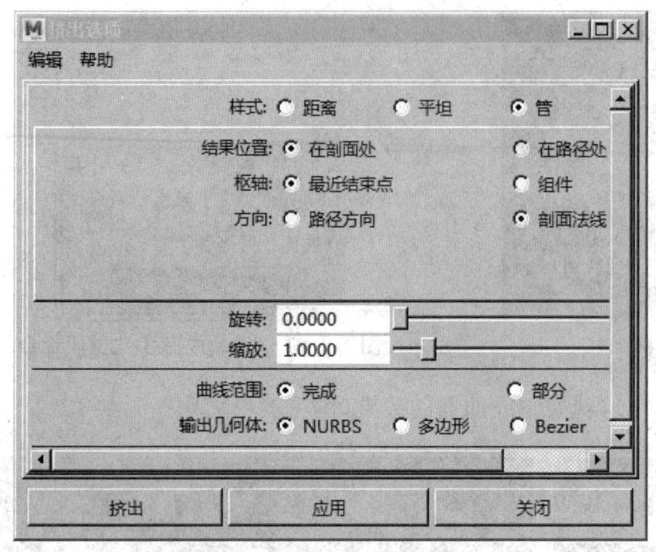

图 1-3-43　“挤出选项”对话框

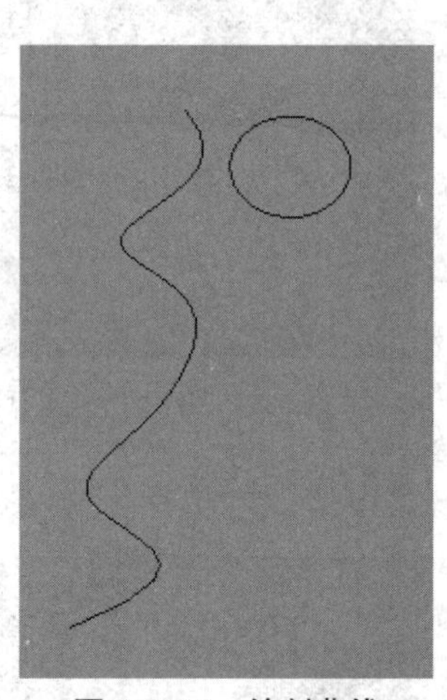

图 1-3-44　绘制曲线

(2)在“挤出选项”对话框中选择“在路径处”和“组件”选项(图 1-3-45),先选择圆环再选择曲线,点击“挤出选项”对话框的“应用”按钮观察效果(图 1-3-46)。

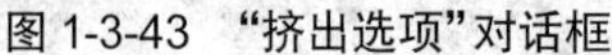

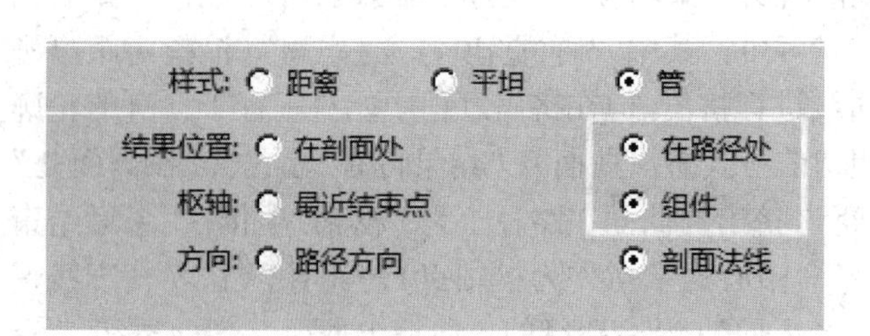

图 1-3-45　选择选项

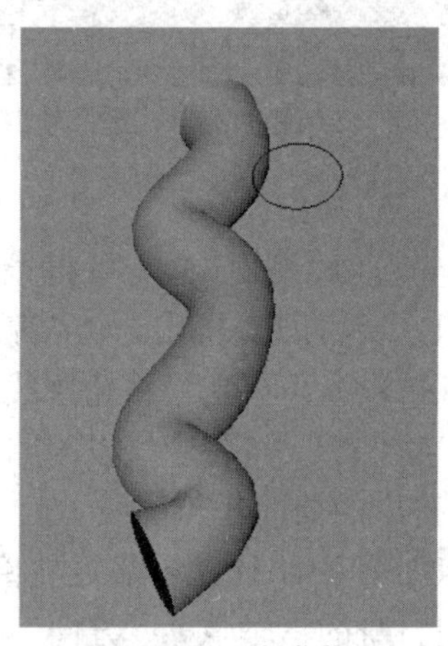

图 1-3-46　生成曲面

6)边界

(1)“边界”命令可以根据所选的边界曲线或等参线来生成曲面,点击“边界”命令右侧的方块,打开“边界选项”对话框(图 1-3-47)。其中,“曲线顺序”项包含“自动”(使用系统默认的方式创建曲面),“作为选定项”(根据选择顺序确定生成的曲面),“公用端点”项包含“可选”(曲线端点不匹配时也可生成曲面),打开“边界选项”“必需”(曲线端点必须匹配的情况下才能生成曲面);“结束点容差”项包含“全局”(位置重合时的接近程度),“局部”(可以在“容差”输入新值进行确定);“曲线范围”包含“完成”(默认的曲面效果旋转后不可调节),“部分”(旋转后可使用“显示操纵器工具”调节);“输出几何体”项即输出的类型,包含“NURBS”“多边形”“Bezier”3 种类型。在 MAYA 中导入“边界”文件(图 1-3-48)。

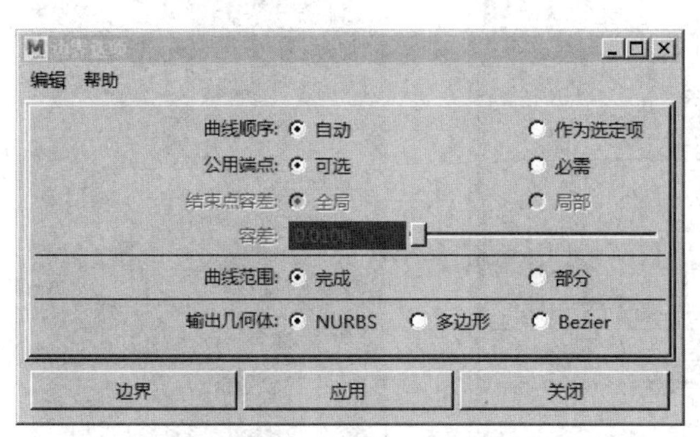

图 1-3-47 “边界选项”对话框

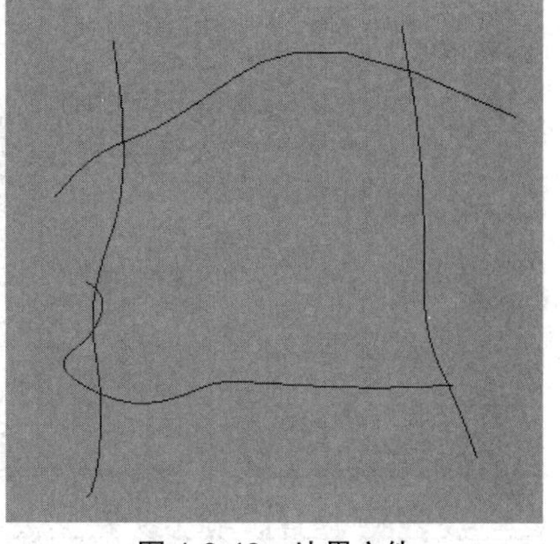

图 1-3-48 边界文件

（2）选择全部的曲线（图 1-3-49），点击“边界选项”对话框中的“应用”按钮观察效果（图 1-3-50）。

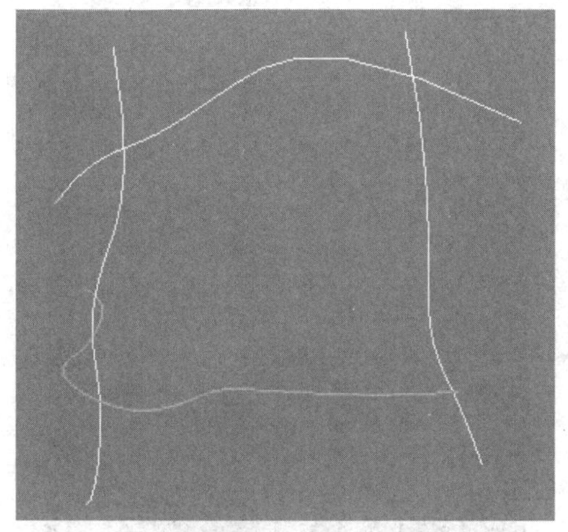

图 1-3-49 选择曲线

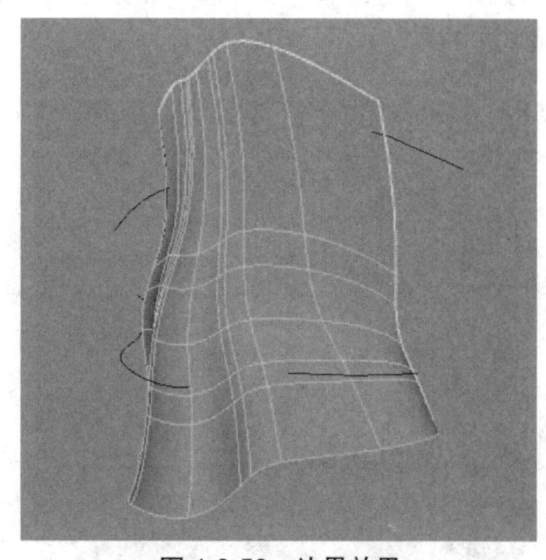

图 1-3-50 边界效果

7）方形

（1）“方形”命令可以在 3 条曲线或 4 条曲线间生成曲面。点击“方形”命令右侧的方块，打开“方形曲面选项”对话框（图 1-3-51）。其中，“连续性类型”项包含“固定的边界”（决定曲面曲线处的连续性），“切线”（决定曲面平滑连续，选择“切线”，将激活“曲线适配检查点”项指定构建曲面的精确程度），“暗含的切线”（基于选定曲线所在的平面的法线创建曲面）；“结束点容差”项包含“全局”（设置重合而需要靠近的程度），“局部”（可以在“容差”项输入新值进行确定）；“重建”项包含“曲线 1”“曲线 2”“曲线 3”“曲线 4”，可以改进曲线参数化用于重建曲面曲线；“输出几何体”即输出的类型，包含“NURBS”“多边形”“Bezier”3 种类型 。使用“CV 曲线工具”命令在“操作界面”绘制 4 条首尾相交的曲线（图 1-3-52）。

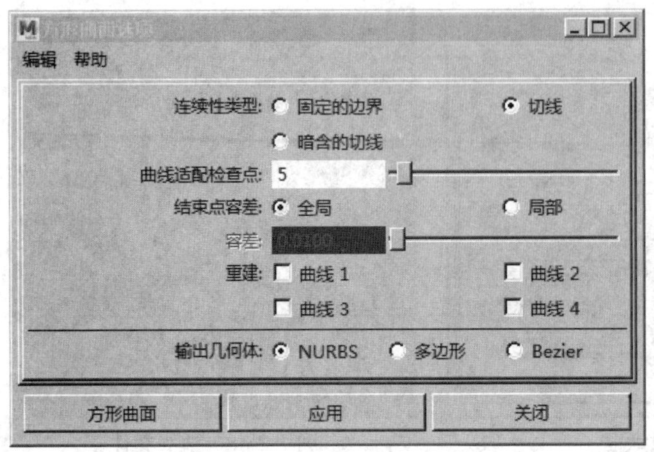

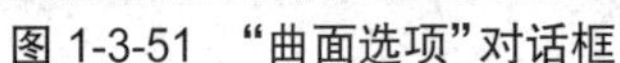
图 1-3-51　“曲面选项”对话框

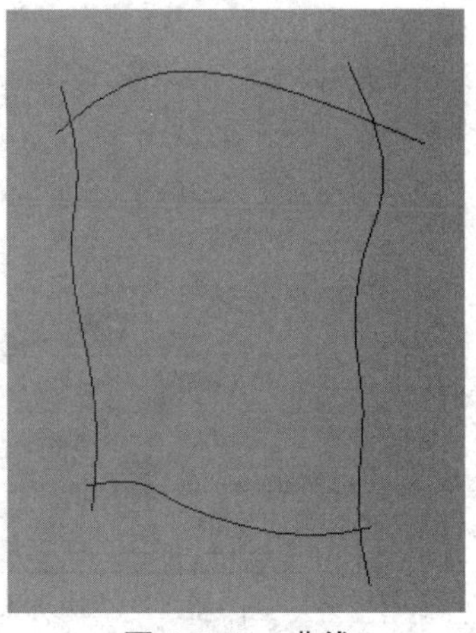
图 1-3-52　曲线

（2）分别选择曲线按鼠标右键，点击“控制顶点”后，将曲线调节成不规则的形状，按照“顺时针”或“逆时针”方向选择4条曲线（图1-3-53）。使用默认选项点击“方形”命令生成曲面（图1-3-54）。

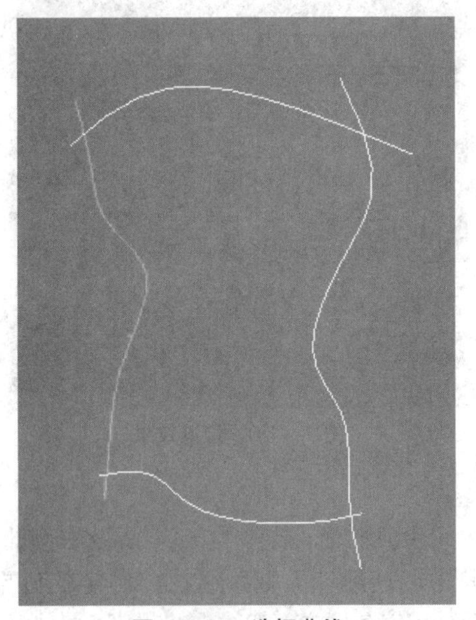
图 1-3-53　选择曲线

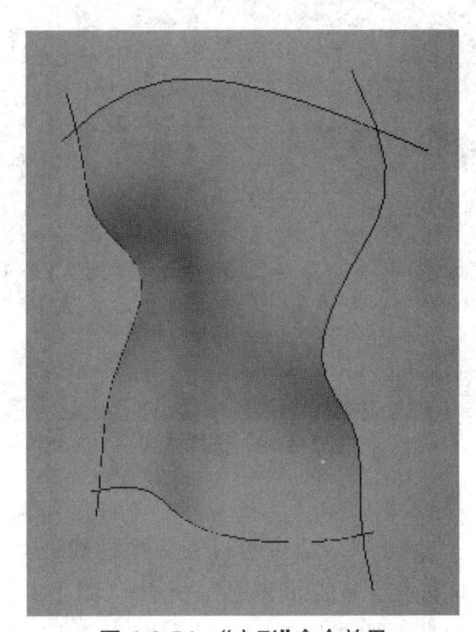
图 1-3-54　“方形”命令效果

8）倒角

（1）“倒角”命令通过曲线来创建一个带有倒角效果的曲面。点击“倒角”命令右侧的方块，打开“倒角选项”对话框（图1-3-55）。其中，“附加曲面”项勾选后生成的曲面合并成一个物体，反之曲面是独立的；“倒角”决定倒角的样式，包含“顶边”（从顶部创建倒角）、“底边”（从底部创建倒角）、“二者”（从顶部与底部同时创建倒角）、“关闭”（无倒角效果）；“倒角宽度”（设置倒角的初始宽度）；“倒角深度”项（设置倒角部分的初始深度）；“挤出高度”设置挤出部分的高度；“倒角的角点”项包含“笔直”（用“线性角”创建倒角），“圆弧”

（用“圆角”创建倒角）；“倒角封口边”项包含“凸”（用“凸”边创建倒角），“凹”（用“凹”边创建倒角）；“笔直”（用“直边”边创建倒角）；“使用容差”项包含“全局”（使用默认数值），“局部”（可以在“容差”输入新值进行确定）；“曲线范围”项包含“完成”（倒角作用于整条曲线），“部分”（倒角作用于部分曲线）；“输出几何体”项即输出的类型，包含“NURBS”“多边形”“Bezier”3 种类型 。使用“圆环”工具在“操作界面”绘制出圆环（图 1-3-56）。

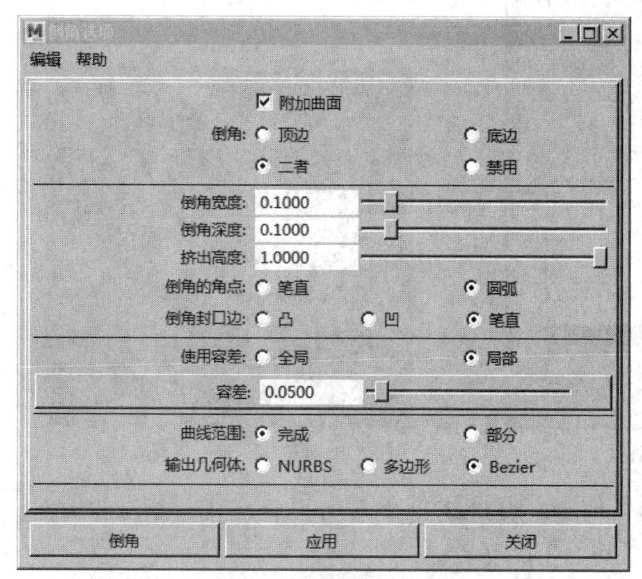

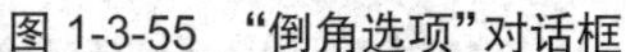
图 1-3-55 “倒角选项”对话框

图 1-3-56 圆环

（3）点击“倒角”命令得到倒角效果（图 1-3-57），将“倒角宽度”项设置为“0.5”，“倒角深度”项设置为“0.5”，点击“倒角”命令对比倒角效果（图 1-3-58）。

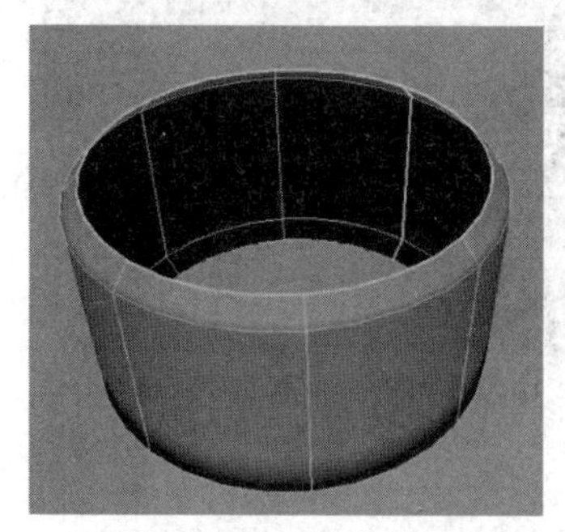
图 1-3-57 倒角效果

图 1-3-58 对比效果

8）倒角 +

（1）“倒角 +”命令是“倒角”命令的升级，可以生成多种倒角效果。点击“倒角 +”命令右侧的方块，打开“倒角 + 选项”对话框（部分属性与“倒角”命令相同）（图 1-3-59）。其中，“创建封口”项包含“在开始处”（控制距离曲线最近的部分），打开“倒角 + 选项”，“在结束处”（控制距离曲线最远的部分）；“创建封口”项包含“在开始处”（控制距离曲线最近的部分），“在结束处”（控制距离曲线最远的部分），“倒角内部曲线”（勾选后可以控制倒角曲面的大小）；“外部倒角样式”项与“内部倒角样式”项都是控制倒角曲面整体外观的；“与外部样式相同”项“外部”项和“内部”项的样式有相同的外部曲线和内部曲线的字母或艺术效果图。使用“圆环”工具在“操作界面”绘制出圆环（图 1-3-60）。

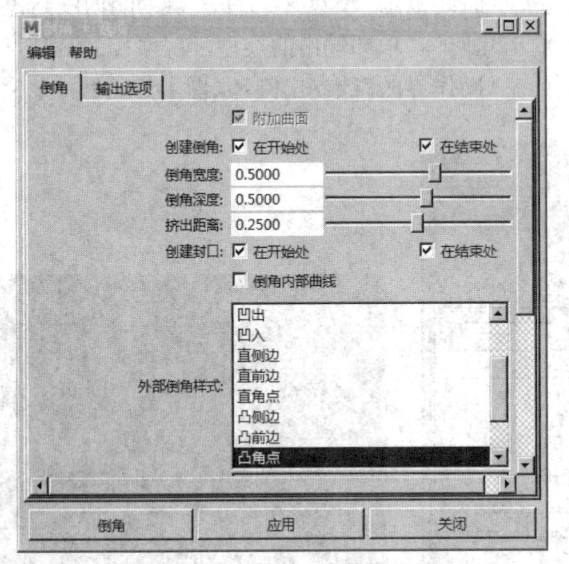

图 1-3-59 “倒角 + 选项”对话框

图 1-3-60 圆环

（2）将“倒角宽度”项设置为“0.5”，“倒角深度”项设置为“0.5”，“外部倒角样式”项设置为“直角点”（图 1-3-61），观察倒角效果（图 1-3-62）。

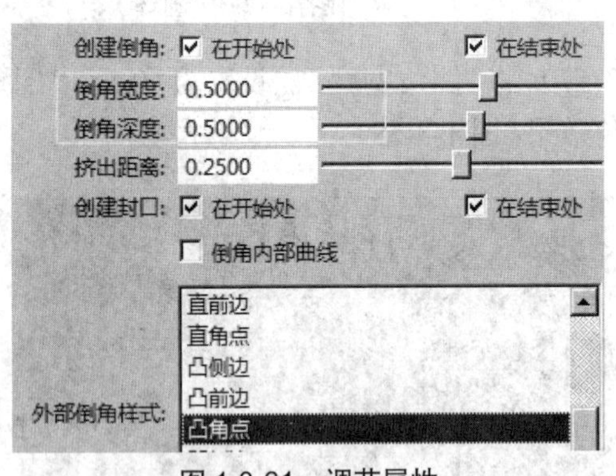

图 1-3-61 调节属性

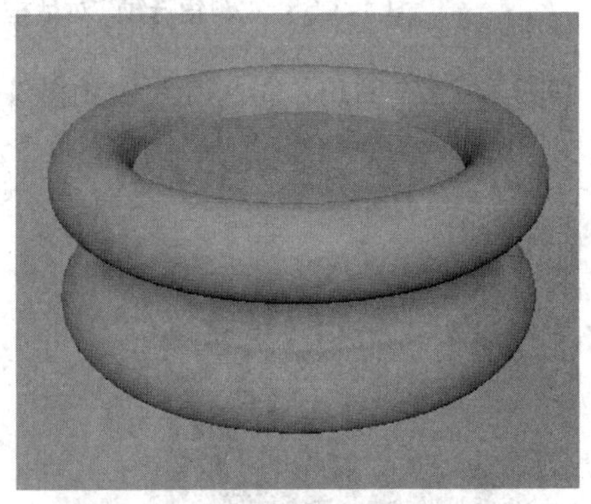

图 1-3-62 “倒角 + 命令”效果

1.3.2 使用曲线曲面制作闹钟模型

曲线曲面是一种非常优秀的建模方式，很多三维软件都支持曲线曲面模型。曲线曲面能更好地控制物体表面的曲线度，从而能够创建出更真实生动的模型，特别适合制作工业类的模型。下面我们就利用曲线曲面进行闹钟模型的制作。

（1）将“操作界面”转换成“前视图”，在“前视图”中选择“视图”→“图像平面”→“导入图像”命令（图 1-3-63），点击“导入图像”命令后选择“闹钟”素材，将“闹钟”素材导入 MAYA 的“前视图”中（图 1-3-64）。

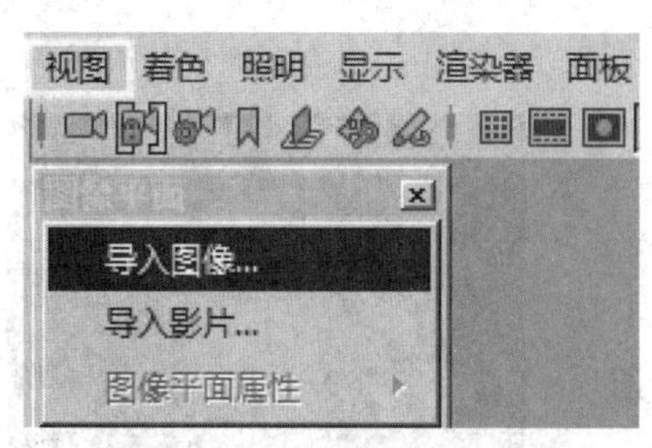

图 1-3-63 “导入图像”命令

图 1-3-64 “闹钟”素材

（2）在右侧“属性编辑器”的“图片平面属性”中的“Alpha 增益”项中可以修改素材的透明度，将“Alpha 增益”项设置为“0.5”（图 1-3-65），观察“操作界面”中素材的变化（图 1-3-66）。

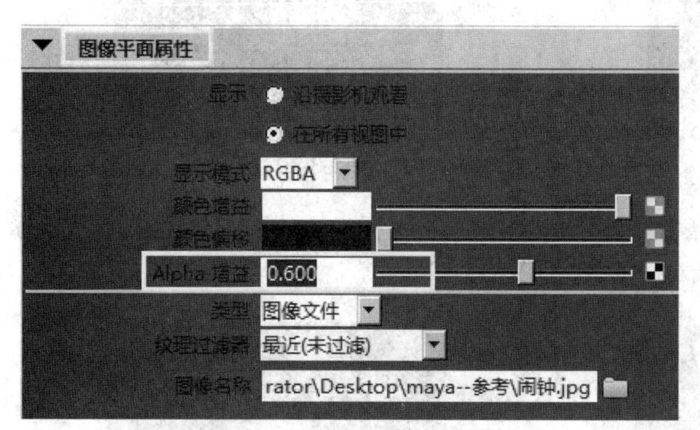

图 1-3-65 “Alpha 增益”项

图 1-3-66 素材变化

（4）选择菜单栏中的“创建”→“NURBS 基本体”→“圆柱体”命令（图 1-3-67），将“圆柱体”按照“闹钟”素材的大小比例进行摆放（图 1-3-68）。

图 1-3-67 “圆柱体”命令

图 1-3-68 设置圆柱体

（5）根据“闹钟”素材的样式，将鼠标光标放置在圆柱体上，按鼠标右键选择等参线，根据“闹钟”素材的样式，点击圆柱体相应位置（此时“等参线”是黄色虚线）（图 1-3-69）。选择中的菜单栏中的“曲面”→“插入等参线”命令，此时“等参线”呈亮绿色显示（图 1-3-70）。

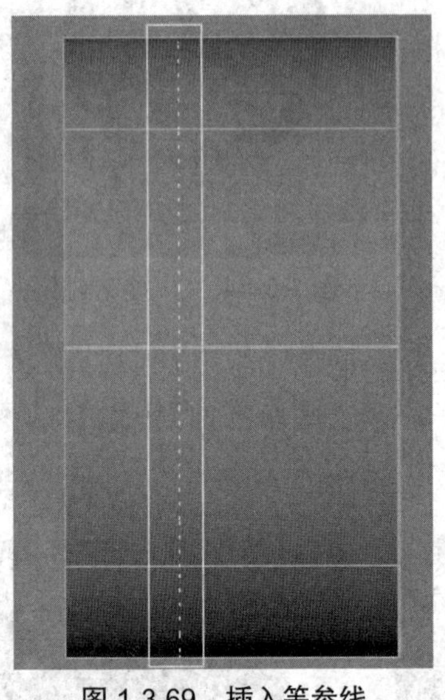
图 1-3-69 插入等参线

图 1-3-70 等参线

（6）用同样的方法再添加一条等参线（图 1-3-71），将鼠标光标放置在圆柱体上，按鼠标右键选择壳线，选择第二条等参线对应的壳线（图 1-3-72）。

图 1-3-71 再添加一条等参线

图 1-3-72 壳线

（7）按“R”键使用“缩放”命令，根据“闹钟”素材的样式对壳线进行扩大（图 1-3-73），再次添加等参线（图 1-3-74）。

图 1-3-73 调节圆柱体

图 1-3-74 添加等参线

（8）将鼠标光标放置在圆柱体上，按鼠标右键选择“壳线”（图 1-3-75），按“W”键使用“移动工具”向内推动“壳线”，再按“R”键使用“缩放”命令收缩壳线（图 1-3-76）。

图 1-3-75 选择壳线

图 1-3-76 调节壳线

（9）再次添加一条等参线（图 1-3-77）‘选择壳线，进行收缩，将圆柱体前部调节平滑（等参线越多曲面越平滑，可以继续添加更多等参线）（图 1-3-78）。

图 1-3-77 添加等参线

图 1-3-78 平滑效果

（10）将“操作界面”转换成“前视图”，使用“CV 曲线工具”命令绘制出铃铛轮廓（素材中的铃铛是有倾斜角度的，但是制作时需要制作垂直角度，完成后再调节角度）（图 1-3-79）。点击“Insert”键，将中心点吸附到顶点位置（图 1-3-80）。

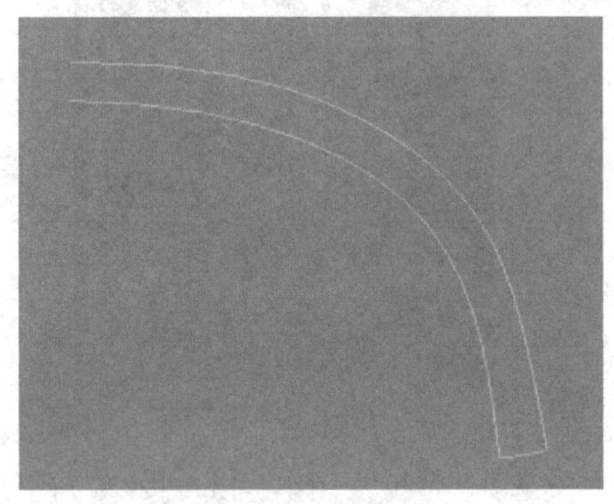

图 1-3-79 铃铛轮廓

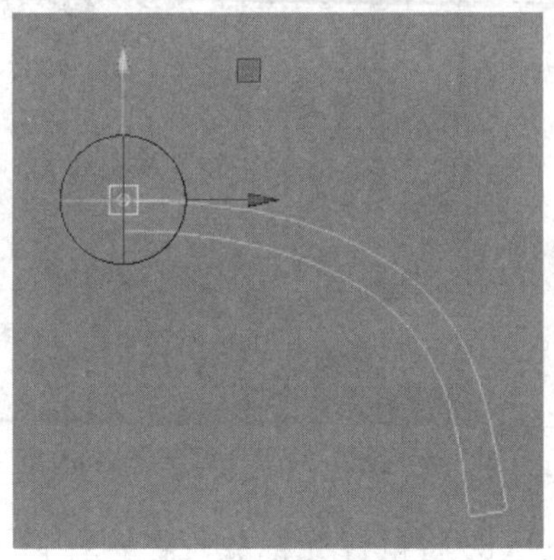

图 1-3-80 吸附中心点

（11）选择菜单栏中的“曲面”铃铛轮廓“旋转”命令，生成铃铛的曲面模型（图 1-3-81），然后点击工具架中的“历史”“居中数轴”“冻结变换”。如果模型变为黑色，选择菜单栏中的“曲面”→“反转方向”命令，模型颜色恢复正常（将方向进行翻转）（图 1-3-82）。

图 1-3-81 生成曲面

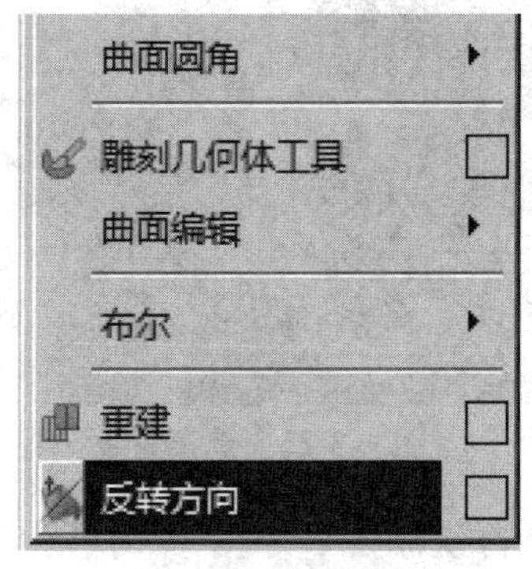

图 1-3-82 “反转方向”命令

（12）点击工具架中的“圆柱体”命令，将其摆放至铃铛模型之上，在“通道盒 / 层编辑器”中将“输入”项设置为“makeNurbCylinder2”，“次数”项设置为“线性”（图 1-3-83），在圆柱体上按鼠标右键选择“等参线”（图 1-3-84）。

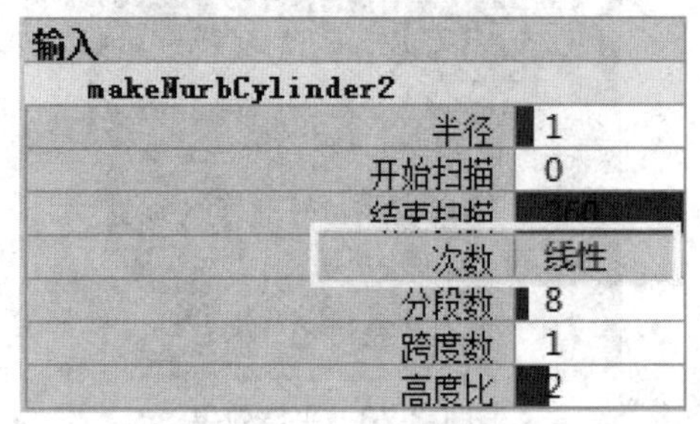

图 1-3-83 设置“次数”项

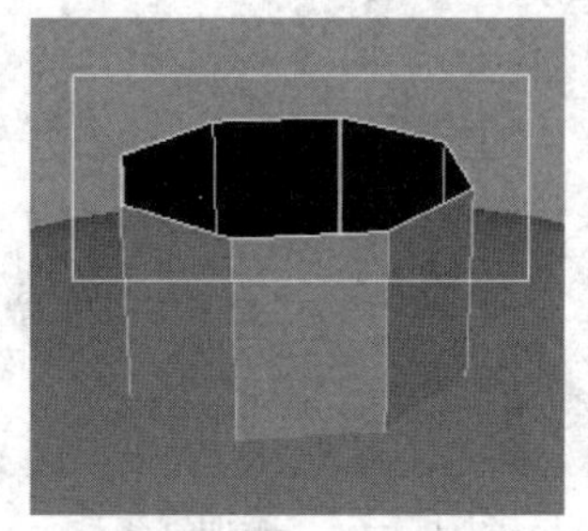

图 1-3-84 等参线

（13）选择菜单栏中的“曲面”→“平面”命令，生成曲面（图 1-3-85），点击工具架中的“球体”命令，在球体上按鼠标右键选择“等参线”（图 1-3-86）。

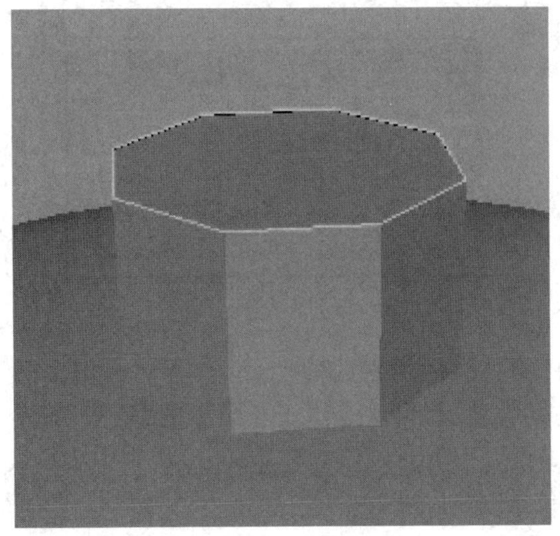

图 1-3-85 生成曲面

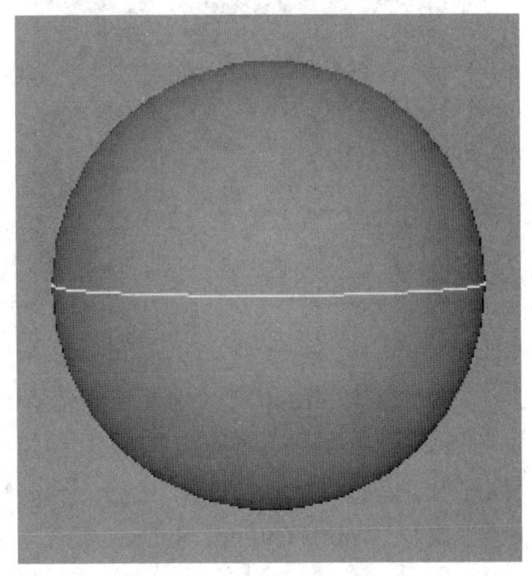

图 1-3-86 等参线

（14）选择菜单栏中的“曲面”→“分离”命令，球体从等参线位置分成上下两部分（图 1-3-87）。选择球体下部分进行删除，将球体上部分放置在“线性圆柱体”之上，调整大小比例后，按鼠标右键选择“壳线”，使用“移动工具”向下拖动（图 1-3-88）。

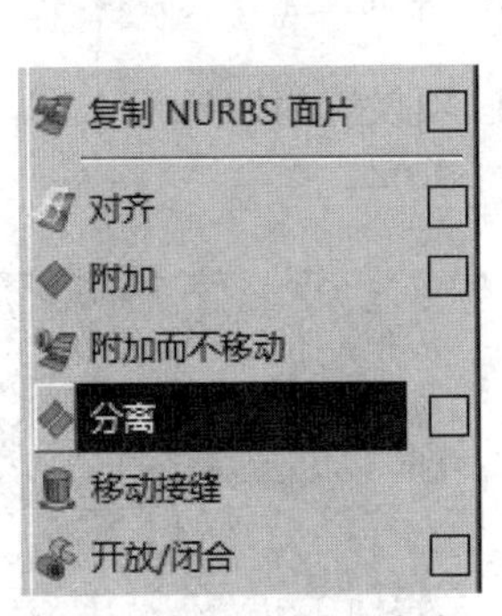

图 1-3-87 “分离”命令

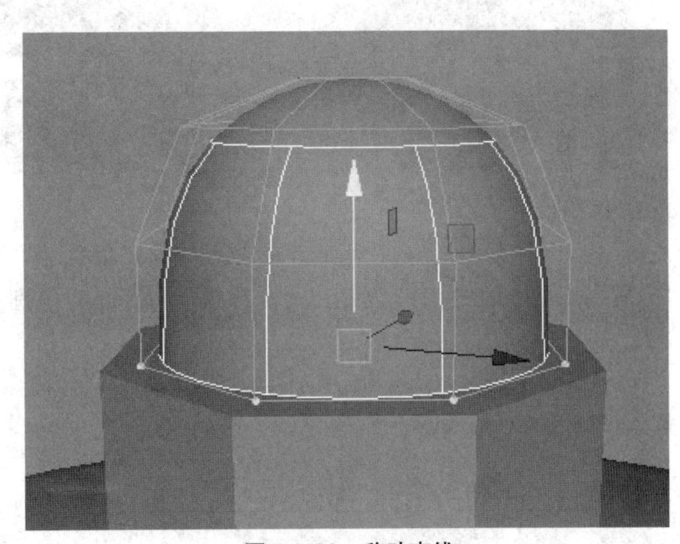

图 1-3-88 移动壳线

（15）点击工具架中的“圆柱体”命令，调整大小比例后，将圆柱体放置在球体下方，在“顶视图”中将球体、线性圆柱体、铃铛、圆柱体的中心点对齐（图 1-3-89）。选择球体、线性圆柱体、铃铛、圆柱体，再选择菜单栏中的“编辑”→“分组”命令，生成“group1”级别（按“4”键模型呈网格显示，按“5”键模型呈实体显示）（图 1-3-90）。

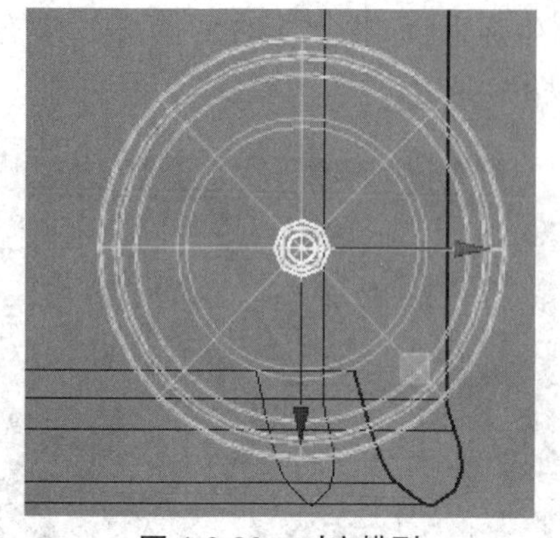

图 1-3-89　对齐模型

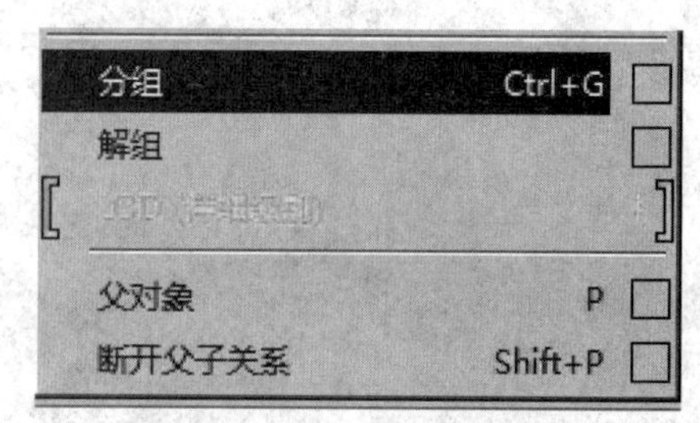

图 1-3-90　“分组”命令

（16）选择“group1”级别点击工具架中的“历史”→“居中数轴”“分组”命令→“冻结变换”命令，使用“旋转工具”，按照素材角度进行旋转后，再次点击工具架中的“历史”命令“居中数轴”命令“冻结变换”命令（图 1-3-91）。点击“Insert”键，将“group1”级别中心点吸附到“表身”（nurbsCylinderShape1 模型）中间位置（图 1-3-92）。

图 1-3-91　调整位置

图 1-3-92　中间位置

（17）选择菜单栏中的“编辑”→“特殊复制”命令，将“缩放”项设置为“-1、1、1”，点击“应用”按钮（图 1-3-93），复制出另一组模型“group2”级别（图 1-3-94）。

	智能变换		
平移:	0.0000	0.0000	0.0000
旋转:	0.0000	0.0000	0.0000
缩放:	-1.0000	1.0000	1.0000
副本数:	1		

图 1-3-93　设置“缩放”项

图 1-3-94　复制模型

（18）使用“CV 曲线工具”命令按照素材绘制出闹钟提手轮廓线（图 1-3-95），点击工具架中的“圆环”命令，在圆环上按鼠标右键选择“控制顶点”（图 1-3-96）。

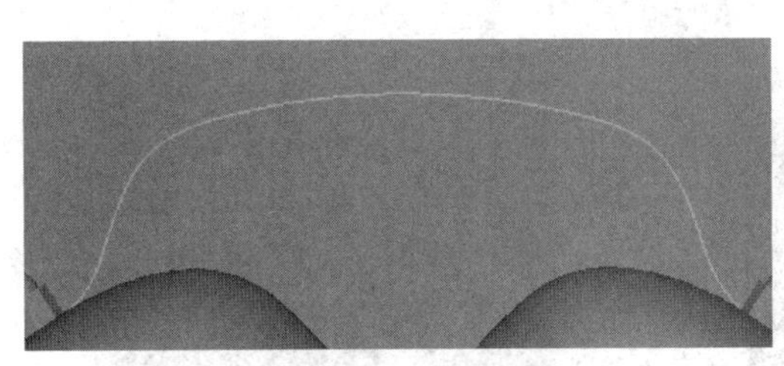
图 1-3-95　轮廓线

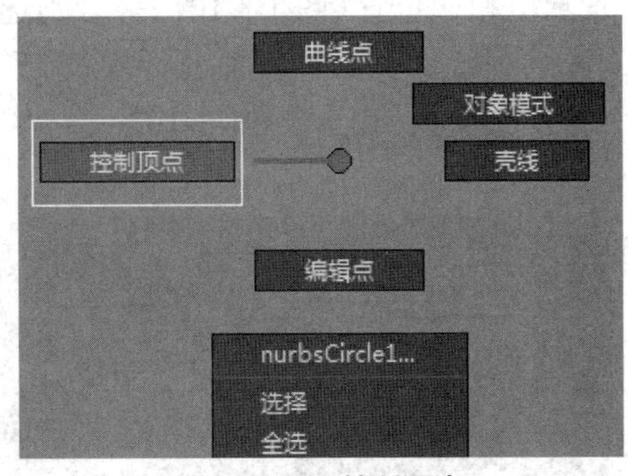

图 1-3-96　控制顶点

（19）选择圆环上的 4 个控制顶点，按“R”键使用“缩放”命令进行缩放（图 1-3-97）。选择圆环的“对象模式”，再按“R”键使用“缩放”命令进行缩放，成为长方形（图 1-3-98）。

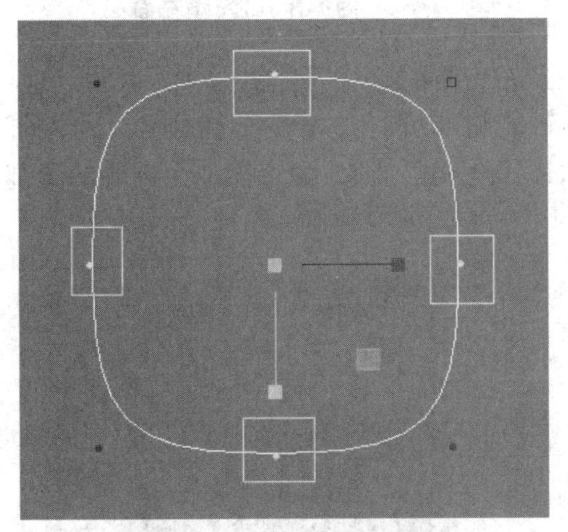
图 1-3-97　缩放控制顶点

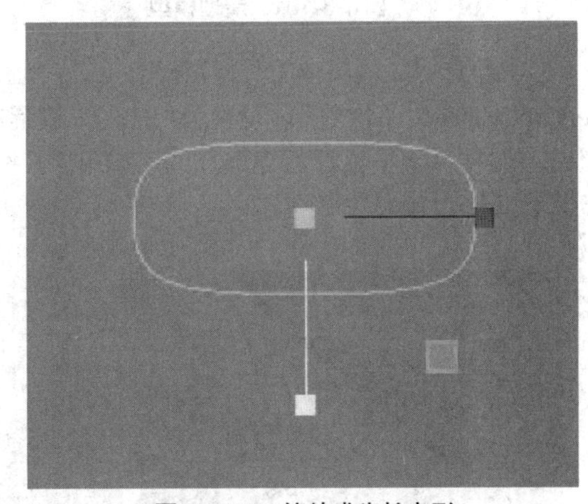
图 1-3-98　缩放成为长方形

（20）旋转圆环，使其垂直于提手轮廓线，选择提手轮廓线与圆环，点击“历史”“居中数轴”“冻结变换”（图 1-3-99），选择菜单栏中的“曲面”→“挤出”命令，再将属性中的“结果位置”项设置为“在路径处”，“枢轴”项设置为“组件”，点击“应用”按钮生成曲面（图 1-3-100）。

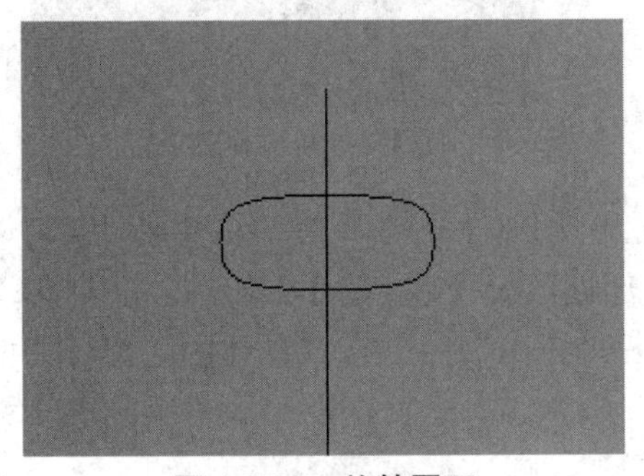
图 1-3-99　旋转圆环

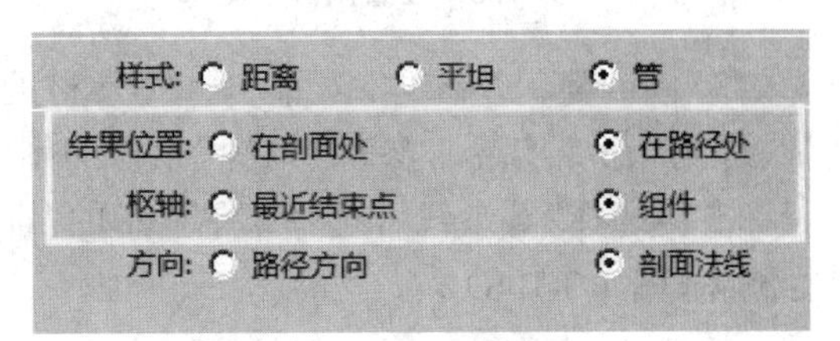

图 1-3-100　调节属性

（21）进入“前视图”选择提手曲面模型，点击“历史”→“居中数轴”→“冻结变换”命令，摆放至相应位置（图 1-3-101）。分别选择闹钟身体的前后等参线，点击菜单栏中的“曲面”→“平面”命令，对空面进行填充，选择“填充面”与表身，点击“历史”→“居中数轴”→“冻结变换”命令（图 1-3-102）。

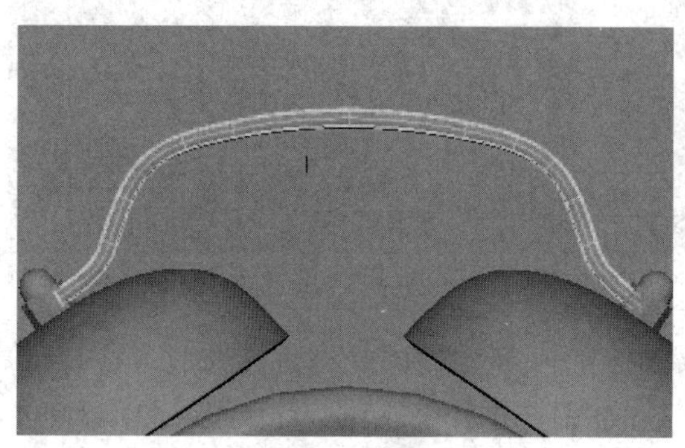

图 1-3-101 清理模型

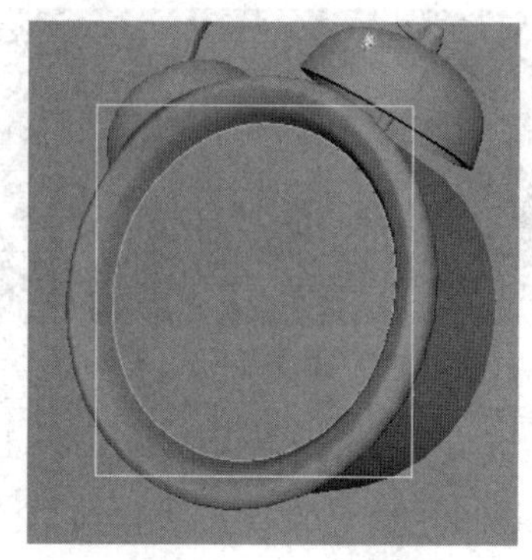

图 1-3-102 填充面

（22）选择工具架中的“圆柱体”命令，在“通道盒 / 层编辑器”中将“输入”项设置为“makeNurbCylinder2”“次数”项设置为“线性”，放置闹钟的腿部（图 1-3-103）。再创建一个圆柱体，在圆柱体上按鼠标右键选择“控制顶点”，按“R”键使用“缩放”命令缩放至闹钟的腿部形状（图 1-3-104）。

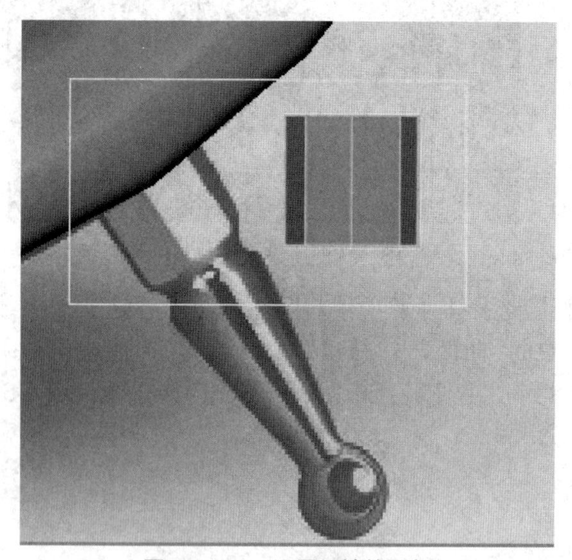

图 1-3-103 设置闹钟的腿部

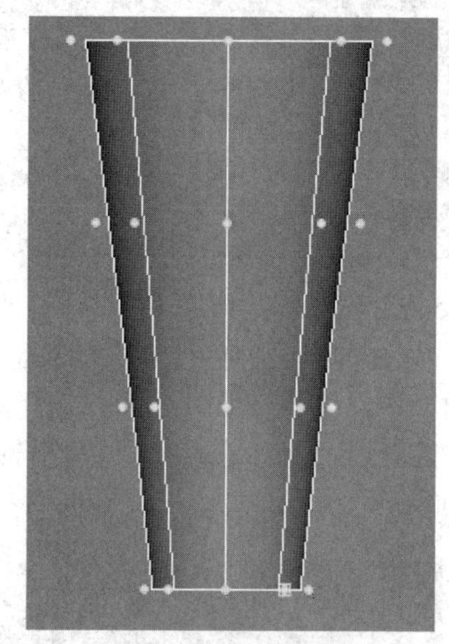

图 1-3-104 调节模型

（23）再创建一个球体，按照“闹钟”素材调节大小比例，对齐 3 个模型的中心点（可以使用“吸附”命令实现），参考“闹钟”素材的闹钟腿部摆放好位置（图 1-3-105）。在球体上按鼠标右键选择“等参线”，选择菜单栏中的“曲面”→“分离”命令，选择球体的上部分曲面进行删除（图 1-3-106）。

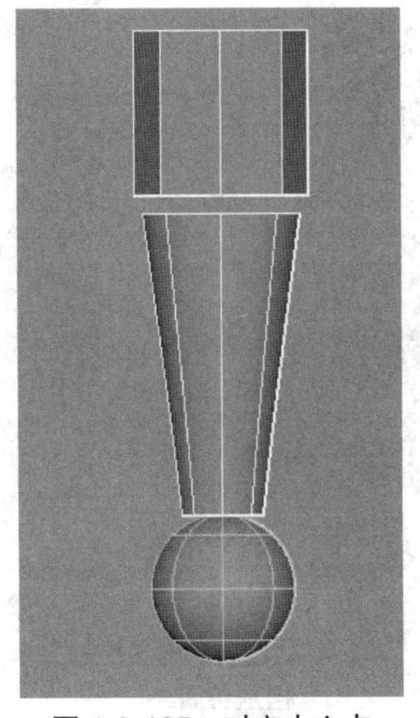

图 1-3-105 对齐中心点

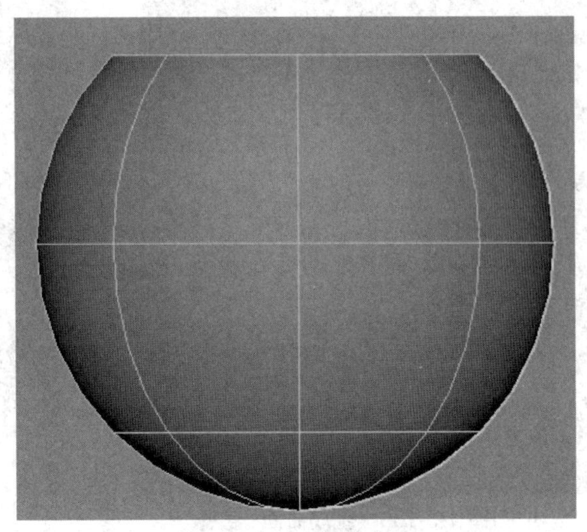

图 1-3-106 删除曲面

(24)选择球体与第二个圆柱体模型,注意一定要将模型上的粗线对齐(图 1-3-107)。选择菜单栏中的“曲面”→“附加 ”命令,在“附加曲面选项”对话框中,将“附加方法”项设置为“连接”,不勾选“保持原始”,点击“应用”按钮(图 1-3-108)。

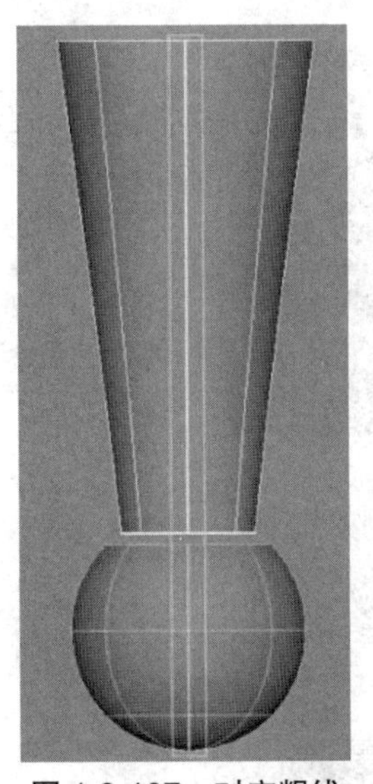

图 1-3-107 对齐粗线

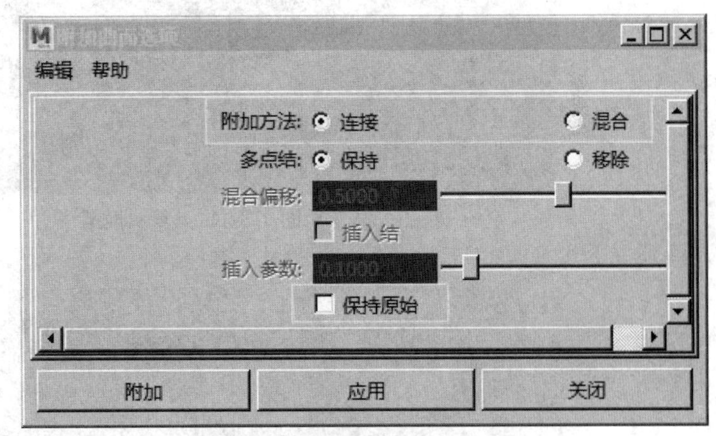

图 1-3-108 设置属性

(25)选择第一个圆柱体模型,按鼠标右键选择“等参线”,选择菜单栏中的“曲面”→“平面”命令生成曲面(图 1-3-109)。选择这 3 个模型,点击“历史”→“居中数轴”→“冻结变换”命令,再选择菜单栏中的“编辑”→“分组”命令,生成“group3”级别后,再点击“历史”→“居中数轴”→“冻结变换”命令,对“group3”级别进行清理,按“闹钟”素材摆放好位置(图 1-3-110)。

图 1-3-109 生成曲面

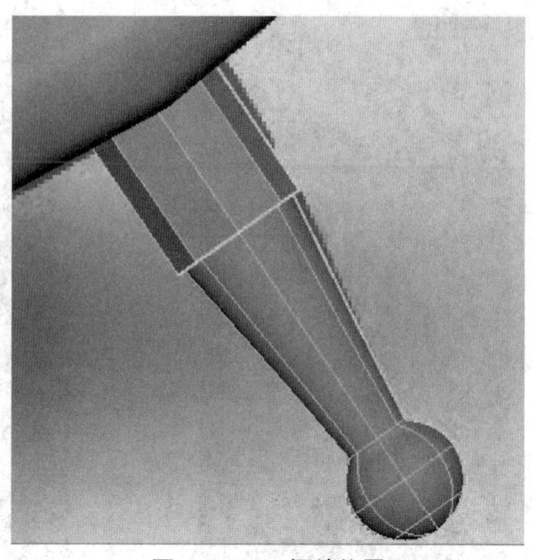

图 1-3-110 摆放位置

（25）点击“Insert”键，将“group3”级别中心点吸附到表身（nurbsCylinderShape1 模型）中间位置，选择菜单栏中的“编辑”→“特殊复制”命令，将“缩放”项设置为“-1、1、1”，点击“应用”按钮，复制出另一组模型“group4”级别（图 1-3-111）。使用“CV 曲线工具”命令绘制出闹钟的锤子轮廓线（图 1-3-112）。

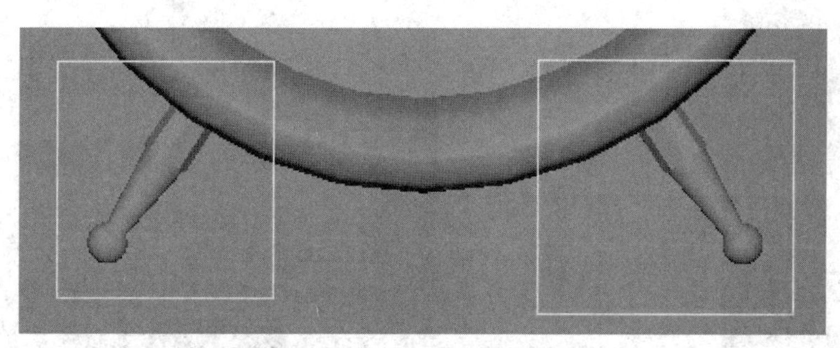

图 1-3-111 复制模型

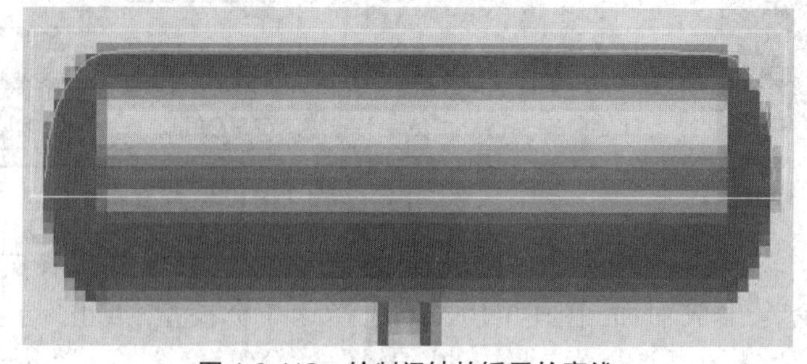

图 1-3-112 绘制闹钟的锤子轮廓线

（26）点击“Insert”键，将中心点吸附到顶点位置（图 1-3-113），选择菜单栏中的“曲面”→“旋转”命令，再设置其属性，将“轴预设”项设置为“X”，点击“应用”按钮生成曲面（图 1-3-114）。

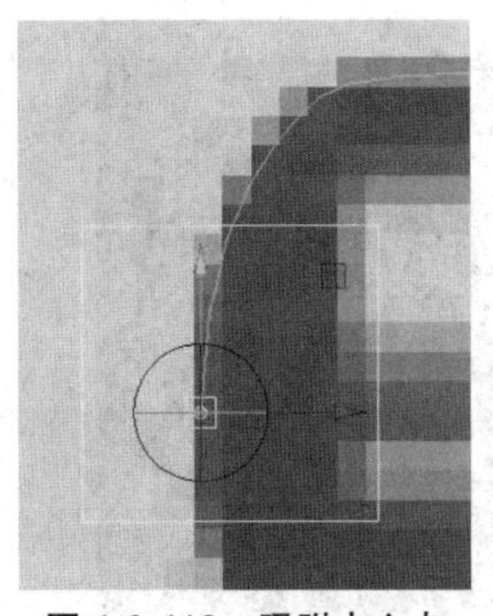
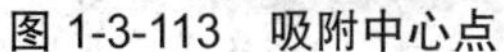

图 1-3-113　吸附中心点

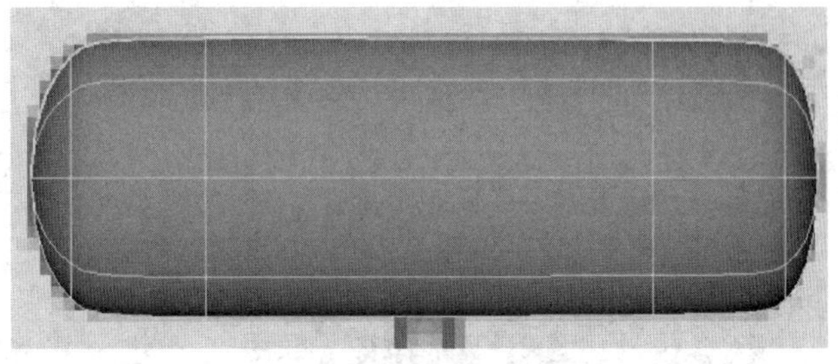

图 1-3-114　生成曲面

（27）创建一个圆柱体模型，按“闹钟”素材调节大小与位置，放置在锤子下方，选择圆柱体与锤子，点击“历史”→“居中数轴”→“冻结变换”命令（图 1-3-115），最终闹钟模型制作完成，观察模型效果（图 1-3-116）。

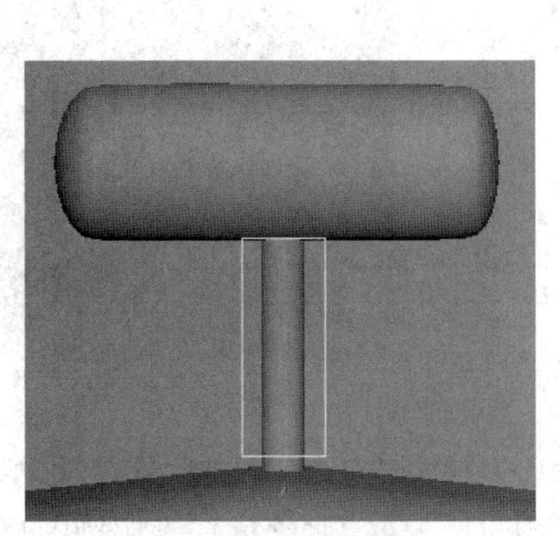

图 1-3-115　圆柱体

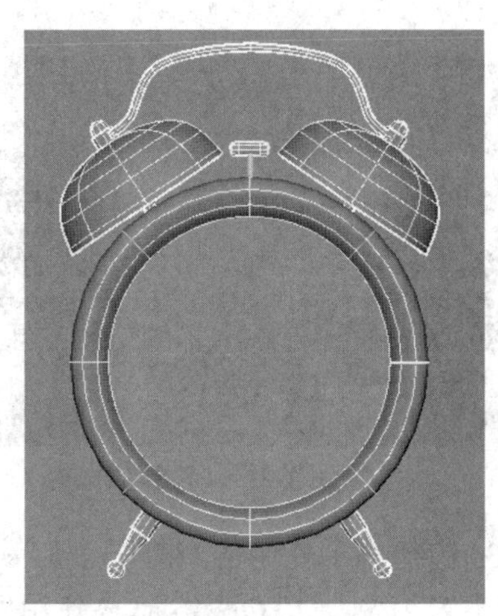

图 1-3-116　闹钟模型

1.4　项目实战

MAYA 中的建模命令众多，由于篇幅有限，不能对全部的建模命令进行介绍，但是熟练掌握以上的建模命令，完全能够胜任项目中的建模工作。通过下面的项目案例操作，将综合练习模型的制作，提升建模的技能与技巧，最终按照企业标准完成模型制作。

1.4.1　教堂模型制作堂

（1）在工具架的“多边形”标签中点击“圆柱体”命令，在“通道盒 / 层编辑器”中将“输入”项设置为“polyCylinder1”，“轴向细分数”项设置为“6”，“高度细分数”项设置为“3”（图 1-4-1），观察“圆柱体”的变化（图 1-4-2）。

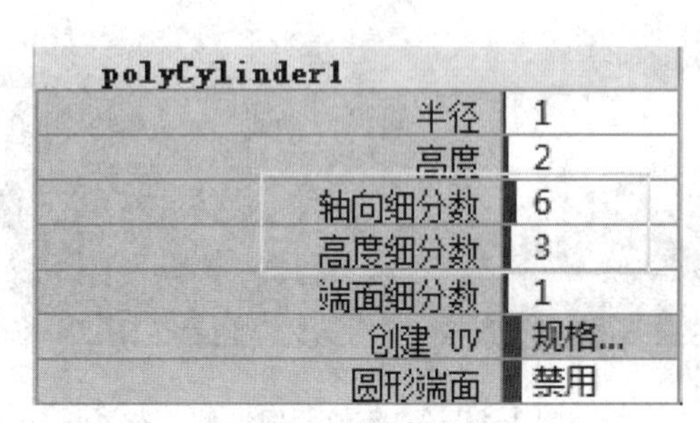

图 1-4-1　调节属性

图 1-4-2　圆柱体

（2）在圆柱体上按鼠标右键选择“面”（图 1-4-3），选择“顶点”按“W”键使用“移动”命令向上移动选择的面（图 1-4-4）。

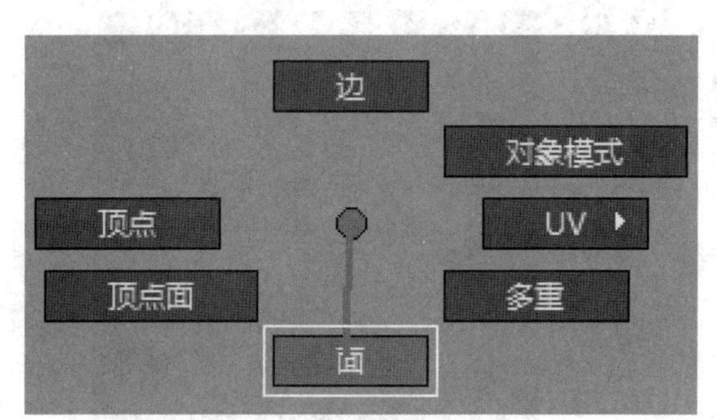

图 1-4-3　选择“面”

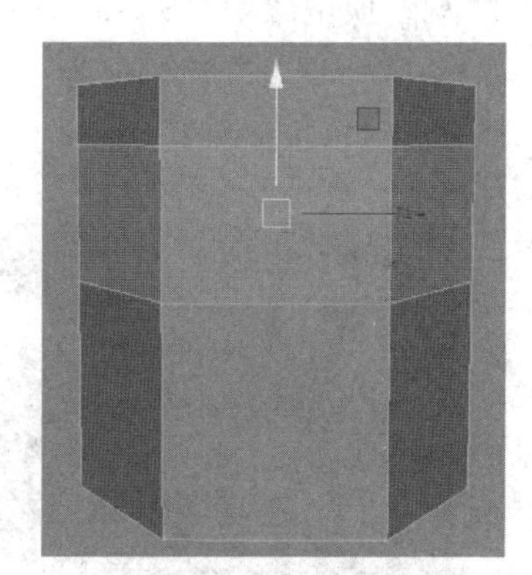

图 1-4-4　移动点

（3）选择菜单栏中的“编辑网格”→“挤出”命令，在“操作界面”中将“保持面的连续性”项设置为“禁用”（图 1-4-5），使用“挤出”命令中的“缩放”命令进行等比例缩放（图 1-4-6）。

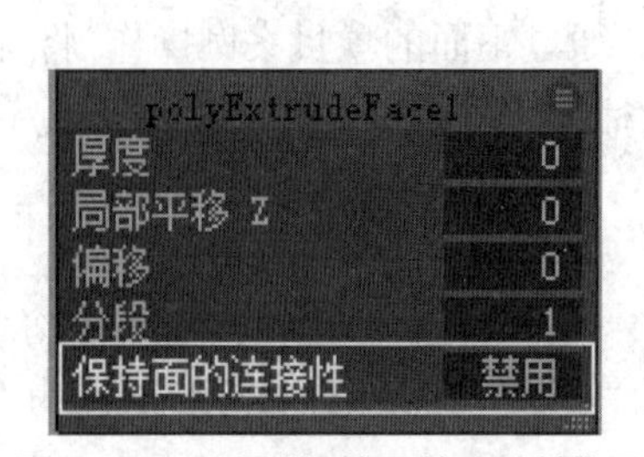

图 1-4-5　设置“保持面的连续性”项

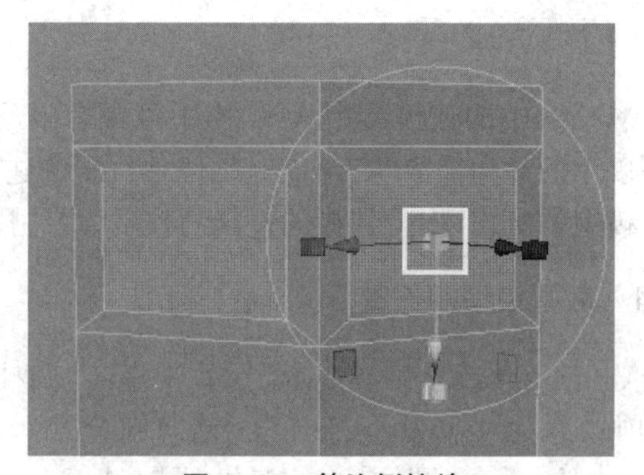

图 1-4-6　等比例缩放

（4）再次选择菜单栏中的“编辑网格”→“挤出”命令，使用“挤出”命令中的“移动”命令的“Z”轴方向，将面向内移动（图 1-4-7），观察模型效果（图 1-4-8）。

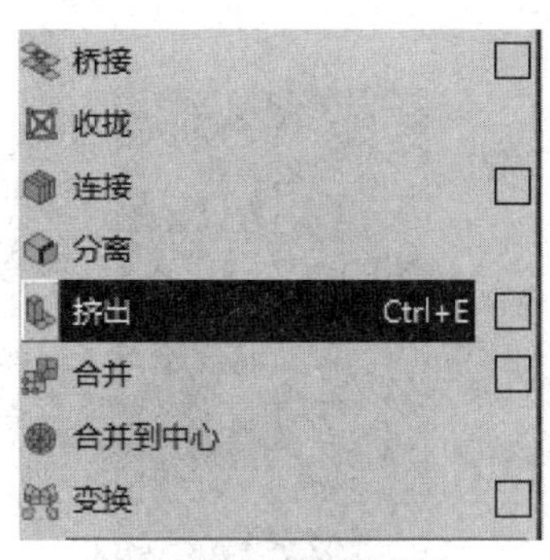

图 1-4-7 “挤出”命令

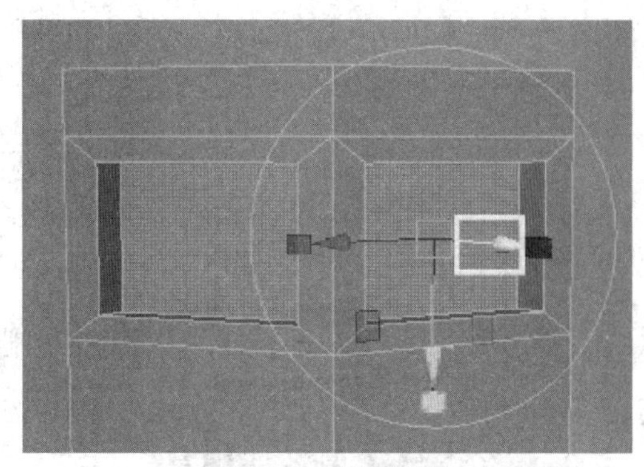

图 1-4-8 模型效果

（5）在工具架的“多边形”标签中点击“球体”命令，在“通道盒 / 层编辑器”中将“输入”项设置为“polySphere1”，“轴向细分数”项设置为“6”，“高度细分数”项设置为“6”（图 1-4-9），在球体上按鼠标右键选择“面”，选中球体下半部分的面进行删除（图 1-4-10）。

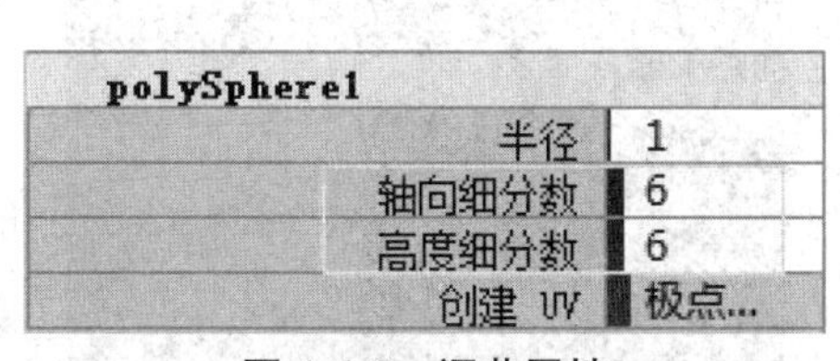

图 1-4-9 调节属性

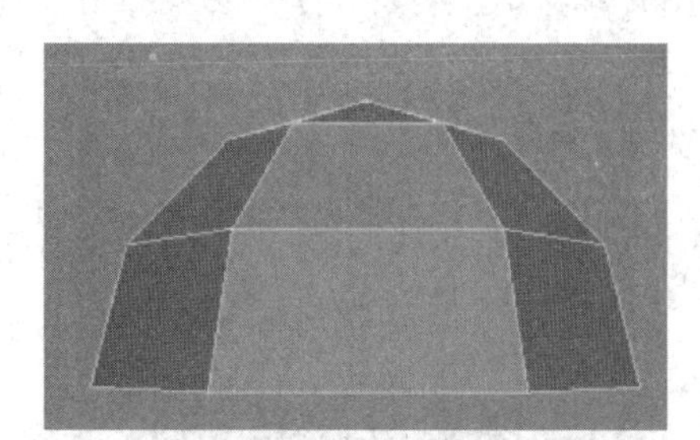

图 1-4-10 删除面

（6）进入“顶视图”，按“R”键使用“缩放”命令，将球体缩放至与圆柱体半径一致，将球体吸附至圆柱体的中心点（图 1-4-11），进入“右视图”将球体放置于圆柱体之上（图 1-4-12）。

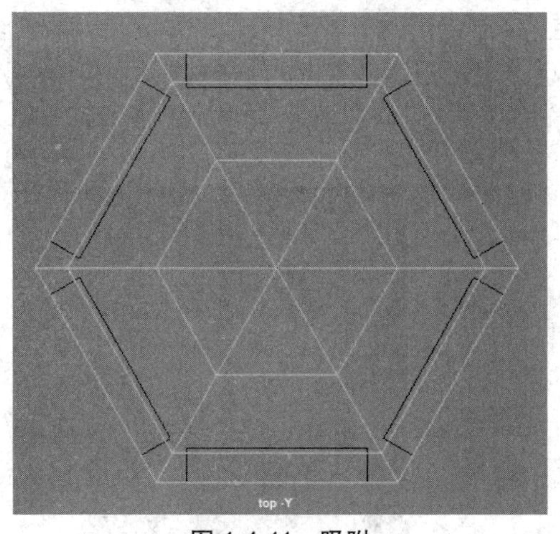

图 1-4-11 吸附

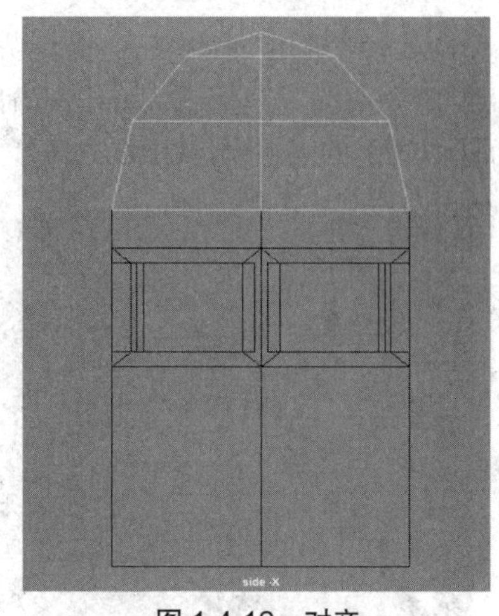

图 1-4-12 对齐

（7）再次创建圆柱体，在“通道盒 / 层编辑器”中将“输入”项设置为“polyCylinder2”，“轴向细分数”项设置为“6”（图 1-4-13），在圆柱体上按鼠标右键选择“顶点”，选择圆柱体顶部的点，按“R”键使用“缩放”命令进行等比例收缩（图 1-4-14）。

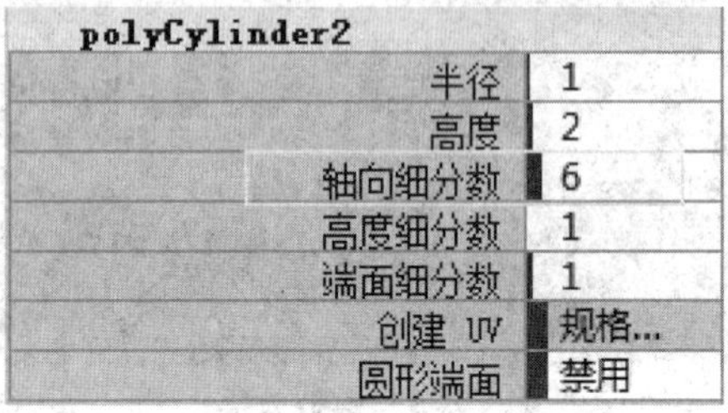

polyCylinder2	
半径	1
高度	2
轴向细分数	6
高度细分数	1
端面细分数	1
创建 UV	规格...
圆形端面	禁用

图 1-4-13 调节属性

图 1-4-14 缩放点

（8）将圆柱体与球体对齐，同时放置在球体之上（图 1-4-15），在工具架的“多边形”标签中点击“立方体”命令，在立方体上按鼠标右键选择“面”，再选择立方体的 4 个面（图 1-4-16）。

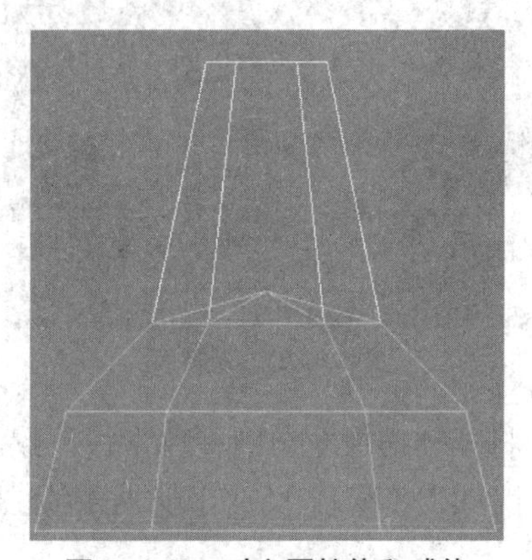

图 1-4-15 对齐圆柱体和球体

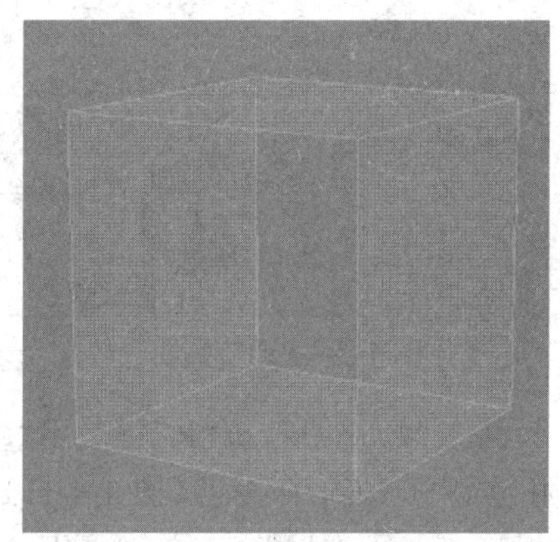

图 1-4-16 选择立方体的 4 个面

（9）选择“挤出”命令，在“操作界面”中将“保持面的连续性”项设置为“禁用”，使用“挤出”命令中的“移动”命令的“Z”轴方向，将面向外移动（图 1-4-17），等比例缩放立方体，适当移动底部的点（图 1-4-18）。

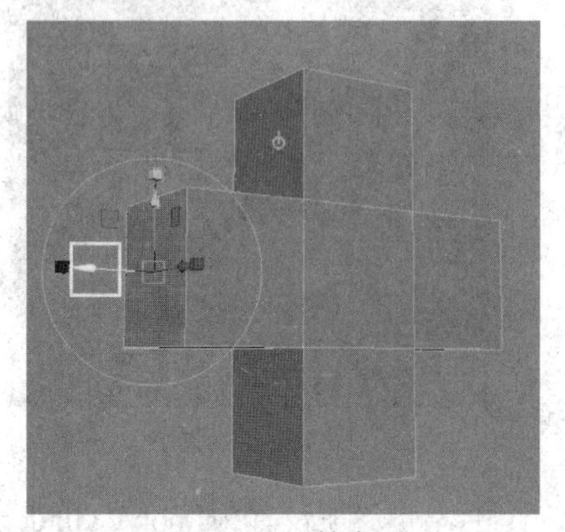

图 1-4-17 挤出面

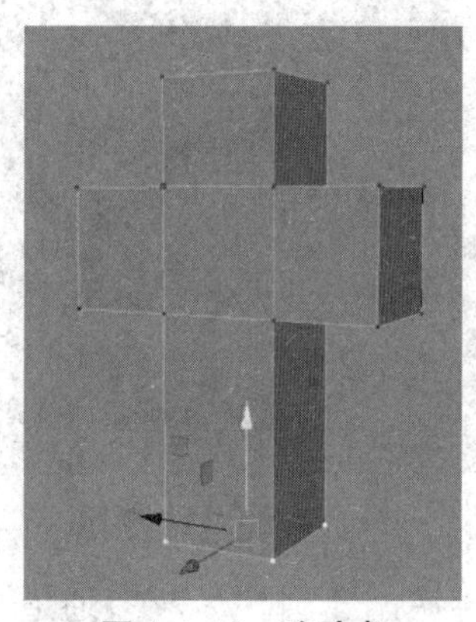

图 1-4-18 移动点

（10）将立方体与圆柱体对齐，同时放置在圆柱体之上（图 1-4-19），选择模型之间被遮挡的面进行删除（例如，圆柱体的底面与顶面）（图 1-4-20）。

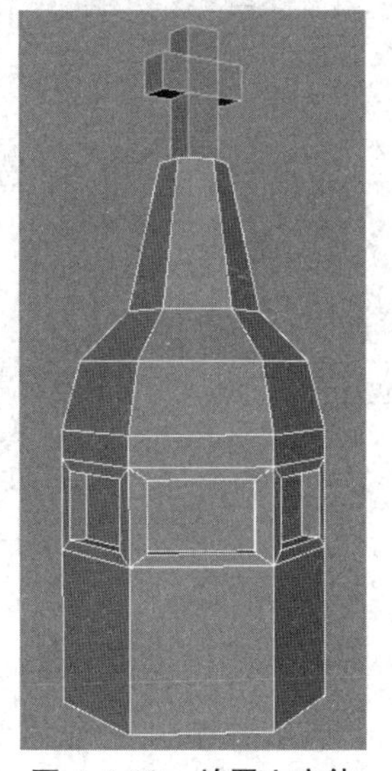

图 1-4-19　放置立方体

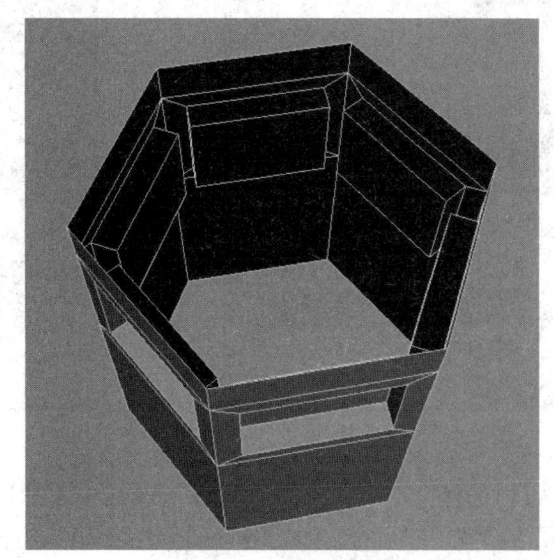

图 1-4-20　删除遮挡面

（11）选择圆柱体与球体，点击菜单栏中的“网格”→“结合”命令（图 1-4-21），选择模型接缝位置的点（图 1-4-22）。

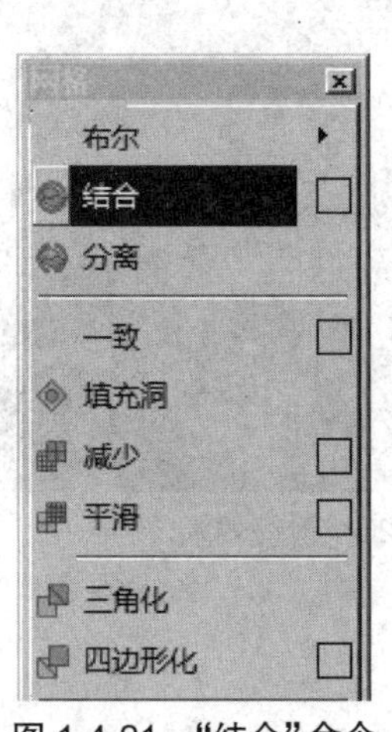

图 1-4-21　“结合”命令

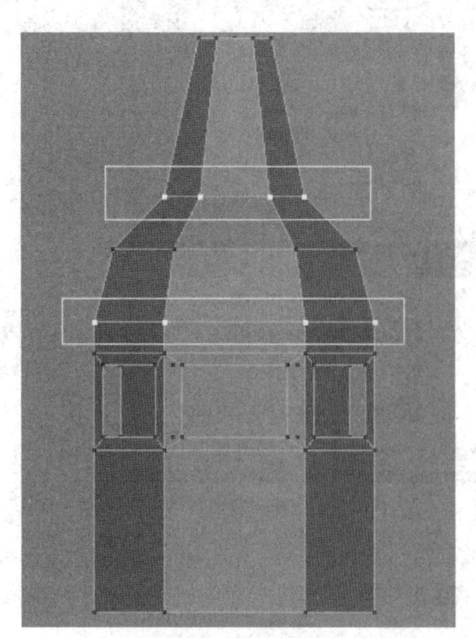

图 1-4-22　选择点

（13）选择菜单栏中的“编辑网格”→“合并”命令，将模型合为一体（图 1-4-23），创建一个平面，按“R”键使用“缩放”命令进行放大后放置在最下面（图 1-4-24）。

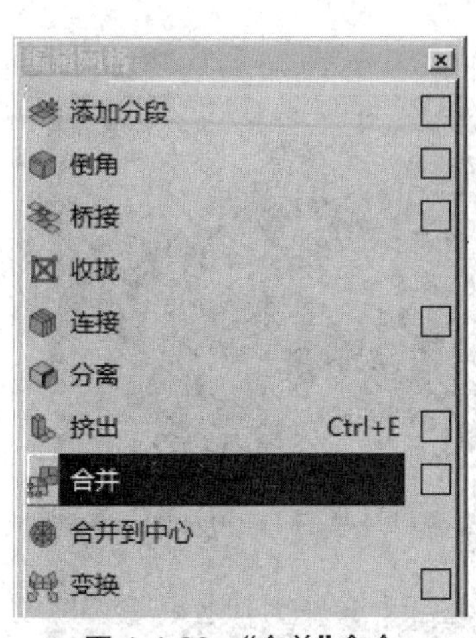

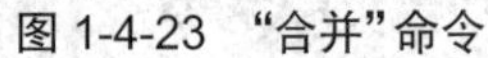
图 1-4-23 “合并”命令

图 1-4-24 创建平面

（14）选择全部模型，点击“历史”→“居中数轴”→“冻结变换”命令，再选择菜单栏中的“编辑”→“分组”命令，生成“group1”级别，再次点击“历史”→“居中数轴”→“冻结变换”命令（图 1-4-25），观察模型最终效果（图 1-4-26）。

图 1-4-25 清理模型

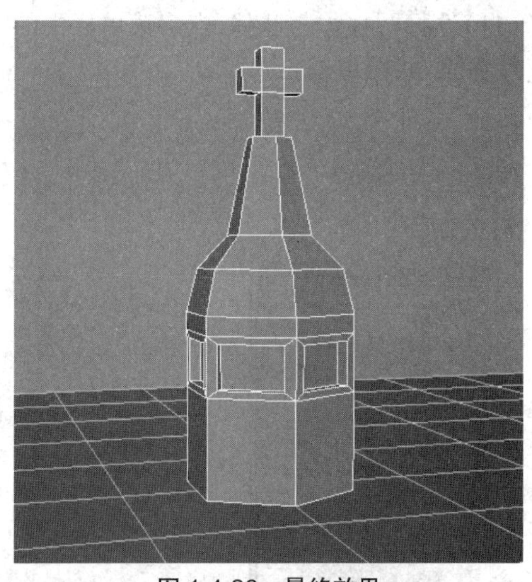
图 1-4-26 最终效果

1.4.2 相机模型制作

（1）观察“相机”素材（注意形状、比例、细节），也可以将“相机”素材导入到MAYA之中（前视图素材导入MAYA的“前视图”、右视图素材导入MAYA的“右视图”、后视图素材导入MAYA的“后视图”，以此类推）（图 1-4-27）。从相机的机身开始制作。在工具架的“多边形”标签中点击“立方体”命令，按照“相机”素材调节“立方体（机身）”形状（图 1-4-28）。

图 1-4-27 “相机”素材前、后、左、右

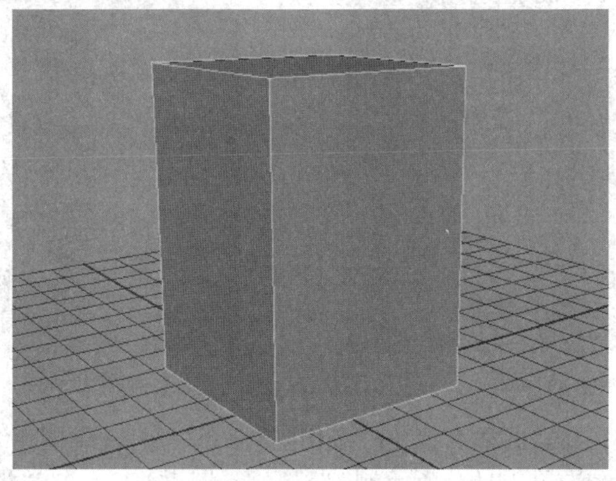

图 1-4-28 立方体

（2）模型制作从建立粗模（使用基本几何体搭建模型的形状）开始，在粗模的制作过程中，不要过于追求局部细节，要从整体角度建立模型。选择立方体（机身），点击“菜单栏”中的“编辑”→“复制”命令或按“Ctrl+C”键，将复制出的“立方体”放置在前方（图 1-4-29）。在工具架的“多边形”标签中点击“圆柱体（调节器）”命令，同时进行“复制”，按照“相机”素材调节形状摆放位置（图 1-4-30）。

图 1-4-29 复制立方体

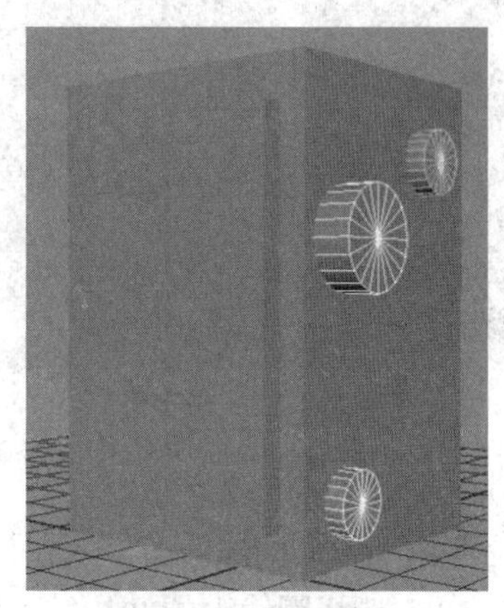

图 1-4-30 复制圆柱体

（3）继续使用最简单的基本体模型搭建相机的镜头、脚垫等的粗模。整体的相机粗模创建之后就可以进行细节的制作（粗模制作最关键的是物体之间的比例一定要准确，否则将直接影响模型最终效果）（图 1-4-31）。观察“相机”素材的后视图，发现在相机背面有 3 个孔洞，下面来制作相机的这个细节。在工具架的“多边形”标签中点击“平面（相机背面）”命令，调整形状与背面大小相似（图 1-4-32）。

图 1-4-31 粗模

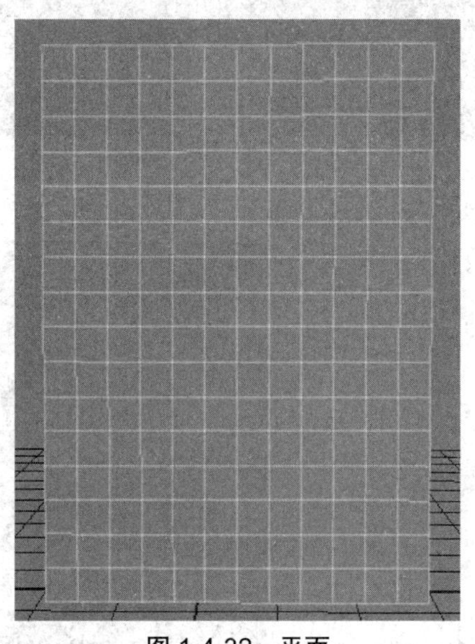

图 1-4-32 平面

（4）选择菜单栏中的“网格工具”→“多切割”命令（鼠标左键创建线段，鼠标右键确定线段），对比“相机”素材孔洞的位置绘制“米”字形（图 1-4-33）。在“米”字形上继续使用“多切割”命令创建一圈线（图 1-4-34）。

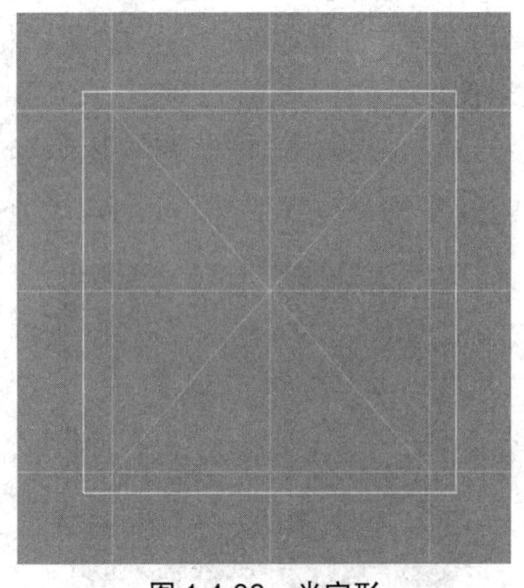

图 1-4-33 米字形

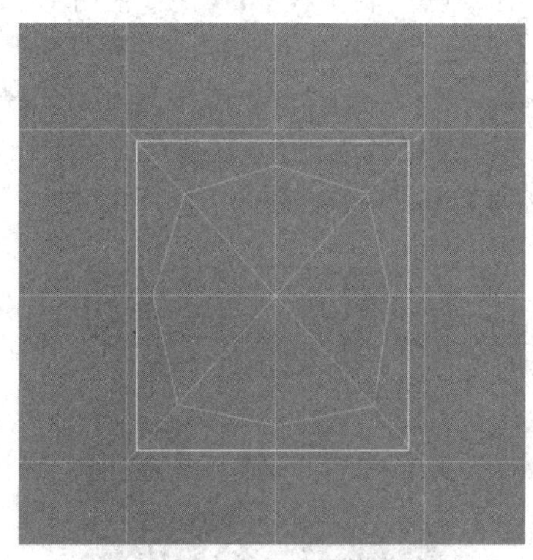

图 1-4-34 圈线

（5）在工具架的“多边形”标签中点击“圆柱体”命令，在“通道盒 / 层编辑器”中将“输入”项设置为“polyCylinder2”，“轴向细分数”项设置为“8”，将圆柱体吸附到圈线中心点（图 1-4-35）。选择圈线上的 8 个“顶点”，分别吸附到圆柱体的 8 个顶点上（图 1-4-36）。

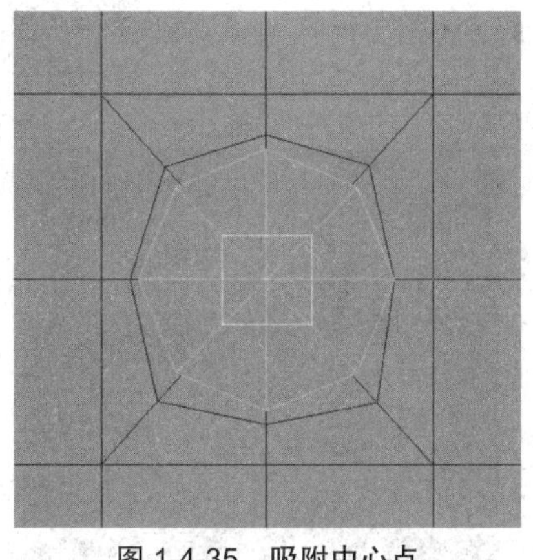

图 1-4-35　吸附中心点

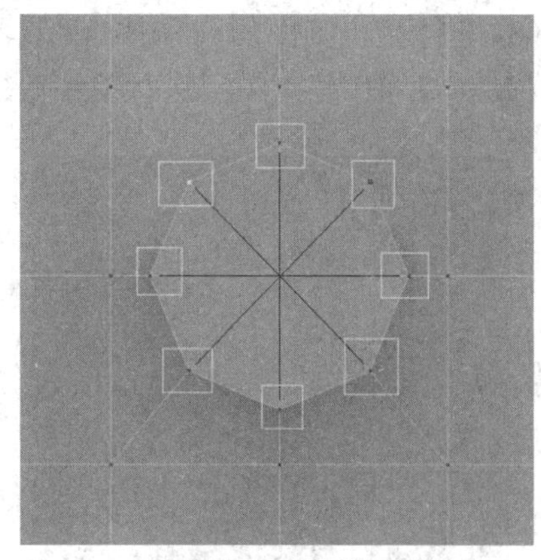

图 1-4-36　吸附顶点

（6）选择圆柱体将其删除（图 1-4-37）。选择平面（相机背面）的“对象模式”，按“R”键使用“缩放”命令沿“Y 轴”进行缩放，便可修复平面上参差不齐的顶点（图 1-4-38）。

图 1-4-37　删除圆柱体

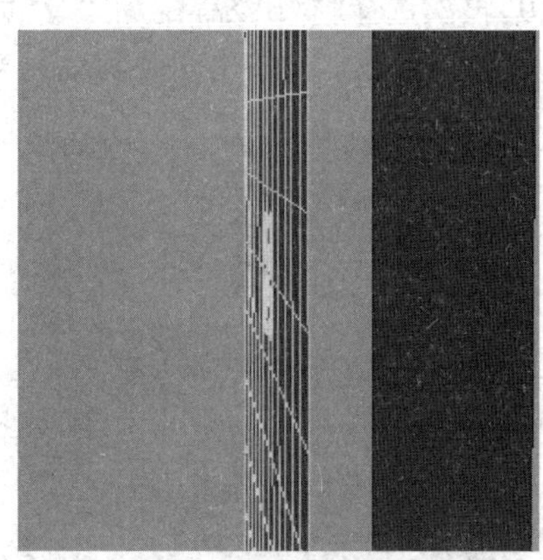

图 1-4-38　修复平面

（7）选择圈线中的面进行删除，便可得到孔洞效果（图 1-4-39）。照此方法，参考“相机”素材中孔洞位置，继续制作其他孔洞（图 1-4-40）。

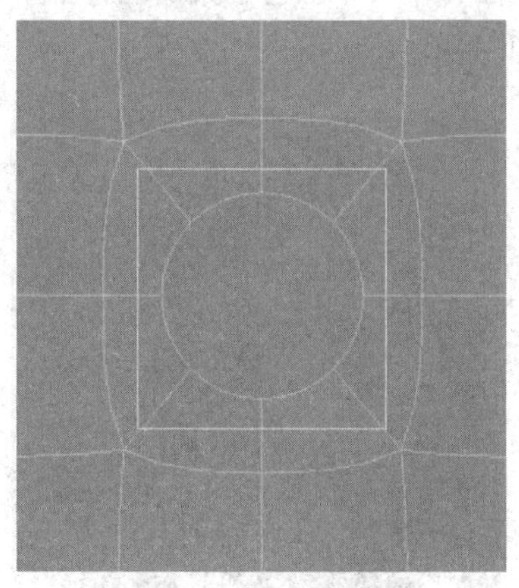

图 1-4-39　孔洞效果

图 1-4-40　制作孔洞

（8）选择相机侧面的圆柱体（调节器）的“面”级别（图 1-4-41）。选择“挤出”命令，沿“缩放 X、Y、Z 轴（等比例）”进行缩小（图 1-4-42）。

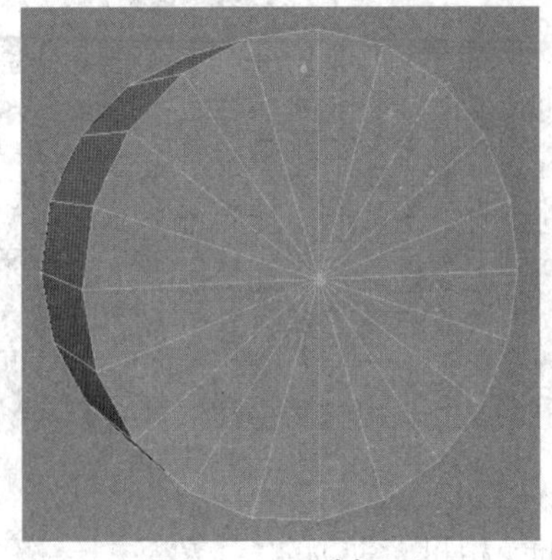
图 1-4-41 选择面

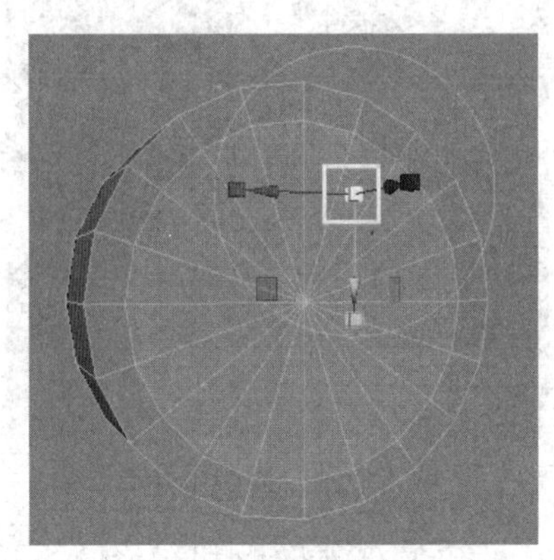
图 1-4-42 缩小面

（9）再次选择“挤出”命令，沿“移动 Z 轴”向内进行移动（图 1-4-43）。继续照此方法再一次进行挤出（第二次挤出向外移动），观察模型的变化（图 1-4-44）。

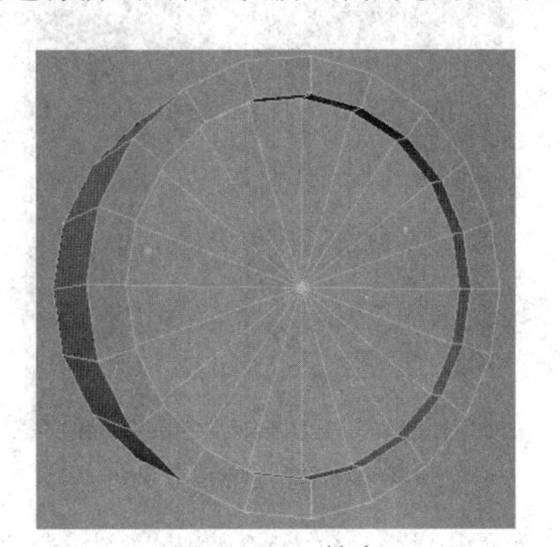
图 1-4-43 挤出

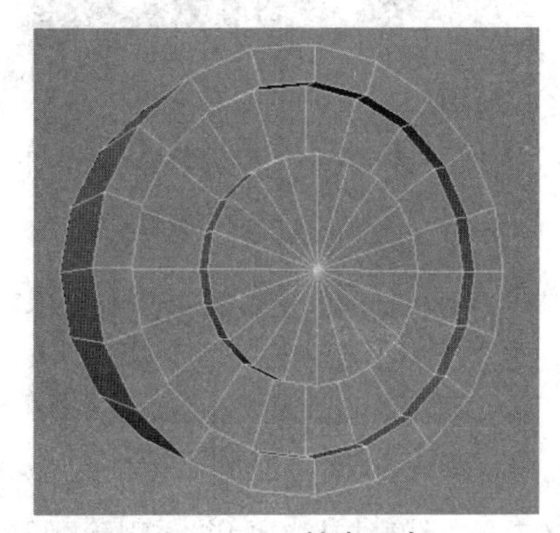
图 1-4-44 挤出两次

（10）选择圆柱体（调节器）底部的面进行删除（图 1-4-45）。选择菜单栏中的“网格工具”→“插入循环边”工具，在底部添加一条线段（图 1-4-46）。

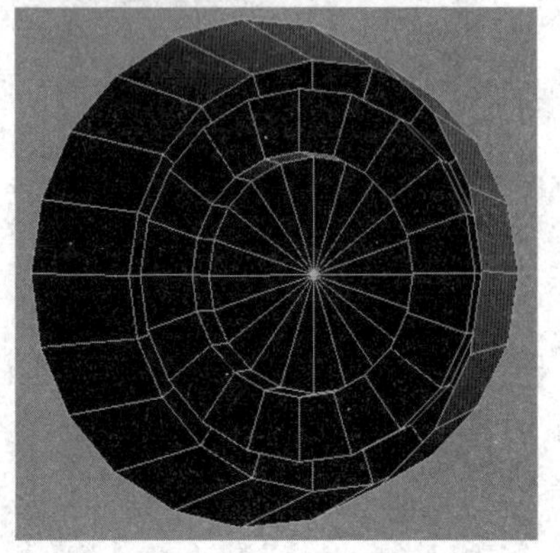
图 1-4-45 删除面

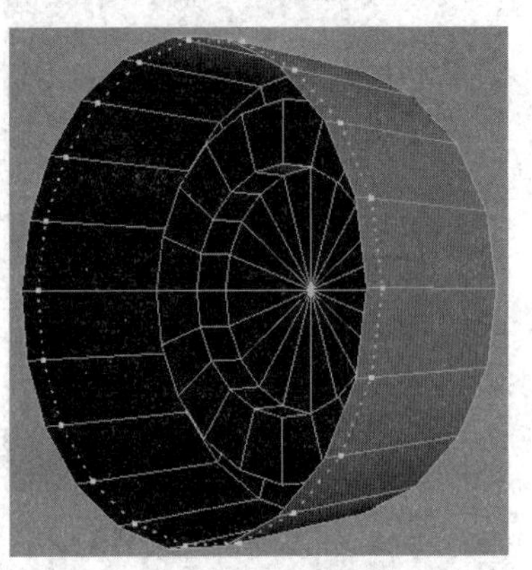
图 1-4-46 添加线段

（11）选择圆柱体（调节器）的底部线段，选择“挤出”命令，沿“缩放 X、Y、Z 轴（等比例）”进行缩小和放大（图 1-4-47）。选择圆柱体（调节器）角部位置的线段（图 1-4-48）。

图 1-4-47　放大线段

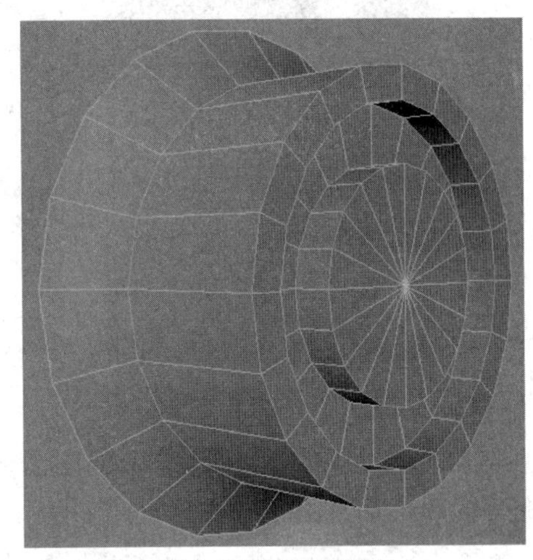

图 1-4-48　选择线段

（12）选择菜单栏中的“编辑网格”→“倒角”命令，在“通道盒 / 层编辑器”中将“输入”项设置为“polyBevel1”，“分数”项设置为“0.3”、“分段”项设置为“2”（图 1-4-49）。点击“3”键观察平滑效果（检查效果无问题，再点击“1”键进行恢复），将相机侧面的其他圆柱体（调节器）按此方法进行制作（图 1-4-50）。

图 1-4-49　设置属性

图 1-4-50　平滑效果

（13）观察“相机”素材镜头部分，是由两个圆柱体与一个立方体组合而成的。选择“立方体（镜头底座）”的四角的边线（图 1-4-51）。选择菜单栏中的“编辑网格”→“倒角”命令，在“通道盒 / 层编辑器”中将“输入”项设置为“polyBevel1”，“分数”项设置为“0.5”、“分段”项设置为“3”（图 1-4-52）。

图 1-4-51 选择边线

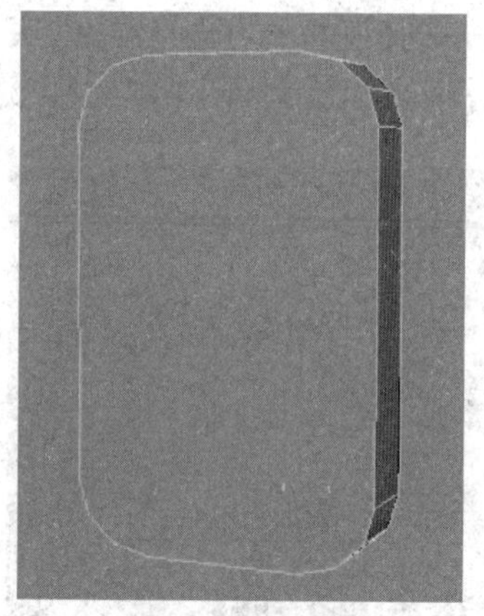
图 1-4-52 倒角

（14）保留立方体（镜头底座）的正面，删除其余的面（图 1-4-53）。使用“多切割”命令将面上的“顶点”进行连接（图 1-4-54）。

图 1-4-53 保留正面

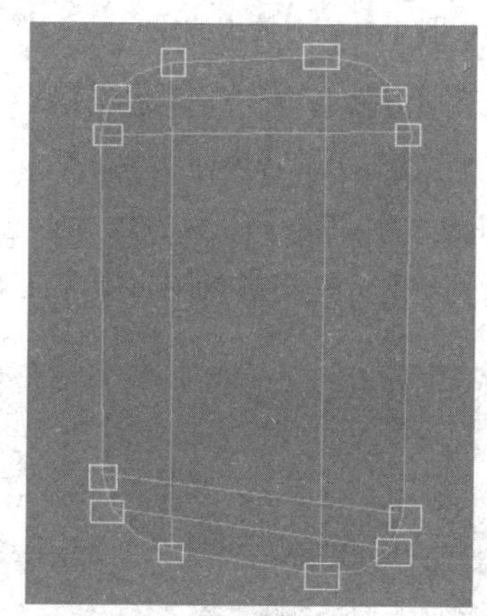
图 1-4-54 连接顶点

（15）选择立方体（镜头底座）的边线（图 1-4-55），点击“挤出”命令，沿“移动 Y 轴”向上移动挤出面（图 1-4-56）。

图 1-4-55 选择线

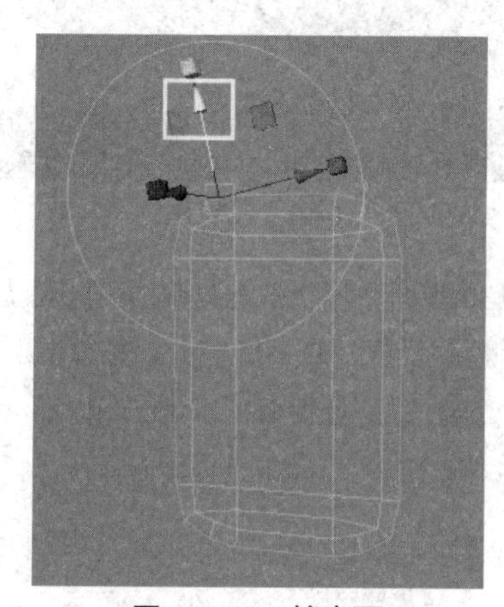
图 1-4-56 挤出面

（16）继续点击“挤出”命令，沿“移动 Z 轴”向后移动挤出面（图 1-4-57），选择“面”级别对一圈面进行选择（图 1-4-58）。

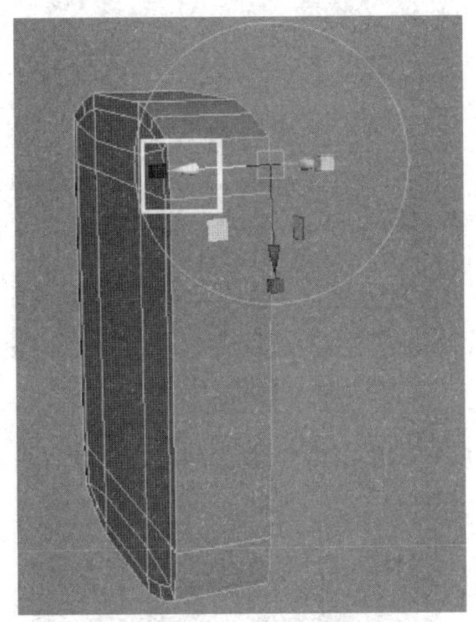
图 1-4-57　挤出线段

图 1-4-58　选择面

（17）点击挤出命令，沿“移动 Z 轴”向前移动挤出面（图 1-4-59），选择立方体（镜头底座）角部位置的线段（图 1-4-60）。

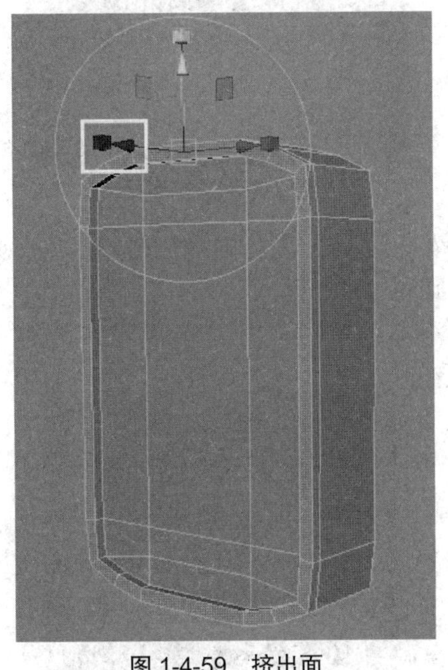
图 1-4-59　挤出面

图 1-4-60　选择线段

（19）选择菜单栏中的“编辑网格”→“倒角”命令，观察模型平滑效果（图 1-4-61），继续制作镜头部分模型。选择相机正面圆柱体（镜头）的“面”级别（图 1-4-62）。

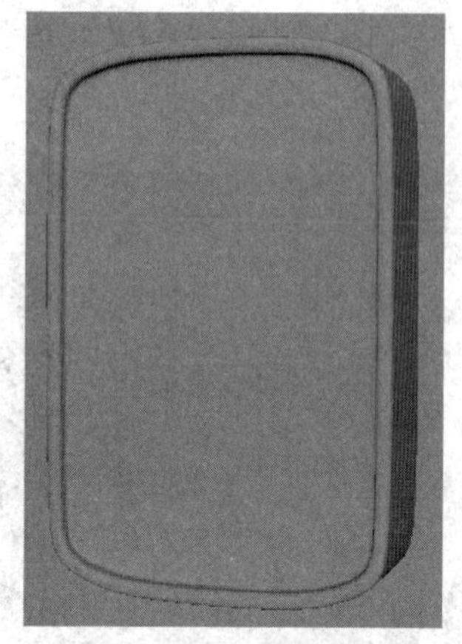
图 1-4-61 倒角效果

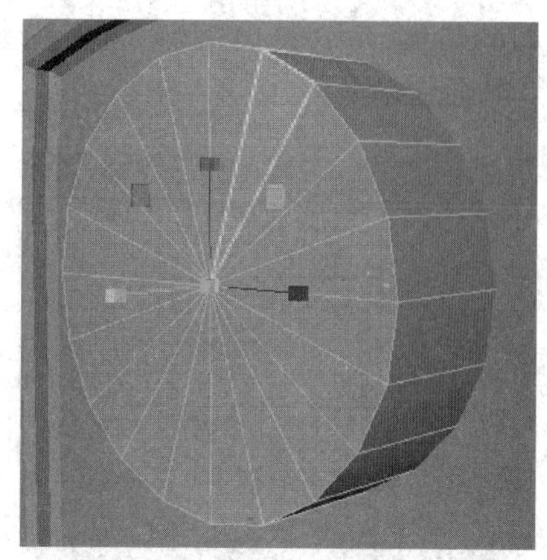
图 1-4-62 选择面

（20）选择“挤出”命令，沿“缩放 X、Y、Z 轴（等比例）”进行缩小（图 1-4-63），再选择“挤出”命令，沿“移动 Z 轴”向内移动挤出面（图 1-4-64）。

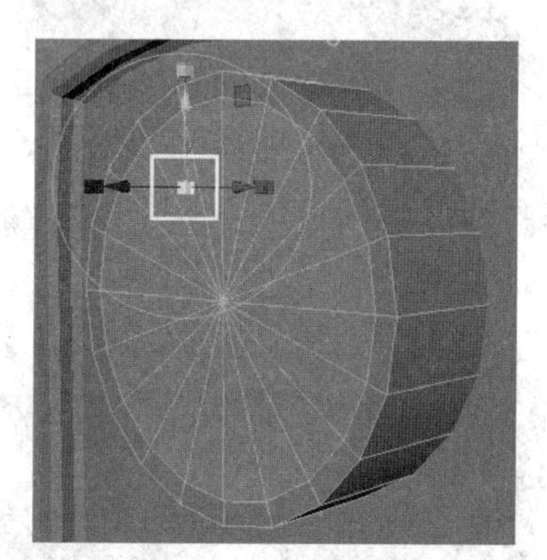
图 1-4-63 等比例缩放

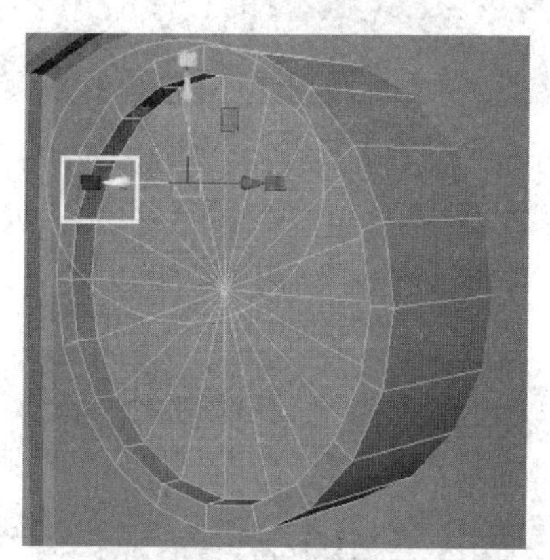
图 1-4-64 挤出面

（21）重复第（20）步的操作，观察模型变化（图 1-4-65）。选择圆柱体（镜头）角部位置的线段，点击“倒角”命令，修改其属性，将“分数”项设置为“0.3”，将圆柱体背面删除，观察效果（图 1-4-66）。

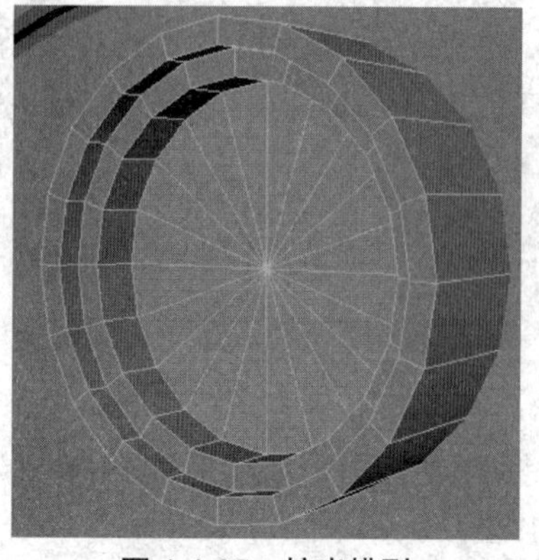
图 1-4-65 挤出模型

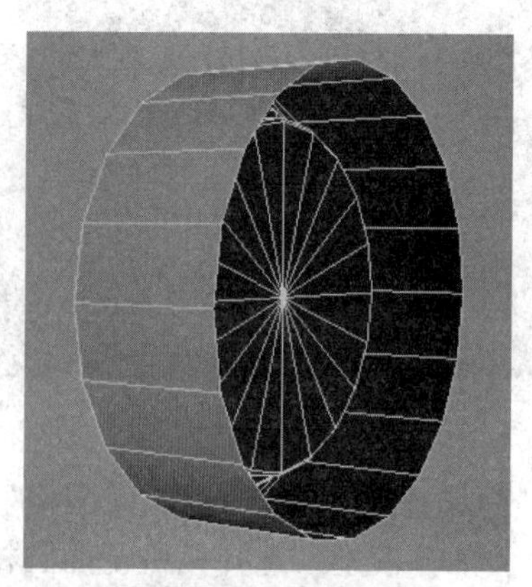
图 1-4-66 删除背面

（22）在工具架的“多边形”标签中点击“球体”命令，选择“球体（镜头片）的“面”级别（图 1-4-67）。删除选择的“面”后，将球体（镜头片）摆放至圆柱体（镜头）模型中（图 1-4-68）。

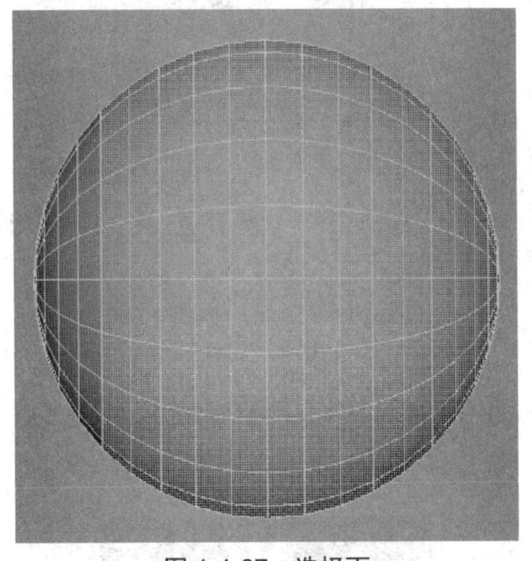

图 1-4-67 选择面

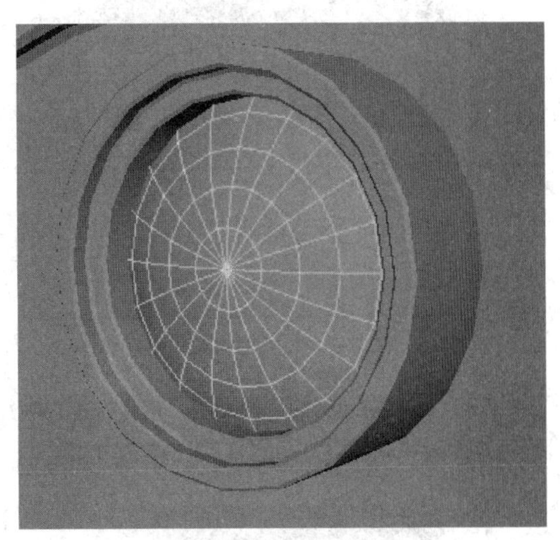

图 1-4-68 镜头片

（23）选择下方圆柱体（镜头刻度）的背面，按“R”键使用“缩放”命令，沿“X、Y、Z 轴”进行等比例放大后删除面（图 1-4-69）。选择边线后点击“挤出”命令，再按“W”键使用“移动”命令的“Y”轴，对边线进行移动，观察模型变化（图 1-4-70）。

图 1-4-69 删除面

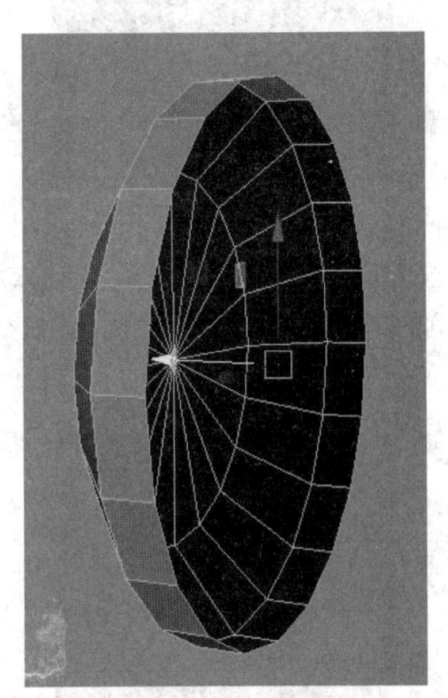

图 1-4-70 挤出面

（24）选择圆柱体（镜头刻度）角部位置的线段，点击“倒角”命令，修改其属性将“分数”项设置为“0.1”，观察模型效果（图 1-4-71）。选择第一个圆柱体（镜头）模型，点击菜单栏中的“编辑”→“复制”命令或按“Ctrl+C”键，复制出圆柱体（镜头）模型，摆放在第二个圆柱体

（镜头刻度）上，观察效果（图 1-4-72）。

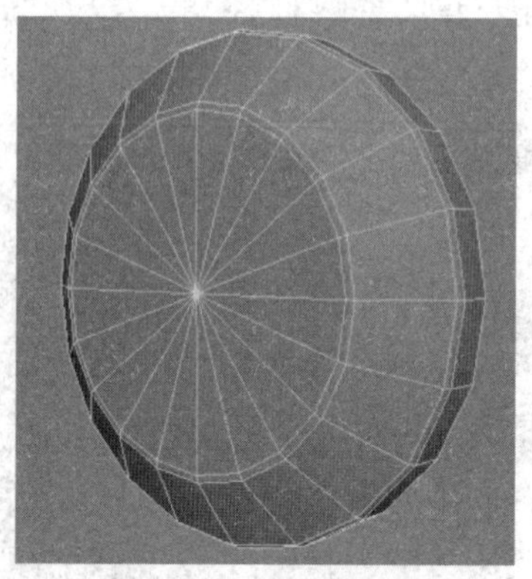
图 1-4-71 倒角效果

图 1-4-72 镜头模型

（25）选择立方体（机身）的顶面（图 1-4-73），选择“挤出”命令，沿“缩放 X、Y、Z 轴（等比例）”缩小“顶面”的面积（图 1-4-74）。

图 1-4-73 选择面

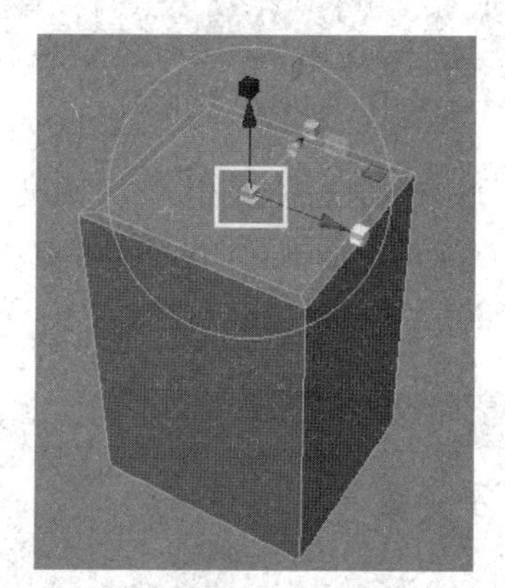
图 1-4-74 缩小顶面

（26）再选择“挤出”命令，沿“移动 Z 轴”向下移动挤出面（图 1-4-75）。选择立方体（机身）的“对象模式”，选择“倒角”命令，修改其属性，将“分段”项设置为“2”，观察模型效果（图 1-4-76）。

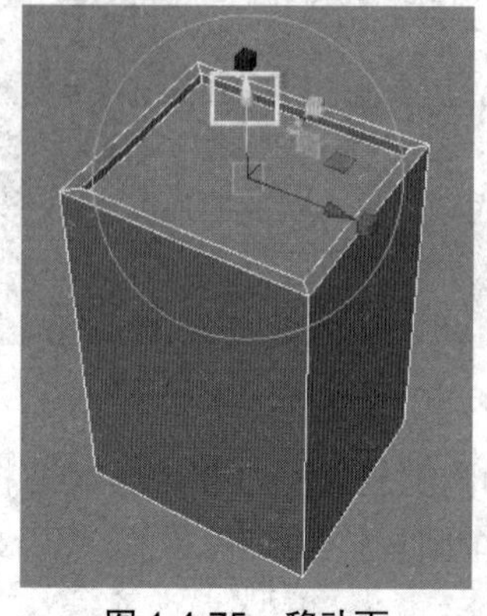
图 1-4-75 移动面

图 1-4-76 倒角效果

（27）选择平面（相机背面）模型底部的线段，点击“挤出”命令，沿“移动 Z 轴”向前移动挤出面（图 1-4-77）。再选择平面（相机背面）角部位置的线段，点击“倒角”命令，修改其属性，将“分段”项设置为“3”，观察效果（图 1-4-78）。

图 1-4-77　挤出线

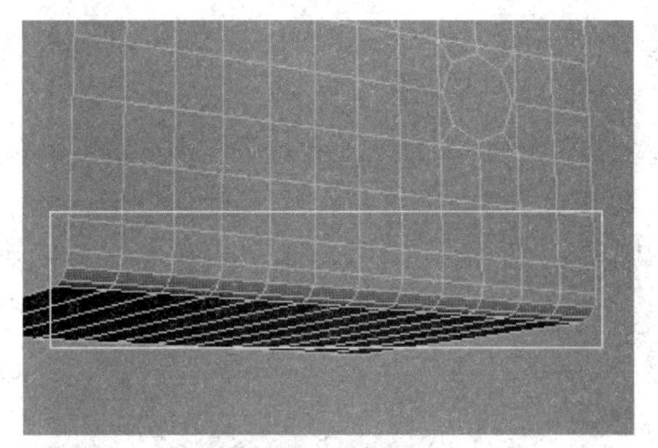

图 1-4-78　倒角效果

（28）选择平面（相机背面）模型的“对象模式”，点击“挤出”命令，沿“移动 Z 轴”向后移动挤出面（图 1-4-79）。选择平面（相机背面）模型所有角部位置的线段，点击“倒角”命令，修改其属性，将“分数”项设置为“0.8”，“分段”项设置为“2”，观察倒角平滑效果（图 1-4-80）。

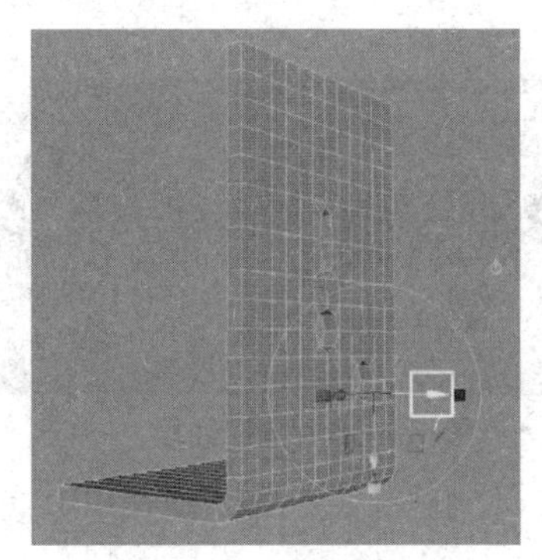

图 1-4-79　挤出面

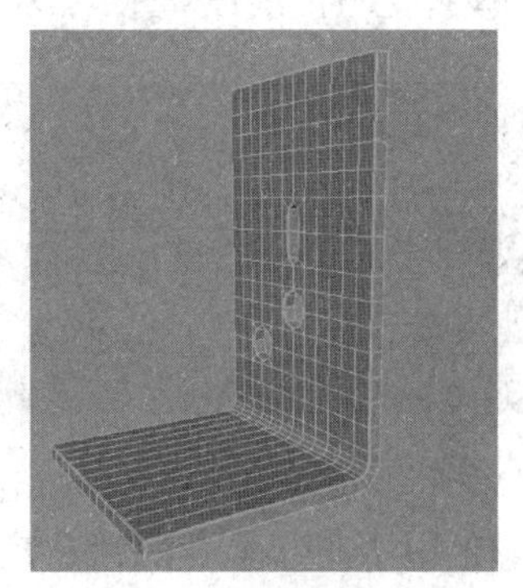

图 1-4-80　角部位置的线段

（29）继续制作相机的脚垫部分。选择圆柱体（脚垫）的底面，按“R”键使用“缩放”命令沿“X、Y、Z（等比例）轴”进行缩小（图 1-4-81）。点击“挤出”命令沿“移动 Z 轴”向下移动挤出面（图 1-4-82）。

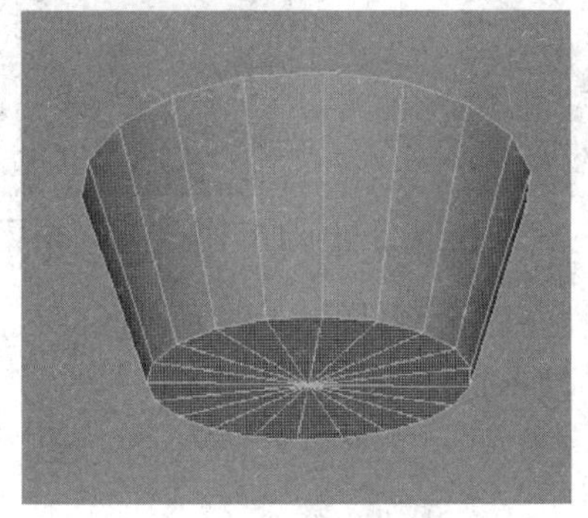

图 1-4-81　缩小面

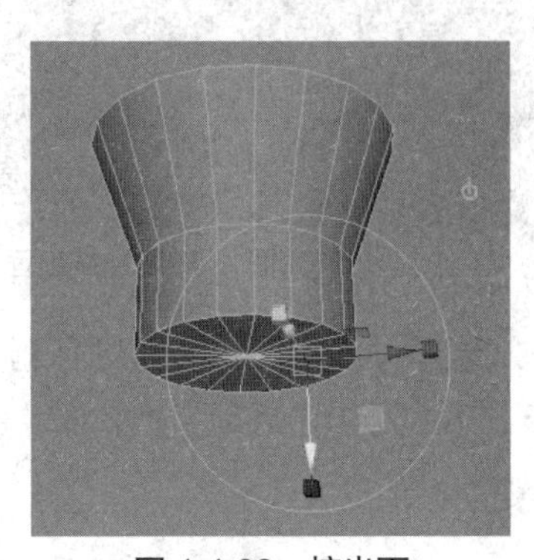

图 1-4-82　挤出面

（29）选择圆柱体（脚垫）角部位置的线段，点击“倒角”命令进行倒角，再将重叠（遮挡）面删除，复制出其他 3 个圆柱体（脚垫）（图 1-4-83）。继续制作相机的背带部分。在工具架的“多边形”标签中点击“平面”命令，选择平面（金属件）中的部分面进行删除（图 1-4-84）。

图 1-4-83　复制模型

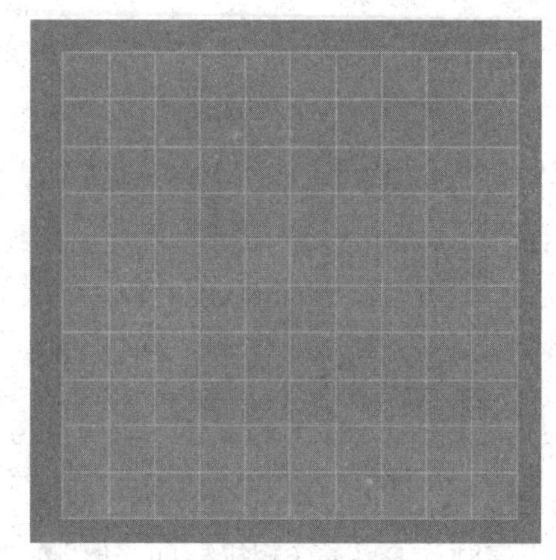
图 1-4-84　选择面

（30）选择平面（金属件）模型顶点，参考“相机”素材调节形状（图 1-4-85），再选择平面（金属件）模型上方的线段（图 1-4-86）。

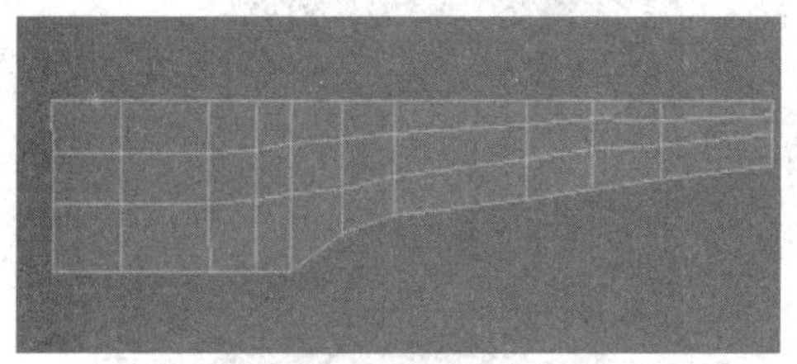
图 1-4-85　调节顶点

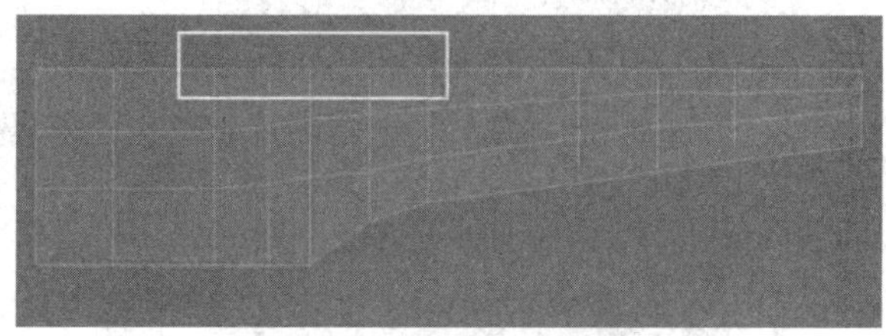
图 1-4-86　选择线段

（31）使用“挤出”命令，沿“移动 Z 轴”向上移动挤出面（图 1-4-87），选择菜单栏中的“网格工具”→“插入循环边”命令，在挤出的面上绘制出长方形形状（图 1-4-88）。

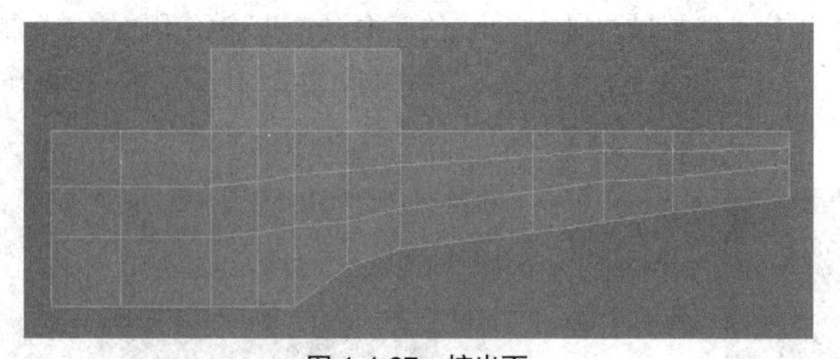
图 1-4-87　挤出面

图 1-4-88　插入循环边

（32）选择长方形形状的面进行删除，形成一个长方形孔洞（图 1-4-89）。选择平面模型的“对象模式”，使用“挤出”命令，沿“移动 Z 轴”向前移动挤出面（图 1-4-90）。

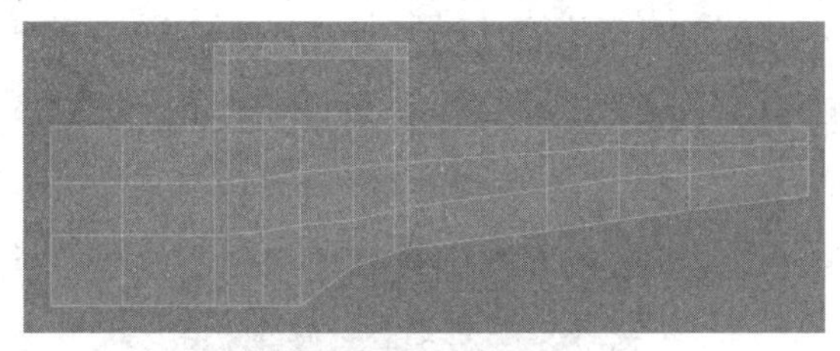

图 1-4-89　删除面

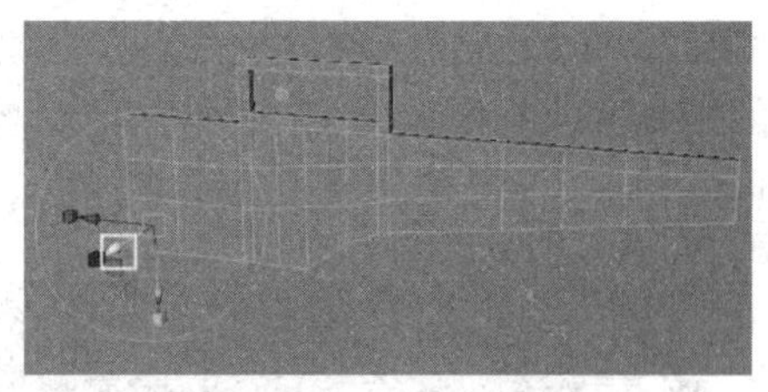

图 1-4-90　挤出厚度

（33）选择平面（金属件）模型所有角部位置的线段（图 1-4-91）。点击“倒角”命令，修改其属性，将“分数”项设置为“0.3”，“分段”项设置为“2”，观察倒角平滑效果（图 1-4-92）。

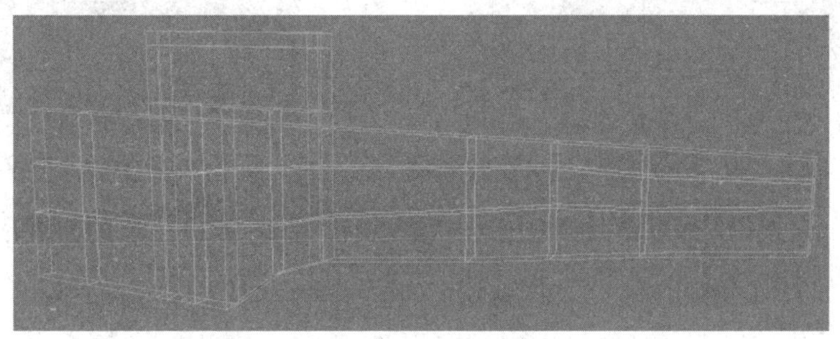

图 1-4-91　选择线

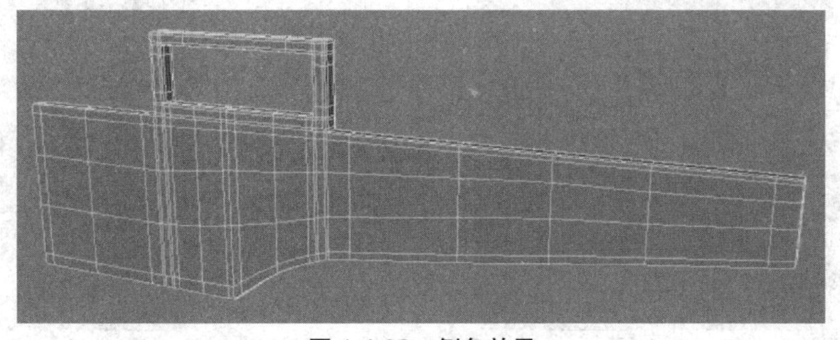

图 1-4-92　倒角效果

（34）在工具架的“多边形”标签中点击“球体”命令，删除球体（铆钉）一半的面（图 1-4-93）。对球体（铆钉）进行复制，放至在平面模型上（图 1-4-94）。

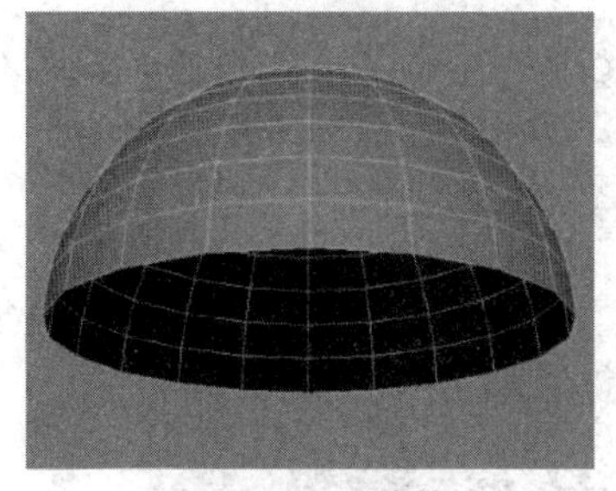

图 1-4-93　球体

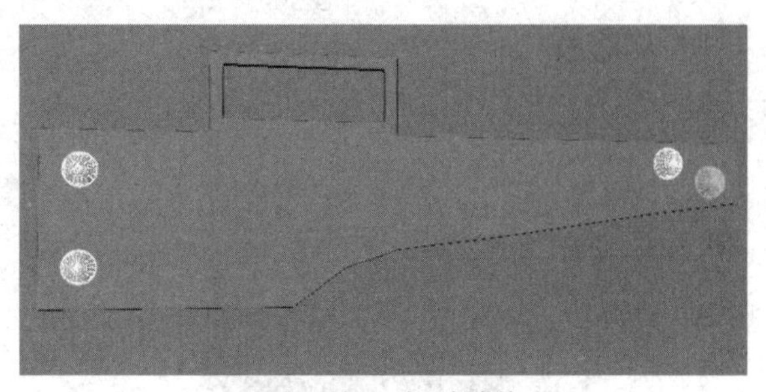

图 1-4-94　摆放球体

（35）在工具架的“多边形”标签中点击“立方体”命令，按“R”键使用“缩放”命令沿

“X、Y、Z(等比例)轴”进行调整,摆放到长方形孔洞上(图 1-4-95)。选择“立方体(背带窄部)”的“对象模式”,点击“倒角”命令,属性中“分段”设置“2”,观察倒角平滑效果(图 1-4-96)。

图 1-4-95 摆放位置

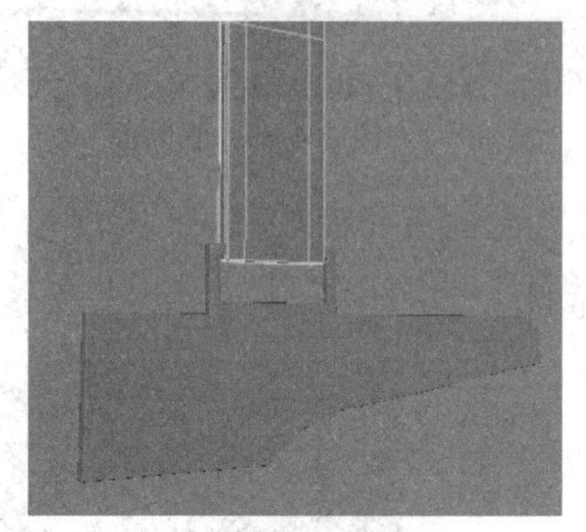
图 1-4-96 平滑效果

(36)在工具架的“多边形”标签中点击“圆柱体”命令,选择多余的面进行删除(图 1-4-97)。选择圆柱体(背带宽部)的边线,使用“挤出”命令后,按“W”键使用“移动工具”向下移动线段(图 1-4-98)。

图 1-4-97 删除面

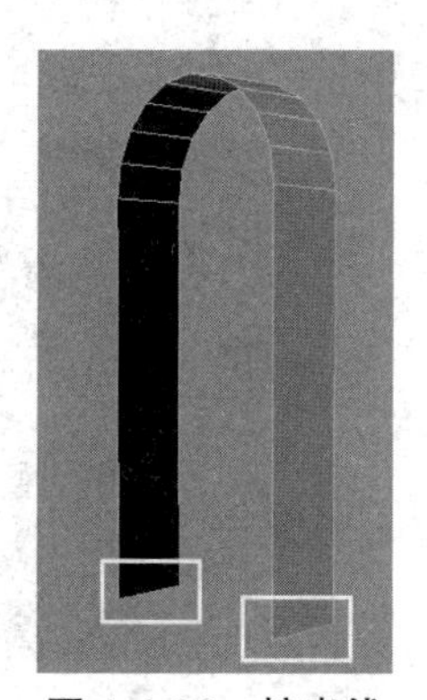
图 1-4-98 挤出线

(37)选择“插入循环边工具”,在圆柱体的底部插入一条线段(图 1-4-99)。选择下方的线段,按“R”键使用“缩放工具”沿“Y 轴”缩小(图 1-4-100)。

图 1-4-99 插入线

图 1-4-100 收缩线

(38)选择圆柱体(背带宽部)部分面(图 1-4-101)。选择菜单栏中的“编辑网格”→“复制”命令,生成复制面(保护层)(图 1-4-102)。

图 1-4-101 选择面

图 1-4-102 复制面

(39)选择复制面(保护层)的顶部线段(图 1-4-103),按“W”键使用“移动工具”沿“Z”轴向下移动(图 1-4-104)。

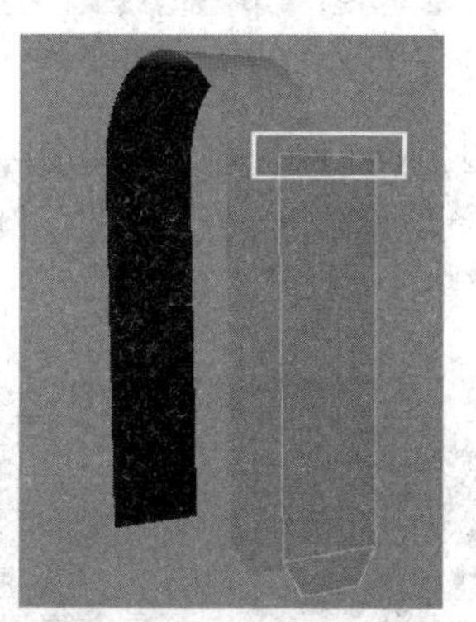
图 1-4-103 选择线

图 1-4-104 移动线

(40)选择“复制面(保护层)”的“对象模式”,点击“历史”→“居中数轴”→“冻结变换”命令,再选择“挤出”命令,沿“移动 Z 轴”向前移动挤出面(图 1-4-105)。选择菜单栏中的“编辑网格”→“倒角”命令,观察倒角效果(图 1-4-106)。

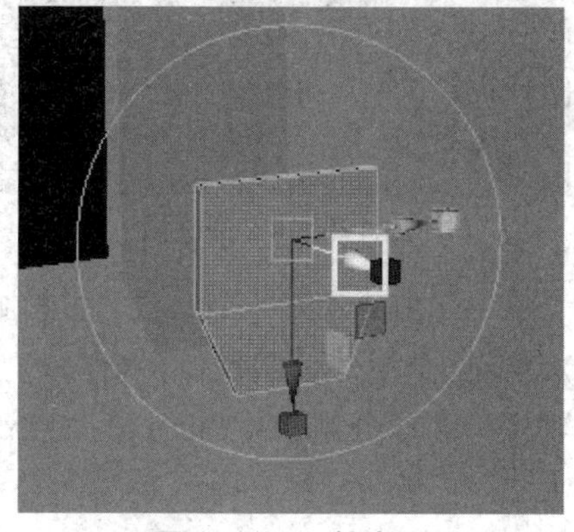
图 1-4-105 挤出面

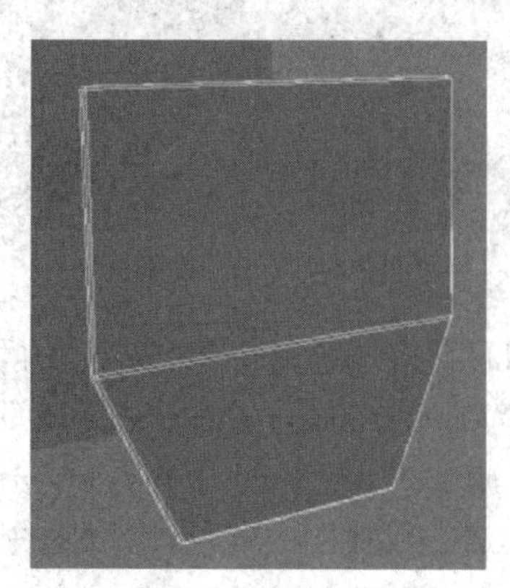
图 1-4-106 倒角

(41)选择圆柱体(背带宽部)的“对象模式”,点击“挤出”命令,沿“移动 Z 轴”挤出面(图 1-4-107)。选择圆柱体(背带宽部)模型所有角部位置的线段,点击“倒角”命令对其进行倒角(图 1-4-108)。

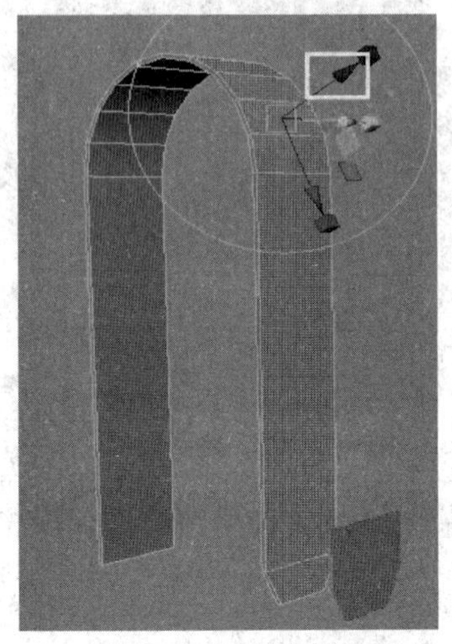

图 1-4-107　挤出面

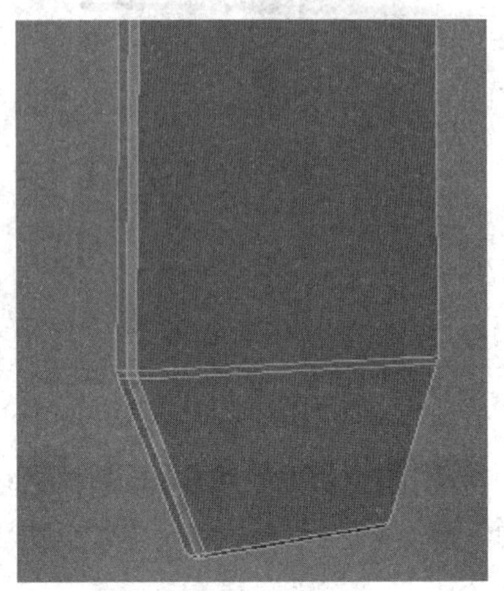

图 1-4-108　倒角效果

(42)选择复制面(保护层)对其进行复制,将两个复制面(保护层)放置在圆柱体(背带宽部)两侧(图 1-4-109)。创建两个圆柱体(铆钉),选择角部位置的线段进行倒角,放置在复制面(保护层)中(图 1-4-110)。

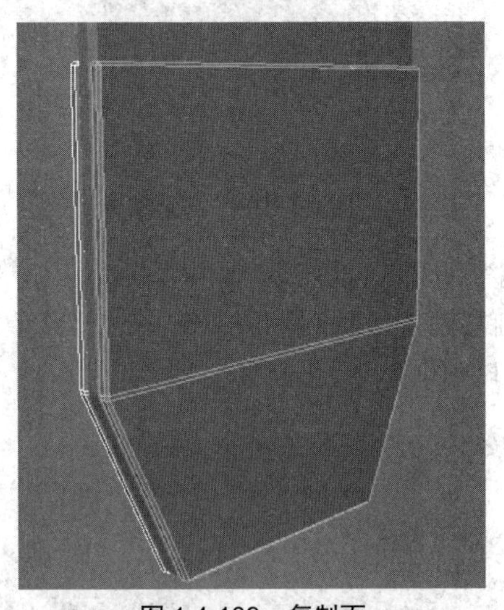

图 1-4-109　复制面

图 1-4-110　圆柱体

(43)选择圆柱体(背带宽部)的“面”级别,将其另一半删除(图 1-4-111)。选择圆柱体(背带宽部)、立方体(背带窄部)、复制面(保护层)、平面(金属件)、圆柱体(铆钉)的“对象模式”,点击“历史”→“居中数轴”→“冻结变换”命令,进行分组生成“group1”,点击“历史”→“居中数轴”→“冻结变换”命令(图 1-4-112)。

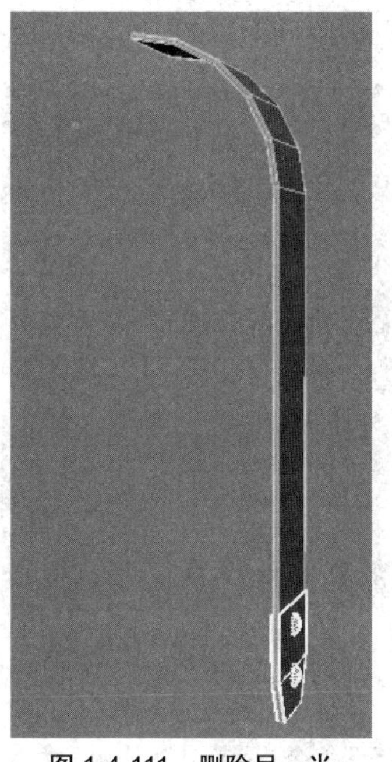

图 1-4-111 删除另一半

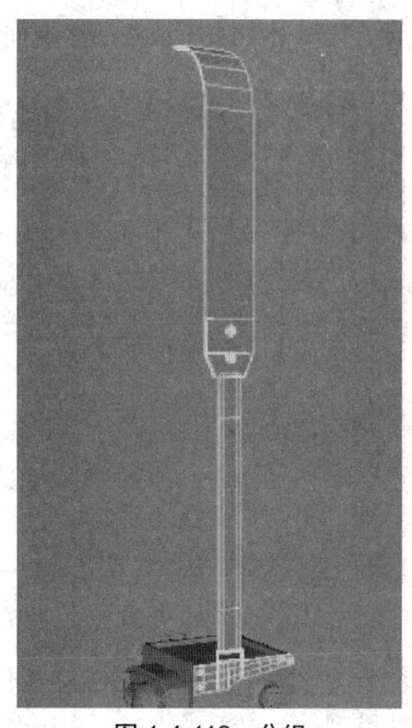

图 1-4-112 分组

（44）选择“group1”级别，点击“Insert”键，将“group1”级别中心点吸附到圆柱体（机身）中间位置（图 1-4-113）。选择菜单栏中的“编辑”→“特殊复制”命令，修改其属性，将“缩放”项设置为“-1、1、1”，点击“应用”按钮，复制出另一组模型“group2”级别（图 1-4-114）。

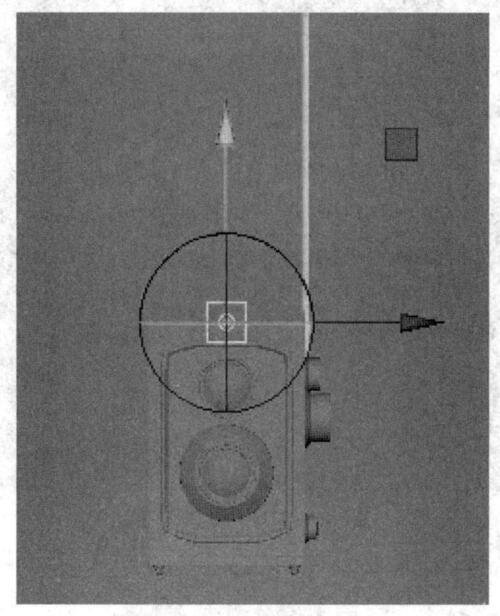

图 1-4-113 吸附中心点

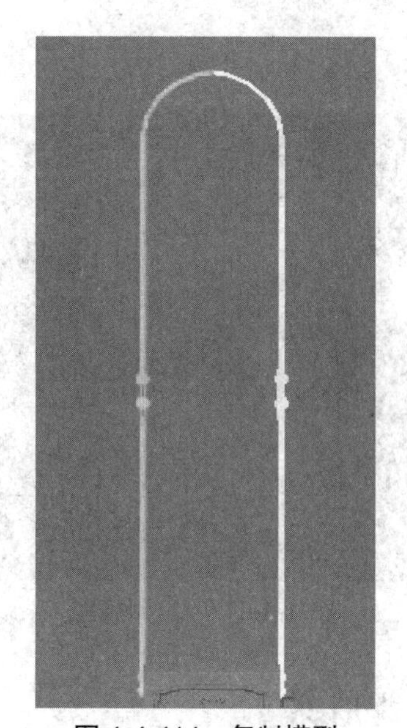

图 1-4-114 复制模型

（45）选择两个圆柱体（背带宽部）的“对象模式”，点击“结合”命令，将两个圆柱体（背带宽部）合成一个物体（图 1-4-115）。选择中间位置的顶点，点击菜单栏中的“编辑网格”→“合并”命令，将两个圆柱体（背带宽部）进行缝合（图 1-4-116）。

图 1-4-115 结合

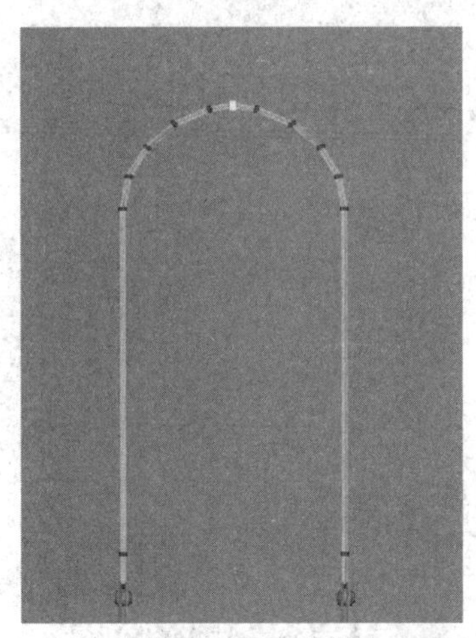
图 1-4-116 合并

（46）参考素材“相机”，复制圆柱体（调节器）到立方体（机身）另一侧（图 1- 4 -117）。选择全部模型，点击“历史”→“居中数轴”→“冻结变换”命令，后点击“分组”命令，再次点击“历史”→“居中数轴”→“冻结变换”命令，最终完成相机模型的制作，观察模型效果（图 1-4-118）。

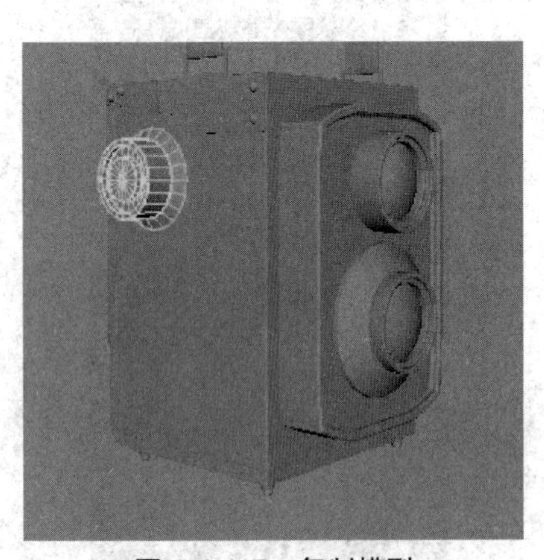
图 1-4-117 复制模型

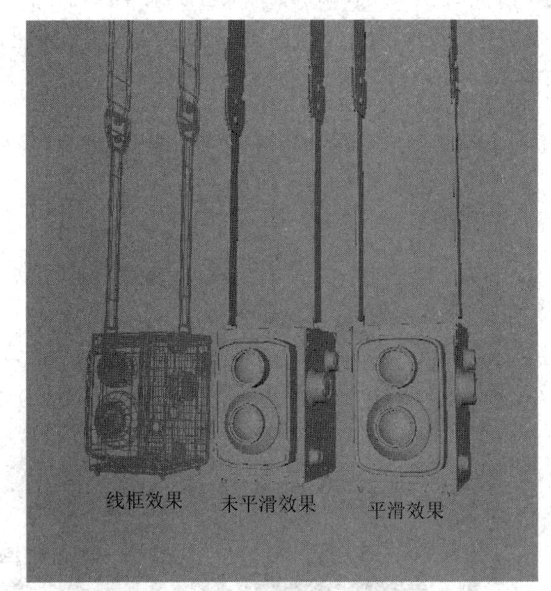

图 1-4-118 最终效果

1.5 课后练习

根据所提供的素材（图 1-5-1）制作出模型。注意模型的大小比例需要与素材一致，模型布线要合理流畅，最终完成后要检查模型的原点是否归中心、数值是否清零、历史是否清除。

图 1-5-1　课后练习

材质篇

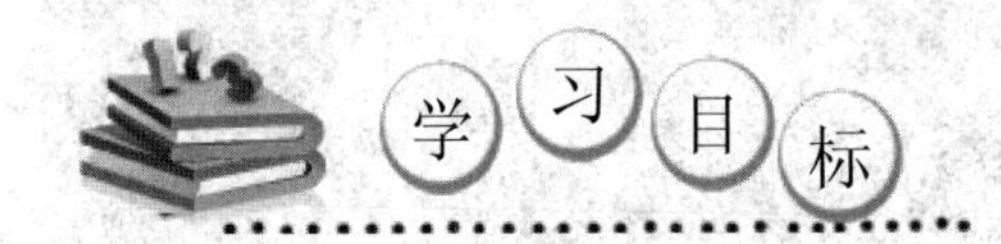

通过学习灯光、渲染、贴图等相关知识，掌握材质的表现方法与制作技巧，了解材质的制作流程及在动画制作中的作用。在任务实现过程中：

- 熟悉灯光基本设置；
- 掌握材质制作方法；
- 掌握贴图的制作技巧；
- 熟悉渲染器的使用方法。

【情境导入】

材质可以理解成材料，好的材质效果可以让观众对物体的质感一目了然。许多人都将调节材质误解成调节颜色，其实调节颜色只是调节材质的一部分。例如，黑色朔料袋效果，重点在于表现出塑料的质感，反而黑色深一些浅一些，显得倒不是很重要。制作材质效果最直接的方法，就是调节材质球中的属性，包含颜色、透明度、反射率等，但如果想要制作出优秀的材质效果，只调节这些属性还远远不够，还需要配合灯光、贴图、渲染器等。所以材质效果涉及知识广泛，在实际运用过程中又十分灵活，同时也决定了动画的画面效果。

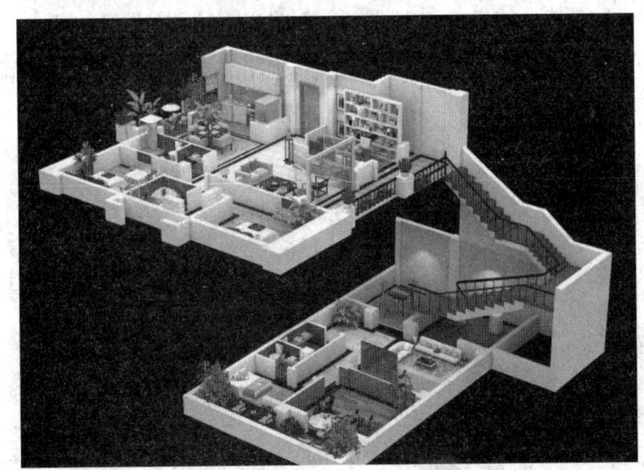

渲染效果

2.1 灯光

灯光是三维动画中不可缺少的一个重要环节，好的灯光效果可以起到画龙点睛的作用，相反，不好的灯光效果会让作品黯然失色。优秀的灯光效果来源于真实生活，随时注意观察现实世界的光影效果，对于提升制作灯光水平有很大的帮助。

2.1.1 灯光的基本操作

在 MAYA 中灯光虽然各有不同，但是基本的操作方法十分相似。将灯光对准物体进行照明通常有以下两种方法。

（1）选择菜单栏中的“创建”→“灯光”命令，在弹出的菜单中选择“聚光灯”（也称“万能灯光”，是所有灯光中属性最全面的一种）（图 2-1-1），在“操作界面”中选择“聚光灯”，按“T”键切换到灯光控制状态。“灯光控制手柄”决定灯光的位置，“目标控制手柄”决定灯光照射的位置，“循环控制手柄”选择灯光控制模式（图 2-1-2）。

图 2-1-1 “灯光”命令

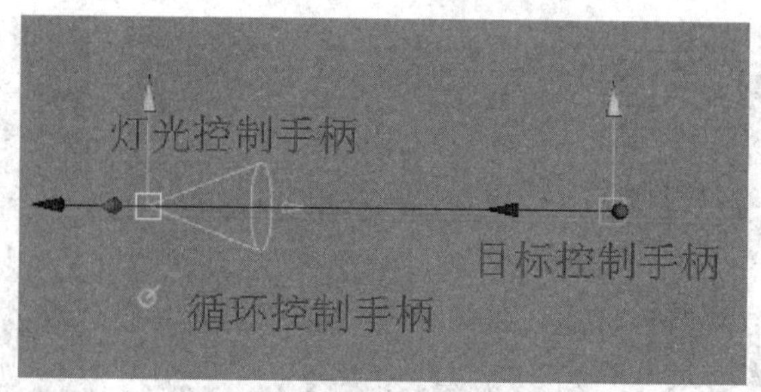

图 2-1-2 控制状态

点击一次“循环控制手柄”，可以调整灯光“枢轴手柄”，“枢轴手柄”相当于一个基点，“灯光控制手柄”与“目标控制手柄”相当于杠杆的两端，“枢轴手柄”的移动需要这三者的配合，“枢轴手柄”的位置决定了“光源控制手柄”和“目标控制手柄”的移动范围（图 2-1-3）。点击两次“循环控制手柄”，可以调整灯光圆锥体角度的大小，圆锥体角度控制光照范围（图 2-1-4）。

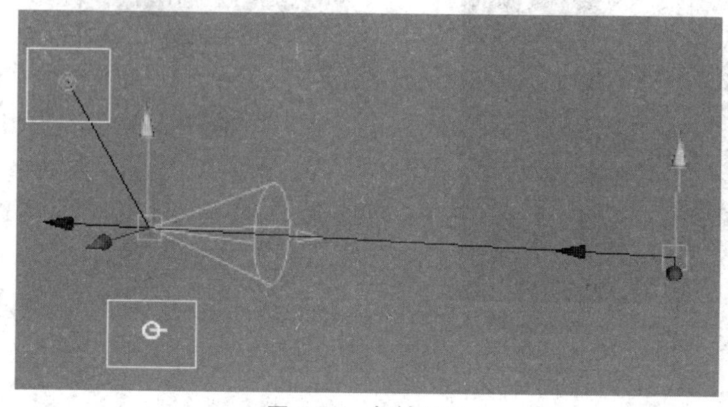

图 2-1-3 枢轴手柄

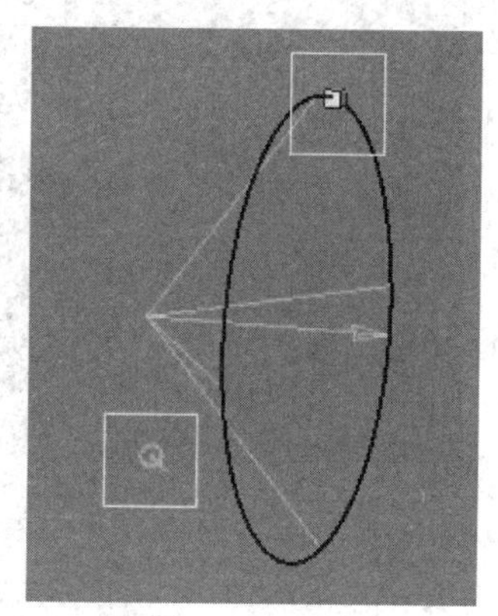

图 2-1-4 圆锥体角度

点击三次“循环索引手柄”，可以调整“半影角度”，“半影角度”用来调节光照边缘处衰减（图 2-1-5）。点击四次“循环索引手柄”，可以显示灯光的衰减范围和衰减率（图 2-1-6）。

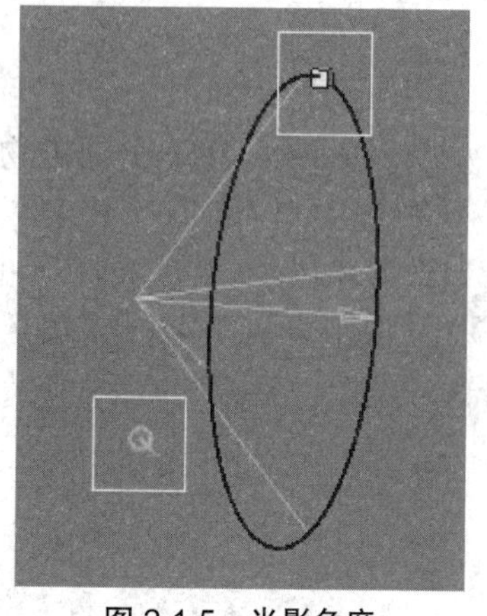

图 2-1-5 半影角度

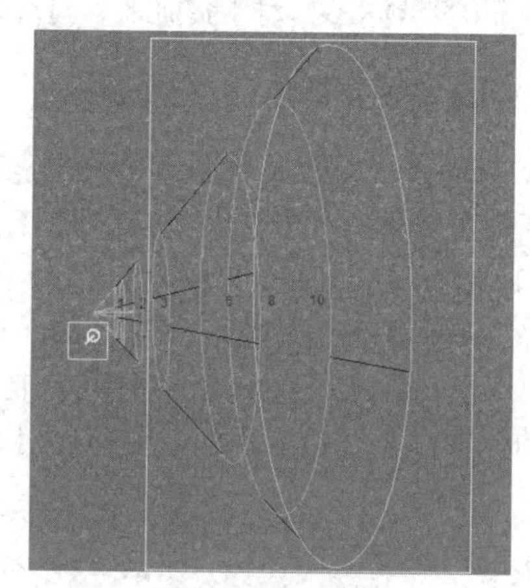

图 2-1-6 灯光衰减

点击五次“循环索引手柄”，可以利用手柄调整灯光的衰减范围、衰减率及“圆锥体角度”（图 2-1-7）。点击六次“循环索引手柄”，灯光恢复原始状态（图 2-1-8）。

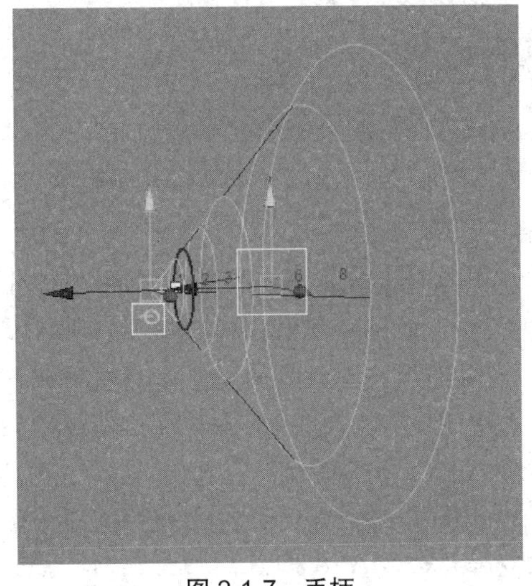

图 2-1-7 手柄

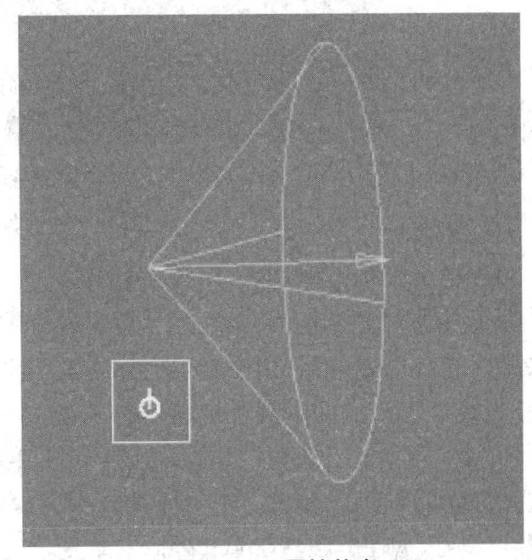

图 2-1-8 原始状态

（2）另一种方法，创建聚光灯后，点击“操作界面”中的“面板”→“沿选定对象观看”（图 2-1-9），在“操作界面”则显示从灯光视角观察物体（图 2-1-10）。

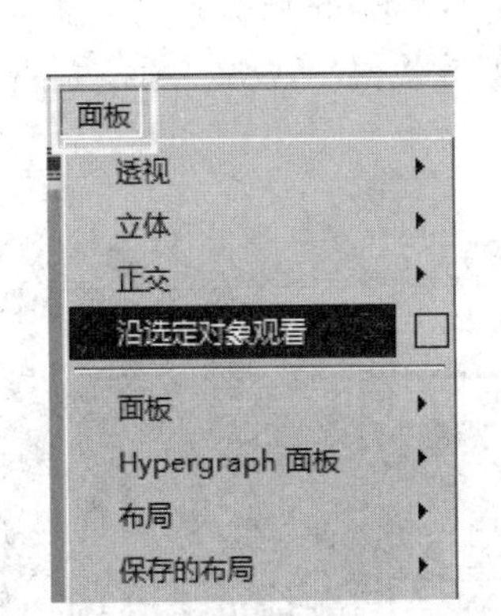

图 2-1-9 “沿选定对象观看”命令

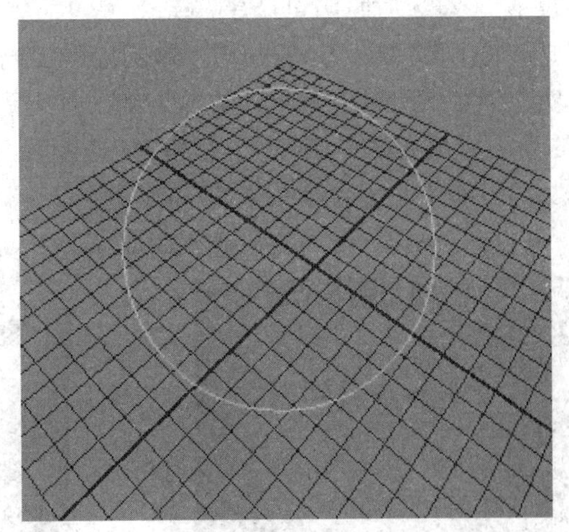

图 2-1-10 灯光视角

2.1.2 灯光属性与效果

MAYA 中包含 6 种灯光，分别是环境光、平行光、点光源、聚光灯、区域光、体积光（图 2-1-11）。这些灯光都有着各自不同的特点，但是在属性上基本相同，学习起来并不复杂，但是想制作出优秀的光影效果，还是离不开刻苦的练习与平时生活中的细心观察。

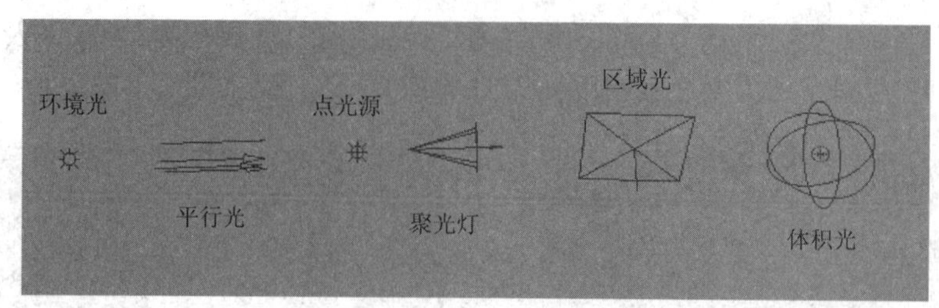

灯光种类

1. 聚光灯

聚光灯又称万能灯光，不仅是指聚光灯应用领域广泛，还指聚光灯的属性全面，基本上包含了其他灯光的所有属性。因为聚光灯的属性是最全面的，所以其属性也是最复杂的。掌握聚光灯的属性后，再学习其他灯光的属性就驾轻就熟了。聚光灯的特点是具有方向性的，光线从一个点并以圆锥形状向外扩散，类似舞台上的追光灯效果（图 2-1-12）。创建“聚光灯”后，其属性出现在“属性编辑器”（图 2-1-13）中或按“Ctrl+A”键。其中“类型”项就是选择灯光的种类；“颜色”项即灯光的颜色，默认是使用 HSV 颜色模式（点击后方的黑白键▣，可以在“颜色”项中加载贴图，生成复杂的灯光效果。在 MAYA 中凡是带有黑白键▣的都表示可以加载贴图）；“强度”项设置灯光的发光强度，为负值时表示吸收光线，用来降低亮度，包含“默认照明”（“灯光”的总开关，勾选后灯光才可照明，如果关闭灯光将不会照明）。“发射漫反射”（勾选后照明可产生漫反射效果，反之将不会产生漫反射效果），“发射镜面反射”（勾选后照明可产生高光效果，反之灯光将不会产生高光效果）；“衰退速率”项设置灯光强度的衰减方式，包含“无衰减”、“线性”（衰减速度相对较慢）、“二次方”（灯光与现实生活中的衰减方式一样）、“立方”（灯光衰减速度很快）；“圆锥体角度”项控制“聚光灯”的半径，即照射的范围；“半影角度”控制照射范围边缘扩散效果；“衰减”项控制照射范围内从边界到中心的衰减效果。

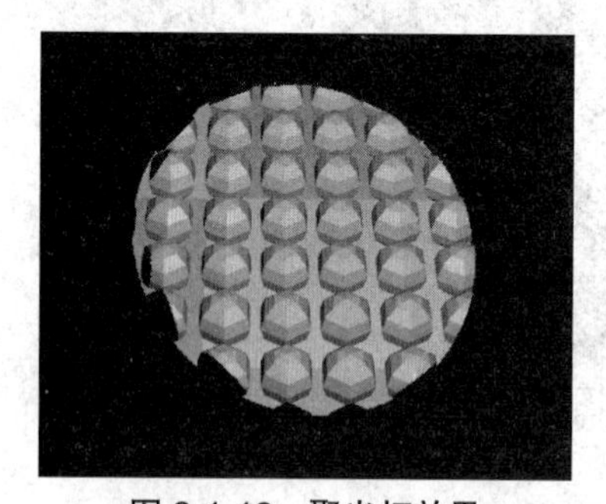

图 2-1-12　聚光灯效果

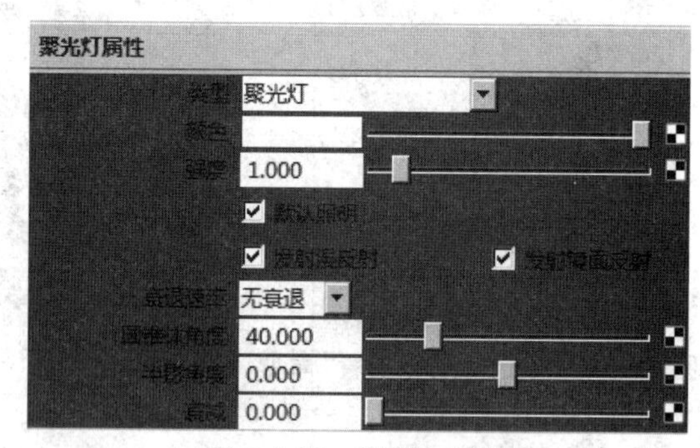

图 2-1-13　聚光灯属性

2. 环境光

环境光的特点类似漫反射光照效果，像太阳的光芒一样，所以多用于室外场景。它能够从各个方向均匀地照射到场景中的物体。环境光既可以向各个方向进行均匀照射，也可像从一个光源点发射出来的（类似点光源）（图 2-1-14）。创建环境光后，观察其属性（与聚光灯属性相同的不再讲解），“环境光明暗处理”项是平行光与环境光的比例。滑块范围从 0（光线来自所有方向）到 1（光线仅来自灯光位置）（图 2-1-15）。

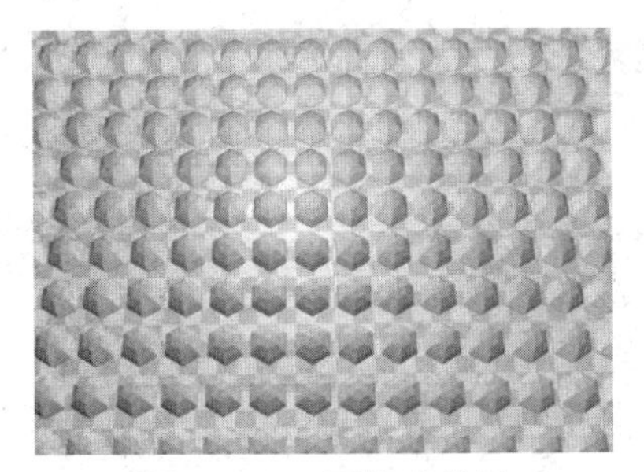

图 2-1-14　环境光效果

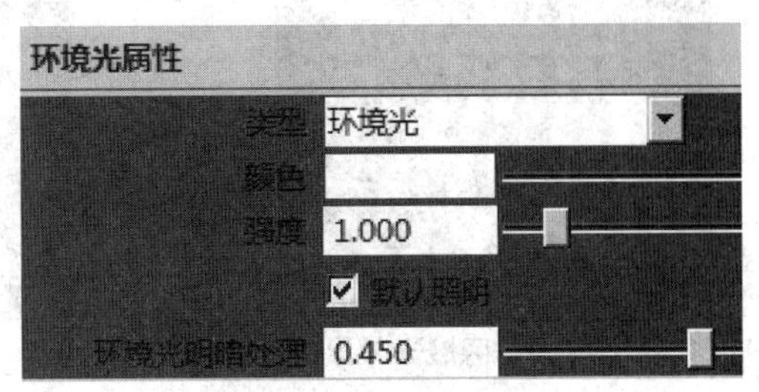

图 2-1-15　环境光属性

3. 平行光

平行光的特点是所有光线都是平行的，不会产生夹角，灯光效果只与方向有关，与位置没有任何关系。平行光没有明显的光照范围，经常用于室外来模拟太阳光。平行光没有灯光衰减，如果要使用灯光衰减，只能用其他的灯光来代替（图 2-1-16）。创建“平行光”后，观察其属性（与聚光灯属性相同故不再讲解）（图 2-1-17）。

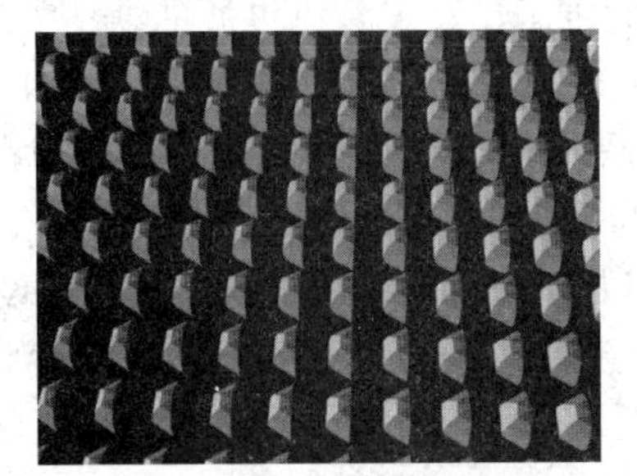

图 2-1-16　平行光效果

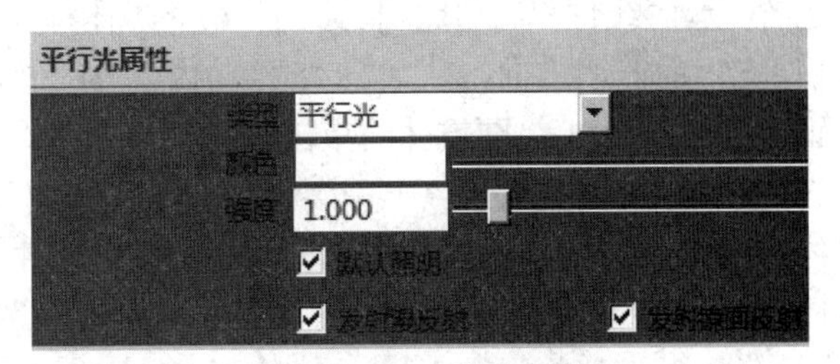

图 2-1-17　平行光属性

4. 点光源

点光源的特点是从一个点向四面八方进行照明，多模拟挂在空间里的无遮蔽的灯泡照明效果。物体距离点光源越近，光照强度越大，反之则越小，是最常用的一种灯光（图 2-1-18）。创建点光源后，观察其属性（与聚光灯属性相同故不再讲解）（图 2-1-19）。

图 2-1-18　点光源效果

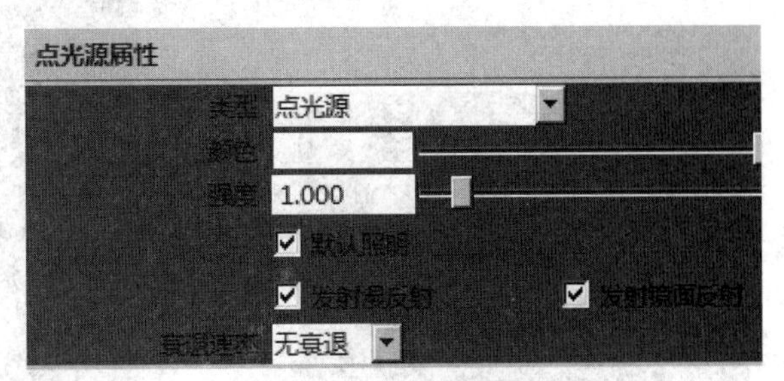

图 2-1-19　点光源属性

5. 区域光

区域光是一种矩形面积的光源。其亮度不仅与强度相关，还与灯光的面积大小直接相关，多模拟进入窗户的光线屏幕的光线等（图 2-1-20）。创建区域光后，观察其属性（与聚光灯属性相同，故不再讲解）（图 2-1-21）。

图 2-1-20　区域光效果

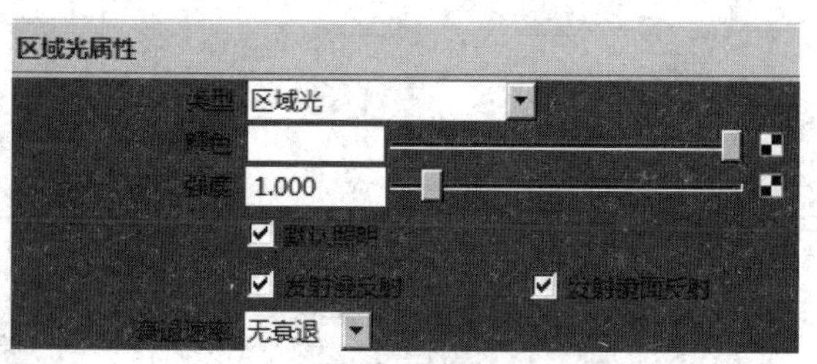

图 2-1-21　区域光属性

6. 体积光

体积光是一种可以控制光线照射范围的光，可以为灯光的照明空间设定一个范围，只对这个范围内的物体进行照明，其他的空间则不会产生照明效果。体积光的体积大小决定了光照范围和灯光的强度衰减（图 2-1-22）。创建体积光后，观察其属性（与聚光灯属性相同故不再讲解）（图 2-1-23）在“体积光属性”中“灯光形状”项提供了 4 种体积形状，包含“长方体”“圆体”“圆柱体”“圆锥体”。“颜色范围”中“选定位置”项控制颜色区域。“选定颜色”项控制颜色色彩，点击“颜色框”弹出颜色选择面板“插值”设定颜色过渡的渐变方式，包含“无”“线性”“平滑”“样条线”4 种；“体积光方向”项控制体积光在其照明区域内（体积内部）的照明方向，包含“向外”“向内”“向下轴”；“弧”项用于控制体积光照射区域在 Y 轴上的张开角度；“圆锥体结束半径”项“灯光形状”项为“圆锥体”时才有效，是用于控制圆锥的顶角半径的参数。“半影”中“选定位置”项设定控制点的准确位置；“选定值”项设定控制点所在位置的衰减值；“插值”项设定控制点间衰减值的过渡方式，包含“无”“线性”“平滑”“样条线”4 种。

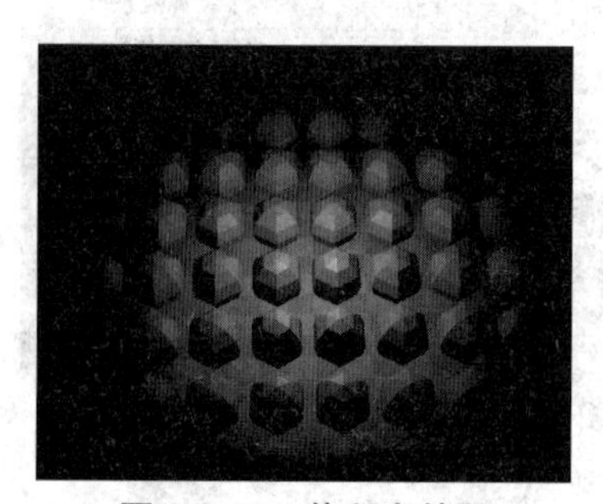

图 2-1-22　体积光效果

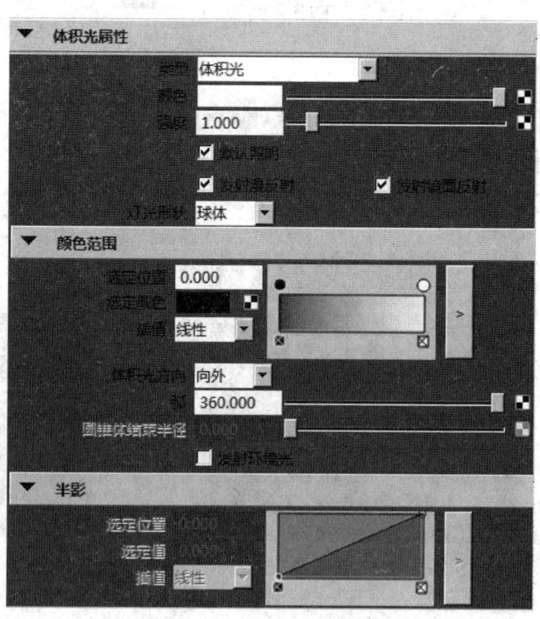

图 2-1-23　体积光属性

2.1.3 阴影

阴影在三维制作中有非常重要的地位，可以增强画面的层次。阴影是通过光与影结合而产生的，光与影是密不可分的，物体有光源照射就会产生阴影。有了光与影才会产生真实的空间感、体积感和质量感。

MAYA 中提供了两种阴影生成方式，即深度贴图阴影与光线跟踪阴影。深度贴图阴影是在渲染时，生成一个深度贴图文件来模拟阴影效果，该文件记录了投射阴影的光源到场景中与被照射物体表面之间的距离等信息。这种方式的优点是渲染速度快，缺点是不真实（图 2-1-24）。光线跟踪阴影是通过跟踪光线路径来生成阴影，可以使透明物体产生透明的阴影效果，这种方式的优点是效果真实，需要表现物体的反射和折射效果时，只有使用光线跟踪阴影才能完成，缺点是计算量大，渲染速度慢（图 2-1-25）。

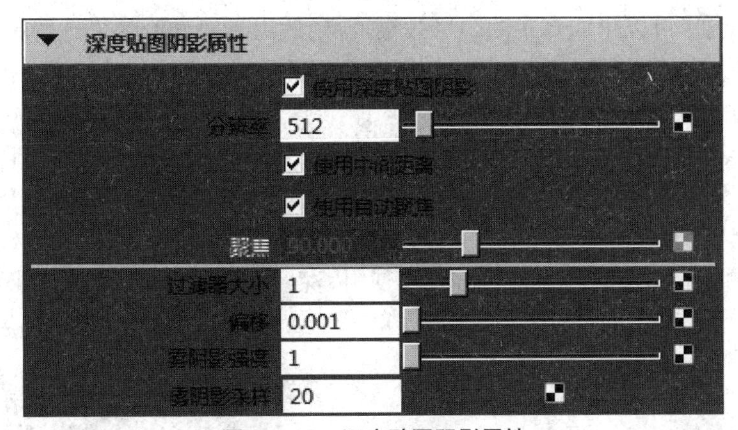

图 2-1-24 深度贴图阴影属性

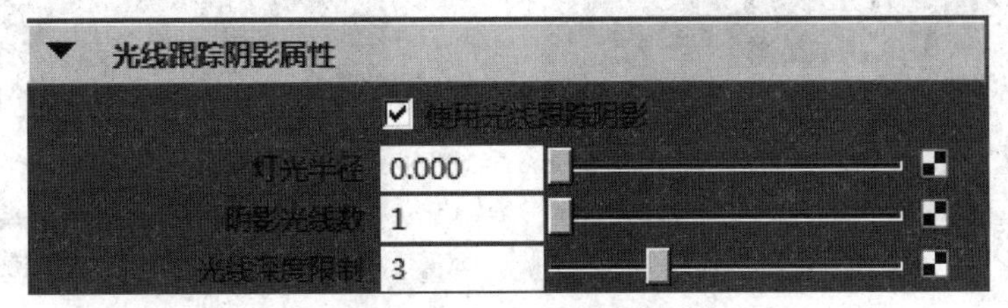

图 2-1-25 光线跟踪阴影属性

1. 深度贴图阴影

深度贴图阴影是 MAYA 中主要的阴影生成方式，属性虽然较多，但是掌握以下常用属性就可以制作出优秀的阴影效果。其中“使用深度贴图阴影”项勾选后即开启“深度贴图阴影”功能；“分辨率”项控制深度贴图阴影的质量；“使用中间距离”项勾选后保证物体与阴影之间合理的距离；“使用自动焦距”项勾选后将自动缩放深度贴图，从而对齐照明的区域与阴影投射区域；“聚焦”项用于在灯光照明的区域内缩放深度贴图的角度；“过滤器大小”项用来控制阴影边界的模糊程度；“偏移”项设置深度贴图偏移距离；“雾阴影强度”项调节灯光雾中的阴影的黑暗度，有效范围为 1~10；“雾阴影采样”项控制灯光雾中的阴影的精度。导入“深度贴图阴影”文件，将“分辨率”项设置为“1024”，“过滤器大小”项设置为“6”（图

2-1-26）。观察阴影效果（图 2-1-27）。

图 2-1-26 设置深度贴图阴影属性

图 2-1-27 深度贴图阴影效果

2. 光线跟踪阴影

光线跟踪阴影可以生成真实的阴影效果，特别适用于对光影效果有较高要求的情况或特殊材质，例如玻璃、水面、钻石等。光线跟踪阴影的属性较不易掌握。其中，“使用光线跟踪阴影”项勾选后即开启“光线跟踪阴影”功能；“灯光半径”项控制阴影边界模糊的程度，数值越大阴影边界越模糊，反之就越清晰。“阴影光线数”项控制光线跟踪阴影的质量，数值越大阴影质量速度就越慢；“光线深度限制”项控制光线在投射阴影前被折射或反射的最大次数限制。导入“光线跟踪阴影”文件，将“灯光半径”项设置为“0.5”，“过滤器大小”项设置为“6”（图 2-1-28）。观察阴影效果（可使用“深度贴图阴影”观察玻璃球阴影效果）（图 2-1-29）。

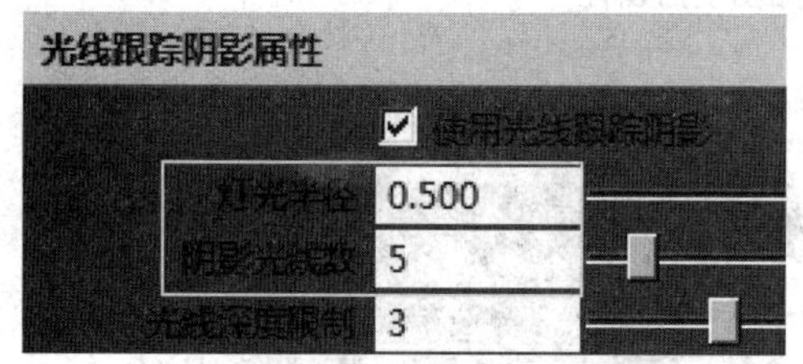

图 2-1-28 设置光线跟踪阴影属性

图 2-1-29 光线跟踪阴影效果

2.1.4 三点灯光步光法

三点灯光又称三点布光，通常用于较小范围或较少物体的照明（图 2-1-30）。一般使用三盏灯即可，分别为主光灯、辅光灯、背景光。其中，主光灯的作用是照亮物体最亮的部分以及投射场景中主要的阴影（其余两盏灯的亮度不能超过主光灯，也不能投射阴影），主光灯一般是和摄影机成 15°～45° 角进行布光，若是与摄影机没有夹角，物体会没有轮廓感。辅光灯的主要作用是提亮物体暗部的细节，对主光灯未照射部分进行照亮，通常放在主光灯的侧对面。背景光的主要作用是勾勒物体轮廓，突出主题，通常放在物体的背部进行布光。

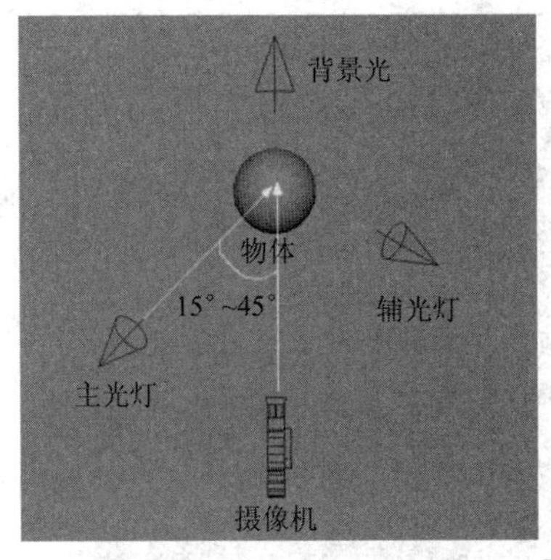

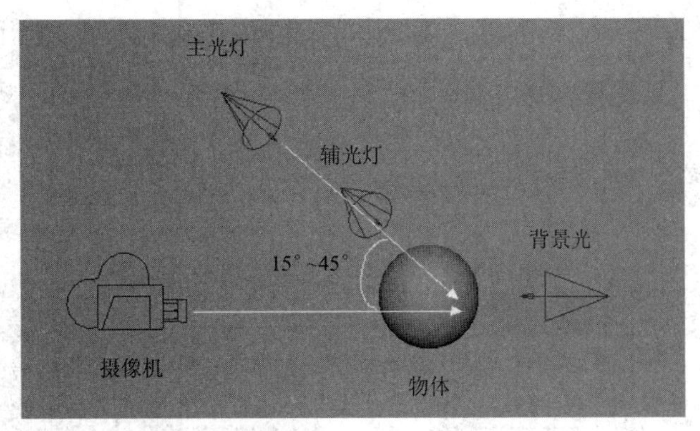

图 2-1-30　三点灯光示意图

（1）导入“三点灯光”文件，对球体进行布光（图 2-1-31），选择菜单栏中的创建”→“摄影机”→“摄影机”命令（图 2-1-32）。

图 2-1-31　文件

图 2-1-32　“摄像机”命令

（2）点击“操作界面”中的“面板”→“沿选定对象观看”命令（图 2-1-33），在“操作界面”中调节摄影机角度，对准球体（图 2-1-30）。

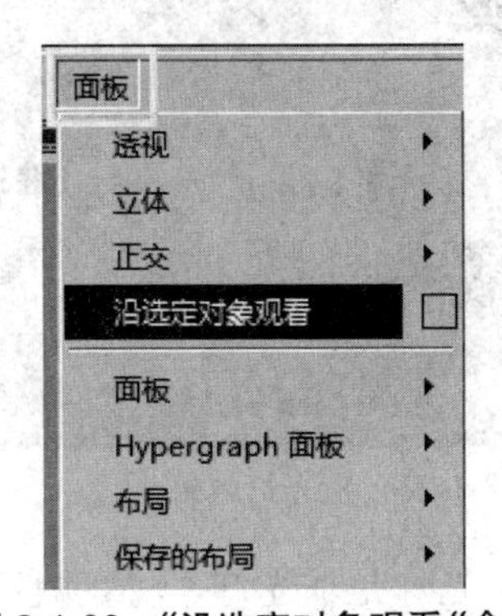

图 2-1-33　“沿选定对象观看“命令

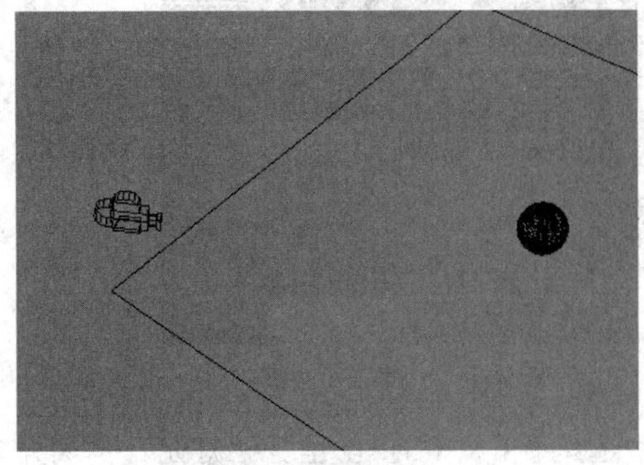

图 2-1-34　调节摄影机角度

（3）选择“菜单栏”中的“创建”→“灯光”→“聚光灯”命令，此聚光灯是主光灯（图 2-1-35），点击“操作界面”中的“面板”→“沿选定对象观看”命令，在“操作界面”中调节聚光灯角度，对准球体（图 2-1-36）。

图 2-1-35 “聚光灯”命令

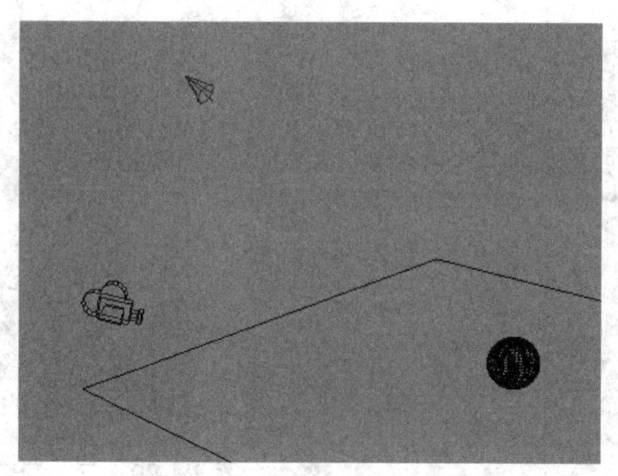

图 2-1-36 调节聚光灯角度

（4）在聚光灯属性中，将“半影角度”项设置为“5”、“衰减”项设置为“30”、“阴影颜色”项设置为“H40、S0、V0.04”、“过滤器大小”项设置为“3”（图 2-1-37），点击状态栏中的“渲染当前帧”，观察光影效果（图 2-1-34）。

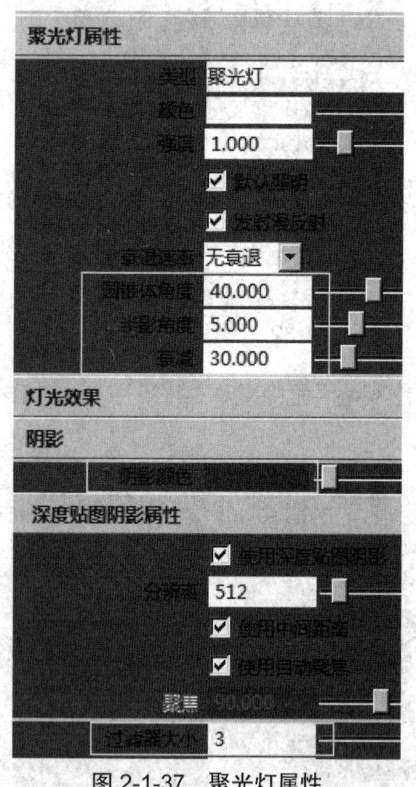

图 2-1-37 聚光灯属性

图 2-1-38 主光灯效果

选择菜单栏中的“创建”→“灯光”→“聚光灯”命令，此聚光灯是辅光灯。将“颜色”项设置为“H360、S0.2、V1”、“强度”项设置为“0.4”，“半影角度”项设置为“-10”、“衰减”项设置为“50”，放置在球体的侧面，主光灯未照亮位置（图 2-1-39）。点击状态栏中的“渲染当前帧”，观察光影效果（图 2-1-40）。

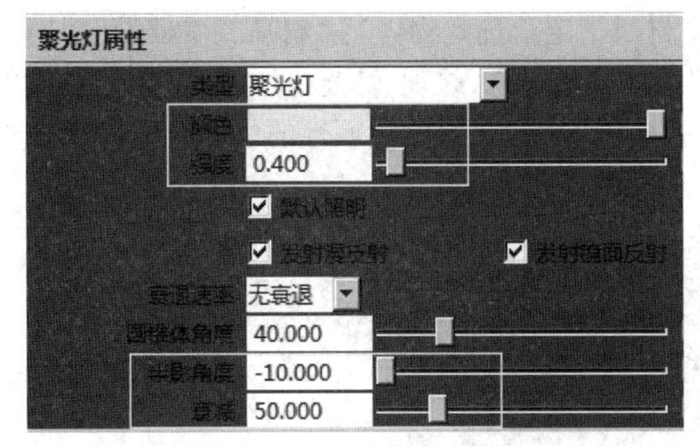

图 2-1-39　聚光灯属性

图 2-1-40　辅光灯效果

选择菜单栏中的“创建”→“灯光”→“聚光灯”命令，此聚光灯是背景光。将“颜色”项设置为“H360、S0.2、V1”、“强度”项设置为“0.2”，“半影角度”项设置为“-10”，“衰减”项设置为“50”，放置在球体的背面（图 2-1-41）。点击状态栏中的“渲染当前帧”，观察三点灯光最终的效果（图 2-1-42）。

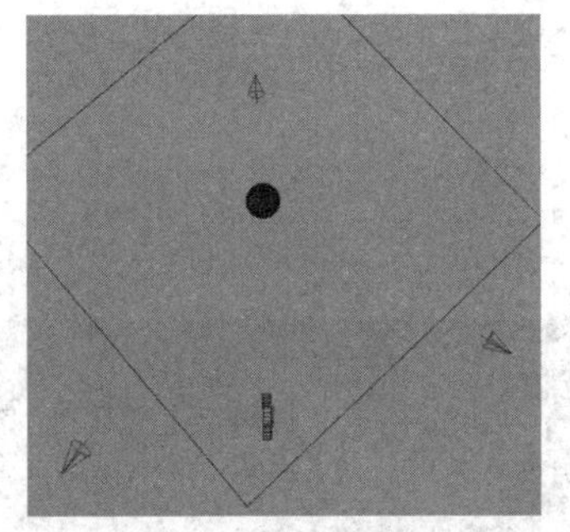

图 2-1-41　灯光位置

图 2-1-42　光影效果

2.2　材质球

材质球的作用是表现物体的质感及颜色、纹理、透明度和光泽等特性，是最基础的材料成分。优秀的材质效果只设置属性是不能生成的，更多的时候需要大家不断地观察现实世界的材质积累经验，再配合对软件的操作，相信一定能制作出与现实世界中相同的材质效果。

2.2.1　Hypershade

Hypershade 是材质编辑器。材质球的创建、编辑都是在 Hypershade 中进行的，所以说学会使用 Hypershade 是学习材质的基础。Hypershade 是以节点网络的方式编辑材质的，使用起来十分便捷直观。下面就开始材质的学习。

1. 浏览器

（1）点击状态栏中的“显示 Hypershade 窗口”，或是选择菜单栏中的“窗口”→“渲染编辑器”→“Hypershade”命令（图 2-2-1）。“Hypershade”界面大体上分为五大区域：“浏览器”列出了场景中的材质、纹理和灯光等内容（在材质上单击鼠标右键，选择“将 initial Shading Group 指定给当前选择”，可以快速地将材质指定给选定物体）；“材质查看器”可以对节点网络进行观察，优化开发工作流；“创建”可以创建材质、纹理、灯光等；“工作区”可以对材质节点进行编辑；“特性编辑器”可以对每个着色节点提供最常用属性的优化布局（与“属性编辑器”面板中的内容一致）（图 2-2-2）。

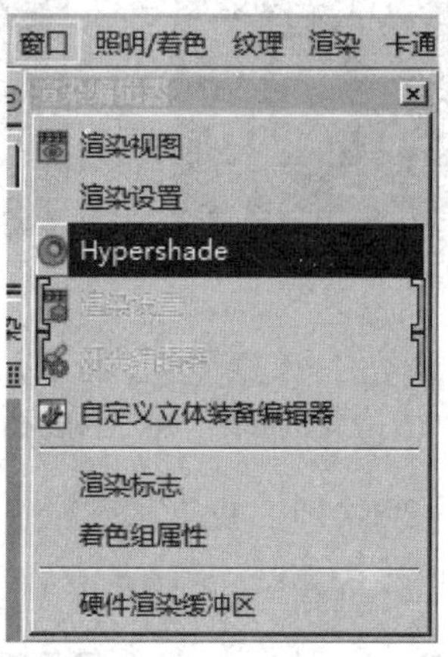

图 2-2-1　“Hypershade”命令

图 2-2-2　“Hypershade”界面

（3）“Hypershade”界面中的菜单栏包含了所有功能，但通常都是使用各个区域中的快捷方式完成编辑。观察“浏览器”中的快捷图标（图 2-2-3）：其中，“样例生成”开启则自动更新，关闭则停止更新，“作为图标查看”将材质以图标的形式显示；“作为列表查看”将材质以名称的形式显示；“作为小样例查看”“作为中等例查看”“作为大样例查看”“作为超大样例查看”将材质图标分别以小、中、大、超大显示；“按名称排序”将材质图标按名称排序；“按类型排序”将材质图标按类型排序；“按时间排序”将材质图标按时间排序；“按反转顺序排序”：将材质图标的排列顺序反转；“清除键”将清除搜索内容；“搜索框”搜索...在其中输入节点名称可搜索相关节点。“浏览器”中的“材质”“纹理”“工具”等标签对渲染节点进行分类，可以直观表示节点的特征（图 2-2-4）。

图 2-2-3 “浏览器”中的快捷图标

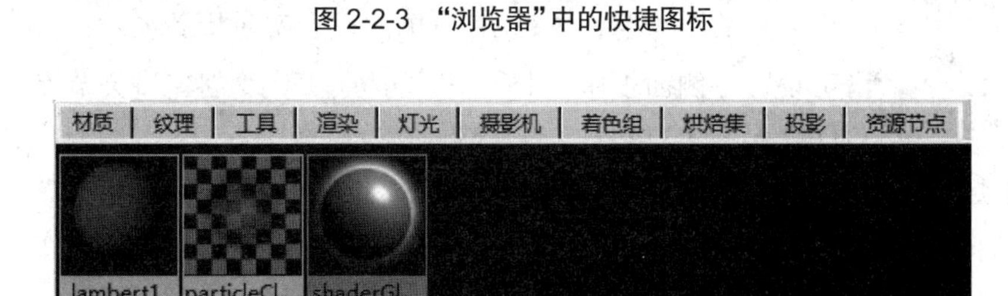

图 2-2-4 “浏览器”中的标签

2. 材质查看器

“材质查看器”也可理解成“材质的预览窗口”，可以实时观察到材质的变化与类似渲染效果，是测试材质球很好的途径。观察“材质查看器”中的快捷图标（图 2-2-5）：“渲染器”硬件可对渲染器进行选择，包含“硬件”与“Arnold ”；“材质样例选项”材质球可对样例形状进行选择，包含“球体”“布料”“茶壶”等样例；“添加环境照明”Off选择“Arnold”渲染器时，可以在预设或自定义环境背景中渲染材质；“移动和旋转摄影机”可以像在“操作界面”中一样对材质效果进行“平移”“旋转”“缩放”操作，点击可将视角重置到其原始位置；“暂停材质查看器”可对视角进行锁定，再次点击解锁锁定；“曝光度”可预览调整显示亮度；“Gamma”可调整图像的对比度和中间调亮度；“转化颜色”sRGB gamma，单击将视图变换切换到禁用状态，再次点击切换到启用状态，使用该下拉列表可选择其他视图变换。下方的窗口即“材质查看器”的预览窗口（图 2-2-6）。

图 2-2-5 “材质查看器”中的快捷图标

图 2-2-6　预览窗口

3. 创建

“创建”用于创建不同类型渲染效果的节点。观察“创建”中的快捷图标：“搜索渲染节点”输入要创建的渲染节点关键字，右侧面板会实时更新显示；“调节显示大小”可设置右侧面板中“材质球”大小的显示；“创建渲染节点”包含“材质”“置换”“体积”“2D 纹理”“3D 纹理”等各种材质纹理（图 2-2-7）。“材质球列表”选择相应类型材质节点后，将按序排列显示（图 2-2-8）。

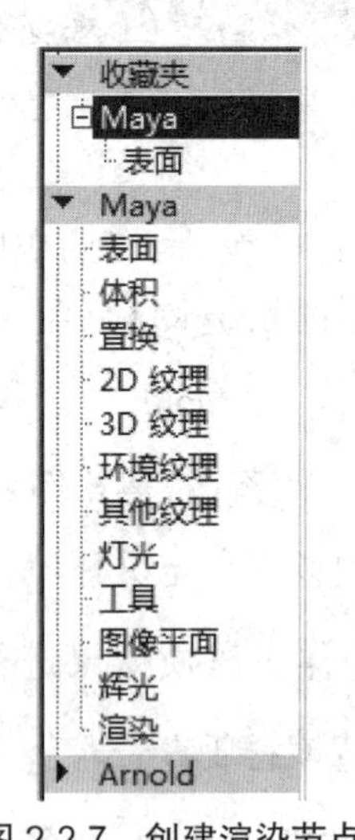

图 2-2-7　创建渲染节点

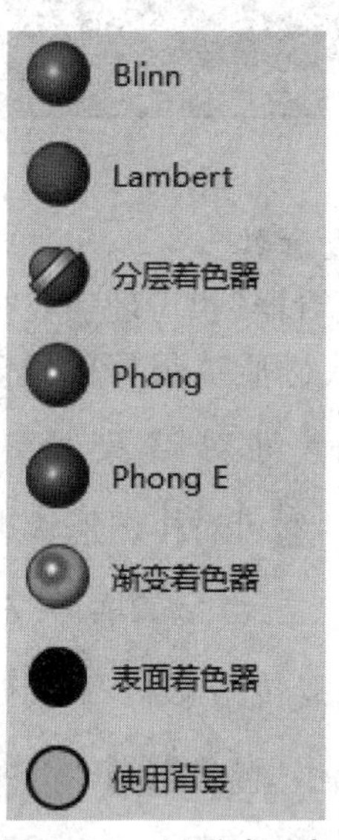

图 2-2-8　材质球列表

4. 工作区

“工作区”用于编辑或连接材质节点。观察“工作区”中的快捷图标（图 2-2-9）：“输入连接”显示选定材质的输入连接节点；“输入和输出连接”显示选定材质的输入和输出连接节点；“输出连接”显示选定材质的输出连接节点；“清除图表”用来清除工作区域内的节点网格；“将选定节点添加到图表中”可将选定节点添加到图表中；“从图表中移除选定节点”可将选定节点从图表中删除;“重新排列图表”重新排列图表中的选择节点,如果未选择节点,则重新排列图表中的所有节点;“选定对象上的材质制图”显示节点的布局或选择的对象节点网络;“隐藏选定节点的属性”只显示输入和输出主端口;“显示选定节点的已连接属性”只显示输入和输出主端口及已连接属性;“显示选定节点的主要属性”显示输入和输出主端口及主节点属性;“从自定义属性视图显示属性”自定义每个节点显示的属性列表;“启用 / 禁用选定节点上的属性过滤器字段的显示”显示和隐藏属性过滤器字段之间切换;“将选定节点的图标样例大小切换为大 / 小图标”通过“启用”和“禁用”可以在较大或较小节点样例大小之间切换;“显示 / 隐藏栅格图标”打开和关闭栅格背景;“捕捉栅格”可将节点捕捉到栅格。下方的窗口即材质节点的编辑区域(图 2-2-10)。

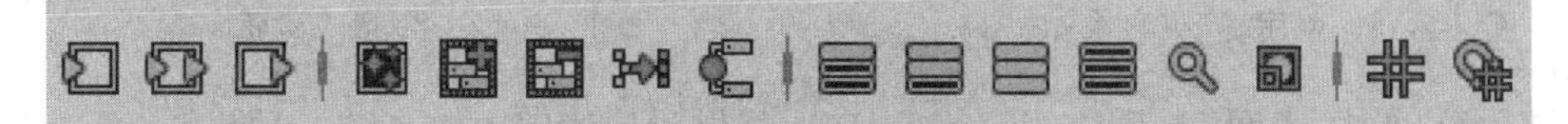

图 2-2-9 “工作区”的快捷图标

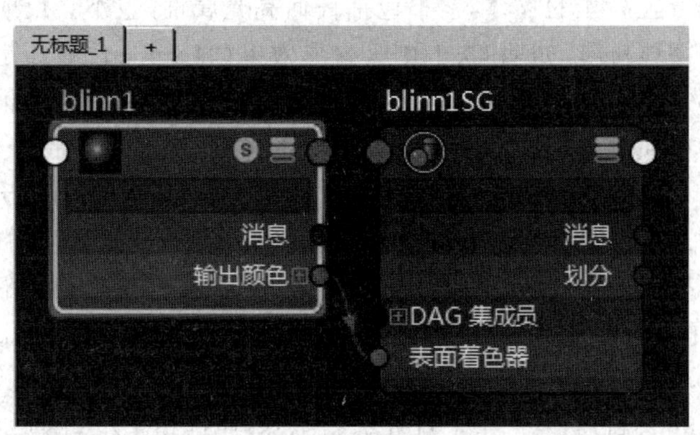

图 2-2-10 材质节点的编辑区域

5. 特性编辑器

“特性编辑器”可以对节点的属性进行调节,其内容与“属性编辑器”中的内容一致。在“创建”中列出了所有的材质类型,包括“表面”“体积”“置换”“2D 纹理”“3D 纹理”等 12 大类型(图 2-2-11)。其中“表面”材质是 MAYA 中最重要、用途最广泛的材质属性,同时也是本书重点讲解的知识内容(图 2-2-12)。

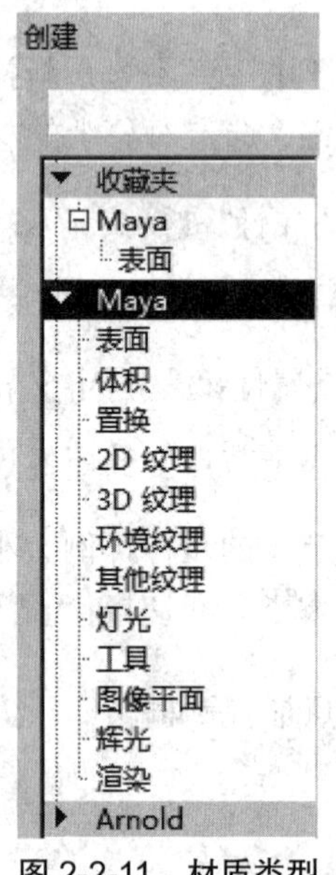

图 2-2-11　材质类型

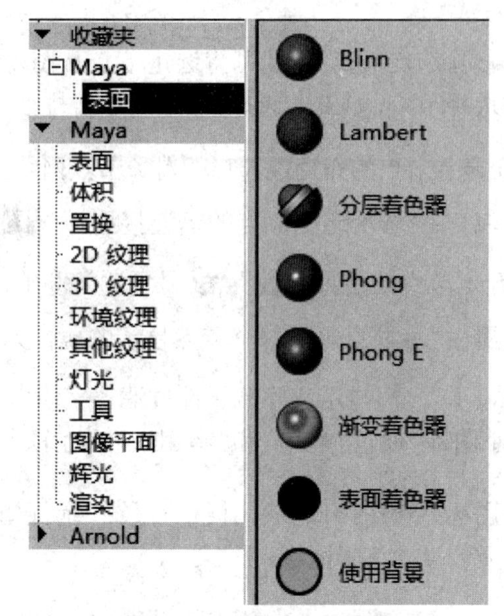

图 2-2-12　“表面”材质

下面分别对“表面”材质进行介绍。“Blinn”材质是使用率较高的一种材质，可以控制高光区的大小和曲面反射其周围事物的能力；“Lambert”材质也是使用频率较高的一种材质，主要用来制作不会产生高光的物体，它不包括任何高光属性，也不会反射出周围的环境，常用来表现自然界的物体材质，如墙面、土壤等材质效果（“Lambert”材质是默认的基础材质，模型的初始材质都是“Lambert”材质）；“分层着色器”材质可以混合两种或更多材质效果，从而得到一个多种材质混合而成的新材质；“Phong”材质主要用来制作具有强烈高光的材质效果，如金属铬、水银等材质效果；“Phong E”材质是“Phong”材质的升级，与“Phong”材质类似，但高光更加柔和，调节的参数也更复杂；“渐变着色器”材质可生成更灵活的色彩效果，多模拟具有色彩渐变的材质效果；“表面着色器”材质是包裹器节点的材质，可以连接关键帧制作颜色的动画，也可用于渲染二维效果；“使用背景”材质多用于合成背景图像。

材质种类虽多，但是属性的使用却大同小异。

（1）创建出“Blinn”材质，在“特性编辑器”中观察属性（图 2-2-13）。点击“在外观制作视图和属性编辑器视图之间切换”，则将“属性编辑器”内容与“特性编辑器”内容相互转换，对于此版本来说，更多的是中英文的转换（图 2-2-14）。

（2）“撕下特性面板”则是可以将此面板拖出，自由放置，便于操作。在默认状态下的“特性编辑器”（图 2-2-15）中，点击“撕下特性面板”，可将其自由放置（图 2-2-16）。

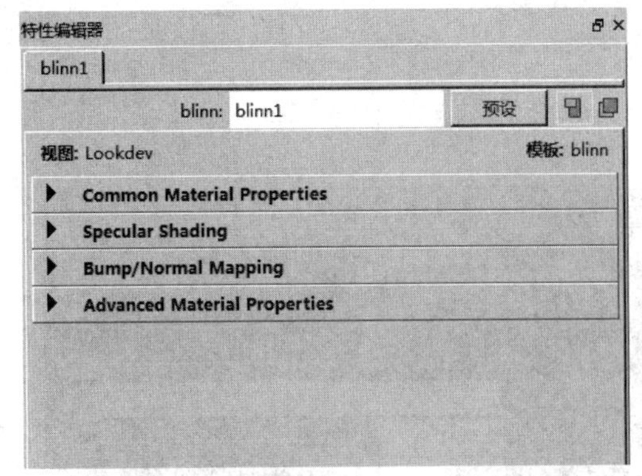

图 2-2-13 “特性编辑器”的默认显示

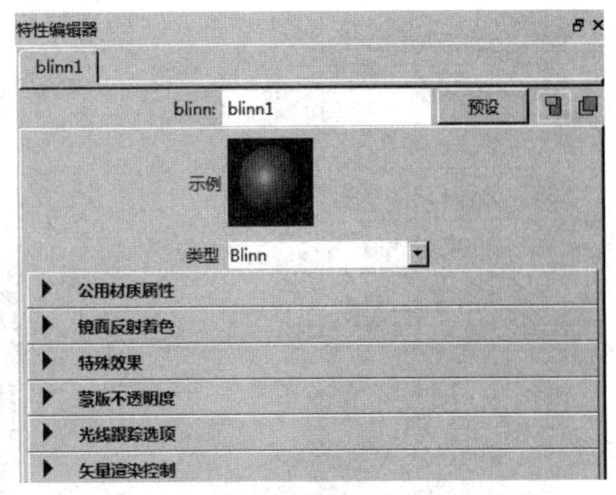

图 2-2-14 转换“属性编辑器”显示

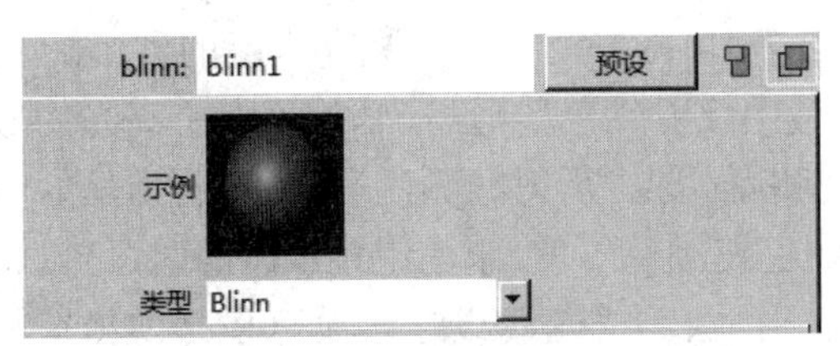

图 2-2-15 未点击“撕下特性面板”

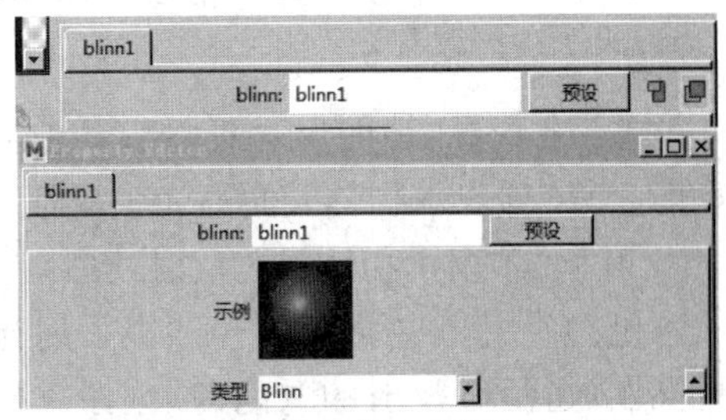

图 2-2-16 点击“撕下特性面板”后

(3)在“特性编辑器”中材质属性通常包含 11 项(图 2-2-17),其中,“公共材质属性”是每个材质共有的属性;“镜面反射着色”控制表面反射高光的大小、多少等属性;“特殊效果”材质表面形成一个光晕的效果,渲染中此效果是最后一个渲染出来的效果;“蒙板不透明度”多用于合成制作,可以控制 Alpha 通道;“光线跟踪选项”控制在光线追踪的条件下物体自身的光学反应;“矢量渲染控制”渲染二维效果的控制属性;“UUID”是机器生成的标识符(制作时通常不会使用);“节点行为”为节点自身的状态和执行顺序;“硬件着色”要求硬件着色器必须具有受支持的显卡,只有硬件渲染器可以渲染这些硬件着色器;“硬件纹理”可以快速高效进行纹理显示;“附加属性”自定义增添新的材质属性,方便对材质的控制。“公共材质属性”“镜面反射着色”“光线跟踪选项”三项最重要。点击查看“公共材质属性”(图 2-2-18),其中,“颜色”项控制材质的颜色或纹理贴图(凡是属性后方带有“黑白键”■,即代表可以连接纹理贴图);“透明度”项控制材质的透明程度;“环境色”项表示由周围环境作用于物体所呈现出来的颜色,通常会使用“环境色”项对效果进行调整;“白炽度”项可以使物体表面产生自发光效果,虽然可以使物体表面产生自发光效果,但并非真实的发光,没有任何照明作用;“凹凸贴图”项改变模型表面法线,使模型产生凹凸的效果,实际上物体的表面并没有改变;“漫反射”项调节物体对光线的反射程度;“半透明”项可以使物体呈现出透明效果,如蜡烛、树叶等;“半透明深度”项表示半透明物体所形成阴影位置的远近;“半透明焦点”控制物体内部光线散射造成的扩散效果。

图 2-2-17 材质属性

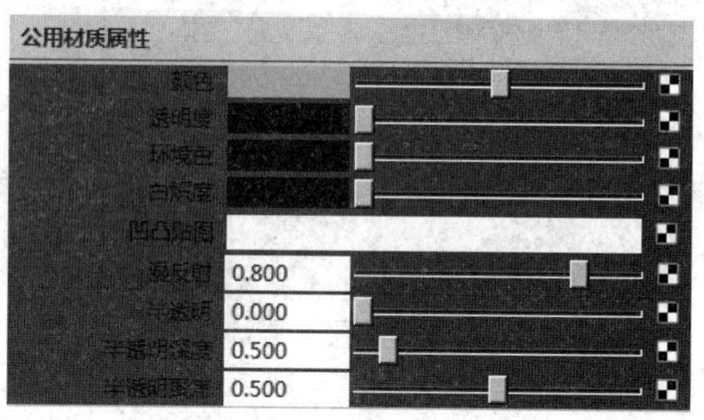

图 2-2-18 公共材质属性

（4）点击查看“镜面反射着色”，其中，“偏心率”项控制曲面上发亮高光区的大小；“镜面反射衰减”项表示物体表面高光强弱程度；“镜面反射颜色”项表示物体表面上高光的颜色；“反射率”项表示物体表面反射其周围事物清晰程度；“反射的颜色”项表示材质反射的光的颜色。使用光线跟踪时，从表面反射光的颜色使颜色倍增，未使用光线跟踪时，可以将纹理贴图放置到“反射的颜色”项创建虚拟反射表示点击“光线跟踪选项”（图 2-2-20），其中“折射”项勾选则开启折射功能，反之则关闭折射功能；“折射率”项即物体的折射率，就是光线穿过物体后弯曲的程度；“折射限制”项为光线穿过物体时产生折射的最大次数；“灯光吸收”项控制物体表面吸收光线的能力；“表面厚度”项多用于渲染单面模型，可以产生一定的厚度；“阴影衰减”项控制透明物体产生光线跟踪阴影的聚焦效果。

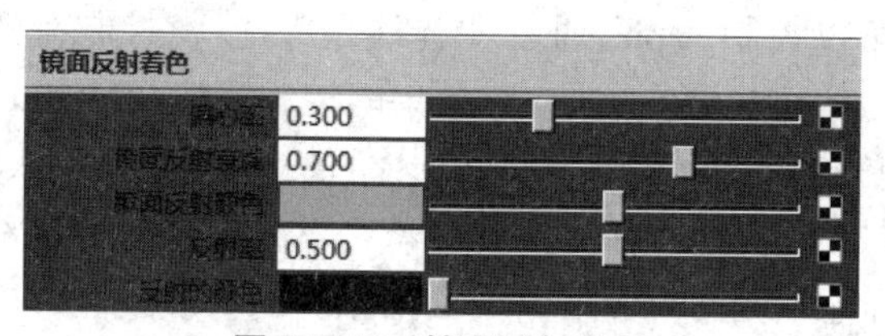

图 2-2-19 镜面反射着色

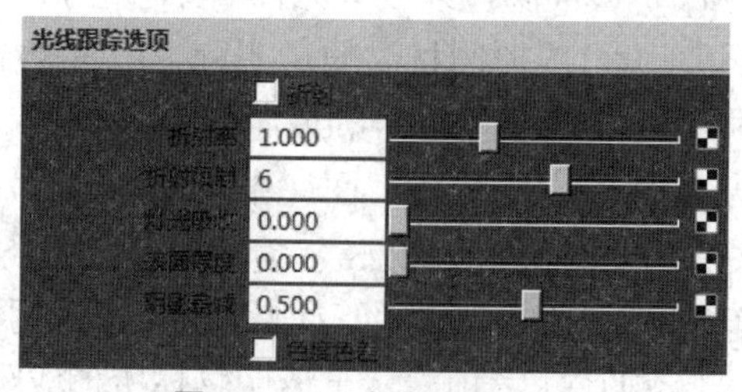

图 2-2-20 光线跟踪选项

（5）“Blinn”材质与“Lambert”材质、“Phong”材质、“Phong E”材质最大的区别在于“镜面反射着色”。“Lambert”材质没有“镜面反射着色”。“Phong”材质与“Phong E”材质的“镜面反射着色”又有所差别。创建一个“Phong”材质，点击查看“镜面反射着色”，（图 2-2-

21）其中，“余弦幂”项控制高光的大小；“镜面反射颜色”项表示物体表面上的高光的颜色；“反射率”项表示物体表面反射其周围事物的清晰程度；“反射的颜色”项表示材质反射的光的颜色。使用光线跟踪时，从表面反射光的颜色使颜色倍增，未使用光线跟踪时，可以将纹理贴图放置到“反射的颜色”创建虚拟反射。创建一个“Phong E”材质点击查看“镜面反射着色”（图 2-2-22），其中“粗糙度”项控制镜面反射度的焦点；“高光大小”项控制镜面反射高光的数量；“白度”项控制镜面反射高光的颜色；“镜面反射颜色”“反射率”“反射的颜色”作用可参考“Phong”材质。

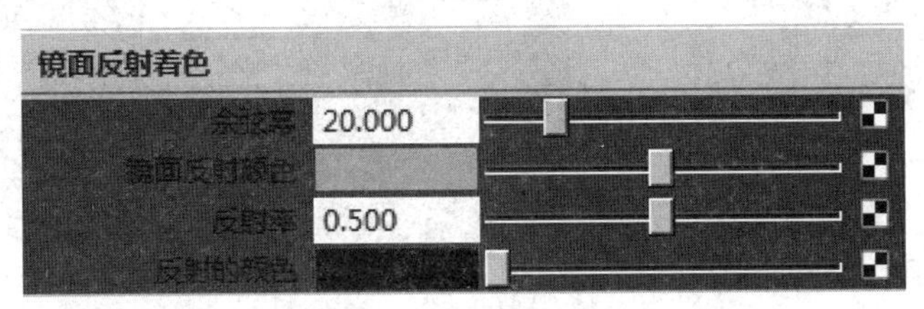

图 2-2-21 “Phong”材质的“镜面反射着色”

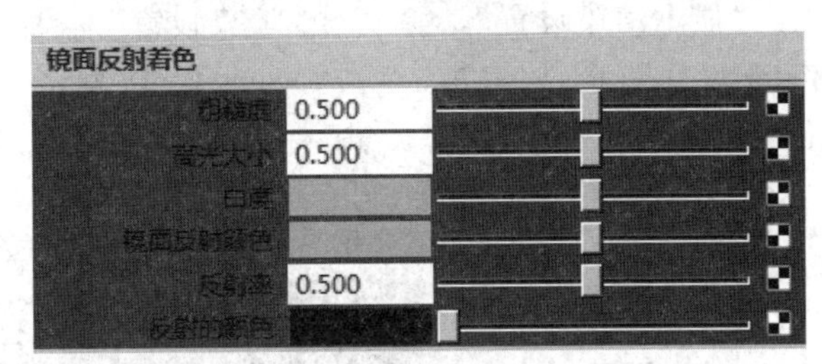

图 2-2-22 “Phong E”材质的“镜面反射着色”

2.2.2 材质的制作流程

本书以“Blinn”材质为例，介绍金属材质与玻璃材质的制作方法与技巧。金属材质与玻璃材质，都是人们在生活中常见的材质，人们对其特点十分了解，制作前不必收集相关的材质资料，更多的精力应投入到属性调节之中。

1. 金属材质效果

（1）在 MAYA 中导入“金属奖杯 1”模型文件（图 2-2-23），点击状态栏中的“显示 Hypershade 窗口”，或是选择菜单栏中的“窗口”→“渲染编辑器”→“Hypershade”命令，创建“Blinn”材质球。选择模型后，在“Blinn”材质球上按住鼠标右键，选择““为当前选择指定材质”，将材质球赋予模型（图 2-2-24）。

图 2-2-23 金属奖杯 1

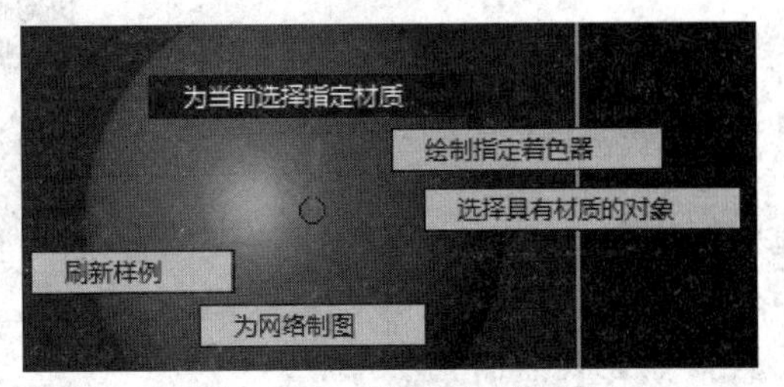

图 2-2-24 “Blinn”材质球

（2）点击“Blinn”材质的“公共材质属性”中的“颜色”项，在弹出的对话框中设置“H60、S0.72”（图 2-2-25），再点击“光线跟踪选项”，勾选“折射”项（图 2-2-26）。

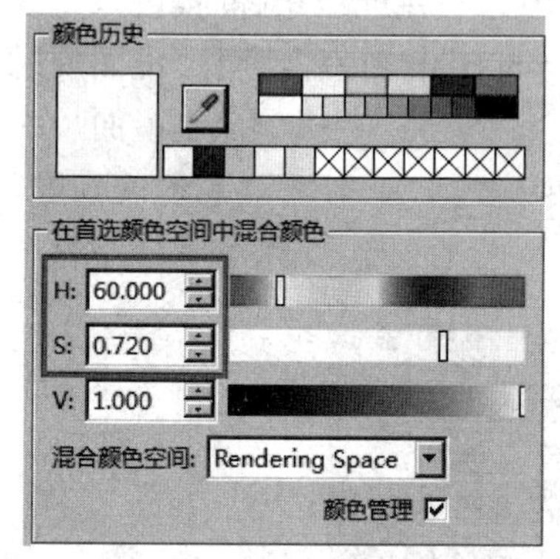

图 2-2-25 “颜色”属性

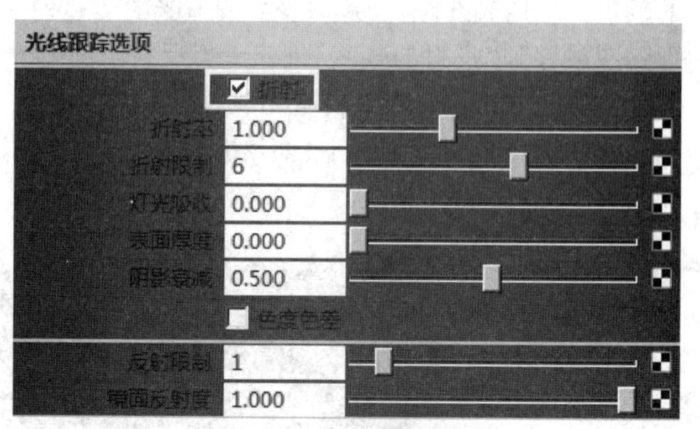

图 2-2-26 光线跟踪选项

（3）在状态栏中点击“显示渲染设置”，弹出“渲染设置”对话框，在“使用以下渲染器渲染”项中选择“Maya 软件”（图 2-2-27），点击“Maya 软件”标签，在“抗锯齿质量”的“质量”项中选择“产品级质量”，在“光线跟踪质量”中勾选“光线跟踪”项（图 2-2-28）。

图 2-2-27 选择渲染器

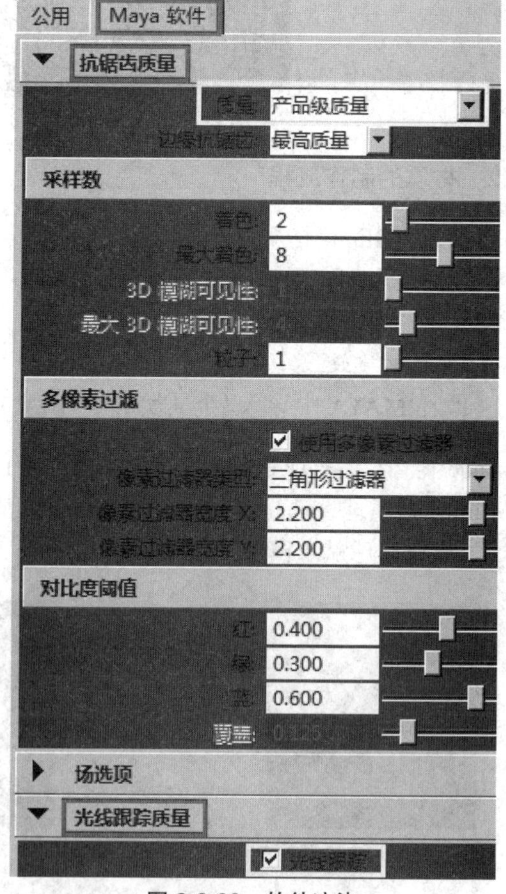

图 2-2-28 软件渲染

（4）在“操作界面”中调节渲染角度（图 2-2-29），在状态栏中点击“渲染视图”，观察渲染效果。此方法是利用“光线跟踪”进行渲染，优点是真实，可以百分之百地呈现周边环境（图 2-2-30）。

图 2-2-29　渲染角度

图 2-2-30　渲染效果

（5）还有另一种方法，利用“反射的颜色”进行渲染金属。导入“金属奖杯 2”模型文件（此文件内只有奖杯模型，没有其他可进行反射的物体），创建“Blinn”材质球，将“颜色”项设置为“H60、S0.72”，观察效果（图 2-2-31）。点击“镜面反射着色”中“反射的颜色”后方的“黑白键”（图 2-2-32）。

图 2-2-31　导入文件

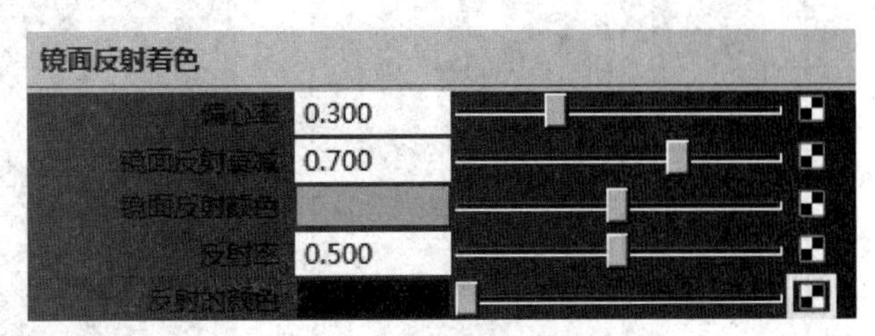

图 2-2-32　镜面反射着色

（6）在“创建渲染节点”对话框中，点击“环境球”图标（图 2-2-33），然后在弹出的“环境球属性”对话框中，点击“图像”项后方的“黑白键”（图 2-2-34）。

图 2-2-33　“创建渲染节点”对话框

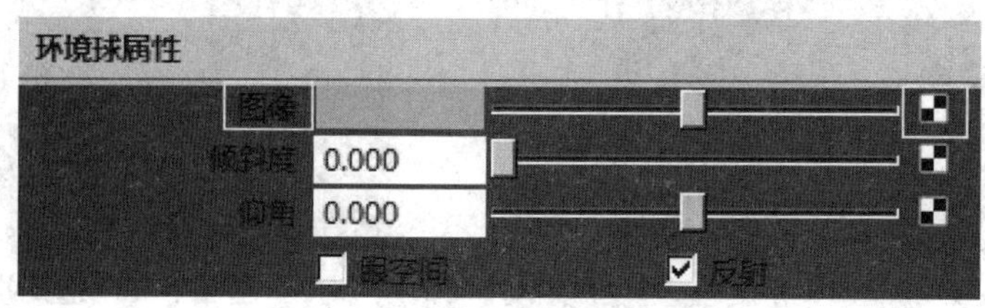

图 2-2-34　“环境球属性”对话框

（8）在“创建渲染节点”对话框中，点击“文件”图标（图 2-2-35），然后在弹出的“文件属性”对话框，点击“图像名称”项的“文件夹”图标（图 2-2-36）。

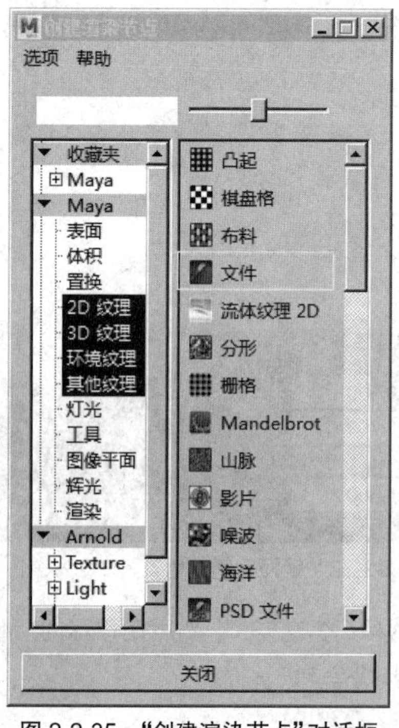

图 2-2-35　“创建渲染节点”对话框

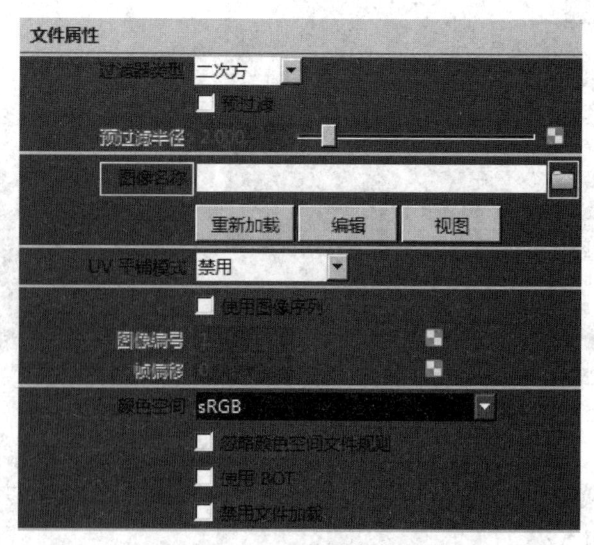

图 2-2-36　“文件属性”对话框

（9）按照储存的路径选择“反射颜色素材”文件（图 2-2-37）。在状态栏中点击“渲染视图”，观察渲染效果。此时已经呈现出反射效果，但是不太明显（图 2-2-38）。

图 2-2-37 反射颜色素材

图 2-2-38 渲染效果

（10）在“镜面反射着色”中，将“反射率”项设置为“0.85”（图 2-2-39）。在“渲染设置”对话框中选择“产品级质量”，点击“渲染视图”，观察渲染效果。对比之前的反射效果，此时反射效果更清晰（图 2-2-40）。

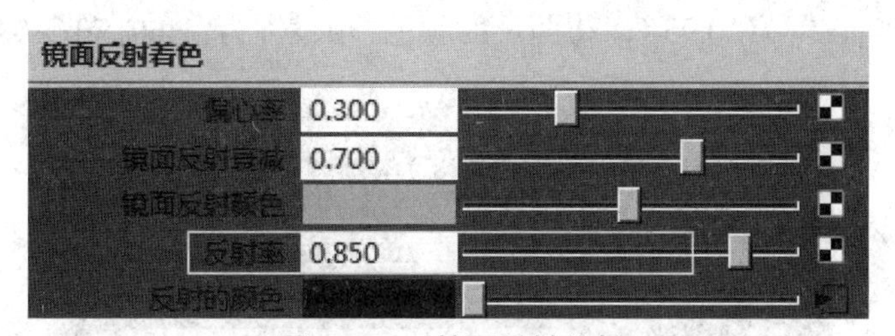

图 2-2-39 镜面反射着色

图 2-2-40 渲染效果

2. 玻璃材质效果

（1）在 MAYA 中导入“玻璃器皿”模型文件（图 2-2-41），点击状态栏中的“显示 Hypershade 窗口”，或是选择菜单栏中的“窗口”→“渲染编辑器”→“Hypershade”命令，创建“Blinn”材质球。选择模型后，在“Blinn”材质球上按住鼠标右键，选择“为当前选择指定材质”，将材质球赋予模型（图 2-2-42）。

图 2-2-41　玻璃器皿

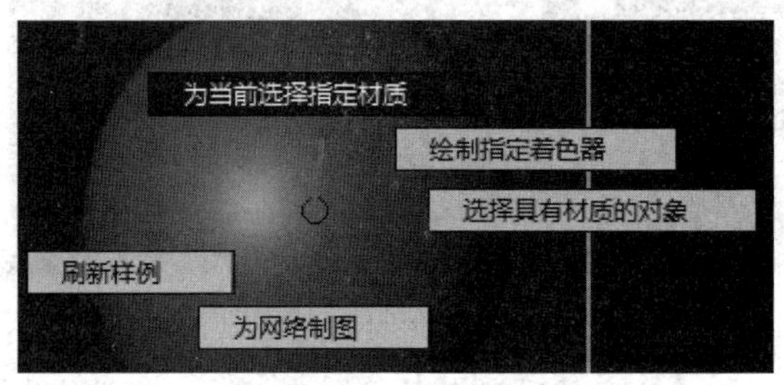

图 2-2-42　Blinn 材质球

（2）将“Blinn”材质的“公共材质属性”中的“颜色”项设置为“H60、S0、V0”、“透明度”项设置为“H60、S0、V1”（图 2-2-43）。在“镜面反射着色”中，将“偏心率”项设置为“0.15”、“镜面反射衰减”项设置为“0.95”、“镜面反射颜色”项设置为“H60、S0、V0.8”（图 2-2-44）。

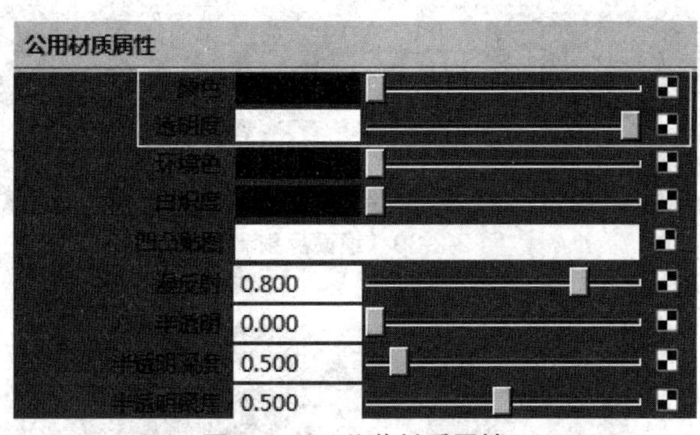

图 2-2-43　公共材质属性

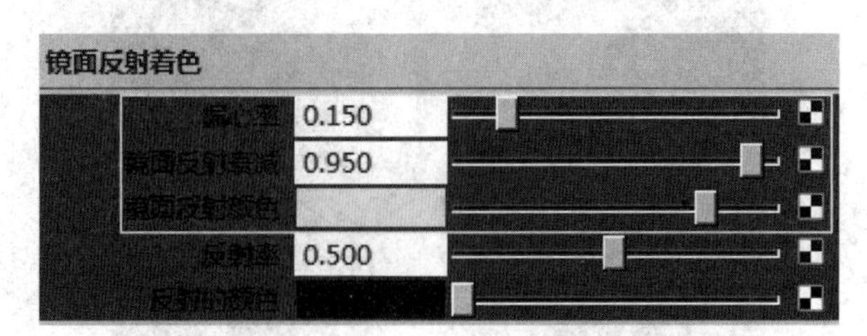

图 2-2-44　镜面反射颜色

（3）在“光线跟踪选项”中，勾选“折射”，将折射率项设置为“1.4”、“折射限制”项设置为“8”（图 2-2-45），点击状态栏中的“显示渲染设置”，弹出“渲染设置”对话框，在“使用一下渲染器渲染”中选择“Maya 软件”，点击“Maya 软件”标签，在“抗锯齿质量”的“质量”项中选择“产品级质量”，在“光线跟踪质量”中勾选“光线跟踪”项（图 2-2-46）。

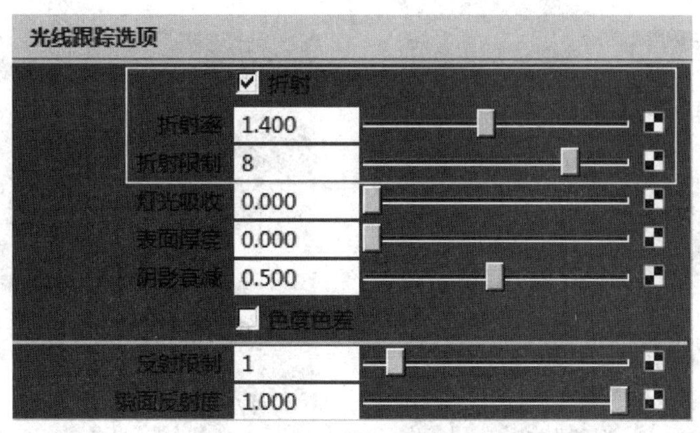

图 2-2-45 镜面反射着色

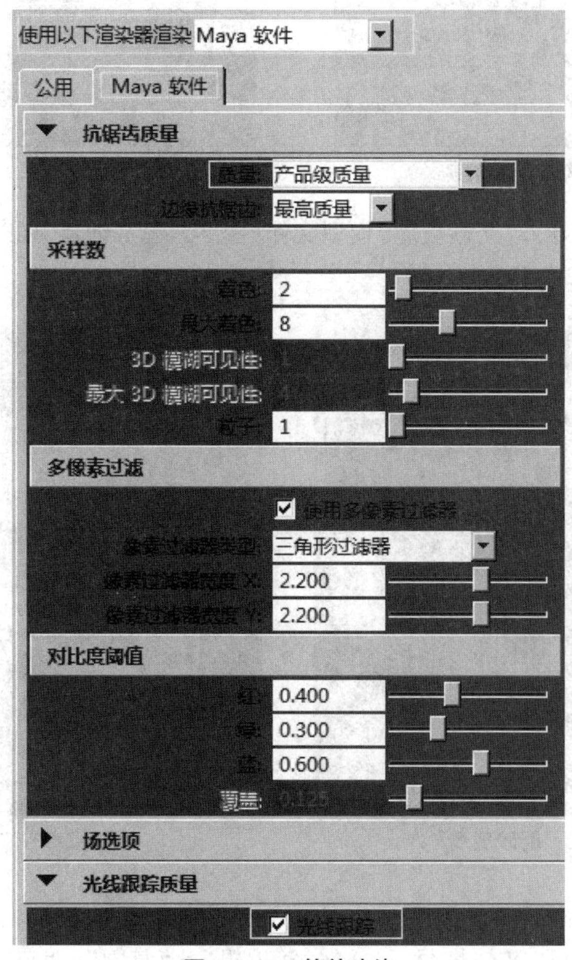

图 2-2-46 软件渲染

（4）在“操作界面”中调节渲染角度（图 2-2-47），在状态栏中点击“渲染视图”，观察渲染效果（图 2-2-48）

图 2-2-47 渲染角度

图 2-2-48 渲染效果

（5）在 MAYA 中导入“磨砂玻璃”模型文件（图 2-2-49），创建“Blinn”材质球，调节成玻璃材质赋予模型（图 2-2-50）

图 2-2-49 磨砂玻璃

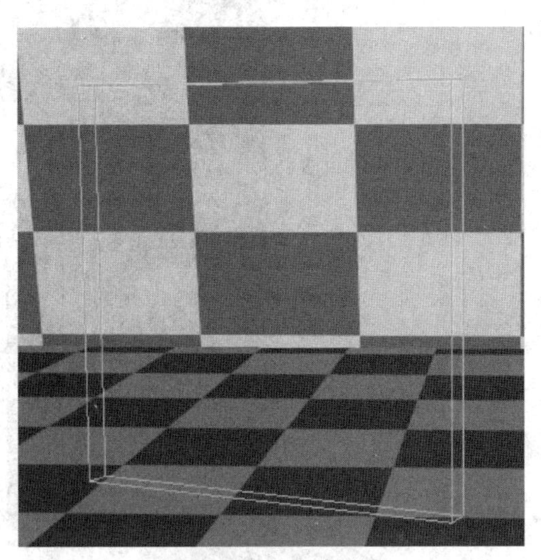

图 2-2-50 玻璃材质

（6）在“渲染设置”中进行相应设置，点击“渲染视图”，观察渲染效果（图 2-2-51）。在“Hypershade”中选择“Blinn1”材质球，选择“编辑”→“复制”→“已连接到网络”命令（图 2-2-52）。

图 2-2-51　渲染效果

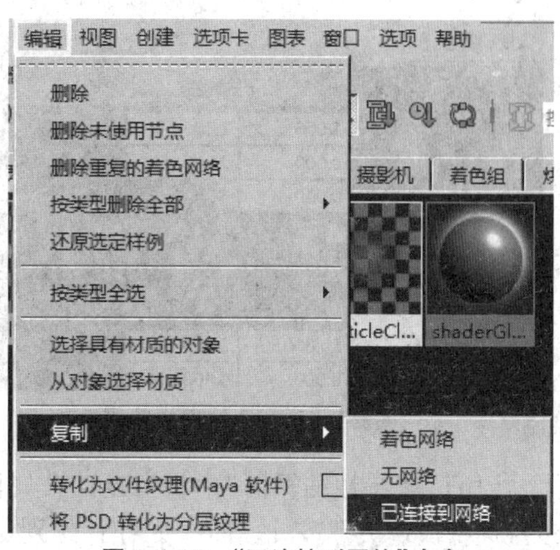

图 2-2-52　“已连接到网络”命令

（7）在“Hypershade”中得到“Blinn2”材质球（图 2-2-53），点击“Blinn2”材质球“凹凸贴图”项后方的“黑白键”（图 2-2-54）。

图 2-2-53　Blinn2 材质球

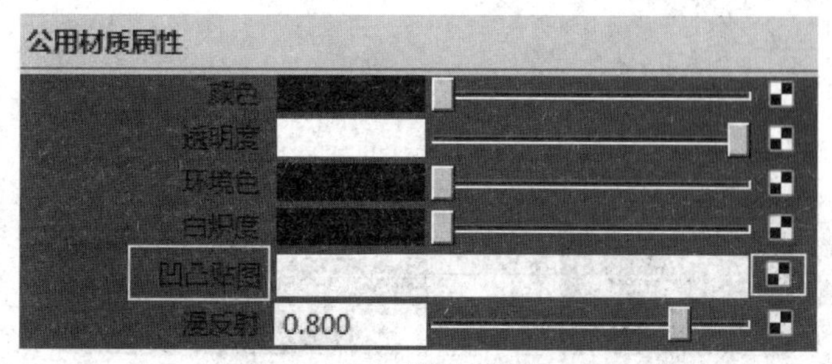

图 2-2-54　“凹凸贴图”项

（8）在弹出的“创建渲染节点”对话框中，点击“噪波”图标（图 2-2-55），在“工作区”点击“place2dTexture1”节点（图 2-2-56）。

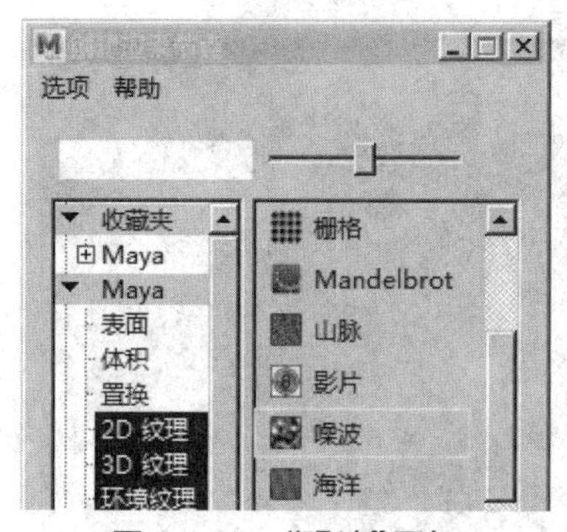

图 2-2-55　“噪波”图标

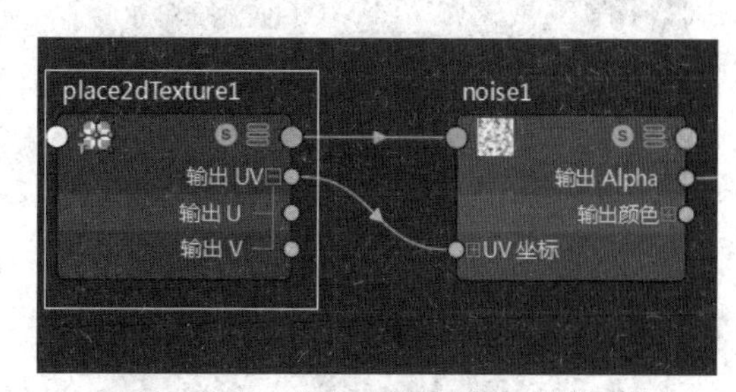

图 2-2-56　“place2dTexture1”节点

（9）在“特性编辑器”中将“2D 纹理放置属性”的“UV 向重复”项设置为“50、50”（图 2-2-57），在“工作区”点击“bump2d1”节点（图 2-2-58）。

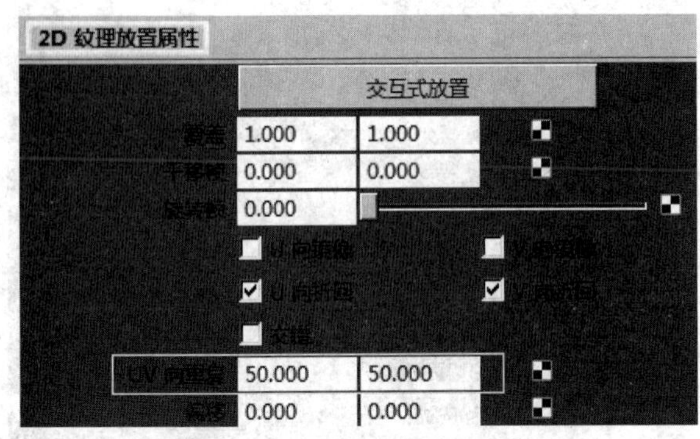

图 2-2-57 2D 纹理放置属性

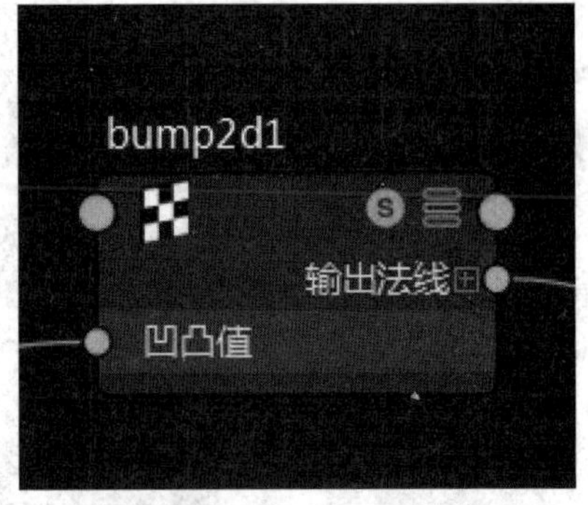

图 2-2-58 “bump2d1”节点

（10）在“特性编辑器”中将“2D 凹凸属性”中的“凹凸深度”项设置为“0.015”（图 2-2-59），选择玻璃模型“Z 轴”的一个“面”级别（图 2-2-60）。

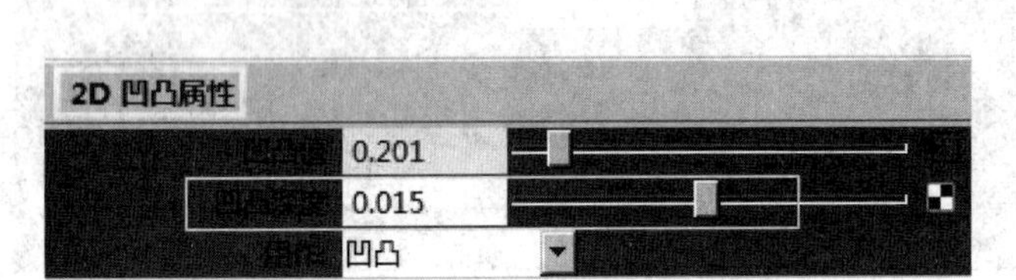

图 2-2-59 2D 凹凸属性

图 2-2-60 选择面

（11）在“操作界面”中调节渲染角度（图 2-2-61），在状态栏中点击“渲染视图”，观察渲染效果（图 2-2-62）。

图 2-2-61 渲染角度

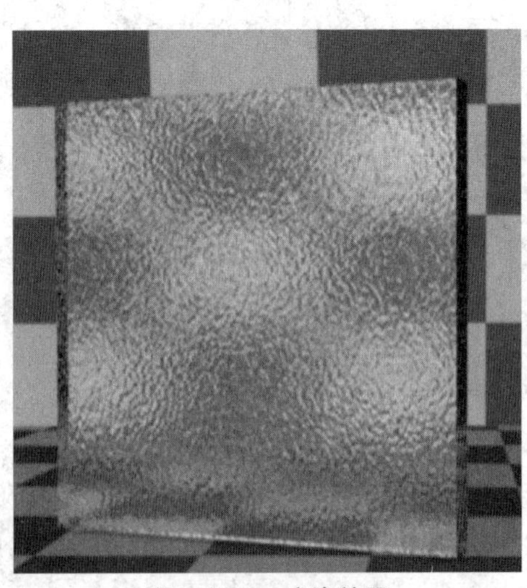

图 2-2-62 渲染效果

2.3 纹理贴图与 UV 映射

在上一节我们已经学习过材质的使用，也了解了材质的特点。由此可以知道，一个三维项目中，如果想制作出逼真的效果，只创建和调节材质球是不够的，还需要通过纹理贴图进行辅助，才能使效果真实生动。例如，材质可以模拟出人的皮肤颜色，如果皮肤上有纹身刺青，就需要通过纹理贴图与编辑 UV 来实现，这也是材质、UV 与纹理贴图的关系。

2.3.1 纹理贴图

纹理贴图包含自带纹理贴图与手绘纹理贴图（手绘纹理贴图在 UV 章节进行讲解），自带纹理贴图中包含“2D 纹理”“3D 纹理”“环境纹理”“其他纹理”。其中“2D 纹理”使用率较高，“2D 纹理”就像动物的皮肤一样，只是作用于物体表面，纹理效果取决于投射和 UV 坐标；“3D 纹理”的作用与“2D 纹理”类似，可以将纹理效果延伸到物体的内部，无论物体外观如何改变，“3D 纹理”的效果是不变的；“环境纹理”包含 5 种环境纹理，可以赋予材质“反射的颜色”属性，通过调节环境纹理的定位、方向、尺寸等，模拟反射的效果；“其他纹理”即“分层纹理”，使用方法与 Photoshop 软件中层与层的叠加方式类似，主要是针对不同颜色结合的计算，还包含 Alpha 通道方便操作。

1.2D 纹理

（1）点击状态栏中的“显示 Hypershade 窗口”，弹出“Hypershade”对话框，在“创建”中包含“2D 纹理”（图 2-3-1）、“3D 纹理 ”（图 2-3-2）、“环境纹理”（图 2-3-3）、“其他纹理”（图 2-3-4）。

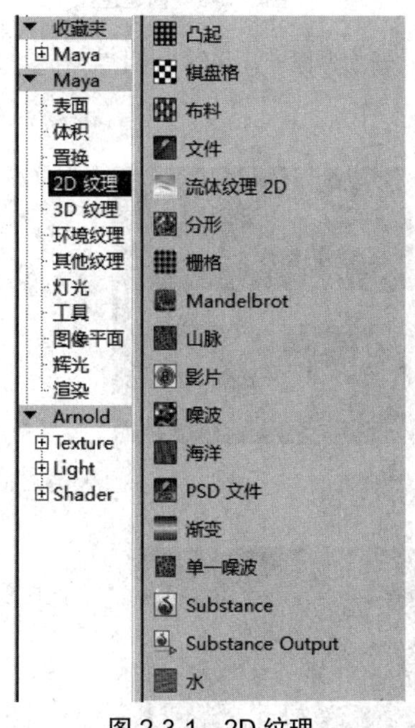

图 2-3-1 2D 纹理

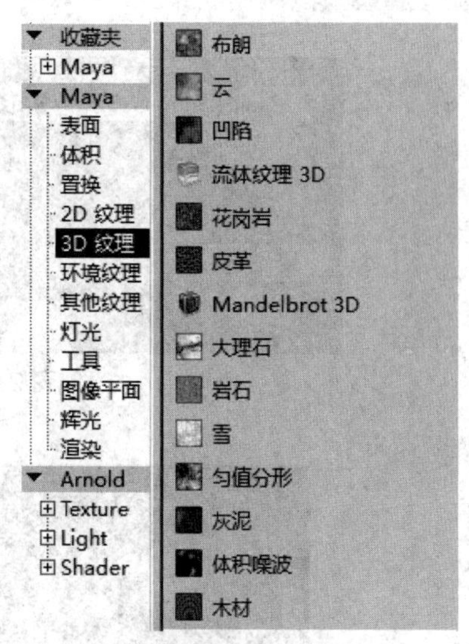

图 2-3-2 3D 纹理

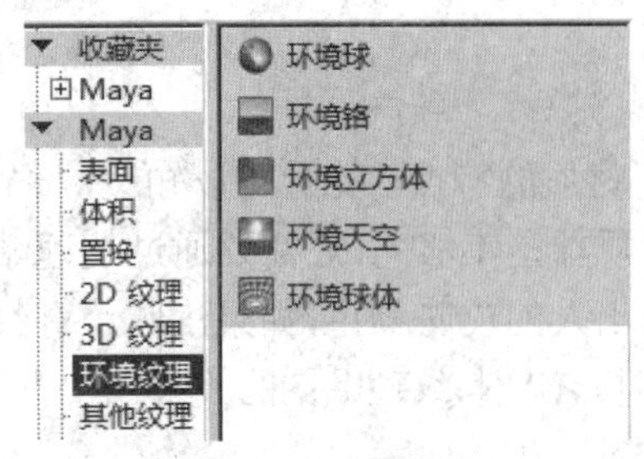

图 2-3-3 环境纹理

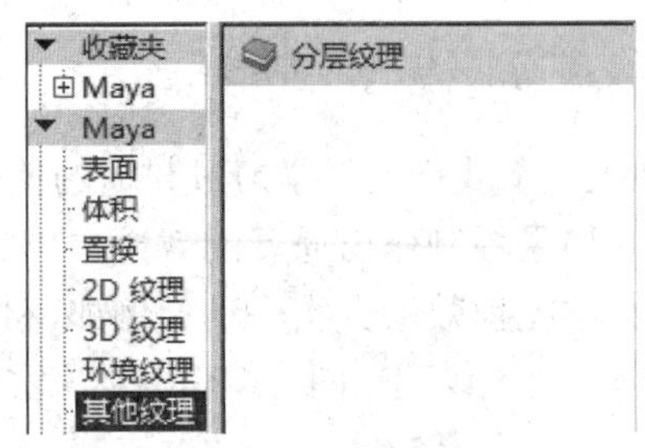

图 2-3-4 其他纹理

（2）“2D 纹理”属性由“Place2dTexture”节点定义，能够调节纹理的重复、定位和旋转等属性，这里以“2D 纹理”中“棋盘格”为例。在“操作界面”中创建“平面”模型，打开“Hypershade”对话框，点击“Lambert1”材质“颜色”项后方的“黑白键”（图 2-3-5），弹出“创建渲染节点”对话框，点击“棋盘格”图标（图 2-3-6）。

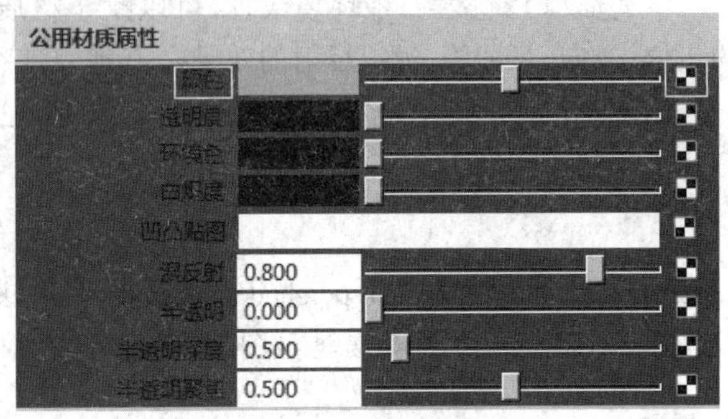

图 2-3-5 颜色属性

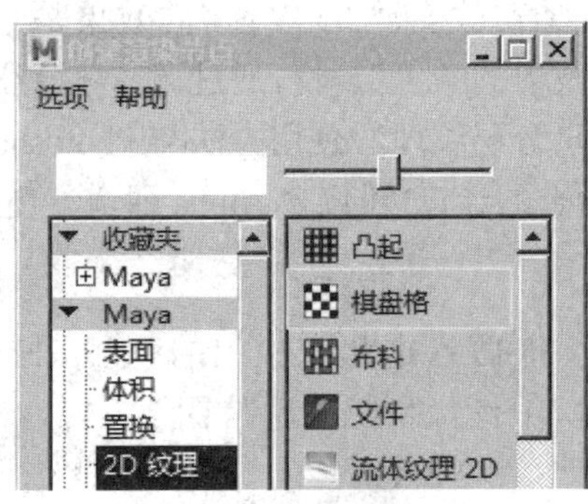

图 2-3-6 创建渲染节点

（3）在“浏览器”中的“Lambert1”材质上按鼠标右键，选择“为网络制图”（图 2-3-7），在“工作区”观察节点网络（图 2-3-8）。

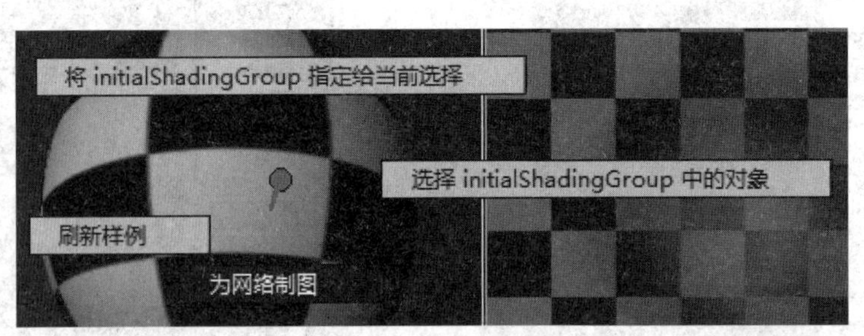

图 2-3-7 为网络制图

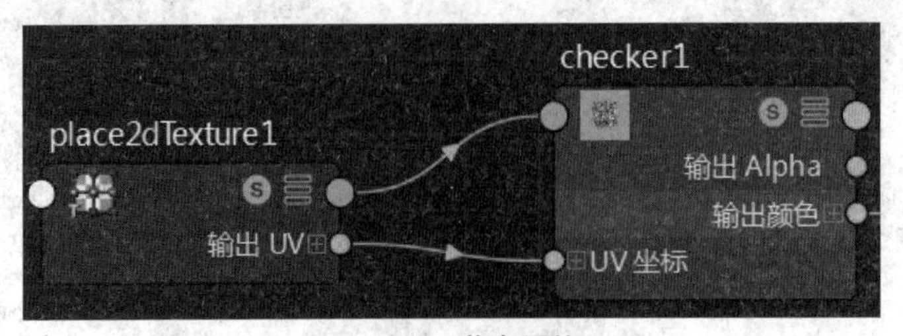

图 2-3-8 节点网络

在“工作区”中点击“place2dTexture1”节点，在“特性编辑器”中显示“2D 纹理放置属性”（图 2-3-9），用于控制“棋盘格”纹理属性（“place2dTexture”节点是“2D 纹理”公共节点，对于其他“2D 纹理”起到相同的作用）。其中，“交互式放置”项显示纹理放置操纵器；“覆盖”项表示纹理贴图覆盖的模型的比例；“平移帧”项在模型上移动纹理贴图而覆盖区域；“旋转帧”项在模型上旋转纹理贴图；“U 向镜像”项、“V 向镜像”项，当“U V 向重复”项属性值大于 1 时才起作用，分别在 U 方向和 V 方向进行镜像，勾选后，将对重复区域进行镜像，可修复重复区域间的接缝效果；“U 向折回”项“V 向折回”项控制映射时的重复方向；“交错”项勾选后，对重复的贴图执行偏移操作，使重复行正好偏移一半；“UV 向重复”项表示纹理贴图在覆盖区域内，沿 U 方向或 V 方向的副本数量；“偏移”项表示对纹理贴图图案放置位置的微调；“UV 向旋转”项与“旋转帧”项类似，但旋转方向不同；“UV 向噪波”项将纹理贴图图案形成噪波显示；“快速”项勾选后，可提高渲染速度。将“覆盖”项设置为“0.5、0.5”、“平移帧”项设置为“1.25、1.25”、“平移帧”项设置为“90”、“U V 向重复”项设置为“10、10”、“UV 向旋转”项设置为“120”、“UV 向噪波”项设置为“0.05、0.05”，可以在“操作界面”中观察效果（图 2-3-10）。

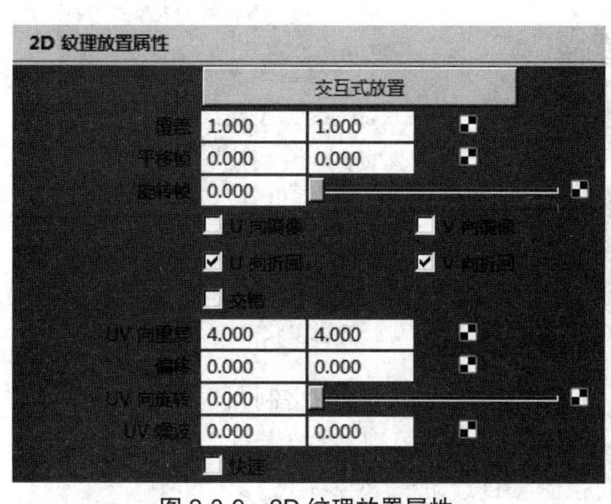

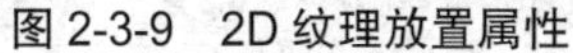
图 2-3-9　2D 纹理放置属性

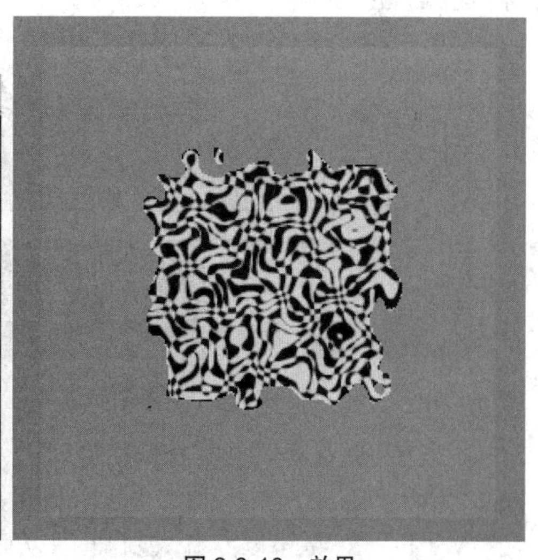
图 2-3-10　效果

（4）在“工作区”中点击相应的节点名称，即可对节点本身属性进行调节。本案例使用的是“棋盘格”节点，点击“checker1”节点（图 2-3-11），在“特性编辑器”中显示“棋盘格”节点属性（图 2-3-12），其中，“棋盘格属性”是“棋盘格”节点的特有属性（每个“2D 纹理”都有属于自己的特有属性），“颜色 1”项是对白色位置进行调节；“颜色 2”项是对黑色位置进行调节、“对比度”调节“颜色 1”与“颜色 2”的融合度。“颜色平衡”（每个“2D 纹理”的公共属性）中“默认颜色”项修改节点的基础颜色，需配合“覆盖”属性使用“颜色增益”提升色彩对比度，使颜色更鲜艳；“颜色偏移”可提亮过暗的纹理的颜色；“Alpha 增益”在制作凹凸效果或置换效果时，可提升纹理色彩对比度；“Alpha 偏移”在制作凹凸效果或置换效果时，可对通道色彩产生偏移作用；“Alpha 为亮度”项勾选后，纹理的明亮区域更不透明，而较暗的区域更透明。

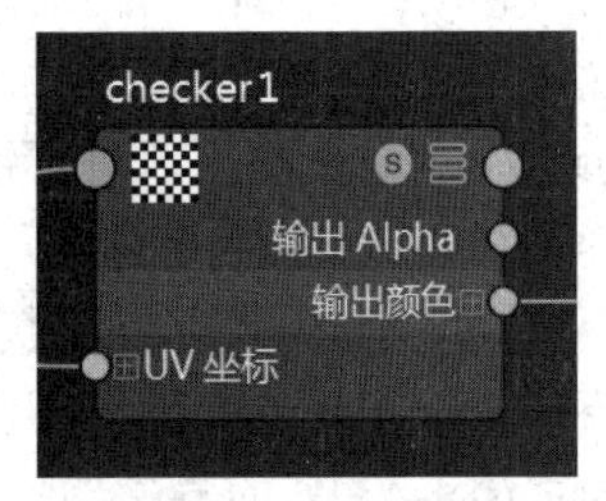

图 2-3-11 棋盘格节点

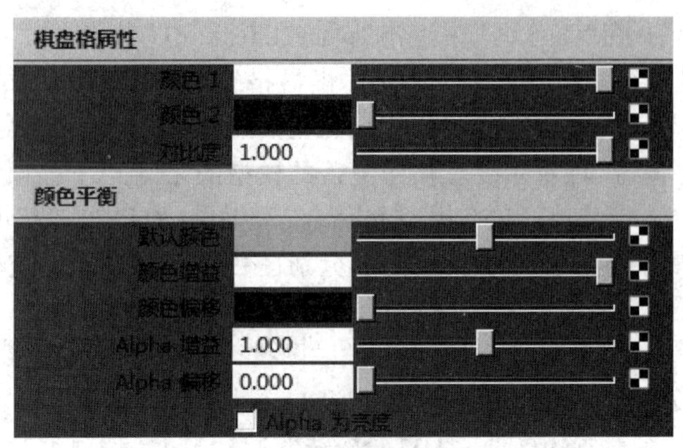

图 2-3-12 棋盘格属性

2. 3D 纹理

(1)在 MAYA 中导入“3D 纹理”文件,打开“Hypershade”对话框,创建“Blinn”材质,点击“颜色”项后方的“黑白键”(图 2-3-13),弹出“创建渲染节点”对话框,点击“岩石”图标(图 2-3-14)。

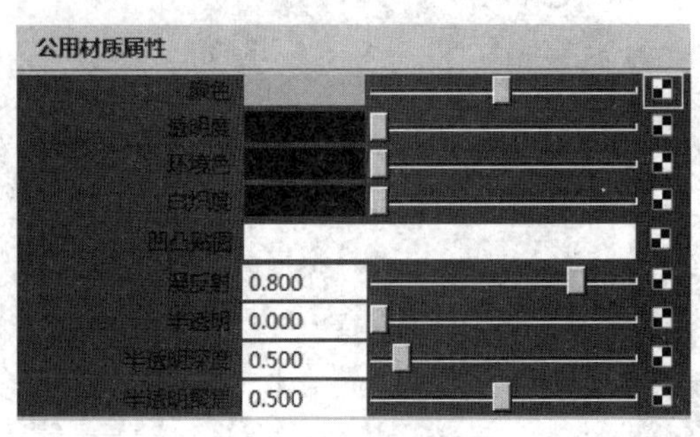

图 2-3-13 “颜色”项

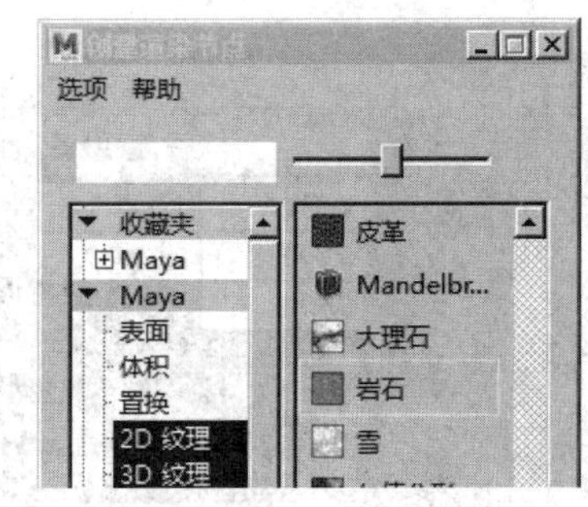

图 2-3-14 “岩石”图标

(2)在“浏览器”中的“Blinn1”材质上按鼠标右键,选择“为网络制图”,在“工作区”观察节点网络(图 2-3-15),将“Blinn1”材质赋予模型,此时模型被“控制框”(绿框)包裹,使用“W”“E”“R”键可以调节“控制框”,从而控制“3D 纹理”(图 2-3-16)。

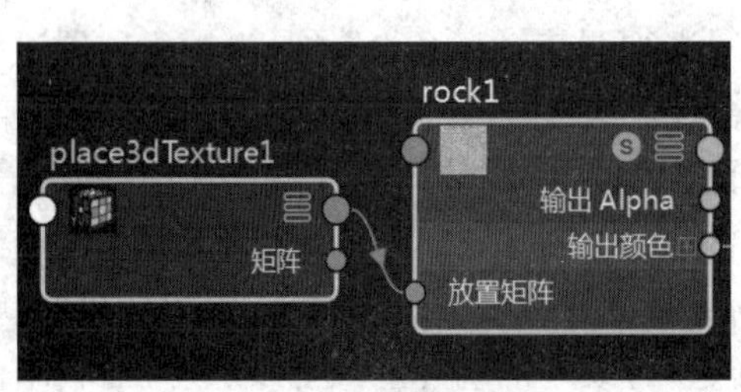

图 2-3-15 节点网络

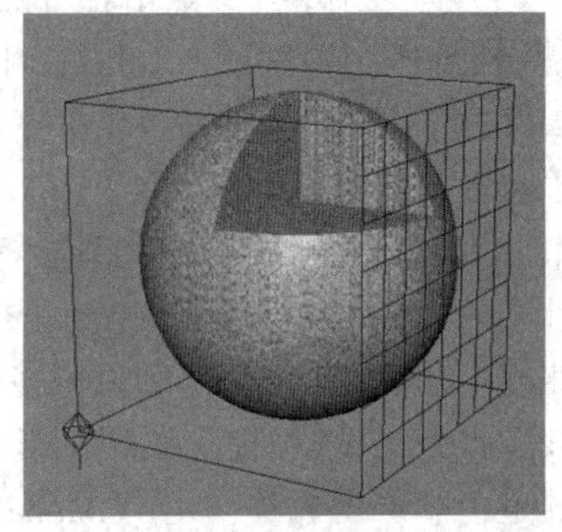

图 2-3-16 效果

（3）与“2D 纹理”相同，“3D 纹理”也有相应的“place3dTexture1”节点（“place3dTexture”节点是“3D 纹理”公共节点，对于其他“3D 纹理”起到相同的作用）。点击“place3dTexture1”节点（图 2-3-17），在“特性编辑器”中显示“变换属性”（图 2-3-18）。其中，“平移”项是指世界空间中物体的“平移 X”“平移 Y”“平移 Z”属性数值；“旋转”项是指世界空间中物体的“旋转 X”“旋转 Y”“旋转 Z”属性数值；“缩放”项是指局部空间中物体的“缩放 X”“缩放 Y”“缩放 Z”属性数值；“斜切”项是指沿“X”“Y”“ Z”轴方向进行斜切变化；“旋转顺序”项是指物体的旋转顺序，每个选项都会产生不同的结束方向；“旋转轴是指沿“X”“Y”“ Z”轴方向进行旋转变化；“继承变换”项勾选后，物体继承其父级别的变换 。

图 2-3-17　节点

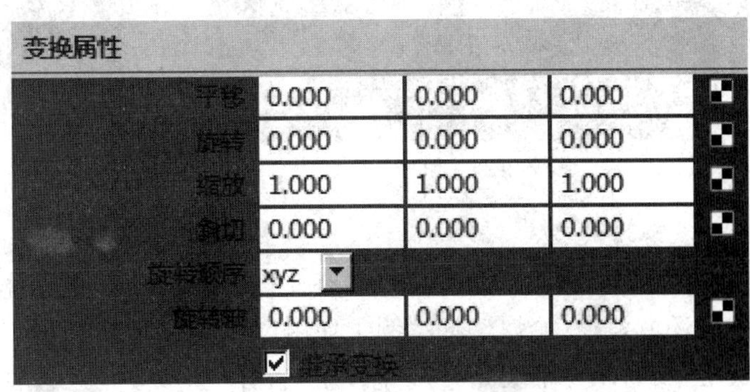

图 2-3-18　变换属性

（4）在“工作区”中点击“rock1”节点（图 2-3-19），在“特性编辑器”中显示“岩石”节点属性，其中“岩石属性”是“岩石”节点的特有属性（每个“3D 纹理”都有属于自己的特有属性），“颜色 1”项是对红色位置进行调节；“颜色 2”项是对白色位置进行调节；“颗粒大小”项调节纹理中颗粒的大小程度；“扩散”项为颗粒边缘的虚化程度；“混合比”项表示“颜色 1”与“颜色 2”所占的比例。“颜色平衡”可参考“2D 纹理”（图 2-3-20）。

图 2-3-19　”rock1“节点

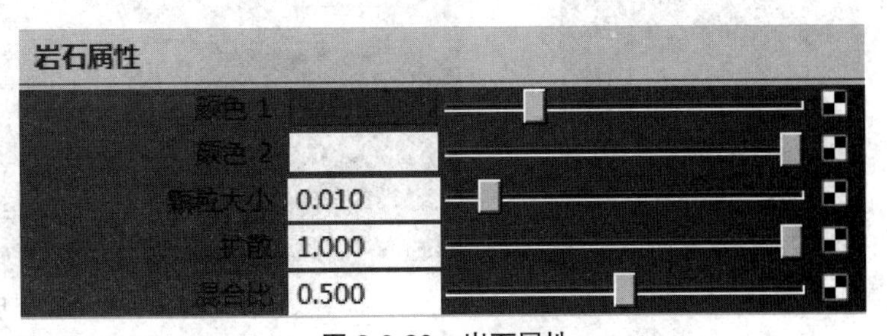

图 2-3-20　岩石属性

（5）将“岩石属性”中“颗粒大小”项设置为“0.15”、“扩散”项设置为“0”，在“操作界面”中观察效果，纹理图案在模型转折处，也是连贯的图案（图 2-3-21）。创建“Blinn2”材质，在“颜色”属性上连接“2D 纹理”的“棋盘格”纹理，赋予模型，在模型转折处图案是不连贯的，这也是“2D 纹理”与“3D 纹理”最明显的区别（图 2-3-22）。

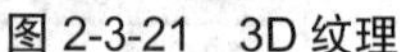

图 2-3-21　3D 纹理

图 2-3-22　2D 纹理

3. 环境纹理

在 MAYA 中“环境纹理”共有 5 种类型，分别是“环境球”生成一个高反射率的金属球模拟环境效果（金属奖杯案例中使用过“环境球”）；“环境铬”模拟出室内效果，包含地面与天空（带有长方形荧光灯）；“环境立方体”生成一个立方体空间，通过 6 个面模拟环境效果；“环境天空”模拟自然中大气层中光影效果；“环境球体”通过一个中空的无限大的球体模拟环境效果。

（1）“环境立方体”纹理的使用。在“操作界面”中创建一个球体并赋予“Blinn”材质（图 2-3-23）。点击“Blinn”材质中“镜面反射着色”的“反射的颜色”项后方的“黑白键”（图 2-3-24）。

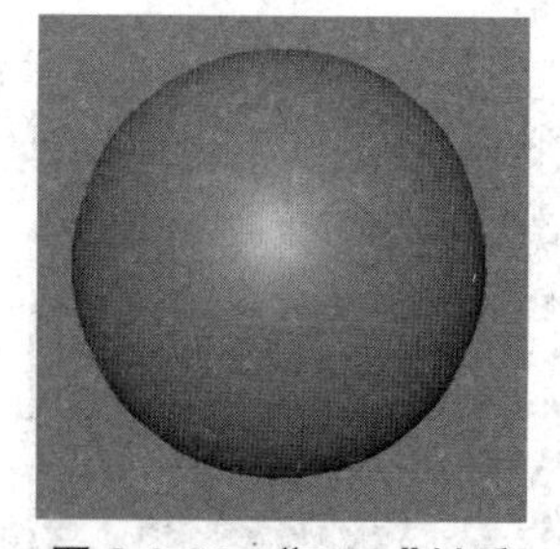

图 2-3-23　“Blinn”材质

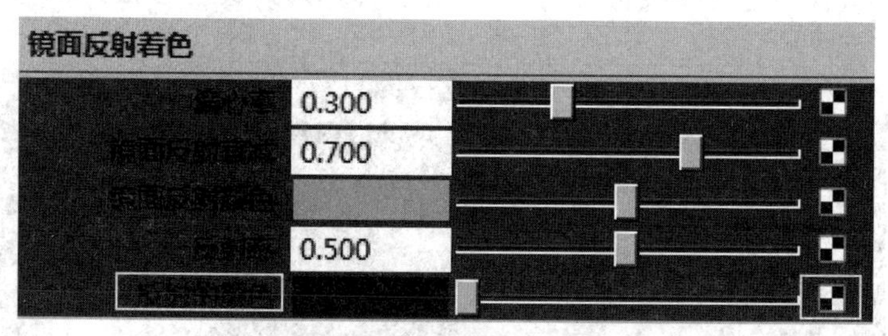

图 2-3-24　镜面反射着色

（2）在弹出的“创建渲染节点”对话框中，选择“环境立方体”纹理（图 2-3-25），在“操作界面”中观察球体效果（图 2-3-26）。

（3）在“工作区”中点击“环境立方体”节点（图 2-3-27），在“特性编辑器”中弹出“环境立方体属性”对话框（图 2-3-28）。

（4）点击“环境立方体属性”中右侧的“颜色框”（图 2-3-29），弹出“颜色历史”对话框，选择“红色”，分别点击“左侧”“顶”“底”“前”“后”的“颜色框”，依次在“颜色历史”中选择颜色（图 2-3-30）。

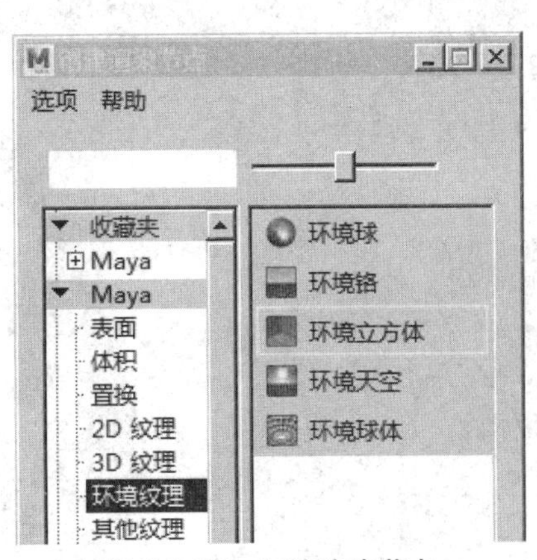

图 2-3-25 创建渲染节点

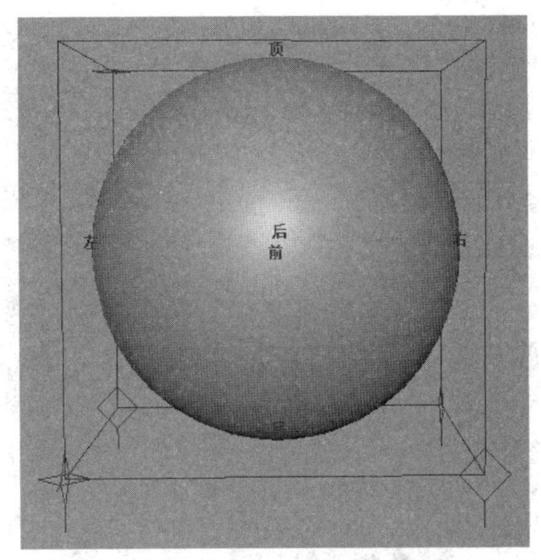
图 2-3-26 球体效果

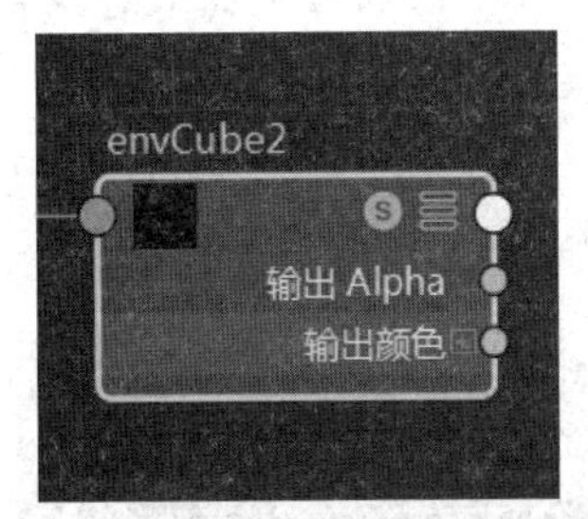

图 2-3-27 环境立方体节点

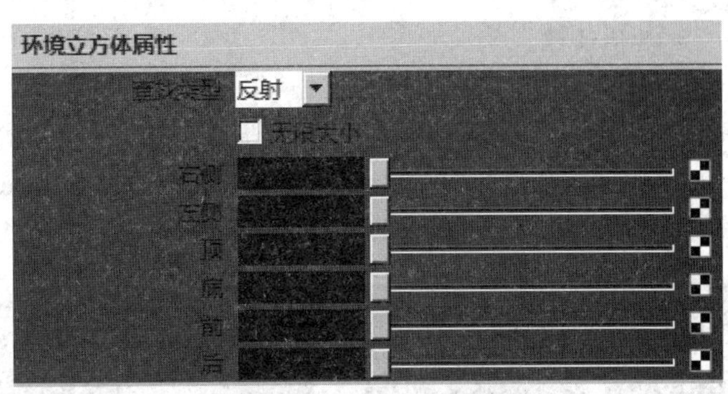

图 2-3-28 环境立方体属性

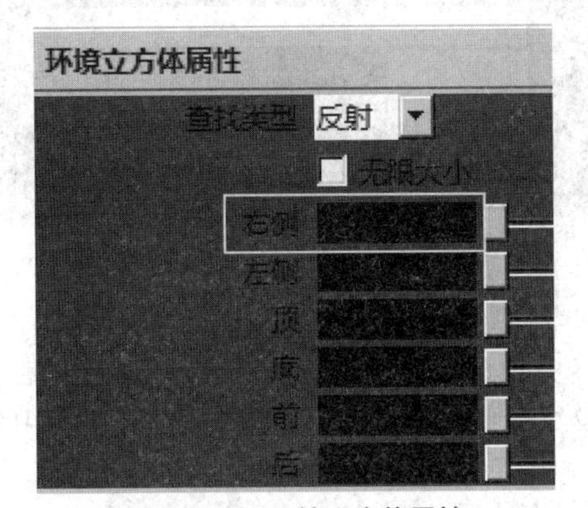

图 2-3-29 环境立方体属性

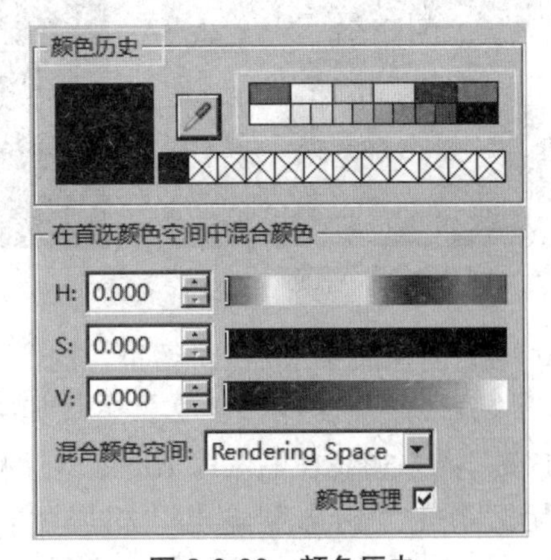

图 2-3-30 颜色历史

（5）在“操作界面”中观察球体效果（图 2-3-31）。可以通过“右侧”“左侧”“顶”“底”“前”“后”属性后方的“黑白键”，添加相应的纹理贴图，观察效果变化（可调节“镜面反射着色”改变效果）（图 2-3-32）。

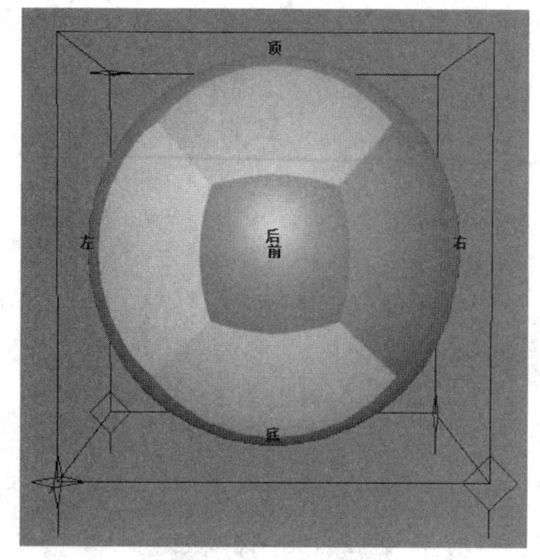

图 2-3-31 球体效果

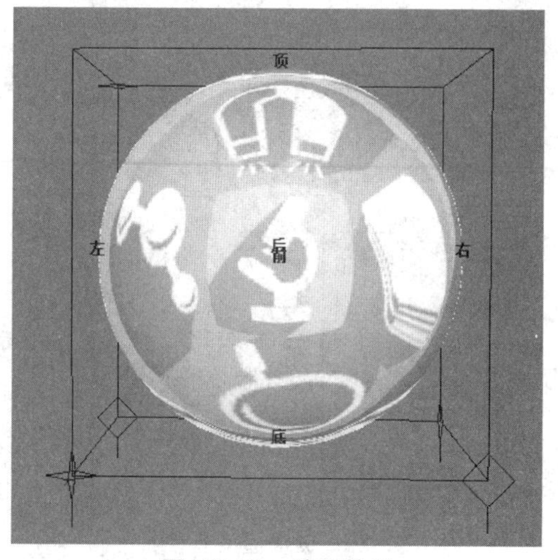

图 2-3-32 纹理效果

4. 其他纹理

“其他纹理”中只包含“分层纹理”。“分层纹理”的作用就是将两张或两张以上的纹理贴图进行排列组合，选择相应的混合模式后赋予同一个物体。

（1）在“操作界面”中创建一个平面，同时赋予“Lambert”材质（图 2-3-33）。点击“公用材质属性”的“颜色”项后方的“黑白键”（图 2-3-34）。

图 2-3-33 平面

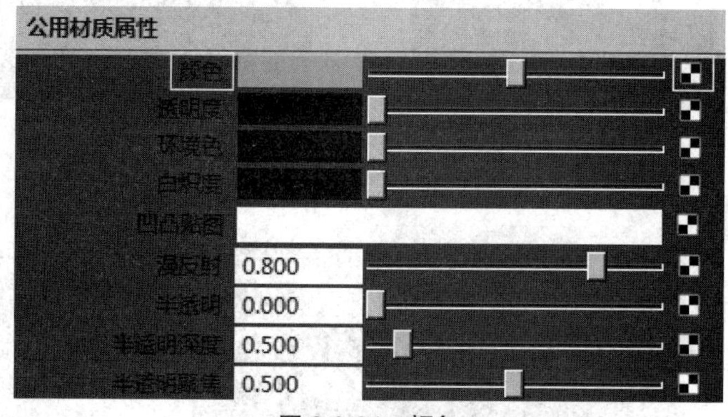

图 2-3-34 颜色

弹出“创建渲染节点”对话框，选择“环境立方体”纹理（图 2-3-35）。在“特性编辑器”中观察“分层纹理属性”（图 2-3-36），其中，“颜色”项调节所选择层的色彩，多通过其后方“黑白键”添加纹理贴图；“Alpha”项调节层及纹理贴图的透明通道；“混合模式”项中包含“无”“覆盖”“内部”“输出”“相加”“相减”“相乘”“差集”“变亮”“变暗”“饱和度”“降低饱和度”“照明”等等（与 PS 中的图层混合模式类似）；“层可见”项不勾选，则层不会显示，“Alpha 为亮度”项调节 Alpha 通道的输出亮度；“硬件颜色”项在硬件着色模式下，在视图中显示相应的使用纹理。

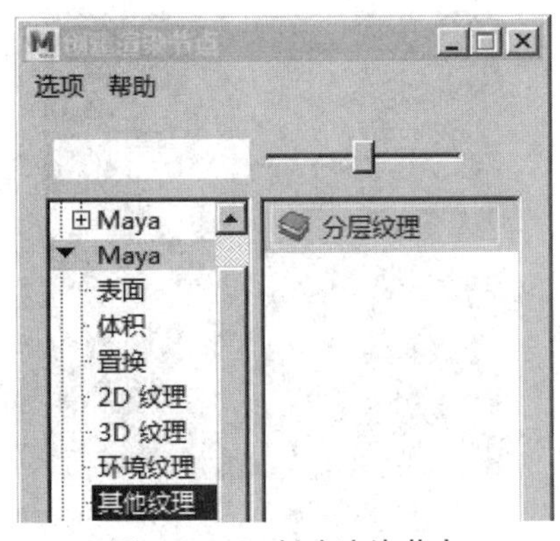

图 2-3-35 创建渲染节点

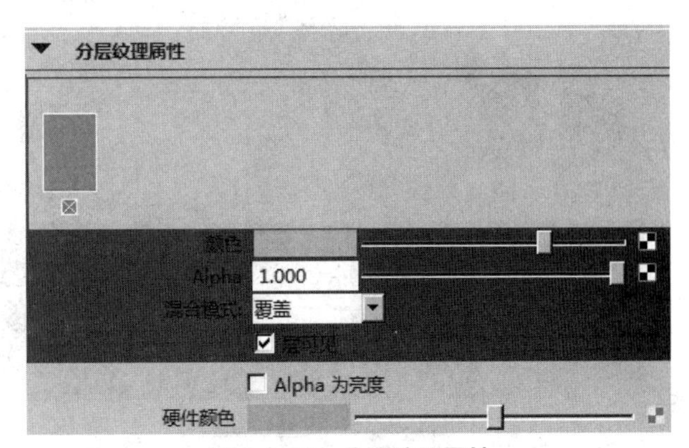

图 2-3-36 分层纹理属性

（3）“分层纹理属性”下方的色块（绿色）即是层级别，点击空白处自动生成新的层级别（图 2-3-37）。使用鼠标中键（滚轮）可对其进行拖动，重新排列层级别的顺序（左侧层是上层，右侧层是下层）（图 2-3-38）。

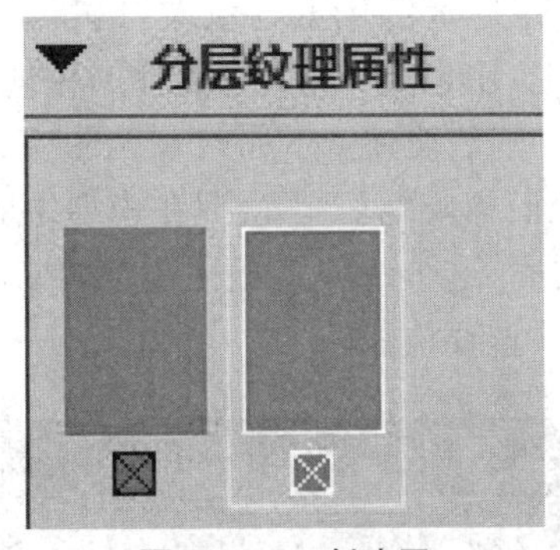

图 2-3-37 创建层

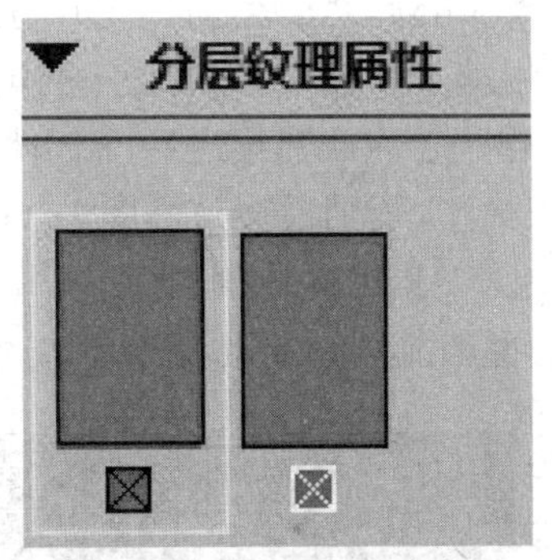

图 2-3-38 移动层

（4）选择“左侧层”点击“颜色”项后方的“黑白键”，选择“莲花”纹理贴图，选择“右侧层”点击“颜色”项后方的“黑白键”，选择“宣纸”纹理贴图（图 2-3-39）。在“操作界面”中观察效果（图 2-3-40）。。

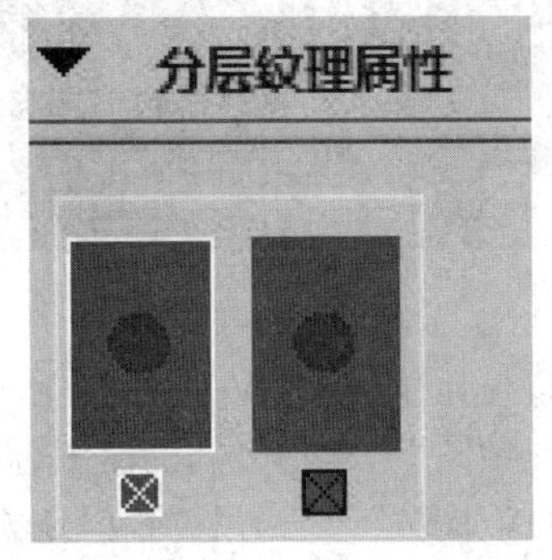

图 2-3-39 添加纹理贴图

图 2-3-40 观察效果

（5）选择“左侧层”，将“Alpha”项设置为“0.8”、“混合模式”项设置为“降低饱和度”（图 2-3-41）。在“操作界面”中观察效果（图 2-3-42）。

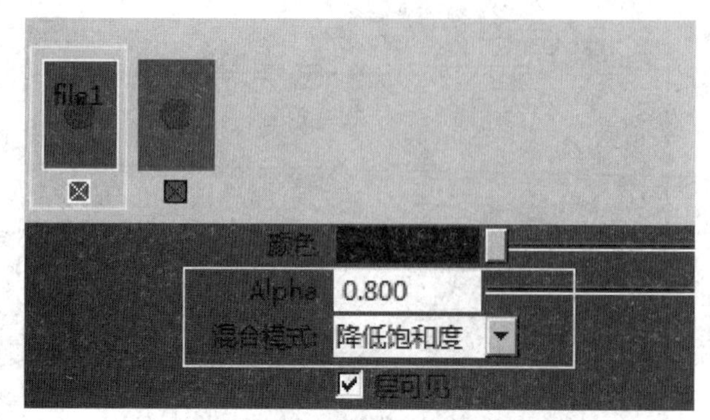

图 2-3-35 设置层级别

图 2-3-36 观察效果

2.3.2 UV 的基础知识

UV 是模型（特指多边形模型，曲线曲面模型的“UV”，默认以隐藏方式连接到模型上）的二维坐标，简单地说，就是将三维立体变成二维平面，而字母“U”和“V”表示二维空间中的轴（图 2-3-43）。“UV”的标记点，用于控制“纹理贴图”上的像素与“UV”网格上顶点相对应，作用就是帮助“纹理贴图”准确地显示在模型上，这也是“UV”重要性的体现。编辑 UV 的工作是在完成建模之后，制作材质纹理之前。特别需要注意的是纹理贴图完成后，不要再修改模型，否则模型与“UV”之间将不再匹配，从而影响“纹理贴图”在模型中的显示。而“UV 映射”其实就是指创建、编辑和整理 UV 的过程，这个过程将直接决定“纹理贴图”在三维模型上显示的效果，是精确展示真实纹理的一项重要技能。

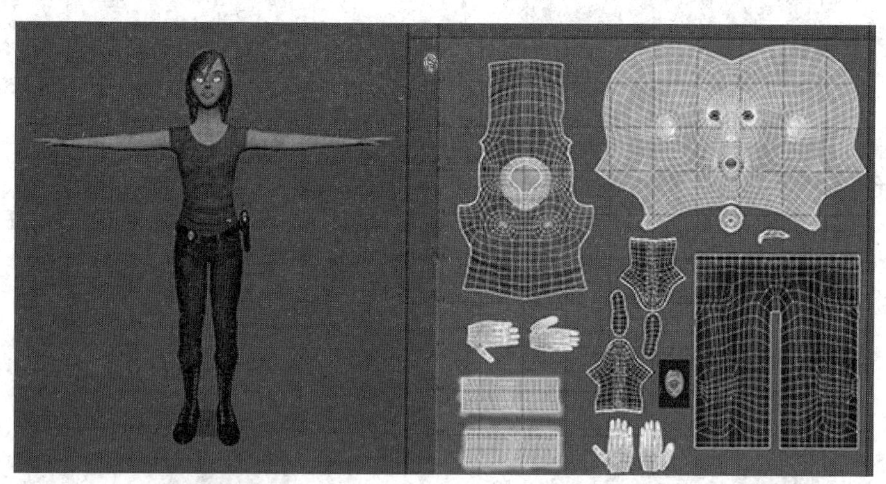
图 2-3-43 UV 与模型

“纹理贴图”是根据“UV 映射”在模型上进行分布与显示的，“UV 映射”是否合理，直接影响到最终效果。优秀的“UV 映射”需要了解“纹理贴图”与模型之间的联系，甚至还要考虑镜头中所展示的内容。每个操作者都有自己的“UV 映射”方法与思路，但是关于“UV 映射”的基本原则还是要必须共同遵守的，下面我们来了解一下“UV 映射”基本的准则。①“UV 映射”不可以将“UV”重叠交织，重叠交织的“UV”会导致“纹理贴图”的拉伸、变形等。②“UV”尽可能保持完整，“UV”的完整度对于绘制“纹理贴图”极其重要，不但方便绘制，还可以避免由于大量“UV”接缝的处理，所带来的烦琐工作（接缝处尽量摆放到不易觉察的角度）。③在“UV 编辑器”中，“UV”要保持在数字“0”到“1”的范围内，如果超出这个空间，“纹理贴图”将无限重复，属于一种间接的“UV”重复。还有一个原因，“纹理贴图”也会参与渲染，合理使用“UV 编辑器”的空间，可以提升渲染速度。

2.3.3 UV 的投影方法

MAYA 中包含 4 种方法，即平面投影、圆柱投影、球形投影、自动投影。平面投影通过“平面”命令对 UV 进行投影，多适用于相对平坦的模型，或使用摄像机角度观察模型进行平面投影（图 2-3-44）。圆柱投影基于圆柱形模型创建 UV（图 2-3-45）。球形投影基于球形模型创建 UV（图 2-3-46）。自动投影同时从多个角度映射，生成最佳 UV 显示，多用于较复杂的图形（图 2-3-47）。

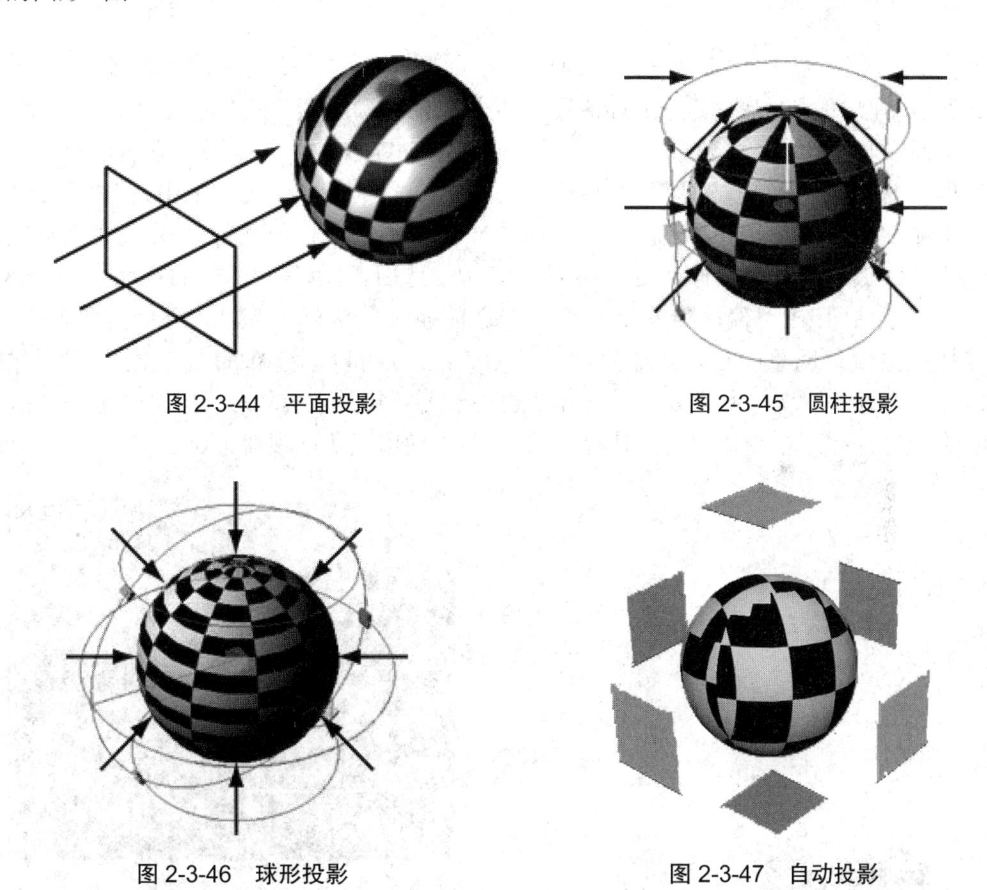

图 2-3-44 平面投影

图 2-3-45 圆柱投影

图 2-3-46 球形投影

图 2-3-47 自动投影

1. 平面投影

（1）在“操作界面”中创建立方体，选择菜单栏中的“UV”→“平面”命令，在立方体上出现“操纵器”，可以通过“操纵器”的手柄缩放、移动“UV”（图 2-3-48）。选择菜单栏中的“窗口”→“建模编辑器”→“UV 编辑器”命令，在弹出的“UV 编辑器”对话框中，观察立方体模型的“UV”（图 2-3-49）。

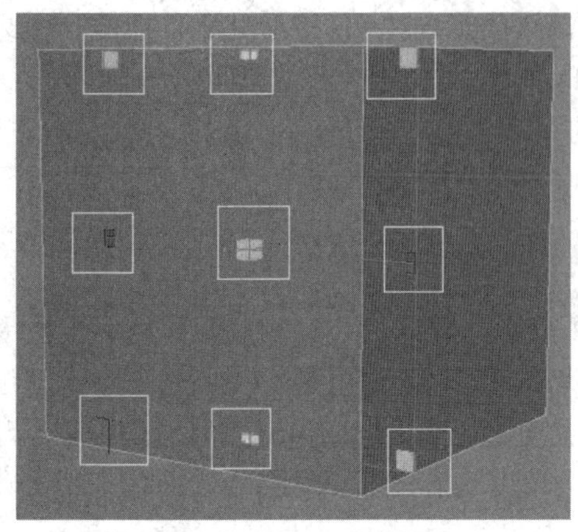

图 2-3-48 UV 操纵器

图 2-3-49 UV 编辑器

（2）选择菜单栏中的“UV”→“平面”命令，点击“平面”命令后方的属性键（方块）□（图 2-3-50）弹出“平面映射选项”对话框。其中，“投影操纵器”的，“适配投影到”项包含“最佳平面”，（选择后，“纹理贴图”和“操纵器”会自动缩放尺寸并吸附到所选择的面上），“边界框”（选择后，“纹理贴图”和“操纵器”会垂直吸附到模型的边界框中）；“投影源”项包含“X 轴”“Y 轴”“Z 轴”（从模型的“X 轴”“Y 轴”“Z 轴”进行投影），“摄影机”（从摄影机角度进行投影）；“保持图像宽度 / 高度比率”项勾选后，可以保持图像的宽度、高度比例，可避免“纹理贴图”出现偏移现象；“在变形器之前插入投影”项勾选后，避免模型运动“纹理贴图”产生偏移现象；“UV 集”的“创建新 UV 集”项可以创建新的 UV 集，并将创建的 UV 放置在该集中；“UV 集名称”项设置创建的新 UV 集的名称。多数情况“平面映射选项”中除了“投影源”根据情况进行选择外，其余各项使用默认选项即可（图 2-3-51）。

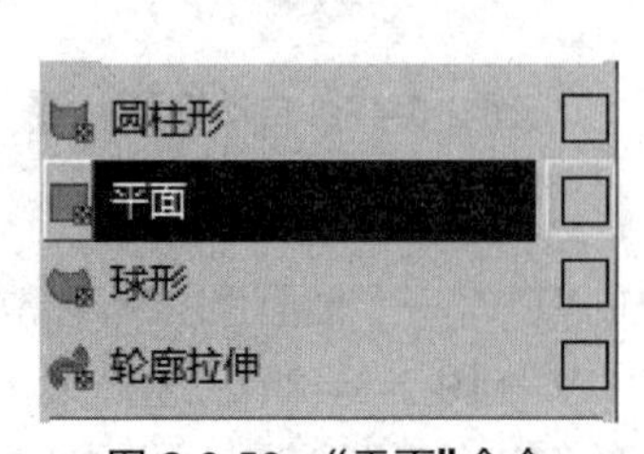

图 2-3-50 “平面”命令

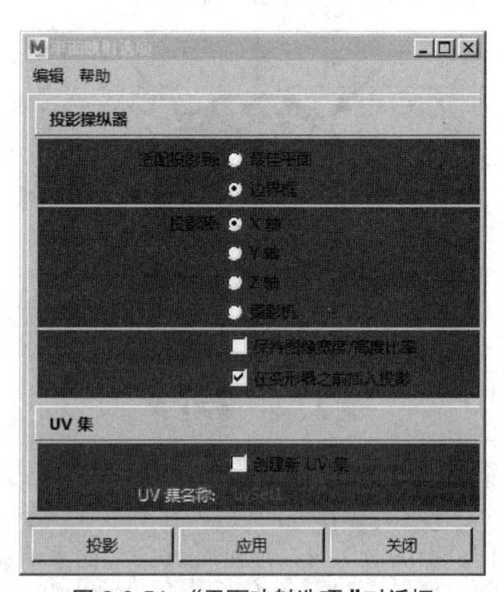

图 2-3-51 “平面映射选项”对话框

2. 圆形投影

（1）在“操作界面”中创建球体，选择菜单栏中的“UV”→“球形”命令，在球体上出现

“操纵器”，可以通过“操纵器”的手柄旋转、移动、缩放或 360° 选择“UV”的大小（图 2-3-52）。选择菜单栏中的“窗口”→“建模编辑器”→“UV 编辑器”命令，在弹出的“UV 编辑器”对话框中，观察“球体”模型的“UV”（图 2-3-53）。

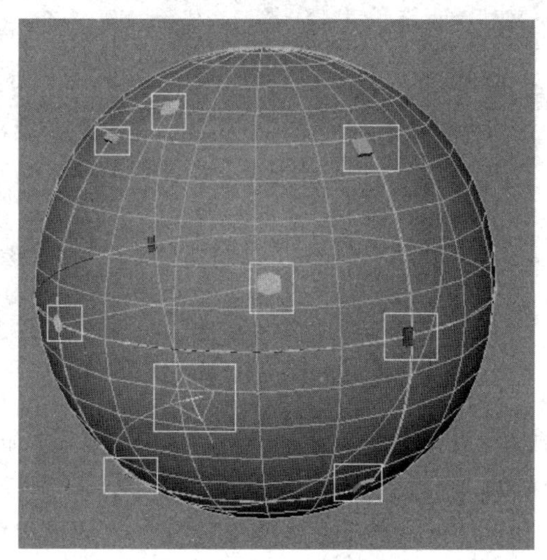

图 2-3-52　UV 操纵器

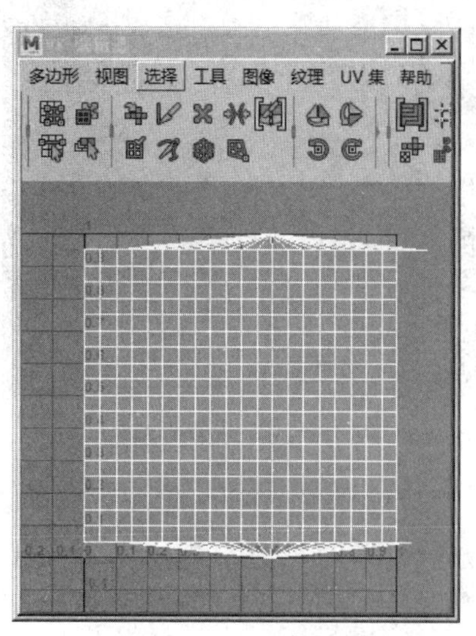

图 2-3-53　UV 编辑器

（2）选择菜单栏中的“UV”→“平面”命令，点击“球形”命令后方的属性键（方块）□（图 2-3-54），弹出“球形映射选项”对话框。其中，“投影操纵器”的“在变形器之前插入投影”项勾选后，可避免模型运动“纹理贴图”产生偏移现象。“UV 集”的“创建新 UV 集”项可以创建新的 UV 集，并将创建的 UV 放置在该集中；“UV 集名称”项为创建的新 UV 集的名称。多数情况下“球形映射选项”使用默认选项即可（图 2-3-55）。

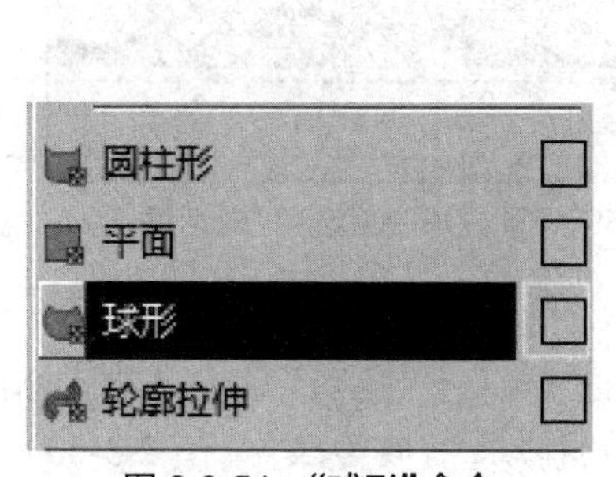

图 2-3-54　“球形”命令

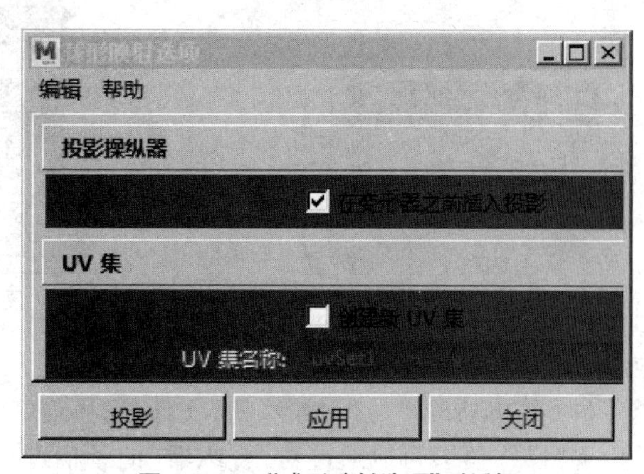

图 2-3-55　“球形映射选项”对话框

3. 圆柱投影

（1）在“操作界面”中创建圆柱体，选择菜单栏中的“UV”→“圆柱形”命令，在圆柱体上出现“操纵器”，可以通过“操纵器”的手柄旋转、移动、缩放或 360° 选择“UV”的大小（图 2-3-56）。选择菜单栏中的“窗口”→“建模编辑器”→“UV 编辑器”命令，在弹出的“UV 编辑器”对话框中，观察球体模型的“UV”（图 2-3-57）。

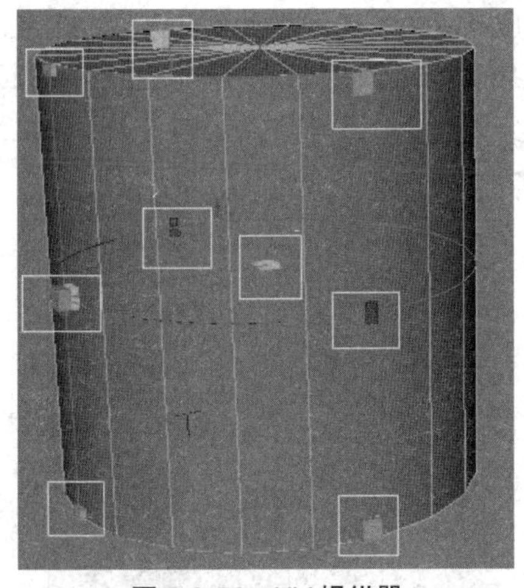

图 2-3-56 UV 操纵器

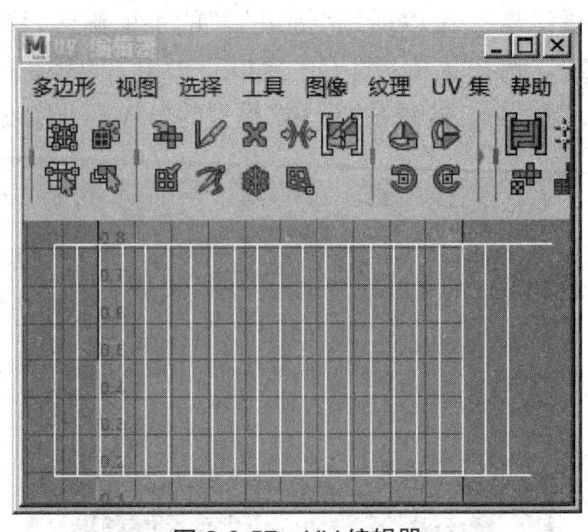

图 2-3-57 UV 编辑器

（2）选择菜单栏中的“UV”→“圆柱形”命令，点击“圆柱形”命令，点击“圆柱形”命令后方的属性键（方块）□（图 2-3-58），弹出“圆柱形映射选项”对话框。其中，“投影操纵器”中的，“在变形器之前插入投影”项勾选后，可避免模型运动“纹理贴图”产生偏移现象。“UV 集”的“创建新 UV 集”项可以创建新的 UV 集；并将创建的 UV 放置在该集中；“UV 集名称”项为创建的新 UV 集的名称。多数情况下“圆柱形映射选项”使用默认选项即可（图 2-3-59）。

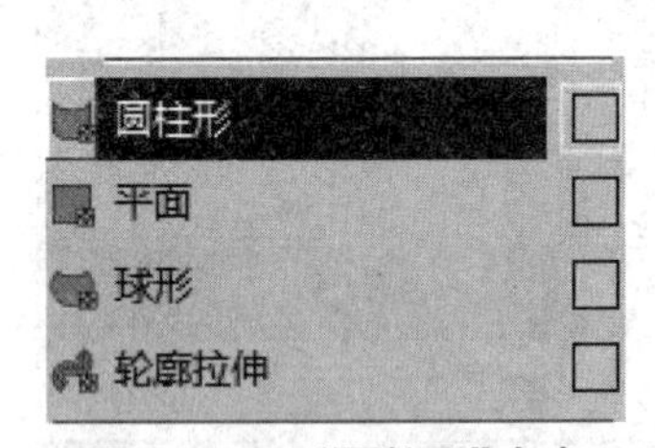

图 2-3-58 “圆柱形”命令

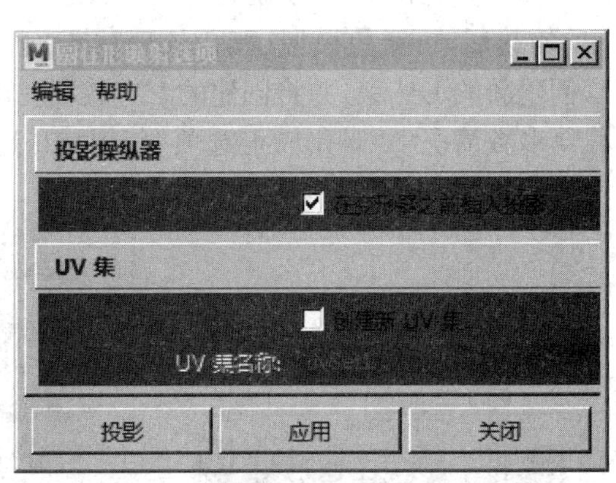

图 2-3-59 “圆柱形映射选项”对话框

4. 自动投影

（1）在 MAYA 中导入“棒球帽”文件，选择菜单栏中的“UV”→“自动”命令，在棒球帽上出现“操纵器”，可以通过对“操纵器”的手柄进行旋转、移动、缩放等操作（图 2-3-60）。选择菜单栏中的“窗口”→“建模编辑器”→“UV 编辑器”命令，在弹出的“UV 编辑器”对话框中，观察棒球帽模型的“UV”（图 2-3-61）。

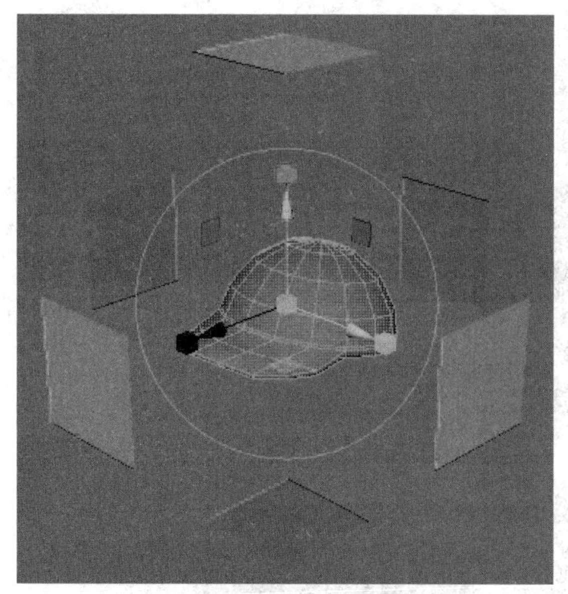

图 2-3-60 UV 操纵器

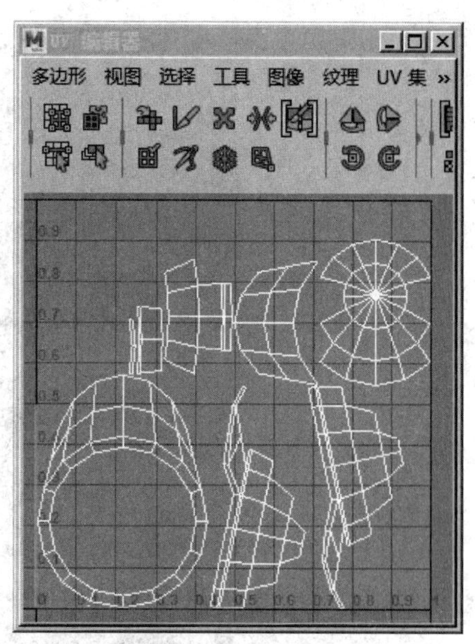

图 2-3-61 UV 编辑器

（2）选择菜单栏中的“UV”→“自动”命令，点击“自动”命令后方的属性键（方块）□（图 2-3-62）弹出“多边形自动映射选项”对话框。其中，“映射设置”的“平面”项选择使用投影的数量；“以下项的优化”项包含“较少的扭曲”（勾选后，UV 较平整但接缝处较多）；“较少的片数”（勾选后，UV 较接缝处较少但会扭曲），“在变形器之前插入投影”（勾选后，可避免模型运动“纹理贴图”产生偏移现象）。“投影”中“加载投影”项勾选后，可以对投影进行加载；“投影对象”项显示加载投影的对象名称；“加载选定项”项选择要加载的投影；“投影全部两个方向”项依照两侧的法线进行投影。“排布”中的“壳布局”项包含“重叠”（重叠放置 UV）；“沿 U 方向”（沿 U 方向放置 UV），“置于方形”（在 0~1 的纹理空间中放置 UV 块），“平铺”（平铺放置 UV）；“比例模式”项包含“无”（勾选后，不对 UV 缩放），“一致”（不改变 UV 比例放至 0~1 的纹理空间），“拉伸至方形”（拉伸 UV 匹配 0~1 的纹理空间，但会产生扭曲）；“壳堆叠”项包含“边界框”（将使 UV 间的距离更大），“形状”（将使 UV 间的距离更紧凑）。“壳间距”中的“间距预设”项根据映射的大小选择一个相应的预设值；“百分比间距”项选择“间距预设”是“自定义”才能激活，调节边界框间距大小。“UV 集”中的“创建新 UV 集”项可以创建新的 UV 集，并将创建的 UV 放置在该集中；“UV 集名称”项为创建的新 UV 集的名称。“自动映射”需要根据具体要求调节选项进行映射（图 2-3-62）。

图 2-3-62 “自动”命令

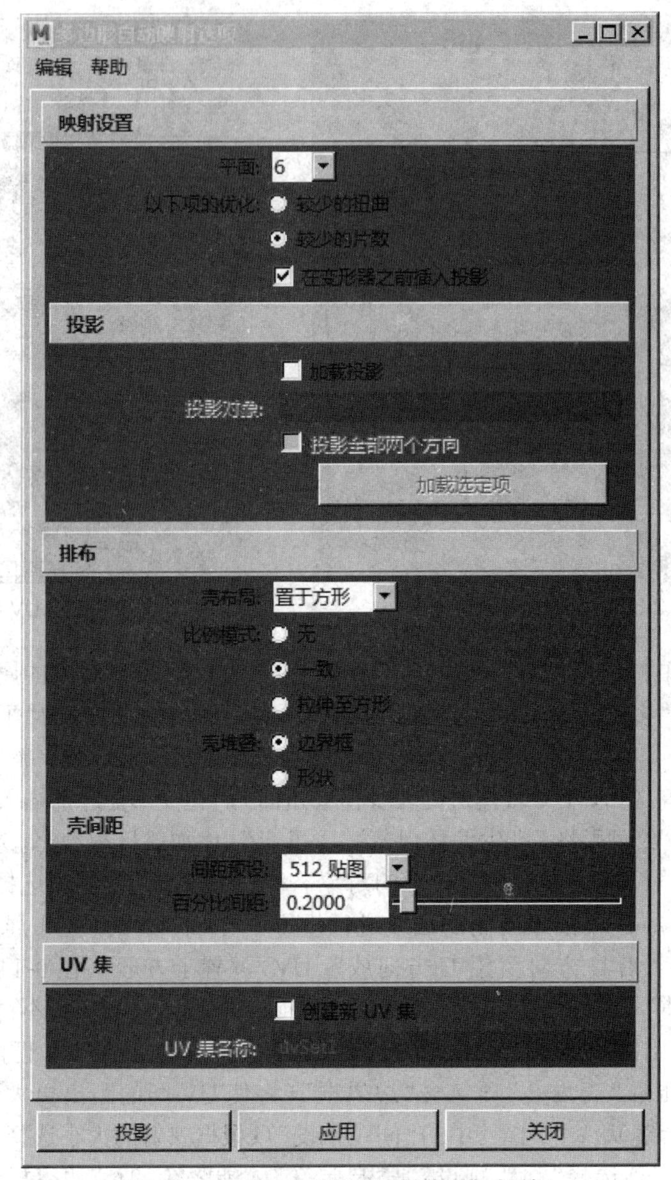

图 2-3-63 “多边形自动映射选项”对话框

2.3.4 UV 编辑器

UV 编辑器可用于观察模型的“UV”纹理坐标，同时可以对“UV”进行移动、旋转、缩放等编辑，根据需要也可以修改“UV”布局配合“纹理贴图”的制作，让枯燥的模型变得真实生动富有细节。这个过程类似手工折纸，将平面的纸张折叠成立体的造型，在 UV 编辑器中顺序相反而已，是将三维的模型变成二维的“UV”。

UV 编辑器主要有 3 部分，分别是菜单栏、快捷图标、工作区（图 2-3-64）。UV 编辑器中的菜单栏包含了所有功能，但是通常都是使用快捷图标完成“UV”编辑，下面对这些“快捷图标”进行详细讲解（图 2-3-65）。

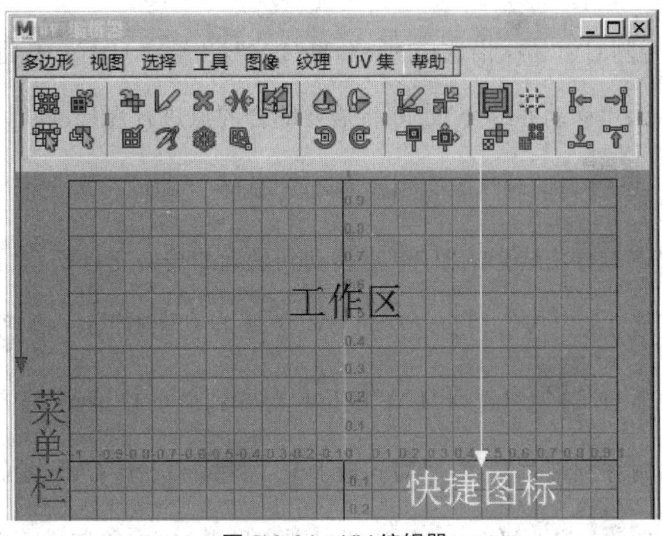

图 2-3-64 UV 编辑器

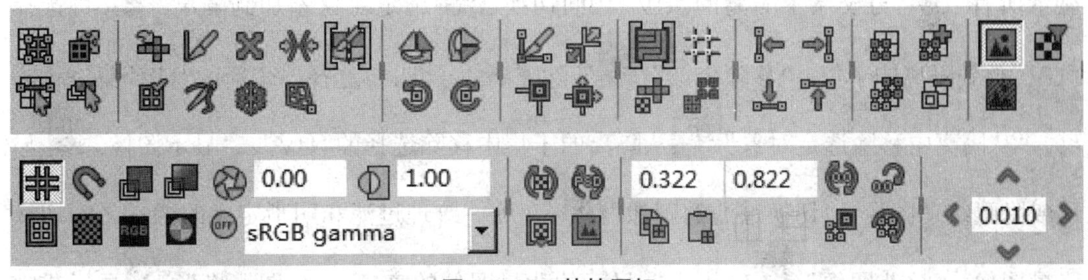

图 2-3-65 快捷图标

“UV 晶格工具”创建晶格，对选择的“UV”整体进行操纵。“移动 UV 壳工具”自动防止“UV”之间重叠。“选择最短边路径工具”确定两个“UV”点之间最短的线段。“调整 UV 工具”可自由编辑“UV”点。“展开 UV 工具”使用 Unfold3D 计算方法编辑“UV”。“切割 UV 工具”沿线段分割“UV”。“抓取 UV 工具”对“UV”进行精细拖曳移动。“收缩 UV 工具”将“UV”向工具的中心位置拉近。“对称 UV 工具”对“UV”进行镜像对称。“优化 UV 工具”优化“UV”之间的间距。“缝合 UV 工具”拖动线段进行焊接。“固定 UV 工具”保护“UV”不受其他工具影响。“涂抹 UV 工具”沿拖动方向移动“UV”。“翻转 U”在 U 方向上翻转选定“UV”。“翻转 V”在 V 方向上翻转选定“UV”。“逆时针旋转”以逆时针方向按 45° 旋转选定 UV。“顺时针旋转”以顺时针方向按 45° 旋转选定“UV”。“沿当前选择切割”沿选择的线段分离“UV”。“分割 UV”沿选择的点分离“UV”。“缝合 UV”将需要缝合的点拖至相近处进行焊接。“移动并缝合”将需要缝合的点进行焊接，同时“UV”移动位置。“选择面排布 UV”自动对“UV”进行“移动”“旋转”“缩放”，最大程度提高“UV”空间使用率。“栅格 UV”将选择的“UV”点移动到最近的栅格交点处。“展开”确保不重叠的同时，展开选定的“UV”。“自动移动 UV”自动调整“UV”排列到一个更合理的布局中。“对齐最小 U”将选择“UV”的位置对齐到最小 U 值。“对齐最大 U”将选择“UV”的位置对齐到最大 U 值。“对齐最小 V”将选择“UV”的位置对齐到最小 V 值。“对齐最大 V”将选择“UV”的位置对齐到最大 V 值。“切换隔离选择模式”显示所有“UV”与仅显示隔离的“UV”之间切换。“将选定对象添加到隔离”将选择“UV”放到隔离的子集。“移除全部”清除隔离的子集，再选择一个新的“UV”集进行隔离。“从隔离中移除选定对象”从隔离的子集中移除选择的“UV”。“显示图像”显示或隐藏纹理图像。“切换过滤的图像”在硬件纹理过滤和明晰定义的像素之间切换背景图像。“暗淡图像”减小当前显示的背景图像的亮度。“视图栅格”显示或隐藏栅格。“像素捕捉”将“UV”捕捉到像素边界。“对 UV 进行着色”选择“UV”进行着色，便于确定重叠的区域“UV”顺序。“切换扭曲着色器”确定“UV”拉伸或压缩区域。“切换纹理边界”切换“UV”边界的显示。“切换棋盘格着色”将棋盘格图案纹理应用于“UV”网格。“显示 RGB 通道”显示纹理贴图的 RGB 颜色通道。“显示 Alpha 通道”显示纹理贴图的“Alpha”透明度通道。“曝光”调整显示亮度。“Gamma”调整图像的对比度和中间调亮度。“视图变换”sRGB gamma 转化颜色视图变换。“UV 编辑器烘焙”烘焙纹理并将其存储在内存中。“更新 PSD 网络”刷新当前使用的 PSD 纹理。“强制重烘焙编辑器纹理”重新烘焙纹理。“使用图像比”显示方形纹理与显示图像原始比例纹理间进行切换。“U 坐标、V 坐标”-0.009 0.426 显示选定 UV 的坐标。“刷新 UV 值”可更新文本框中的“UV”值。“UV 变换输入”在绝对值与相对值之间更改“UV”坐标输入模式。“复制”将选择的“UV”点或面复制到剪贴板。“粘贴”从剪贴板粘贴“UV”点或面。“将 U 值粘贴到选定 UV”仅将剪贴板上的 U 值粘贴到选定“UV”点上。“将 V 值粘贴到选定 UV”仅将剪贴板上的 V 值粘贴到选定“UV”点上。“复制 / 粘贴面或 UV”在处理“UV”和处理“UV”面之间切换工具栏上的“复制”和“粘贴”按钮。“循环”旋转选择多边形的“UV”值。“偏移组件”微调“UV”位置。

每一个“快捷图标”单独学习都非常简单，但是在项目制作时只使用某个“快捷图标”是不可能完成“UV 映射”的，必须综合运用才能取得最佳效果，所以大家一定要理解掌握这些“快捷图标”，为接下来的学习打好基础。下面利用所学习知识制作苹果的纹理贴图。

（1）在 MAYA 中导入“苹果”文件（图 2-3-66），苹果模型的形状接近于圆形，所以使用“球形”投影，点击苹果模型，选择菜单栏中“UV”→“球形”命令（图 2-3-67）。

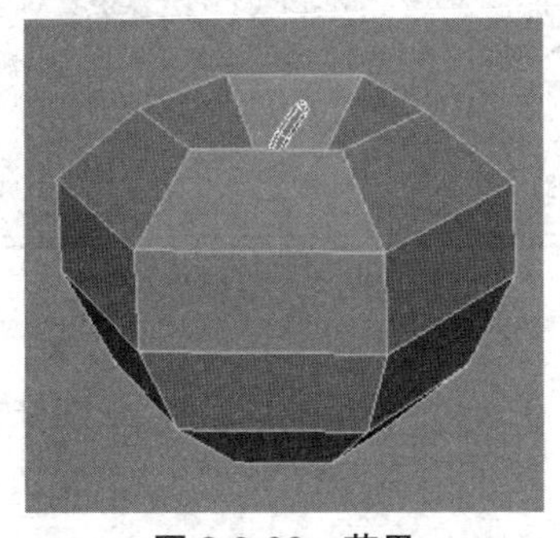

图 2-3-66　苹果

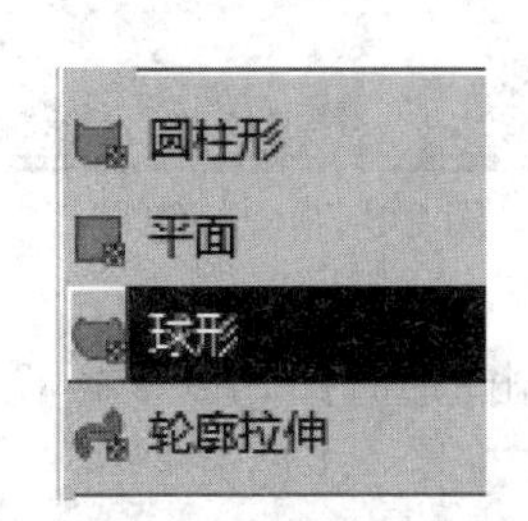

图 2-3-67　“球形”命令

（2）选择菜单栏中的“窗口”→“建模编辑器”→“UV 编辑器”命令，观察苹果“UV”效果（图 2-3-68）。选择需要分割的线段（图 2-3-69）。

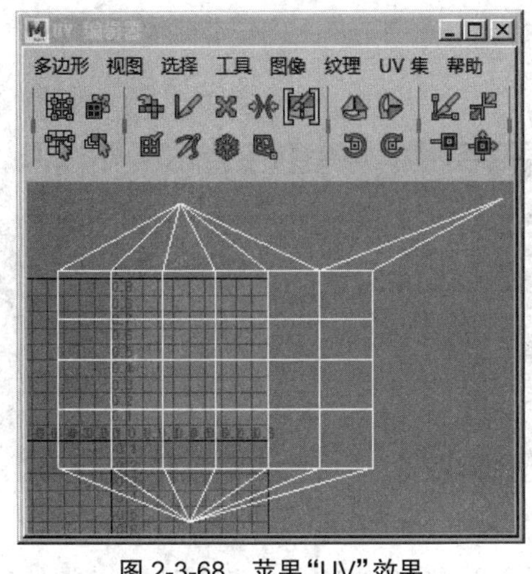

图 2-3-68　苹果“UV”效果

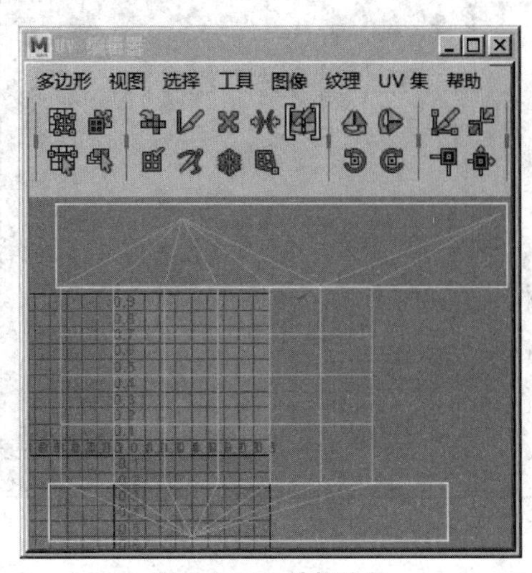

图 2-3-69　选择线段

（3）点击“快捷图标”中“沿当前选择切割”，将“UV”进行分割（图 2-3-70），再点击“展开”将“UV”进行平铺（图 2-3-71）。

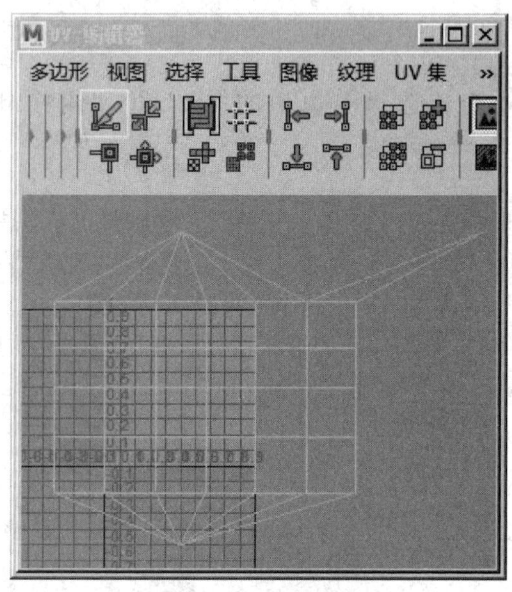

图 2-3-70 分割“UV”

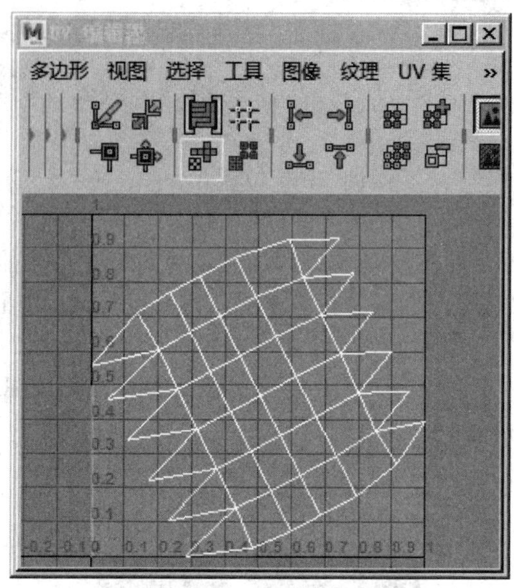

图 2-3-71 平铺“UV”

（4）点击“逆时针旋转”调整“UV”的位置（图 2-3-72），在“UV编辑器”中按鼠标右键选择“UV”（图 2-3-73）。

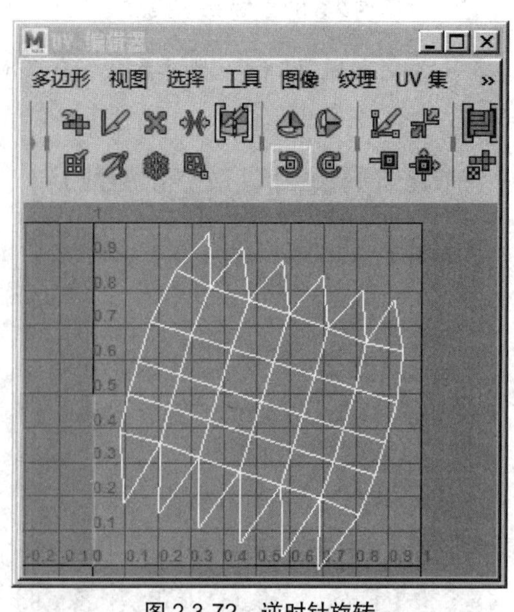

图 2-3-72 逆时针旋转

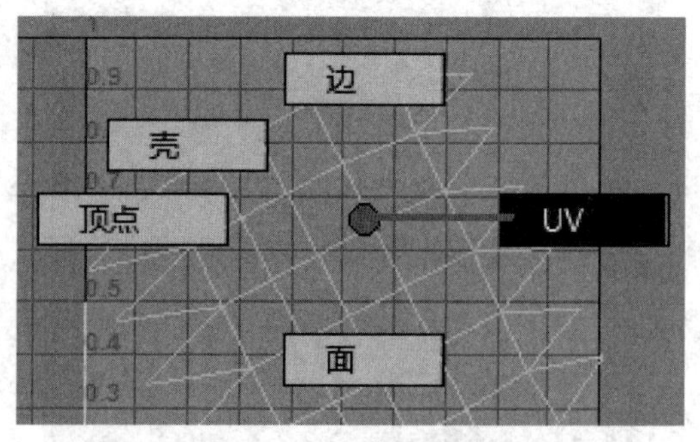

图 2-3-73 选择“UV”

（5）点击“E”键使用“旋转命令”调整“UV”角度（图 2-3-74），点击“UV编辑器”中的

“多边形”→“UV 快照”命令(图 2-3-75)。

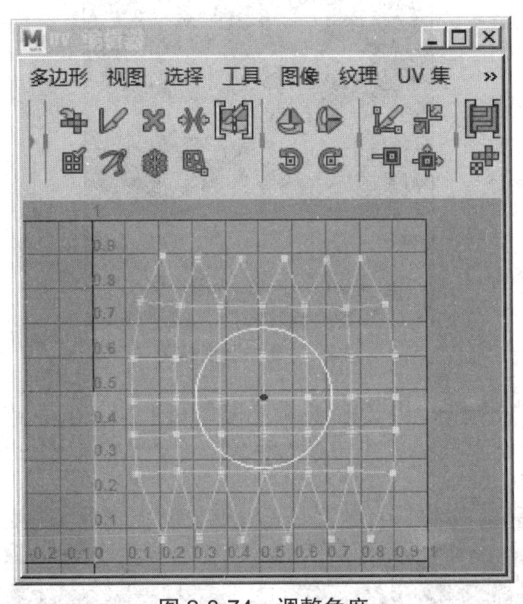

图 2-3-74 调整角度

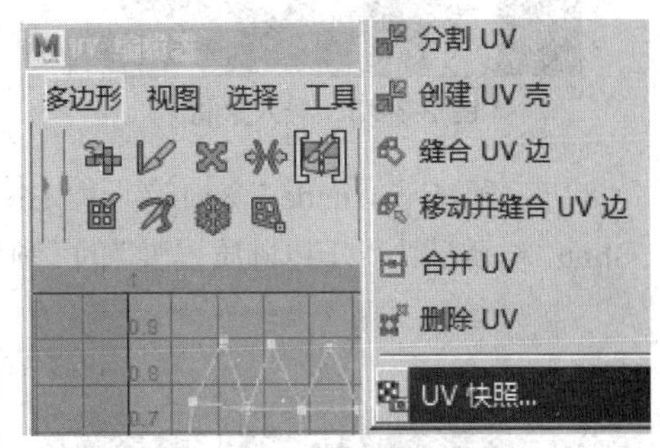

图 2-3-75 UV 快照

(6)弹出“UV 快照”对话框(图 2-3-76),其中,“UV 快照”中的“文件名”项是选择“UV”图像的储存路径(本案例中“UV”图像命名为“苹果 UV”);“大小 X”、“大小 Y”项设置“UV”图像的像素大小;“保持纵横比”项勾选后,“UV”图像保持比例;“颜色值”项为“UV”图像的颜色;“抗锯齿线”项勾选后,可提高“UV”图像质量;“图像格式”项为“UV”图像储存的格式(多使用 JPEG)。“UV 范围选项”调节“UV”纹理空间,多使用默认按钮选项即可。注意,选择苹果模型的物体级别后,再点击“UV 快照”对话框的“确定”按钮,才可以储存“UV”图像。按照储存路径找到“UV”图像,观察效果(图 2-3-77)。

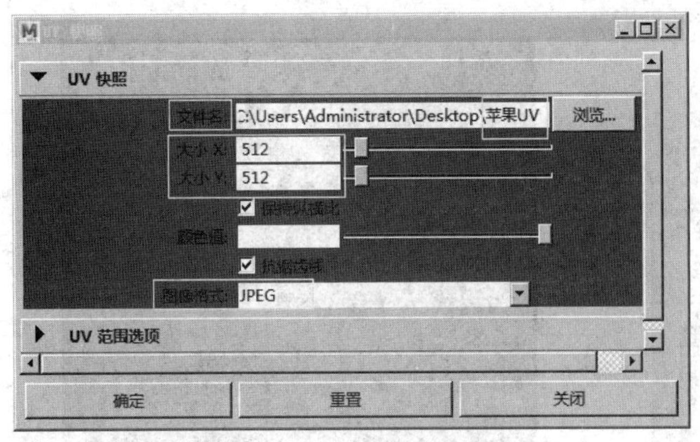

图 2-3-76 “UV 快照”对话框

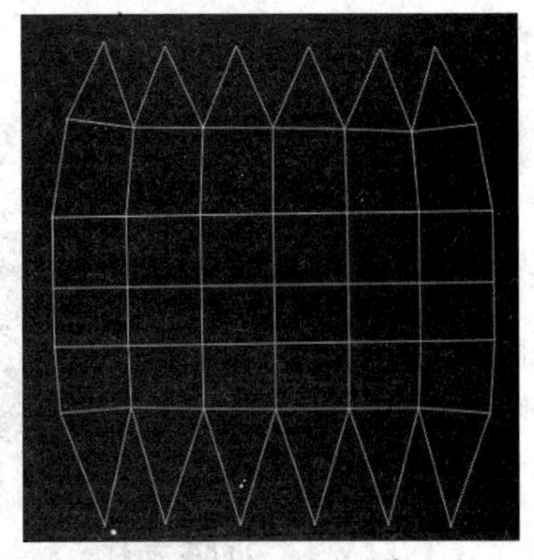

图 2-3-77 UV 图像

(7)将素材“苹果 1”“苹果 2”及“UV 图像”导入绘图软件之中,按照“UV 图像”的范围绘制“苹果贴图”(图 2-3-78),检查贴图是否与“UV”相符合,“UV”以外的范围将不显示任何颜色,贴图一定绘制在“UV”以内(图 2-3-79)。

图 2-3-78　导入素材

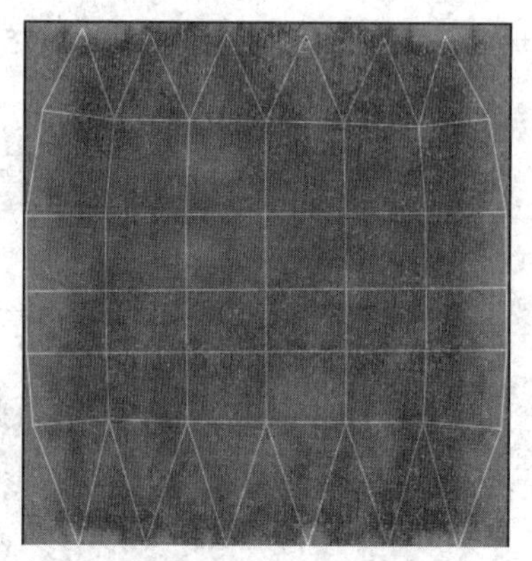
图 2-3-79　绘制贴图

（8）打开“Hypershade”窗口”创建“Blinn”材质球，将其赋予苹果模型（图 2-3-80）。点击“Blinn”材质球中“公共材质属性”的“颜色”项后方的“黑白键”（图 2-3-81）。

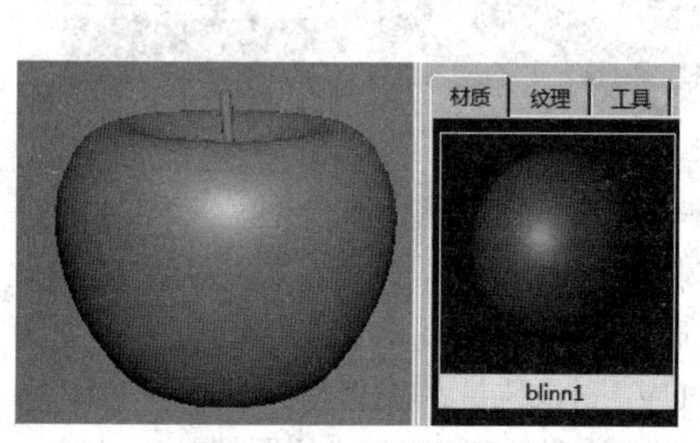

图 2-3-80　苹果模型

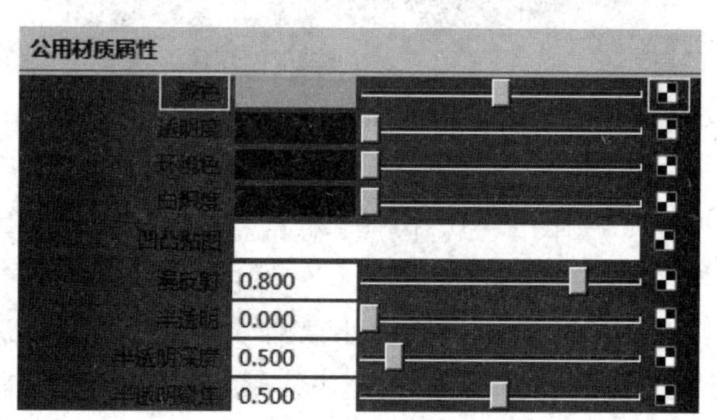

图 2-3-81　“颜色”项

（9）弹出“创建渲染节点”对话框，选择“文件”纹理（图 2-3-82），按储存路径点击“苹果贴图”，在“工作区”观察连接节点（图 2-3-83）。

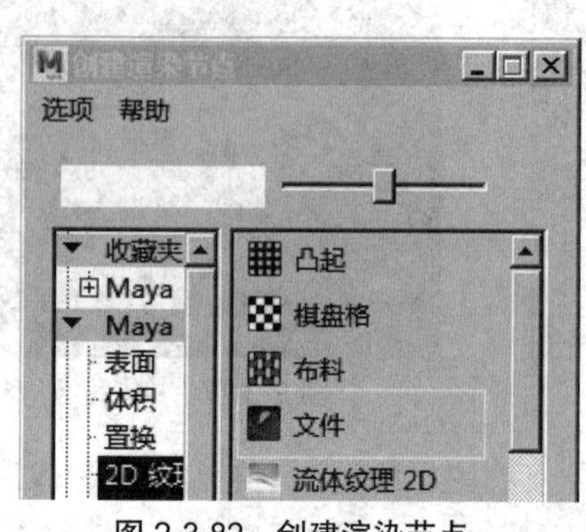

图 2-3-82　创建渲染节点

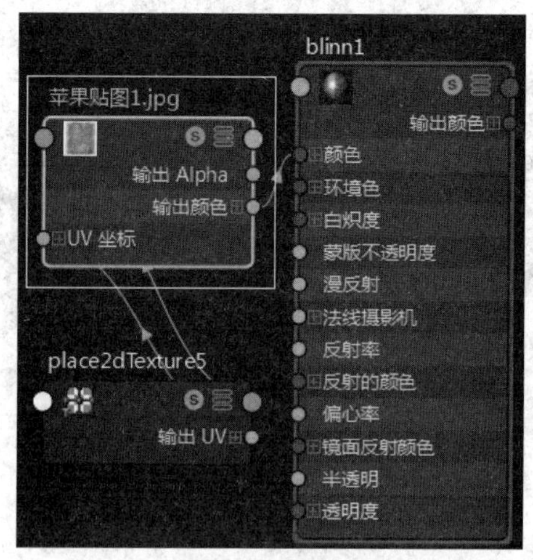

图 2-3-83　工作区

（10）将“Hypershade”中将“lambert1”的“颜色”项设置为“360、0.904、0.037”（图 2-3-84），

在“渲染设置”对话框中选择“产品级质量”，点击“渲染视图”，观察渲染效果（图 2-3-85）。

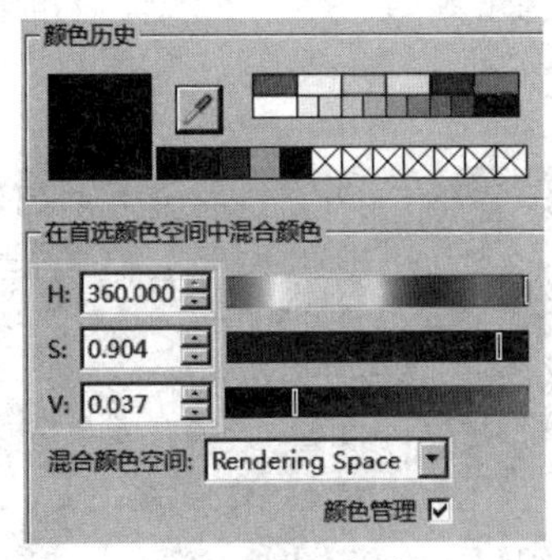

图 2-3-84　颜色

图 2-3-85　渲染效果

2.4　项目实战

通过本项目熟悉场景中材质、UV 制作以及贴图的操作流程，特别是灯光的使用，对于营造一个良好的光影效果起着至关重要的作用。材质的制作环节相互影响、相辅相成，离不开各知识点的配合使用，只有将每一个环节做到精益求精，才能生成优秀的最终效果。

（1）在 MAYA 中导入“室内”文件（图 2-4-1），首先确定场景内的观察角度。选择菜单栏中的“创建”→“摄影机”→“摄影机”命令（图 2-4-2）。

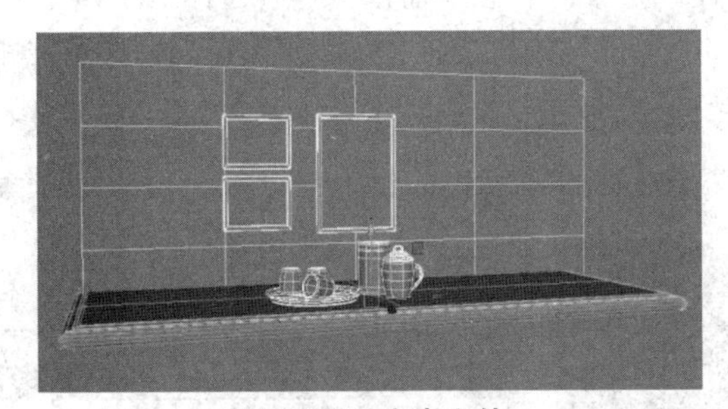

图 2-4-1　室内文件

图 2-4-2　摄像机

（2）点击“操作界面”中的“面板”→“沿选定对象观看”命令（图 2-4-3），在“操作界面”中调节“摄影机”角度，对准物体（图 2-4-4）。

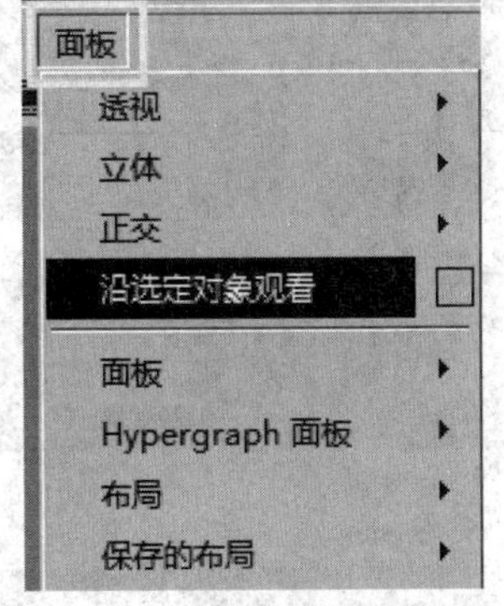

图 2-4-3　“沿选定对象观看”命令

图 2-4-4　调节摄影机角度

（3）选择菜单栏中的“创建”→“灯光”→“聚光灯”命令（图 2-4-5），点击“操作界面”中“面板”→“沿选定对象观看”命令，在“操作界面”中调节“聚光灯”角度，对准物体（图 2-4-6）。

图 2-4-5 “聚光灯”命令

图 2-4-6 调节聚光灯角度

（4）修改聚光灯属性，将“颜色”项设置“60、0.17、1”；“强度”，设置为“1.2”；“圆锥体角度”项设置为“100”，“阴影颜色”项设置为“60、0.17、0.12”；勾选“使用光线跟踪阴影”项，“灯光半径”项设置为“7”、“阴影光线数”设置为“10”（图 2-4-7）。点击状态栏中的“显示渲染设置”，弹出“渲染设置”对话框，在“使用一下渲染器渲染”中选择“Maya 软件”，点击“Maya 软件”标签，在“抗锯齿质量”的“质量”项中选择“产品级质量”，在“光线跟踪质量”中勾选“光线跟踪”项（图 2-4-8）。

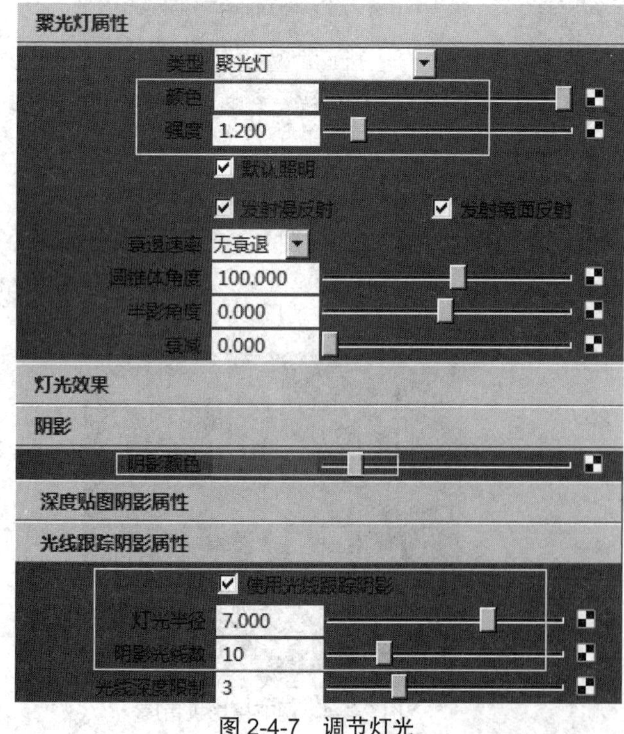

图 2-4-7 调节灯光

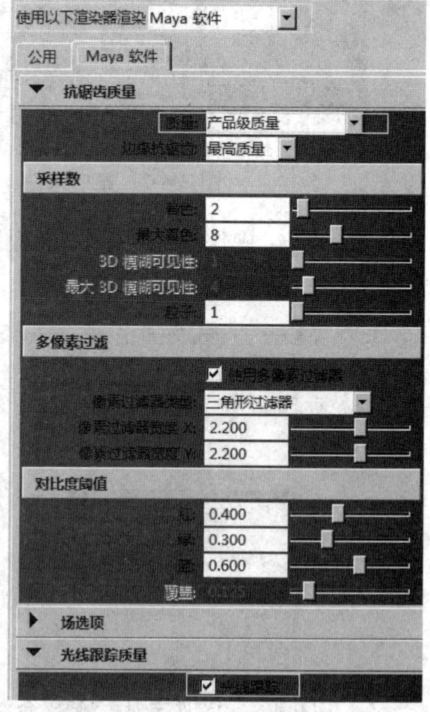

图 2-4-8 渲染设置

点击状态栏中的“渲染当前帧”观察光影效果(图 2-4-9),再创建一盏聚光灯,放置好位置照亮阴影部分,“颜色”项设置为“180、0.192、1”、“强度”项设置为“0.7”,点击状态栏中的“渲染当前帧”观察光影效果(图 2-4-10)。

图 2-4-9 主光灯效果

图 2-4-10 辅光灯效果

继续创建一盏聚光灯放置在底部位置,“颜色”项设置为“180、0.192、1”,“强度”项设置为“0.5”,“圆锥体角度”项设置为“60”(图 2-4-11)。点击状态栏中的“渲染当前帧”观察光影效果(图 2-4-12)。

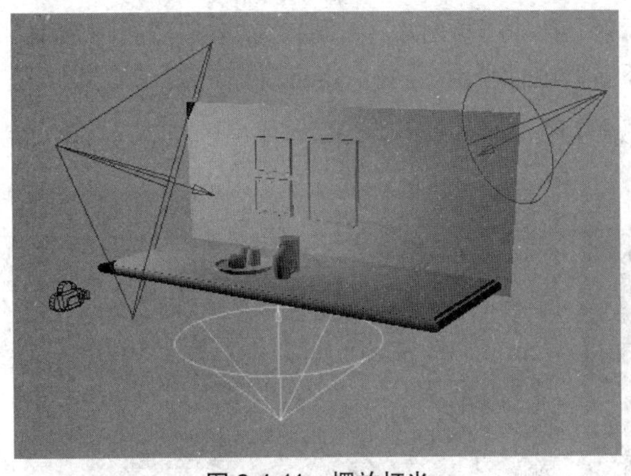

图 2-4-11 摆放灯光

图 2-4-12 光影效果

(9)将“Blinn”材质的“公共材质属性”中的“颜色”项设置为“60、0、0”,“透明度”项设置为“60、0、1”,“圆锥体角度”项设置为“100”(图 2-4-13)。在“镜面反射着色”中,将“偏心率”项设置为“0.15”,“镜面反射衰减”项设置为“0.95”,“镜面反射颜色”项设置为“60、0、0.8”(图 2-4-14)。

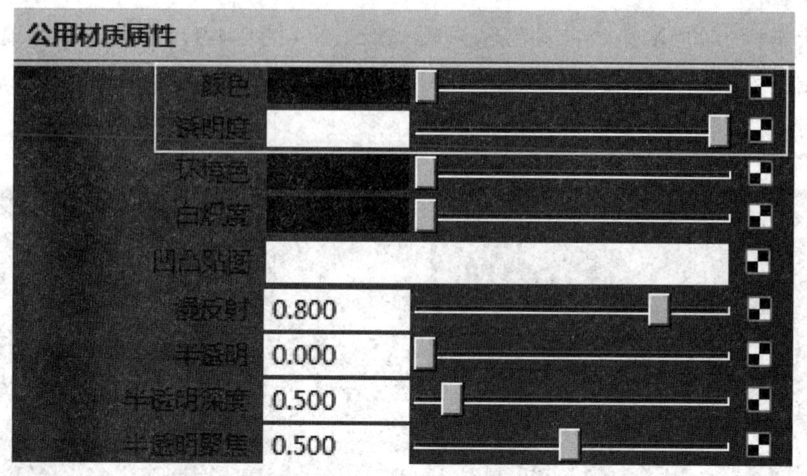

图 2-4-13　公共材质属性

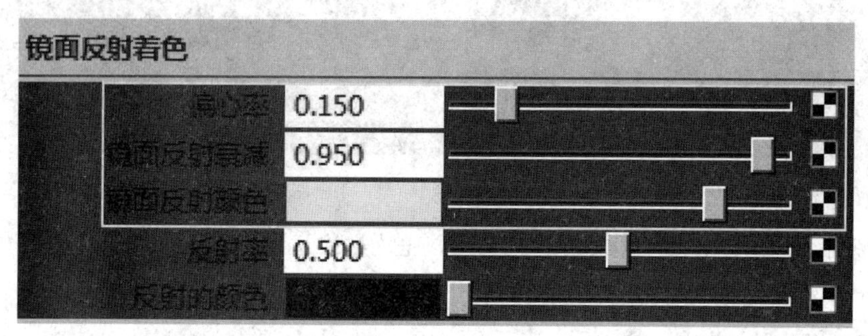

图 2-4-14　镜面反射颜色

（10）在“光线跟踪选项”中，勾选“折射”项，将“折射率”项设置为“1.4”，“折射限制”项设置为“8”（图 2-4-15）。先将玻璃茶杯模型进行平滑，再将“Blinn”材质赋予 3 个玻璃茶杯，点击状态栏中“渲染当前帧”观察效果（图 2-4-16）。

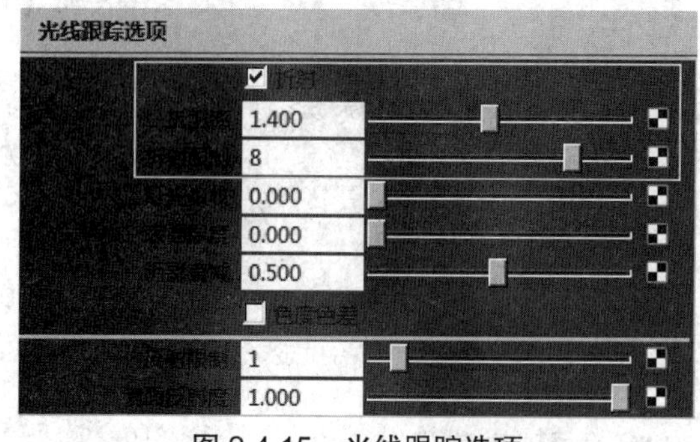

图 2-4-15　光线跟踪选项

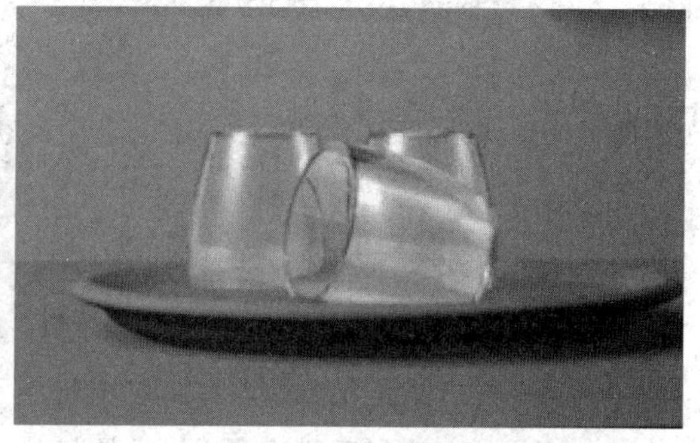

图 2-4-16　玻璃茶杯

（11）使用“平面映射”的“Z 轴”对墙面进行投影（图 2-4-17）。创建“lambert”材质，点击“颜色”项后方的“黑白键”添加素材“墙纸”，将“lambert”材质赋予墙面，点击状态栏中的“渲染当前帧”观察效果（图 2-4-18）。

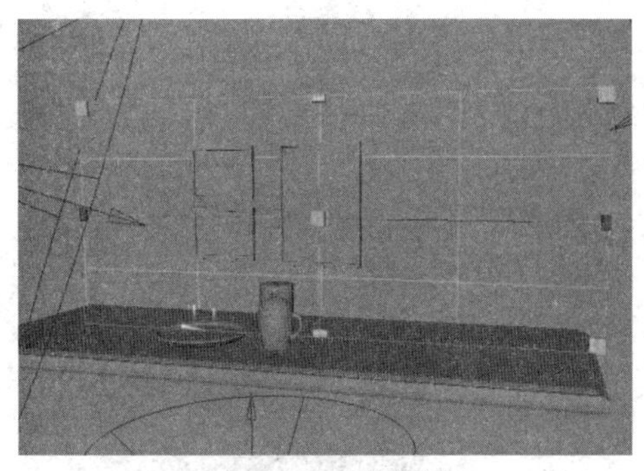

图 2-4-17　平面映射

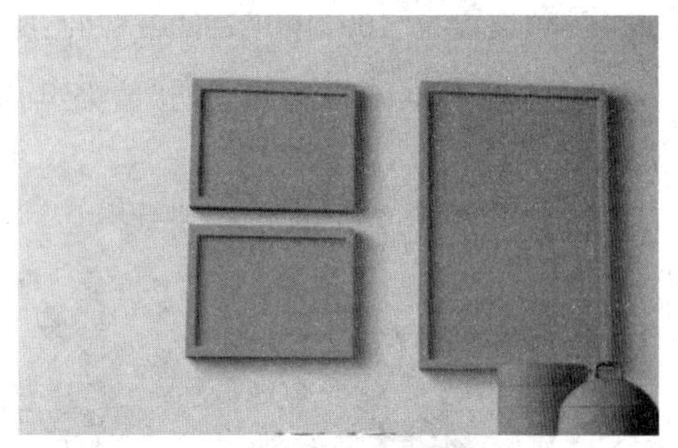

图 2-4-18　墙面效果

（12）使用“平面”映射的“Z 轴”分别对 3 个画框进行投影（图 2-4-19）。创建“lambert”材质，点击“颜色”项后方的“黑白键”添加素材“木纹”，将“lambert”材质赋予 3 个画框，点击状态栏中的“渲染当前帧”观察效果（图 2-4-20）。

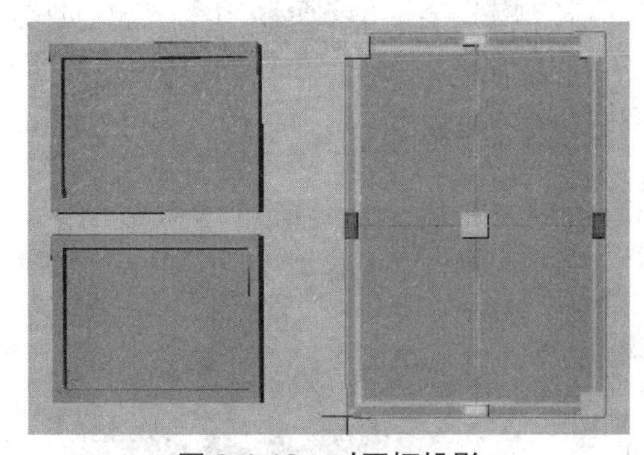

图 2-4-19　对画框投影

图 2-4-20　画框效果

（13）再创建 3 个“lambert”材质，分别点击在“颜色”项后方的“黑白键”添加素材“画 1”“画 2”“画 3”（图 2-4-21）。使用“面”级别选择画框中最大的面（图 2-4-22）。

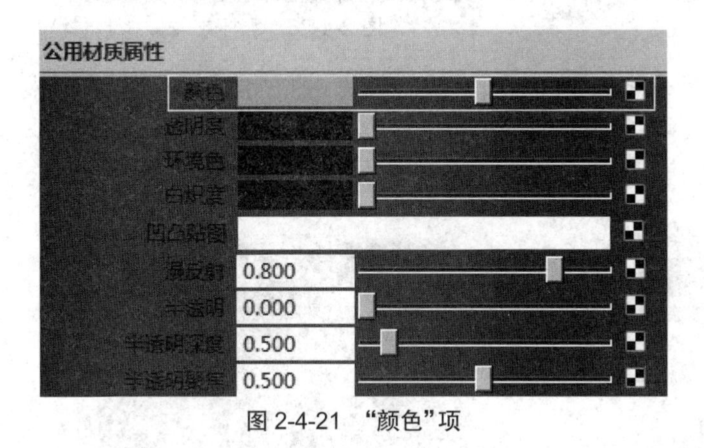

图 2-4-21　“颜色”项

图 2-4-22　“面”级别

（14）将添加素材“画 1”“画 2”“画 3”的 3 个材质球，分别赋予 3 个画框的面，点击状态栏中的“渲染当前帧”观察效果（图 2-4-23）。创建一个“Blinn”材质将“颜色”项设置为“60、0.4、1”，“凹凸贴图”项添加“噪波纹理”，将“噪波纹理”中“place2dTexture”的“UV

向重复”项设置为“100、100”，将“2D 凹凸属性”的“凹凸深度”项设置为“0.01”，将“Blinn”材质赋予茶叶盒，点击状态栏中的“渲染当前帧”观察效果（图 2-4-24）。

图 2-4-23 画框效果

图 2-4-24 茶叶盒效果

（15）选择茶杯使用“圆柱形”映射对茶杯的水杯部分进行投影（图 2-4-25）。创建一个“Blinn”材质，将素材“陶瓷”添加到其“颜色”属性，将“偏心率”项设置为“0.2”，“镜面反射衰减”项设置为“0.8”，“镜面反射颜色”项设置为“0、0、0.8”，将赋予茶杯的“Blinn”材质水杯部分，点击状态栏中的“渲染当前帧”观察效果（图 2-4-26）。

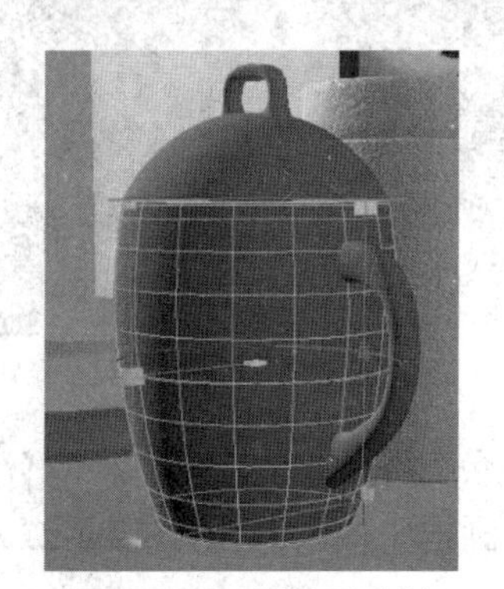
图 2-4-25 圆柱形映射

图 2-4-26 水杯效果

选择茶杯使用“球形”映射对茶杯的“杯盖”部分进行投影（图 2-4-27）。将“Blinn”材质（赋予茶杯的水杯部分的“Blinn”材质）赋予杯盖，点击状态栏中的“渲染当前帧”观察效果（图 2-4-28）。

图 2-4-27 球形映射

图 2-4-28 杯盖效果

（17）选择杯把模型，将“Blinn”材质（赋予茶杯的水杯部分的“Blinn”材质）赋予杯把模型，在“UV 编辑器”中将杯把的“UV”放置在贴图的白瓷部分（图 2-4-29）。点击状态栏的“渲染当前帧”观察效果（图 2-4-30）。

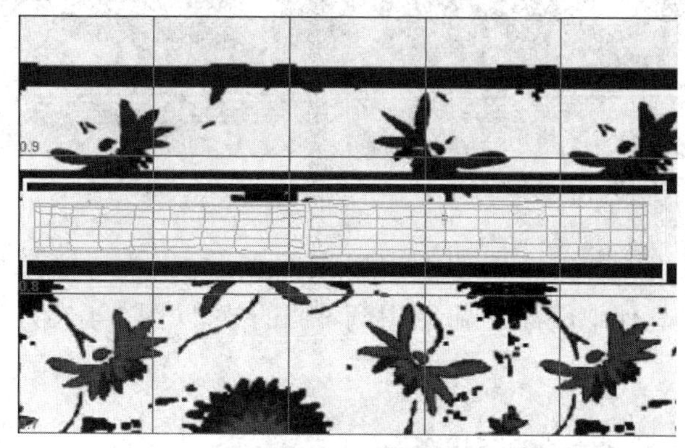
图 2-4-29　调节 UV

图 2-4-30　茶杯效果

（18）创建一个“Blinn”材质，将“托盘”素材添加到其“颜色”属性，赋予托盘模型（图 2-4-31）。点击状态栏中的“渲染当前帧”观察效果（图 2-4-32）。

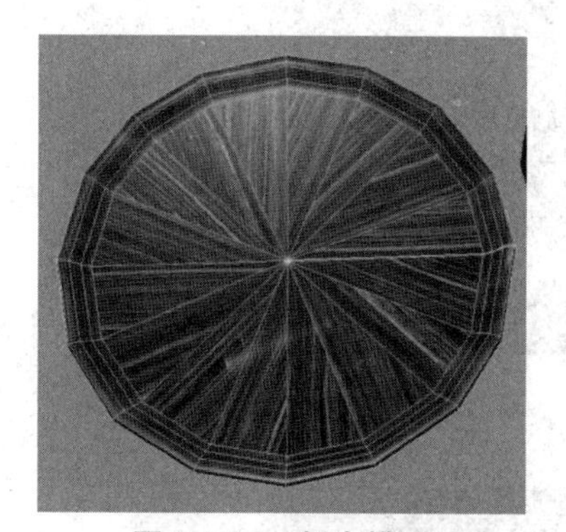
图 2-4-31　托盘模型

图 2-4-32　托盘效果

选择桌面模型，使用“平面”映射的“Y 轴”对桌面模型进行投影（图 2-4-33）。创建一个“Blinn”材质，将“桌面”素材添加到其“颜色”属性，“偏心率”项设置为“0.4”，“镜面反射衰减”项设置为“0.6”，“反射率”项设置为“0.1”，赋予桌面模型（图 2-4-34）。

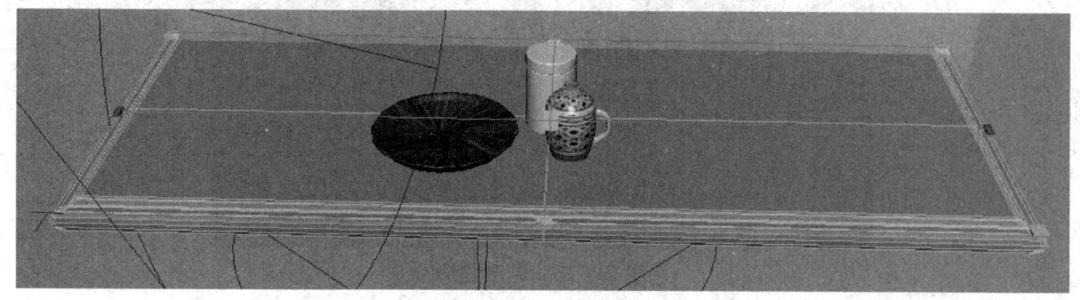
图 2-4-33　平面映射

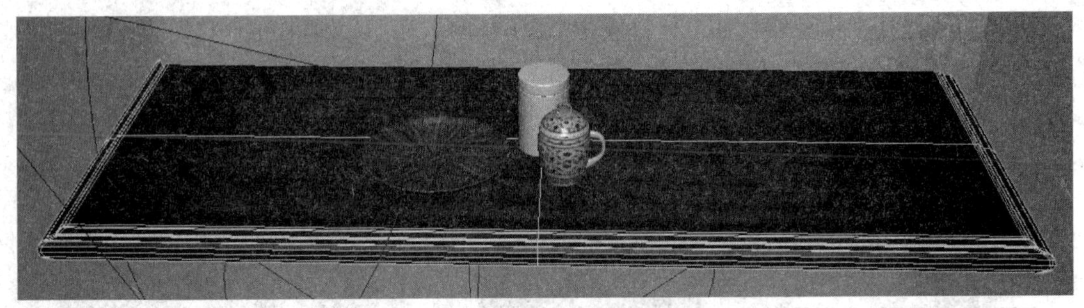

图 2-4-34 赋予模型

（20）点击状态栏中的“渲染当前帧”观察场景的最终效果（图 2-4-35），也可根据项目要求对“灯光”“材质”“UV”等在后期软件中进行微调，可得到不同的效果（图 2-4-36）。

图 2-4-35 最终效果

图 2-4-36 调节效果

2.5 课后练习

参考素材图（图 2-5-1）的光影效果及材质效果，利用所提供的模型与贴图，合理完成场景的光影与材质效果。

图 2-5-1　课后练习

动画篇

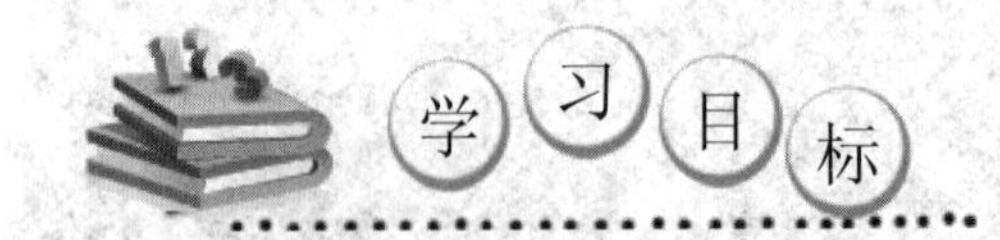

通过学习动画制作的相关知识，了解三维动画的制作流程，掌握动画的基本设置，可以在三维项目的各个环节之中灵活运用。在任务实现过程中：

- 了解动画的基本设置；
- 掌握动画骨骼与控制器的关系；
- 掌握关键帧的调节方法。

【情境导入】

在三维动画中“画”是基础，“动”是灵魂。而“动画”顾名思义，是与运动不可分离的，动画的本质其实就是“运动”，是将多张连续的单帧画面按顺序排列，再按照一定的速度进行播放，就形成了“动画”。在 MAYA 中包含了一套强大的动画系统，可以制作出你能想象到的任何动画效果。希望大家学习“动画篇”后，可以制作出一部优秀的动画作品。

动画效果

动画效果(续)

3.1 动画的基础设置

使用 MAYA 的动画系统，可以模拟出能想象到的任何生命形态的动画效果。动画部分是 MAYA 较复杂的部分，拥有大量的基础操作命令（在状态栏中选择“动画”模式 动画 即进入到动画命令的选择），而这些基础操作命令，对最终的动画效果起着举足轻重的作用，能否熟练掌握这些基础操作命令，对动画项目的制作起着关键作用。下面我们将对这些基础操作命令进行系统性的学习。

3.1.1 簇

簇是对模型上选择的“点级别”进行整体调节。

（1）在“操作界面”中创建平面，选择中间部分的“点级别”（图 3-1-1），选择菜单栏中的“变形”→“簇”命令（图 3-1-2）。

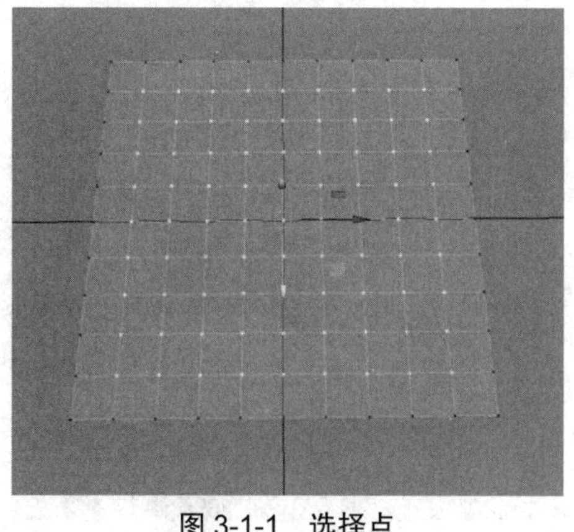

图 3-1-1 选择点

图 3-1-2 “簇”命令

（2）此时，在模型上生成“C”（“C”即“簇”的控制手柄），对“C”进行“移动”“旋转”“缩放”调节，就是对选择的“点级别”进行调节，十分方便快捷（图 3-1-3）。选择“C”，点击菜单栏中的“变形”→“编辑成员身份工具”命令（图 3-1-4）。

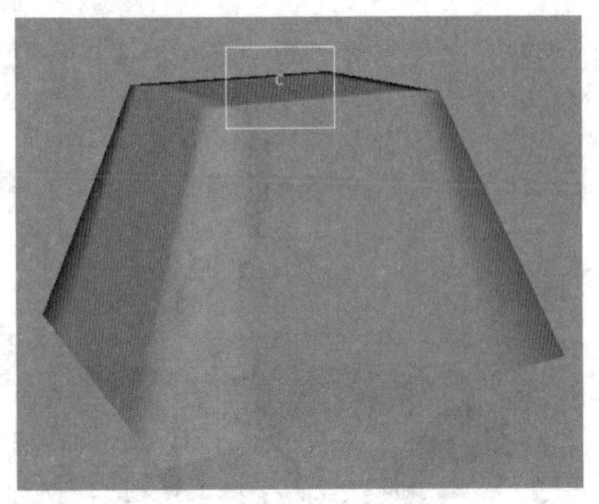
图 3-1-3　控制手柄

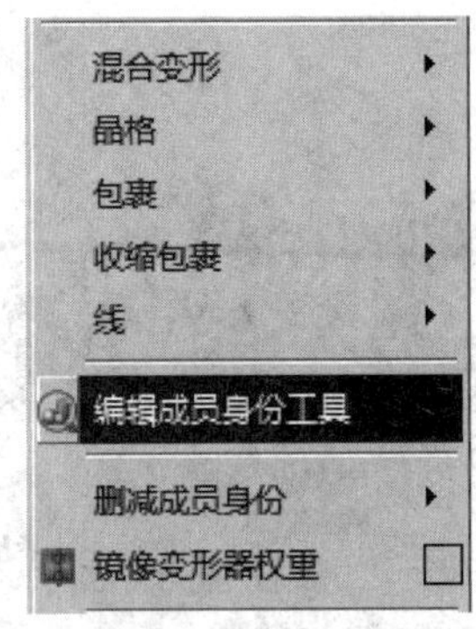

图 3-1-4　“编辑成员身份工具”命令

（3）此时，模型将恢复“点级别”的显示，按“Ctrl”键减选控制点（按“Shift”键加选控制点）（图 3-1-5）。再次调节“C”时，只能做用于被选择的“点级别”部分（图 3-1-6）。

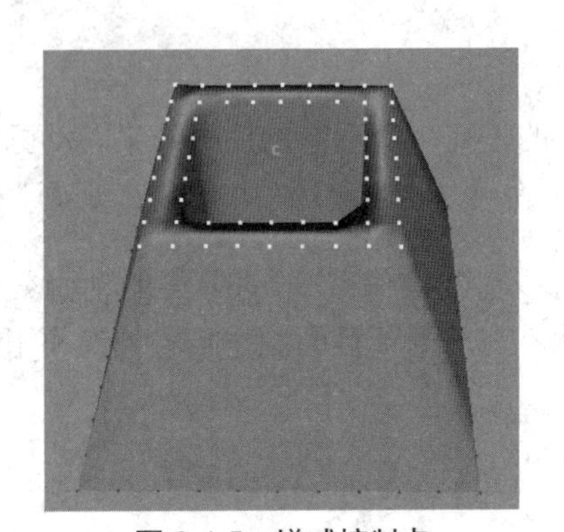
图 3-1-5　增减控制点

图 3-1-6　簇的控制范围

（4）选择模型，点击菜单栏中的“变形”→“簇”命令后方的方块（注意，这个“簇”命令是编辑“簇”，与第一次选择的“簇”命令不同）（图 3-1-7）。模型显示出现“簇”的权重，“白色”区域就是“簇”作用的部分，“黑色”区域就是“簇”没有作用的部分，红圈即是笔刷（图 3-1-8）。

图 3-1-7　编辑簇

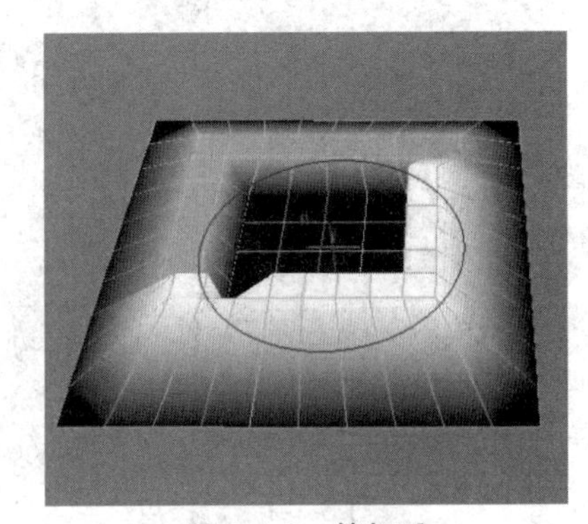
图 3-1-8　簇权重

（5）弹出“工具设置”对话框（图 3-1-9）。其中“笔刷”的“半径 U”项调节笔刷最大范围；“半径 L”项调节笔刷最小范围；“不透明度”项调节笔刷的力度；“轮廓”项包含笔刷的 5

种形状（最后一个是“自定义”笔刷形状）。“绘制属性”中的，“cluster1.weights”项显示选定要绘制的簇的名称和正在绘制的属性；“过滤器：cluster”项设定一个过滤器，以便在其上方的按钮菜单上只显示簇节点；“绘制操作”项包括“替换”（将顶点权重替换为设定的笔刷权重）。“相加”（将顶点权重添加到设定的笔刷权重上）。“缩放”（通过设定的笔刷权重因子缩放顶点权重）。“平滑”（可以均衡邻近顶点的权重平稳进行过渡）。“值”项设定权重数值；“最小值 / 最大值”设置可能的最小和最大绘制值。“钳制”项包含“下限”（将下限值钳制在下面规定的“钳制值”），“上限”“（勾选后将上限值钳制在下面规定的“钳制值”）；“钳制值”项设置要钳制的“下限”值和“上限”值；“整体应用”项对选定簇的所有权重采用笔刷设置。“向量索引”项若正在绘制三通道属性则选择要绘制的通道。簇权重是单通道属性无须更改设置。通过调整“工具设置”对话框中的属性改变画笔，或是按住“B”键移动鼠标左键调节笔刷“半径”、按住“N”键移动鼠标左键调节笔刷“值”、按住“U”键选择“替换”“相加”“缩放”“平滑”等选项，从而改变簇的“权重”分配（图 3-1-10）。

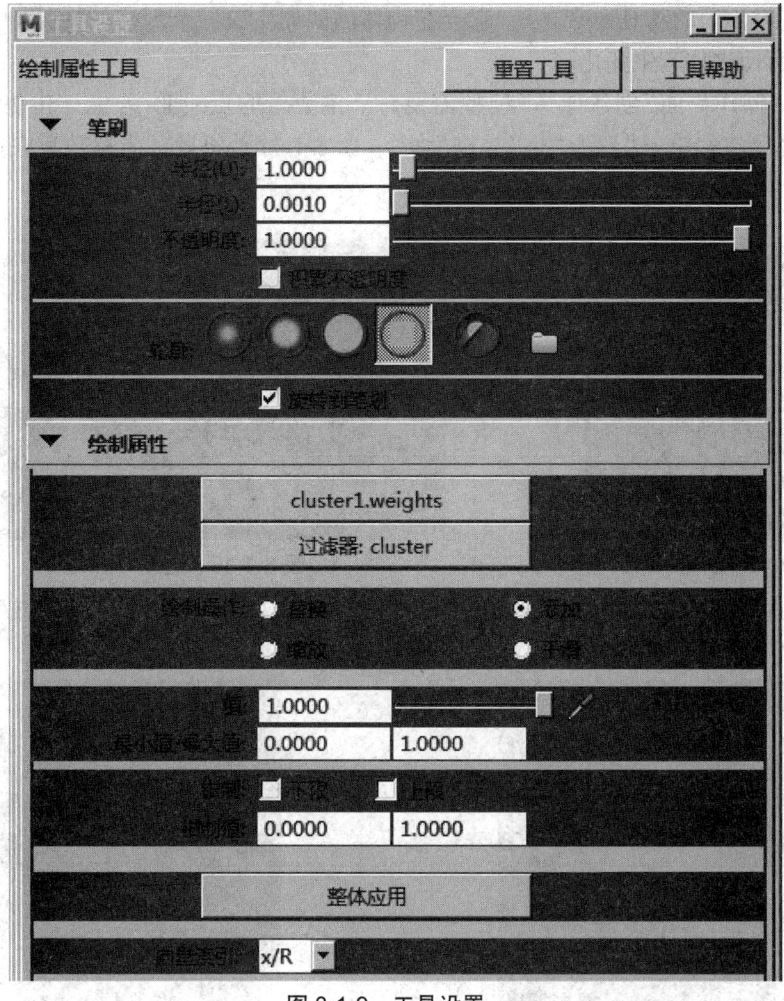

图 3-1-9 工具设置

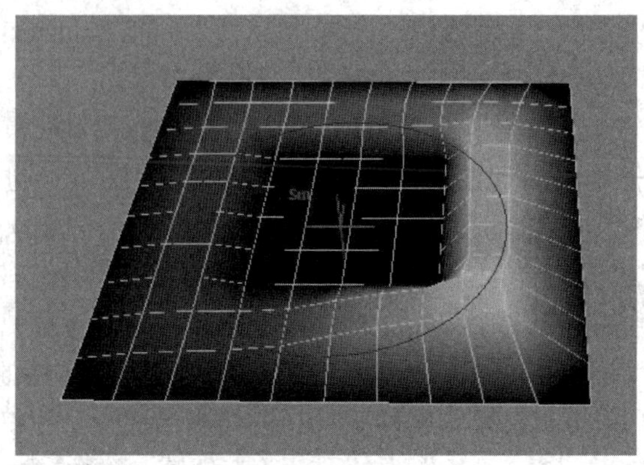

图 3-1-10　分配权重

3.1.2　晶格

晶格是最常用的动画命令之一，它会在物体的四周生成一个网格，对网格上的控制点进行拖拽，从而使物体产生变化。

（1）在“操作界面”创建球体（模型需要有一定数量的点线面，才能产生更好的“晶格”变化），选择菜单栏中→“变形”→“晶格”命令（图 3-1-11），将鼠标光标放置在晶格上，点击鼠标右键选择“晶格点”（图 3-1-12）。

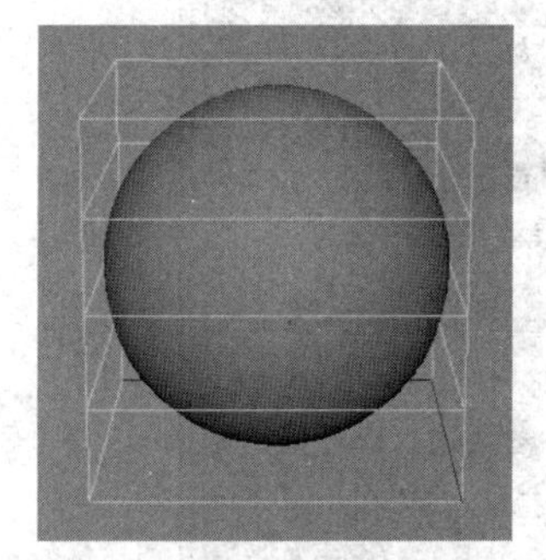

图 3-1-11　创建“晶格”

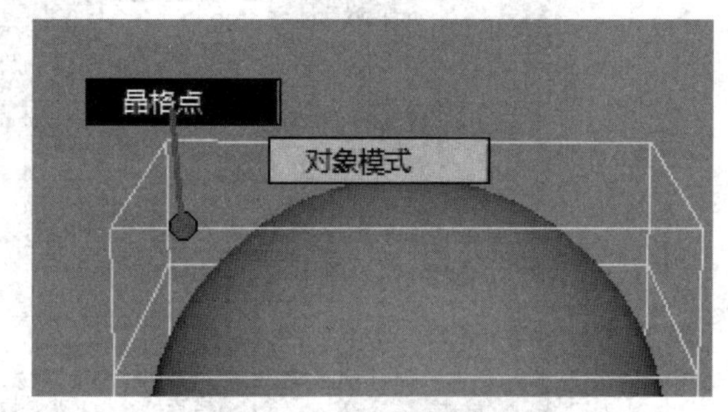

图 3-1-12　选择“晶格点”

（2）此时晶格上生成红色控制点即“晶格点”（图 3-1-13），通过对“晶格点”的调节改变“球体形状”（图 3-1-14）。

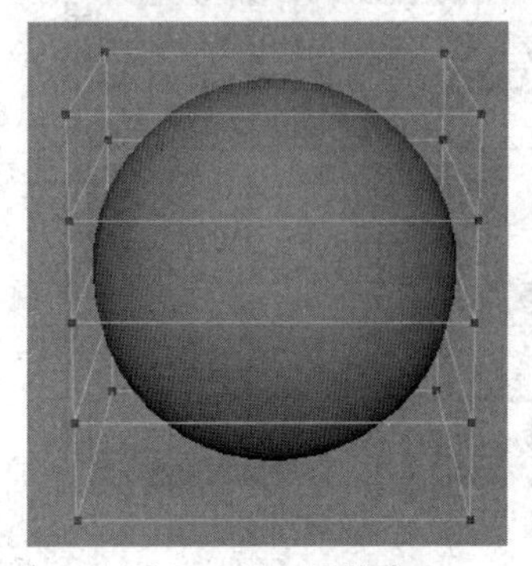

图 3-1-13　晶格点

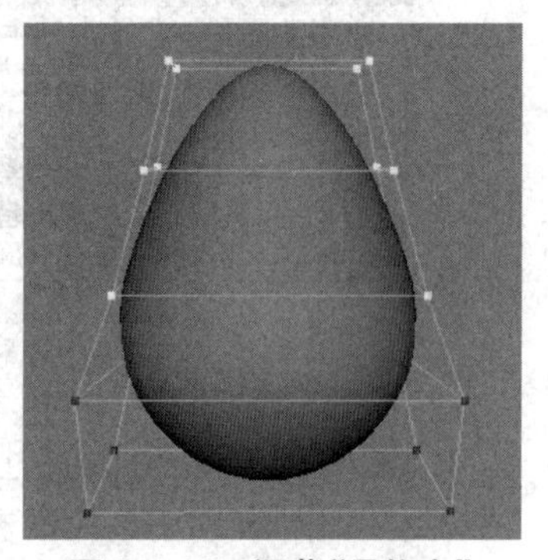

图 3-1-14　调节“晶格点”

（3）点击“菜单栏”中的“变形”→“晶格”命令后方的方块，弹出“晶格选项”对话框（图3-1-15）。其中，“分段”项设定晶格结构，决定“晶格点”的数量；“局部模式”项勾选后，可设置“晶格点”影响范围；“局部分段”项设置每个“晶格点”的影响范围；“位置”项勾选后晶格居中；“分组”项勾选后影响晶格和基础晶格将分组；“建立父子关系”项勾选后晶格将成为物体的子物体；“冻结模式”项勾选后将禁止物体移动、旋转、缩放等变化；“外部晶格”项包含“仅在晶格内部时变换”（仅在基础晶格内的点变形）、“变换所有点”（物体完全被晶格控制）、“在衰减范围内则变换”（物体在设定的衰减距离内受晶格控制）；“衰减距离”项设置衰减的范围。将“分段”项设置为“3、5、3”，重新在球体上创建“晶格”。观察球体上的“晶格点”数量变化（图3-1-16）。

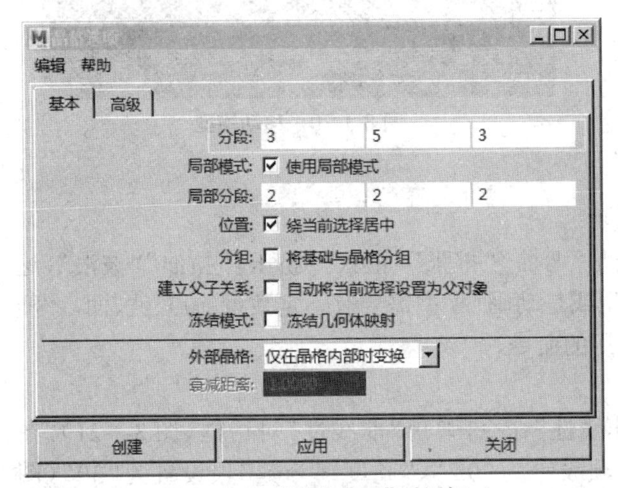

图 3-1-15 “晶格选项”对话框

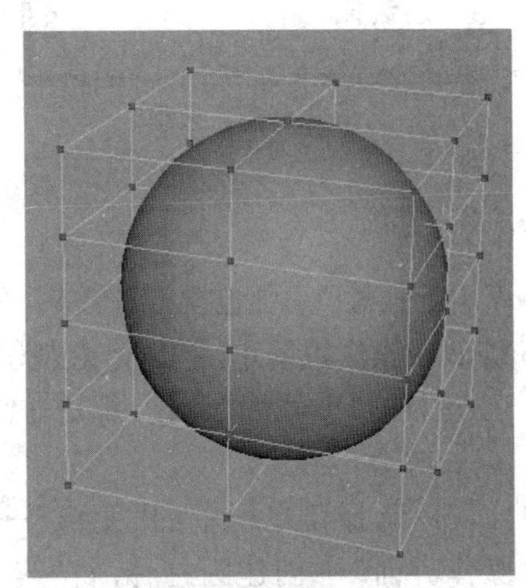

图 3-1-16 创建“晶格”

（4）通过调节“晶格点”可以创建出更复杂的模型（图3-1-17）。此时选择完成的模型点击“历史”，“晶格”消失，只保留模型（图3-1-18）。

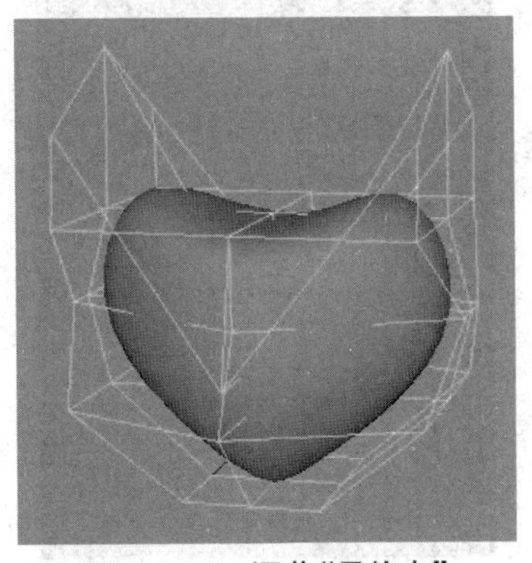

图 3-1-17 调节“晶格点”

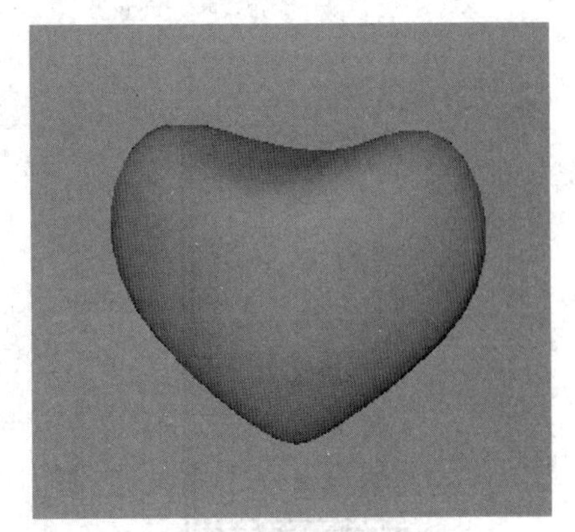

图 3-1-18 保留模型

（5）“晶格”是由两部分组成的，即“影响晶格”（Lattice）和“基础晶格”（Base）。通常所说的“晶格”即“影响晶格”，用来编辑模型创建变形效果。“基础晶格”是计算物体所在的最初位置，也可以参与动画制作。打开“大纲”即可显示出“影响晶格”和“基础晶格”（图

3-1-19)。如果选择模型将其从“晶格”移出,整个过程就是一个动画效果(图 3-1-20)。

图 3-1-19 大纲

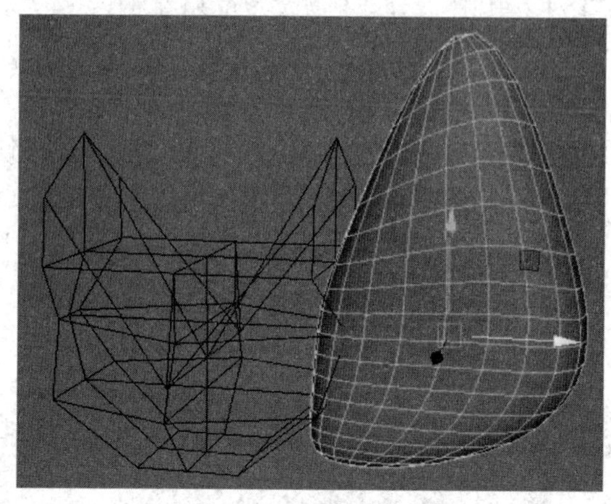

图 3-1-20 移动模型

3.1.3 非线性

“非线性”动画包含 6 种效果,分别是“弯曲”“扩张”“正弦”“挤压”“扭曲”“波浪”,这 6 种效果操作很简单,但是无论制作模型或是动画(模型需要有一定数量的点、线、面,才能产生更好的“非线性”变化)都是非常实用的命令。

1. 弯曲

(1)选择菜单栏中的“变形”→“非线性”命令,弹出“非线性”对话框(图 3-1-21),在“操作界面”中创建圆柱体,将“半径”项设置为“0.2”、“高度细分数”项设置为“30”(图 3-1-22)。

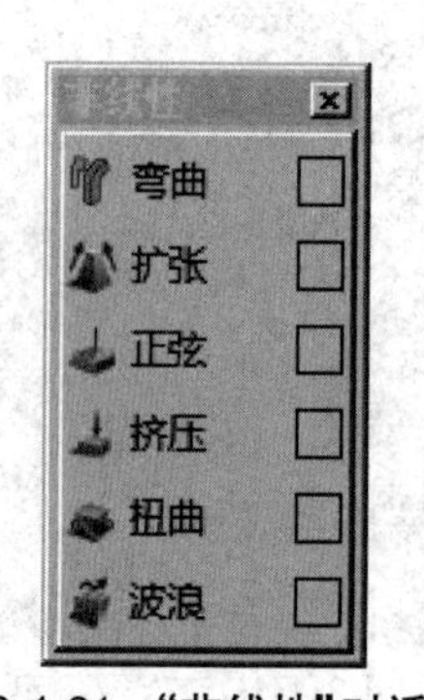

图 3-1-21 “非线性”对话框

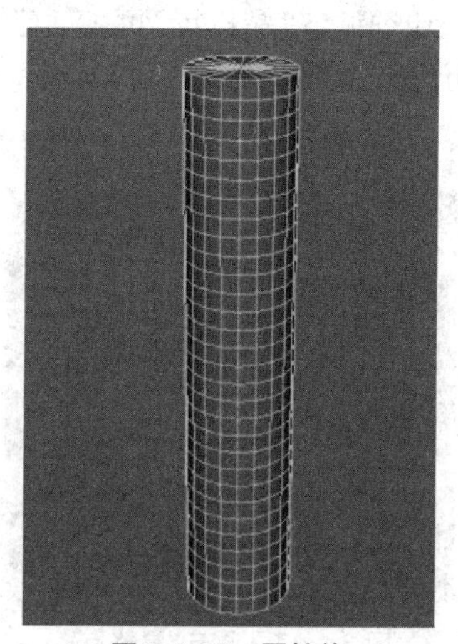

图 3-1-22 圆柱体

(2)“弯曲”命令可对物体沿圆弧进行弯曲。点击“弯曲”命令,在圆柱体中心生成一根“曲线”,这根“曲线”即“弯曲”命令的控制器,点击“T”键可生成控制手柄(图 3-1-23)或是在“通道盒 / 层编辑器”的“输入”中进行调节。其中“封套”项调节弯曲对物体的作用力大小，“曲率”项决定弯曲弧度的大小，“下限”项指沿“负Y轴”弯曲的下限，“上限”项指沿正Y轴弯曲的上限（图 3-1-24）。

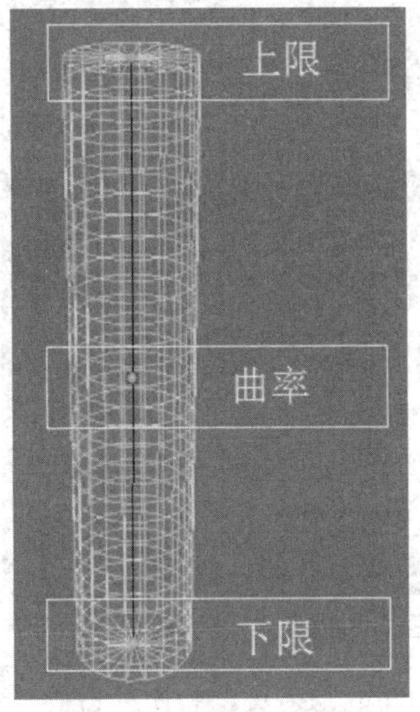

图 3-1-23　弯曲控制手柄

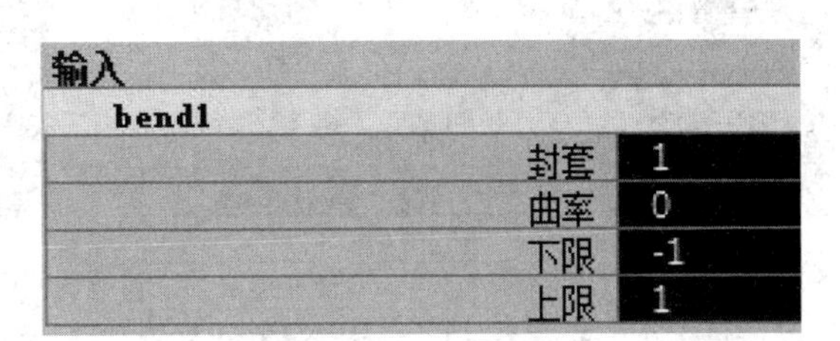

输入	
bend1	
封套	1
曲率	0
下限	-1
上限	1

图 3-1-24　弯曲属性

（3）在“操作界面”中，使用鼠标左键拖拽“曲率”控制手柄，可对圆柱体进行弯曲效果变化（图 3-1-25）。在“通道盒 / 层编辑器”的“输入”中，将“曲率”项设置为“90”、“下限”项设置为“0”，观察圆柱体弯曲效果变化（图 3-1-26）。

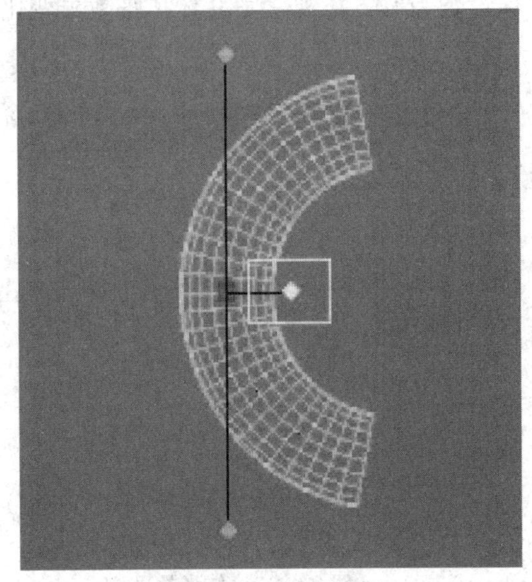
图 3-1-25　控制手柄

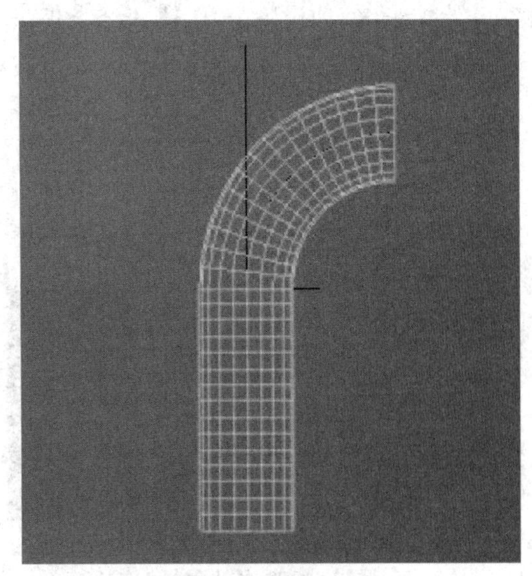
图 3-1-26　弯曲效果

2. 扩张

（1）在“操作界面”中创建圆柱体，将“高度细分数”项设置为“10”（图 3-1-27）。“扩张”命令可沿着“X轴”“Y轴”进行扩张或锥化变形。点击“扩张”命令，在圆柱体中心生成一根“曲线”，上下各有一个圆圈，这就是“扩张”命令的控制器，点击“T”键可生成控制手柄，使用鼠标左键拖拽控制手柄，即可控制变形效果（图 3-1-28）。

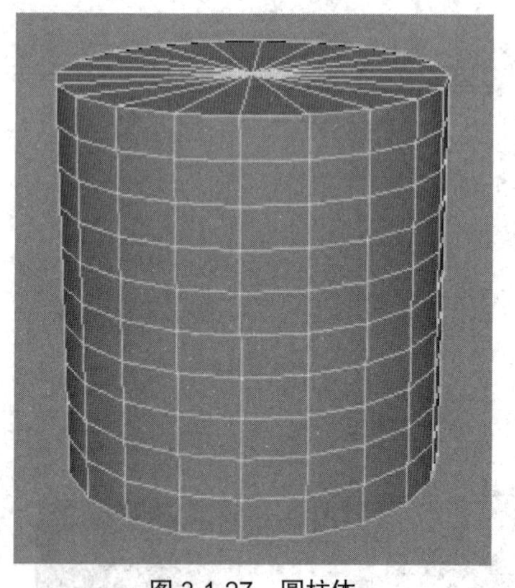

图 3-1-27　圆柱体

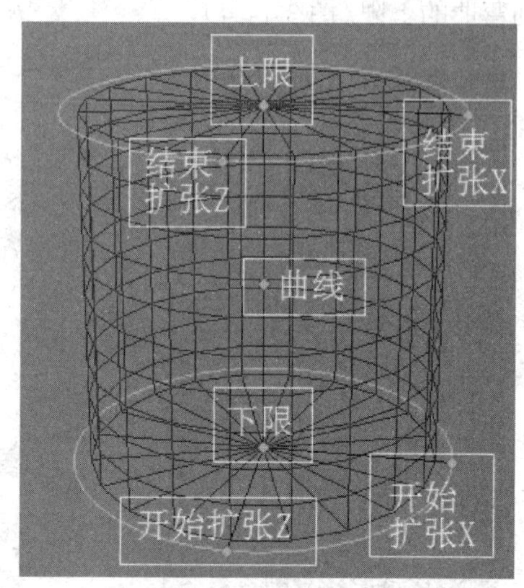

图 3-1-28　扩张手柄

（2）或是在“通道盒 / 层编辑器”的“输入”中进行调节（图 3-1-29）。其中，“封套”项调节扩张对物体的作用力大小；“开始扩张 X”项调节“下限”位置沿“X 轴”的扩张度；“开始扩张 Z”调节“下限”位置沿“Z 轴”的扩张度；“曲线”项调节“上限”和“下限”之间曲率的缩放；“结束扩张 X”项调节“上限”位置沿 X 轴的扩张度；“结束扩张 Z”项调节“上限”位置沿“Z 轴”的扩张度；“下限”项指沿“负 Y 轴”弯曲的下限；“上限”项指沿正 Y 轴弯曲的上限。将“开始扩张 X”项设置为“0.5”、“结束扩张 Z”项设置为“0.5”，观察圆柱体扩张效果变化（图 3-1-30）。

输入	
flare1	
封套	1
开始扩张 X	1
开始扩张 Z	1
结束扩张 X	1
结束扩张 Z	1
曲线	0
下限	-1
上限	1

图 3-1-29　扩张属性

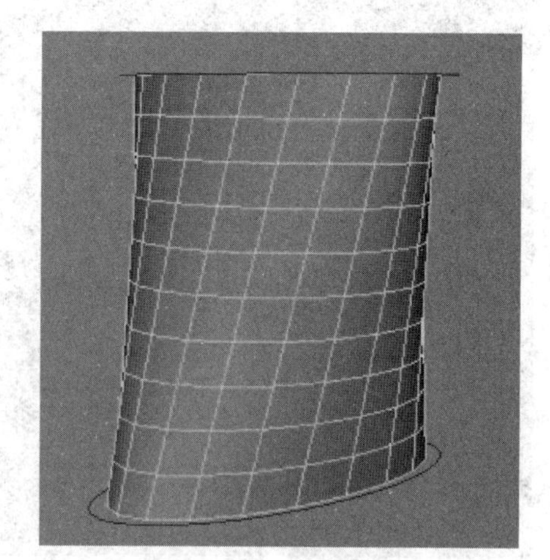

图 3-1-30　扩张效果

3. 正弦

（1）在“操作界面”中创建平面，将“宽度细分数”项设置为“50”，“高度细分数”项设置为“50”（图 3-1-31）。“正弦”命令沿正弦波对物体进行变形。点击“正弦”命令，在平面中心生成一根“曲线”，这就是“扩张”命令的控制器，在“通道盒 / 层编辑器”的“sine1Handle”

中将“旋转 Z”项设置为“90”。点击“T”键可生成控制手柄，使用鼠标左键拖拽控制手柄，即可控制变形效果（图 3-1-32）。

图 3-1-31　平面

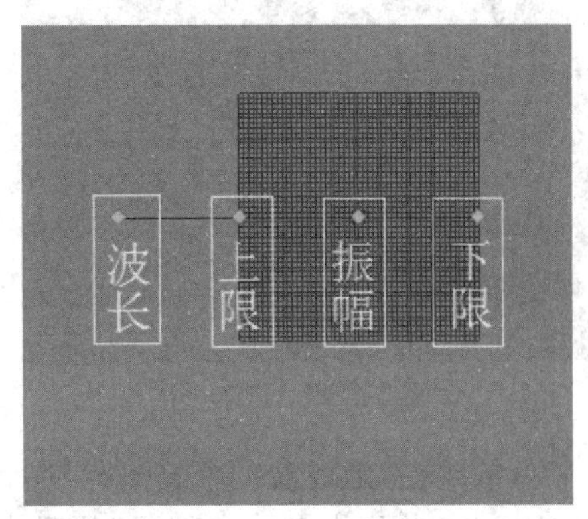

图 3-1-32　正弦手柄

（2）或是在“通道盒 / 层编辑器”的“输入”中进行调节（图 3-1-33）。其中，“封套”项调节正弦对物体的作用力大小；“振幅”项是正弦波的振幅即最大波数；“波长”项为正弦波的频率；“偏移”项可创建动画效果；“衰减”项为振幅的衰退；“下限”项指沿“负 Y 轴”弯曲的下限；“上限”项指沿“正 Y 轴”弯曲的上限。将“振幅”项设置为“0.2”、“波长”设置为“0.1”（拖动“偏移”属性即可产生动画）（图 3-1-34）。

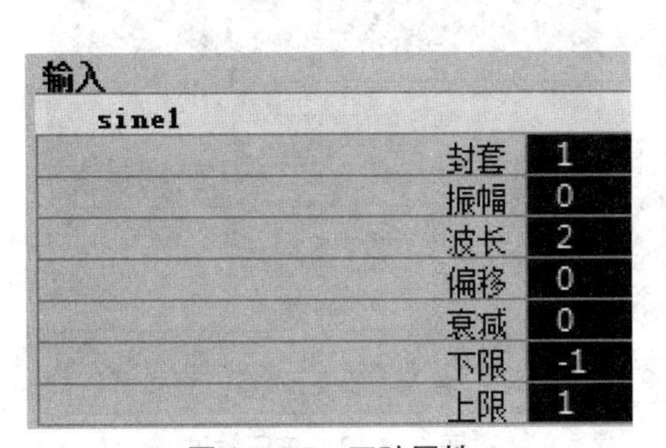

图 3-1-33　正弦属性

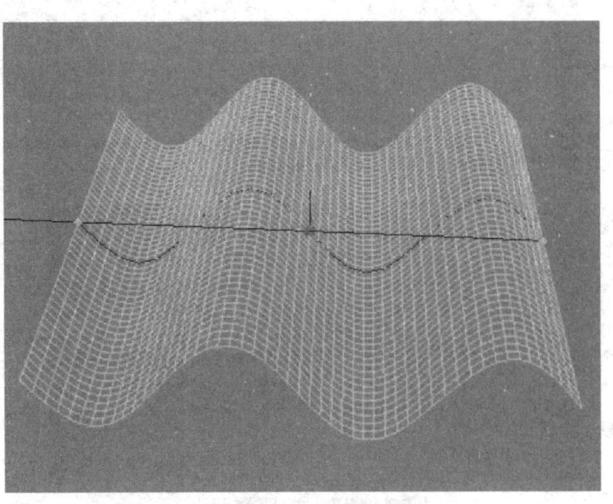
图 3-1-34　正弦效果

4. 挤压

（1）在“操作界面”中创建球体，将“轴向细分数”项设置为“50”，“高度细分数”项设置为“50”（图 3-1-35）。“挤压”命令沿轴挤压和拉伸对物体进行变形。点击“挤压”命令，在球体中心生成一根“曲线”，上下各是“ X ”形，中间是一个圆，这就是“挤压”命令的控制器。点击“T”键可生成控制手柄，使用鼠标左键拖拽控制手柄，即可控制变形效果（图 3-1-36）。

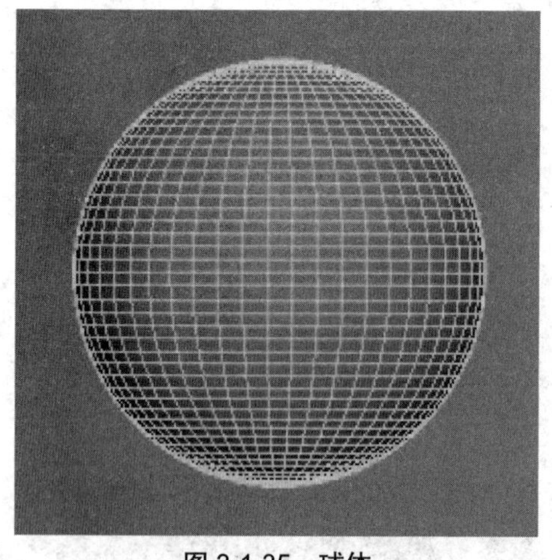

图 3-1-35 球体

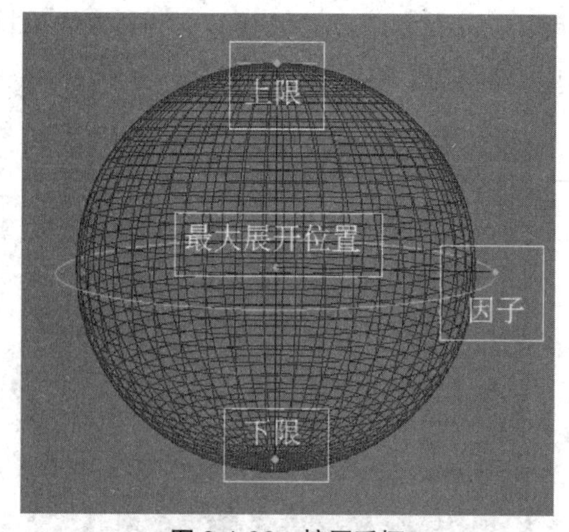

图 3-1-36 挤压手柄

（2）或是在“通道盒 / 层编辑器”的“输入”中进行调节（图 3-1-37）。其中，“封套”调节挤压对物体的作用力大小；“因子”项调节挤压量或拉伸量；“展开”项为挤压过程中的向外展开量和拉伸过程中的向内展开量；“最大展开位置”项为“上限”和“下限”之间最大展开的中心；“开始平滑度”为向“下限”位置的初始平滑量；“结束平滑度”为向“上限”位置的最终平滑量；“下限”项指沿“负 Y 轴”弯曲的下限；“上限”项指沿“正 Y 轴”弯曲的上限 。将“因子”项设置为“1”、“展开”项设置为“0”（图 3-1-38）。

输入	
squash1	
封套	1
因子	0
展开	1
最大展开位置	0.5
开始平滑度	0
结束平滑度	0
下限	-1
上限	1

图 3-1-37 挤压属性

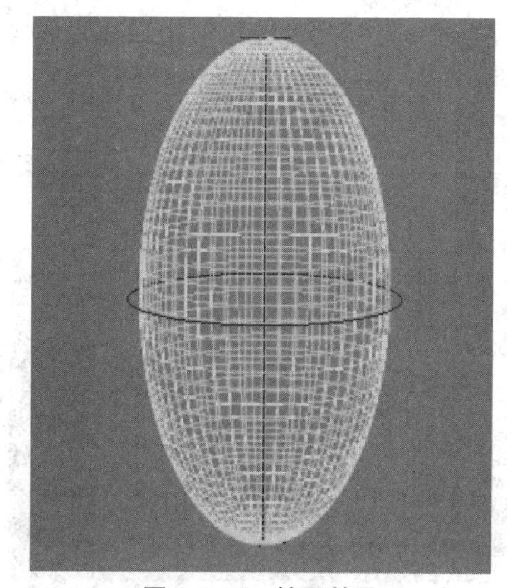

图 3-1-38 挤压效果

5. 扭曲

（1）在“操作界面”中创建立方体，将“细分宽度”命令设置为“30”，“高度细分数”项设置为“30”，“深度细分数”项设置为“30”（图 3-1-39）。“扭曲”命令围绕轴扭曲对物体进行变形。点击“扭曲”命令，在立方体中心生成一根“曲线”，上下各是“圆形”，这就是“扭曲”命令的控制器。点击“T”键可生成控制手柄，使用鼠标左键拖拽控制手柄，即可控制变形效果（图 3-1-40）。

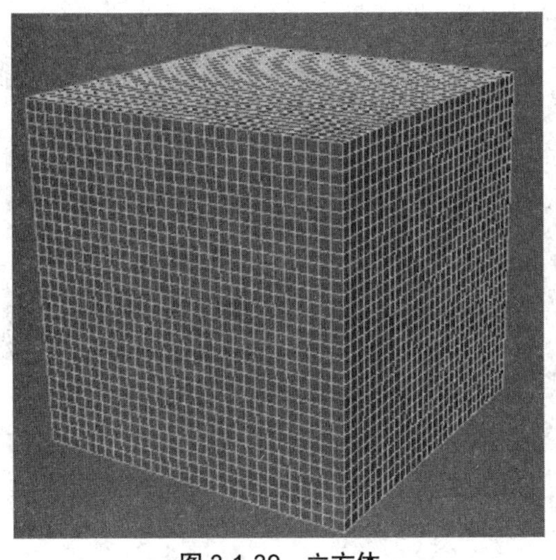

图 3-1-39　立方体

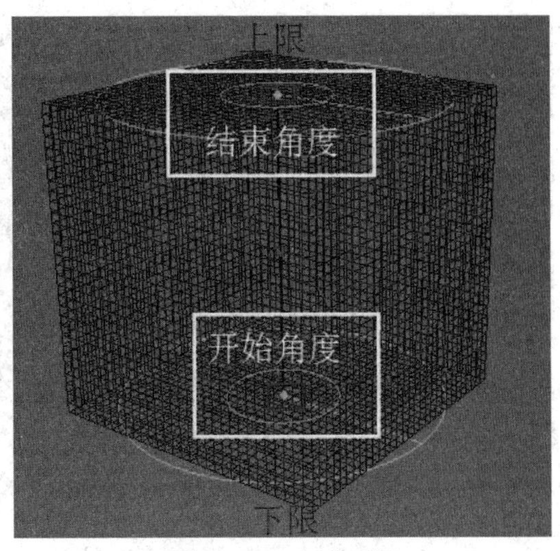

图 3-1-40　扭曲手柄

（2）或是在“通道盒 / 层编辑器”的“输入”中进行调节（图 3-1-41）。其中，“封套”项调节挤压对物体的作用力大小；“开始角度”项为在“下限位置”进行顺时针旋转“；结束角度”项为在“上限位置”进行顺时针旋转；“下限”项指沿“负 Y 轴”弯曲的下限；“上限”指沿“正 Y 轴”弯曲的上限 。将“结束角度”项设置为“240”，观察立方体扩张效果变化（图 3-1-42）。

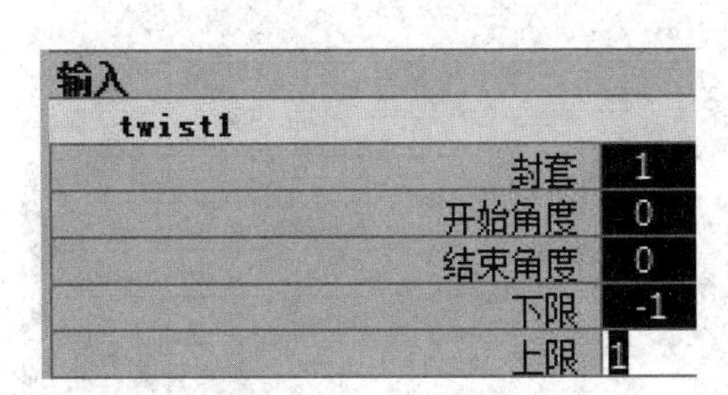

图 3-1-41　扭曲属性

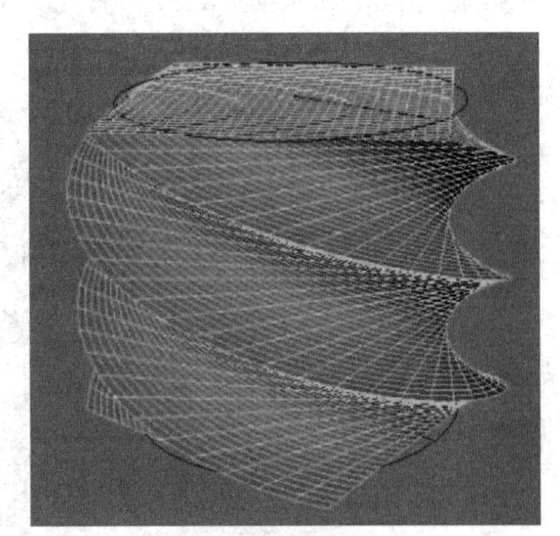
图 3-1-42　扭曲效果

6. 波浪

（1）在“操作界面”中创建平面，将“宽度细分数”项设置为“50”，“高度细分数”项设置为“50”（图 3-1-43）。“波浪”命令基于圆形正弦波浪对物体进行变形。点击“波浪”命令，在平面中心生成一根“曲线”和一个“圆圈”，这就是“波浪”命令的控制器。点击“T”键可生成控制手柄，使用鼠标左键拖拽控制手柄，即可控制变形效果（图 3-1-44）。

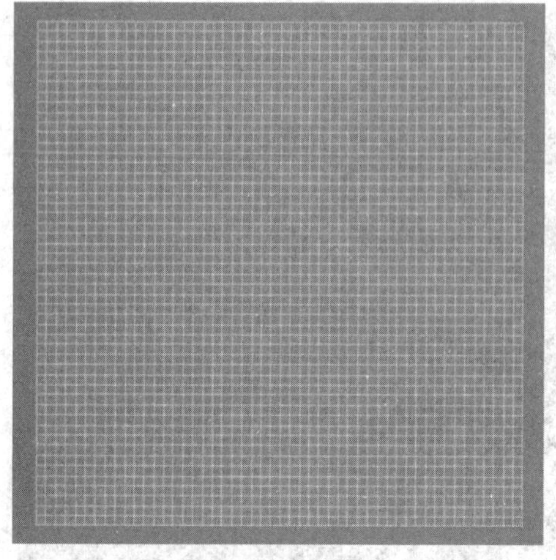

图 3-1-43　平面

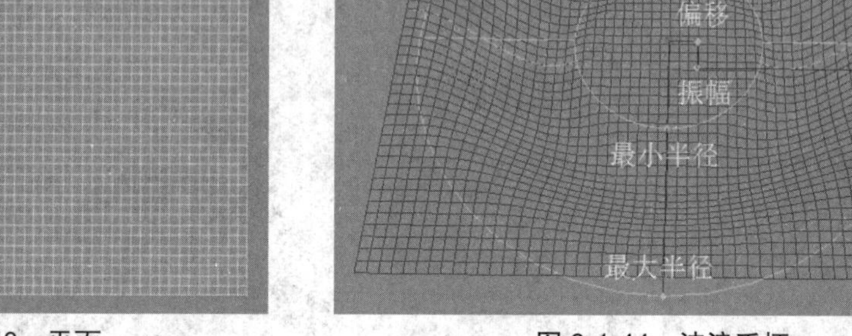

图 3-1-44　波浪手柄

（2）或是在“通道盒 / 层编辑器”的“输入”中进行调节（图 3-1-45）。其中，“封套”项调节挤压对物体的作用力大小；“振幅”项是正弦波的振幅即最大波数；“波长”项为正弦波的频率；“偏移”项可创建涟漪动画效果；“衰减”项为振幅的衰退；“衰减位置”项为振幅的衰退起始位置；“最小半径”项为圆形正弦波的最小半径；“最大半径”项为圆形正弦波的最大半径。将“振幅”项设置为“0.05”、“波长”项设置为“0.3”、“偏移”项设置为“0”、“衰减”项设置为“1”、“衰减位置”项设置为“1”，拖动“偏移”属性即可产生动画。（图 3-1-46）。

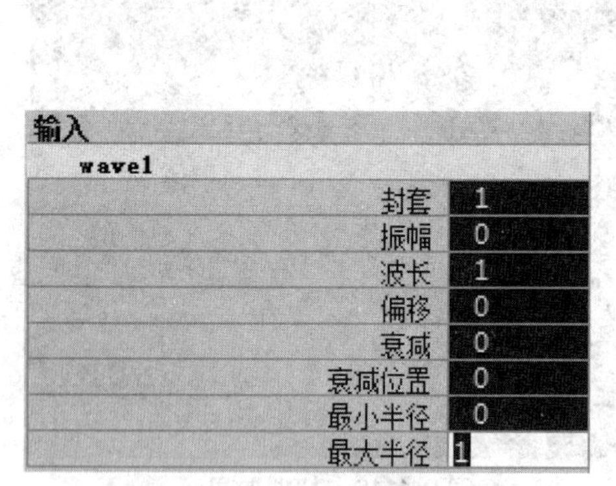

图 3-1-45　波浪属性

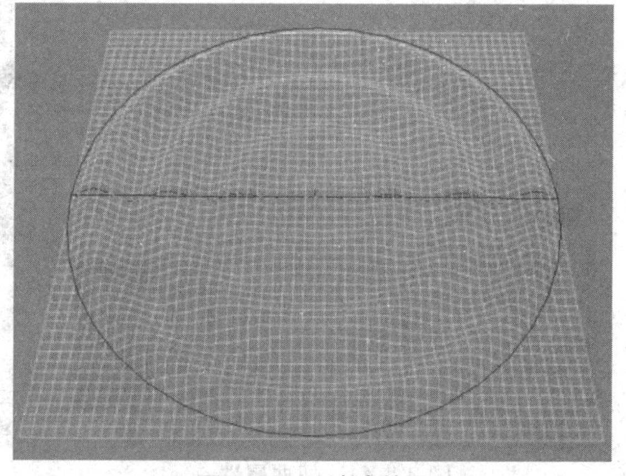

图 3-1-46　波浪效果

3.1.4　路径动画

通过指定一条曲线为物体的运动路径，随着曲线的变化，物体的运动轨迹随之变化。

（1）进入“操作界面”，使用“CV 曲线工具”命令绘制出一条曲线（图 3-1-47），再创建一个立方体，“宽度”项设置为“5”、“细分宽度”项设置为“10”，将立方体右侧的点进行收缩，形成三角形（图 3-1-48）。

图 3-1-47 曲线

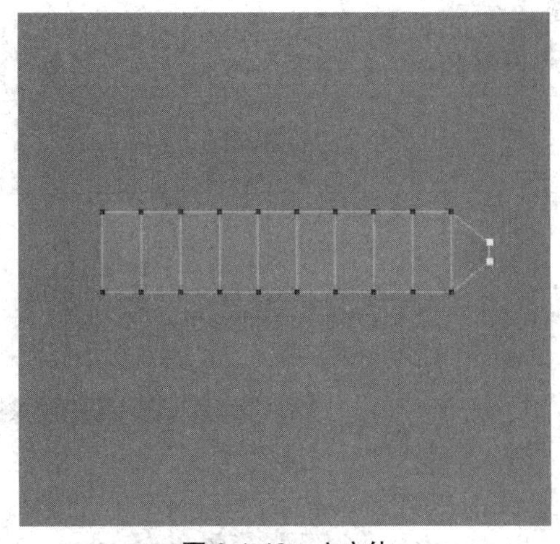

图 3-1-48 立方体

（2）框选“曲线”与“立方体”，选择菜单栏中的“约束”→“运动路径”→“连接到运动路径”命令（图 3-1-49）。“曲线”与“立方体”形成路径动画（曲线起点和终点的数字，代表动画所需要的时间），此时拖动“时间栏”中的“时间滑块”即可播放动画（图 3-1-50）。

图 3-1-49 “连接到运动路径”命令

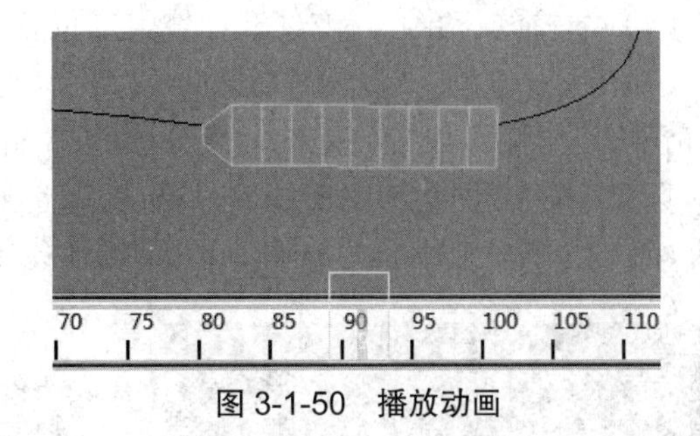

图 3-1-50 播放动画

（3）点击“连接到运动路径”命令后方的方块，弹出“连接到运动路径”选项对话框（图 3-1-51）。其中，“时间范围”中项包含“时间滑块”（设置运动路径的起点和终点，根据“时间范围”生成起点和终点），“起点”（设置物体的起始时间），“开始 / 结束”（在曲线的起点和终点处创建位置标记，下面的“开始时间”和“结束时间”中设置时间数值）；“开始时间”项设置路径动画何时开始；“结束时间”项设置路径动画何时结束；“参数长度”项勾选后为动画师参数间距方式（沿着曲线的 U 参数的间距运动），不勾选是参数长度方式（沿着曲线的长度的百分比匀速地运动）；“跟随”项勾选后物体沿曲线的方向运动。“前方向轴”项包含“X”“Y”“Z”，用于设置物体运动的局部坐标轴和前向坐标；“上方向轴”项包含“X”“Y”“Z”，用于设置物体局部坐标轴和顶向坐标；“世界上方向类型”项设置上方向向量对齐的世界上方向向量类型，包括“场景上方向”“对象上方向”“对象旋转上方向”“向量”“正常”；“世界上方向向量”项设置世界上方向向量相对于场景世界空间的方向；“反转上方向”项勾选后上方向转变下方向，“反转前方向”项勾选后前方向转变后方向；“倾斜”项勾选后物体以曲线中心进行倾斜；“倾斜比例”项设置倾斜效果。“倾斜限制”项限制倾斜量。点击“流动对象路径”泥巴法令，在立方体上形成晶格（图 3-1-52）。

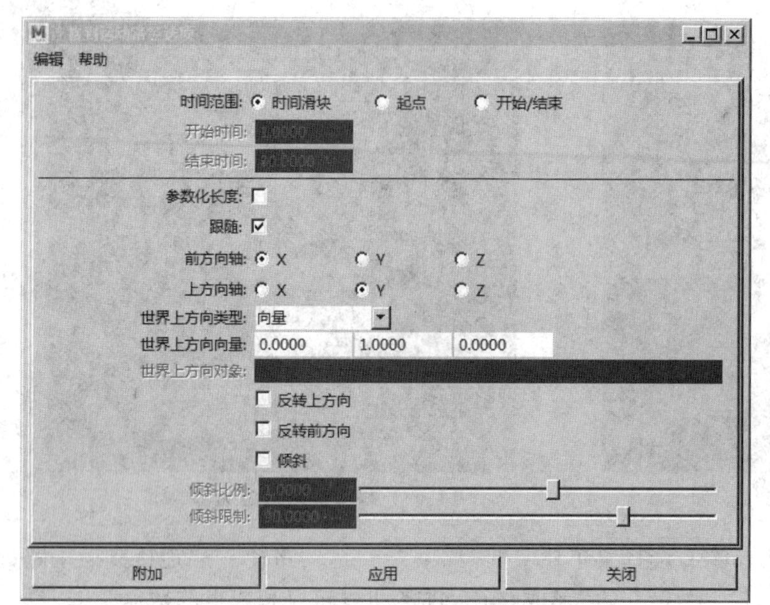

图 3-1-51 “连接到运动路径选项”对话框

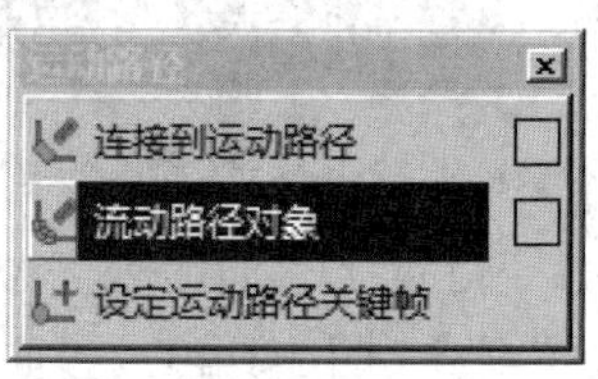

图 3-1-52 “流动对象路径”命令

（4）此时播放动画，立方体在曲线弧度位置产生变形效果（图 3-1-53）。点击“流动对象路径”命令后方的方块，弹出“流动对象路径”选项对话框（图 3-1-54）。其中，“分段”项包含“前”“上”“侧”，设置创建的晶格分段数；“晶格围绕”项包含“对象”（创建围绕物体的晶格），选择“曲线”创建围绕曲线的晶格，“局部效果”（勾选后用于调整创建曲线的晶格围绕效果，前、上、侧设定成较大数字，以更精确地控制对象的变形）。

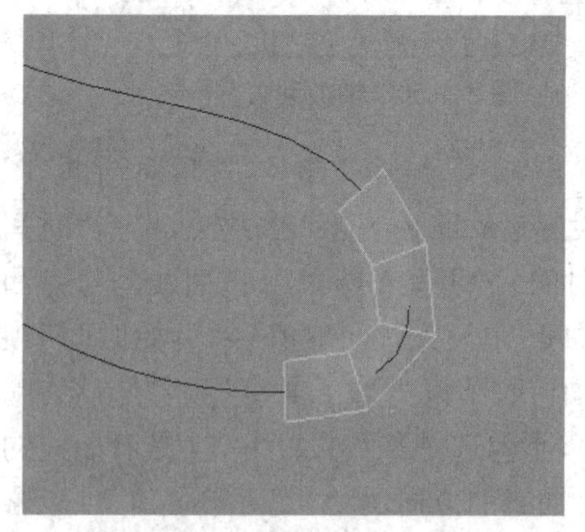

图 3-1-53 连接到运动路径效果

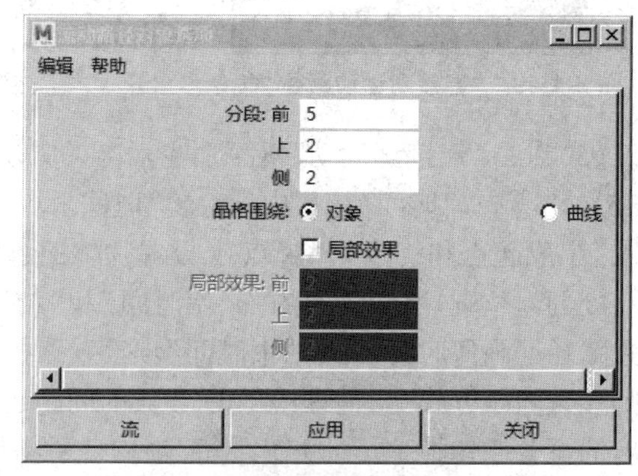

图 3-1-54 “流动路径对象选项”对话框

（5）默认情况下，立方体是匀速在曲线上进行运动的。如果需要对立方体运动速度的快慢进行设置，可以通过“设定运动路径关键帧”命令实现（图 3-1-55）。拖动“时间滑块”到任意一个时间点，点击“设定运动路径关键帧”命令生成出“数字”（此数字即当前所在的时间位置）（图 3-1-56）。

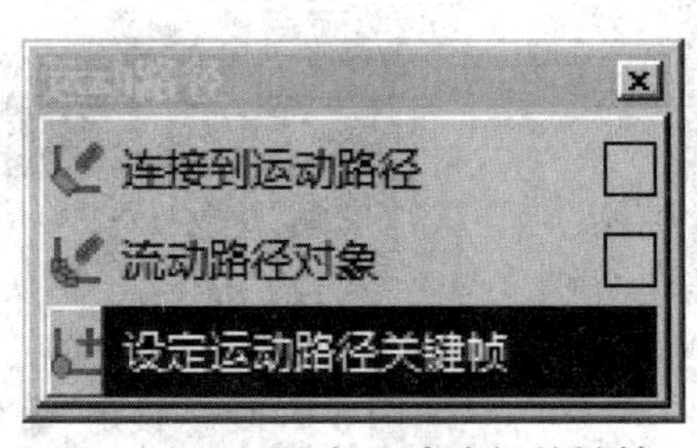

图 3-1-55　设定运动路径关键帧

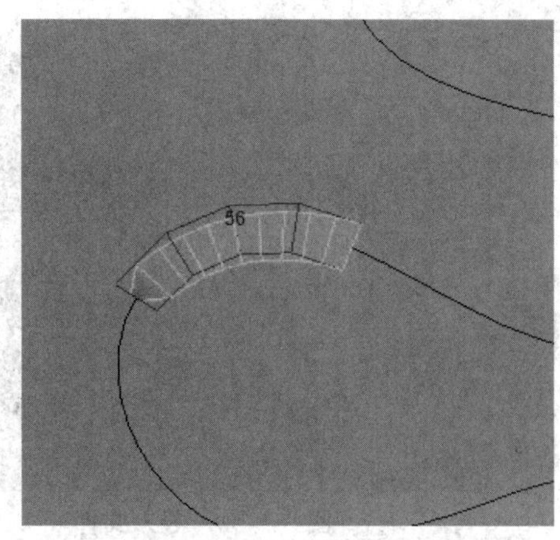

图 3-1-56　生成数字

（6）点击“数字”，按“W”键对“数字”进行移动，放置到合适位置决定立方体的运动速度（距离长时间短速度就快，距离短时间长速度就慢）。此时黄线部分距离很短，时间较长（也就是从 56 帧到 120 帧运动这段距离）速度较慢。而其余距离较长（也就是从 1 帧到 55 帧运动这段距离）速度较快（图 3-1-57），播放“时间滑块”观察立方体的运动速度（图 3-1-58）。

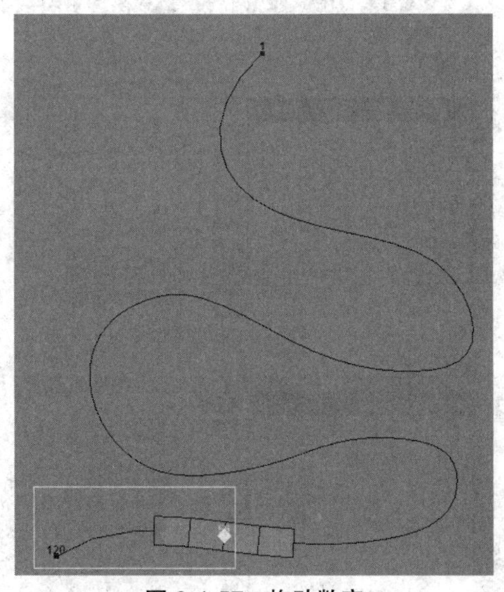

图 3-1-57　拖动数字

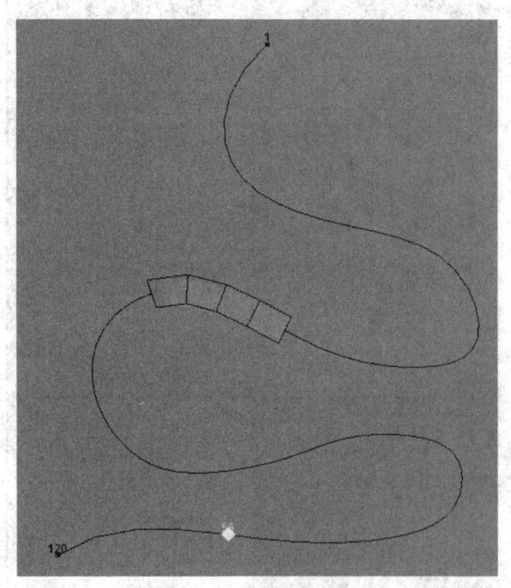

图 3-1-58　播放动画

3.1.5　受驱动关键帧

通过一个物体属性来驱动另一个物体产生动画，对驱动者属性的更改会影响受驱动者属性的值，也就是在物体之间创建一个从属关系。

（1）在 MAYA 中导入“受驱动关键帧”文件（图 3-1-59），选择菜单栏中的“关键帧”→“设定受驱动关键帧”→“设定”命令（图 3-1-60）。

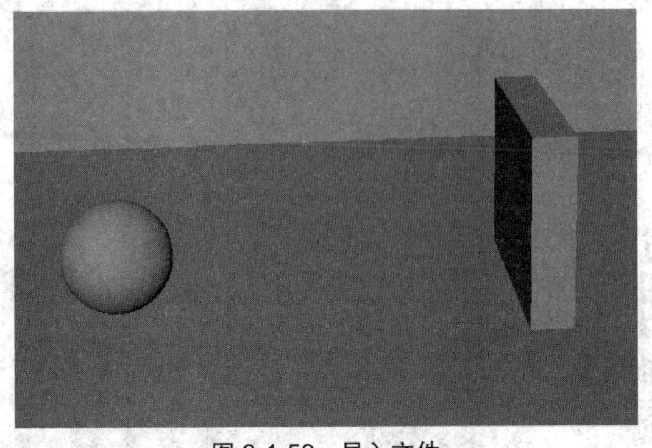

图 3-1-59 导入文件

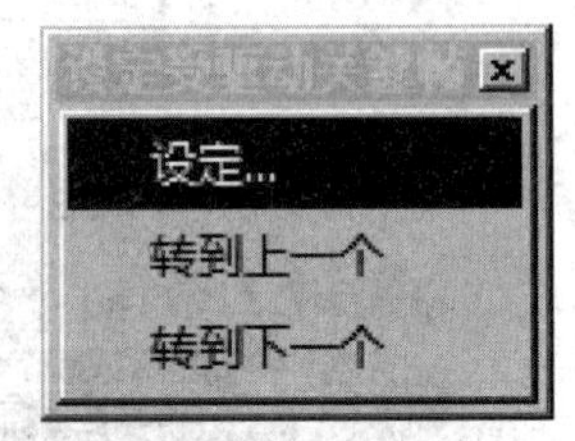

图 3-1-60 "设定"命令

（2）弹出"设置受驱动关键帧"对话框（图 3-1-61）。其中，"驱动者"下方左侧格子是驱动者名称，右侧格子是驱动者属性；同样，"受驱动"下方左侧格子是受驱动者名称，右侧格子是受驱动者属性；最下方，"关键帧"按钮用于记录关键帧，"加载驱动者"按钮导入"驱动者"，"加载受驱动者"按钮用于导入"受驱动者"，"关闭"按钮用于关闭对话框。选择"pSphere1"点击"加载驱动者"，选择"pCube1"点击"加载受驱动者"（图 3-1-62）。

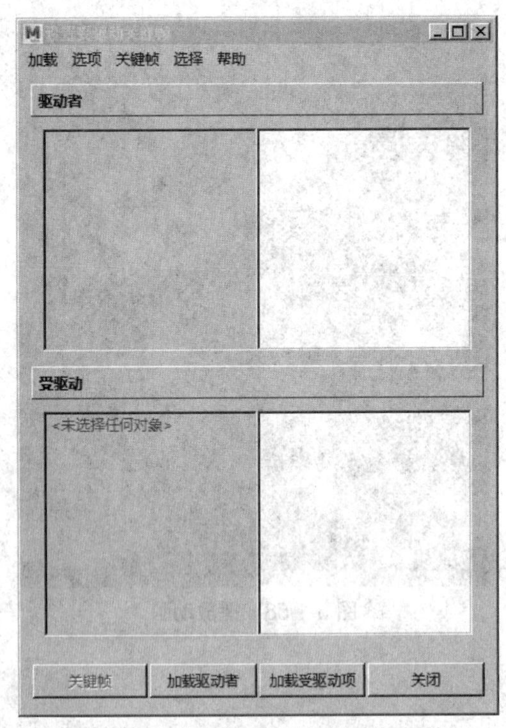

图 3-1-61 "设置受驱动关键帧"对话框

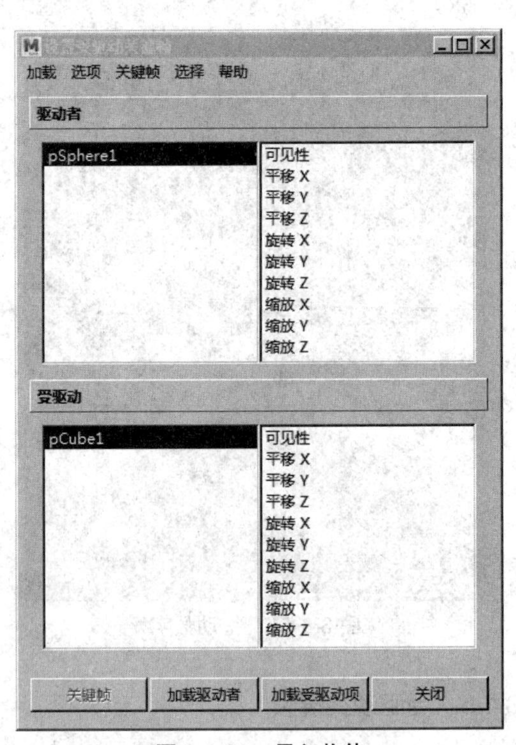

图 3-1-62 导入物体

（3）选择"驱动者"下方右侧格子的"平移 Z"，将"通道盒 / 层编辑器"中的"平移 Z"项设置为"0"（图 3-1-63）。选择"受驱动者"下方右侧格子的"平移 Y"，将"通道盒 / 层编辑器"中的"平移 Y"项设置为"0"（图 3-1-64），点击"关键帧"按钮。

pSphere1	
平移 X	0
平移 Y	0
平移 Z	0
旋转 X	0
旋转 Y	0
旋转 Z	0
缩放 X	1
缩放 Y	1
缩放 Z	1
可见性	

图 3-1-63　第一次设置驱动者

图 3-1-64　第一次设置受驱动者

（4）选择“驱动者”下方右侧格子的“平移 Z”，将“通道盒 / 层编辑器”中的“平移 Z”项设置为“-6”（图 3-1-65）。选择“受驱动者”下方右侧格子的“平移 Y”，将“通道盒 / 层编辑器”中的“平移 Y”项设置为“3”（图 3-1-66），点击“关键帧”按钮。

pSphere1	
平移 X	0
平移 Y	0
平移 Z	-6
旋转 X	0
旋转 Y	0
旋转 Z	0
缩放 X	1
缩放 Y	1
缩放 Z	1
可见性	

图 3-1-65　第二次设置驱动者

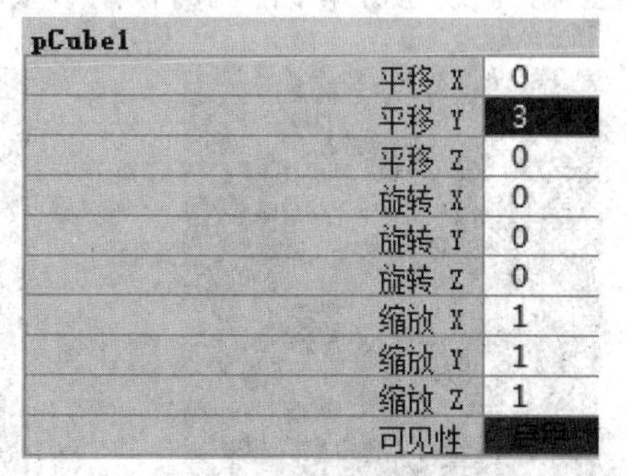

图 3-1-66　第二次设置受驱动者

（5）两次“受驱动关键帧”设置完成（也可以两次以上设置受驱动关键帧），播放动画进行观察，当“pSphere1”的“平移 Z”项是“-6”时，“立方体”沿“平移 Y”升高“3”（图 3-1-67）。

当“pSphere1”的“平移 Z”项是“0”时，“立方体”沿“平移 Y”恢复“0”（图 3-1-68）。

图 3-1-67　第一次动画效果

图 3-1-68　第二次动画效果

3.2 骨骼的设置

在三维动画的制作中，骨架在模型和动画之间起到了一个桥梁的作用，可以控制模型的动作，可以将静止的模型变成符合运动规律的角色，也可以根据角色的需要，通过动作随心所欲地塑造角色的性格特征。骨架（图 3-2-1）是由关节与骨骼组合而成的，其中关节是骨架的连接点（关节没有形状，因此无法进行渲染），每个“关节”可以附加一个或多个骨骼，且可以具有多个子关节。通过关节，可以对绑定的模型设置动作。同样骨骼也无法进行渲染，骨骼仅表明关节之间的关系。骨架链（图 3-2-2）是一系列关节和与之相连接的骨骼组合而成的。在一条骨架链中，所有的关节和骨骼之间都是呈线性连接的，也就是说，如果从关节链中的第 1 个关节开始绘制一条路径曲线到最后一个关节结束，可以使该关节链中的每个关节都经过这条曲线 。父级别物体和子级别物体之间的控制关系是单向的，前者可以控制后者，但后者不能控制前者。同时还要注意，一个父级别物体可以同时控制若干个子级别物体，但一个子级别物体不能同时被两个或两个以上的父级别物体控制。

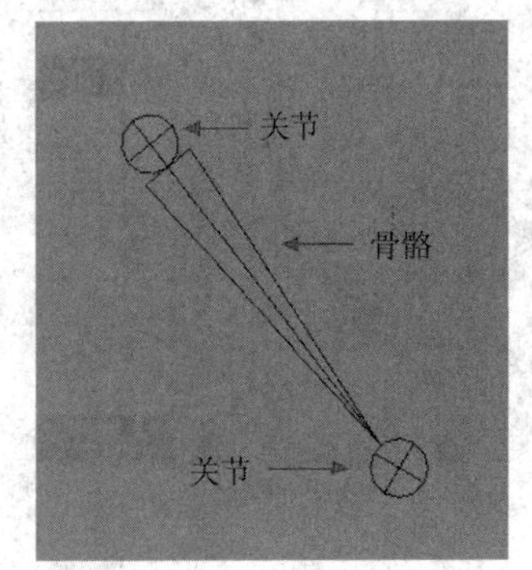

图 3-2-1 骨架示意图

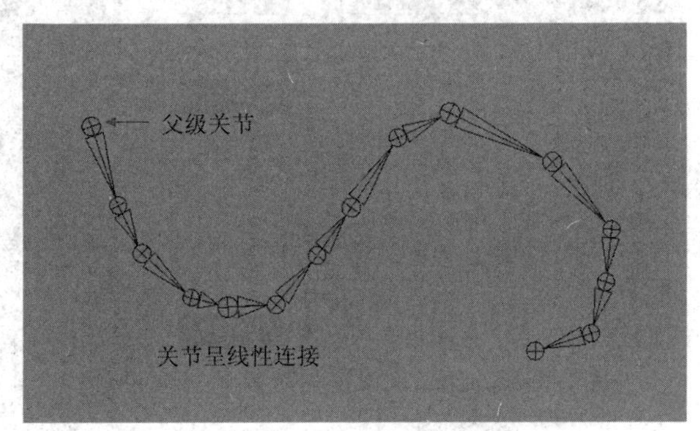

图 3-2-2 骨架链示意图

3.2.1 骨架的设置

在“工作模块”中选择“装备”，在菜单栏中选择“骨架”，此页面中的选项即关于骨架的设置命令（图 3-2-3）。

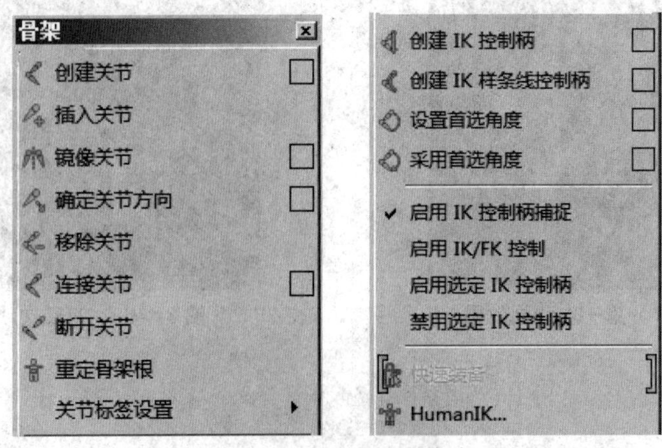

图 3-2-3 骨架的设置命令

1. 创建关节

选择“创建关节”命令，连续点击即可创建出“骨架”（如果有模型，需要参照模型位置摆放骨架）（图 3-2-1）。点击“创建关节”命令右侧的方块，打开“工具设置”对话框（图 3-2-2）。其中，“关节设置”的“自由度”项控制关节的旋转方向，可勾选“ X 轴”“ Y 轴”和“ Z 轴；“对称”项设置骨节点坐标轴的方向，可选择“ X 轴”“ Y 轴”“ Z 轴”和“禁用”；“比例补偿”；如果勾选子关节不受父关节的缩放影响，反之则受父关节的缩放影响；“自动关节限制”项勾选后关节的旋转轴向将被限制在 180° 范围之内旋转；“创建 IK 手柄”项勾选后创建骨架同时即创建 IK 手柄；“可变骨骼半径设置”项勾选后可在“骨骼半径设置”中设置骨架长度与半径；“投影中心”项勾选后将骨架捕捉到网格的中心。“方向设置”的“确定关节方向为世界方向”项，选择后关节技旋转轴向将与世界坐标轴向保持一致；“主轴”项控制关节的局部旋转主轴方向；可选择“ X 轴”“ Y 轴”“ Z 轴”；“次轴”项控制关节的局部旋转次轴方向；可选择“ X 轴”“ Y 轴”“ Z 轴”和“无”；“次轴世界方向”是关节的第二个旋转轴的方向，可设定为正或负。

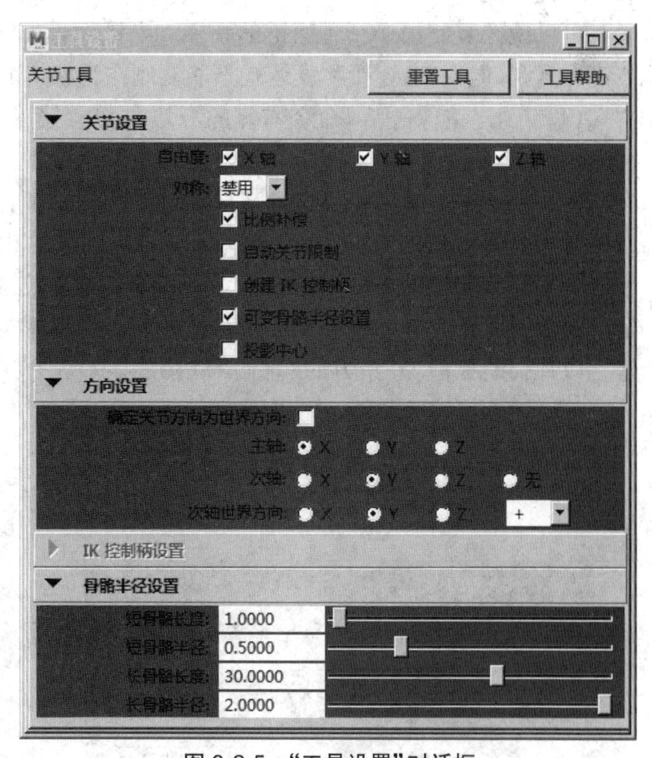

图 3-2-4 创建骨架

图 3-2-5 “工具设置”对话框

2. 插入关节

如果需要在所建立的骨架中增加骨骼数量，可以使用“插入关节”命令，在任何层级的关节下插入任意数量的关节。例如，创建一段骨架（图 3-2-6），选择“插入关节”命令，点击“关节”处，移动鼠标后，在“关节”下一层级中生成新的骨架（图 3-2-7）。

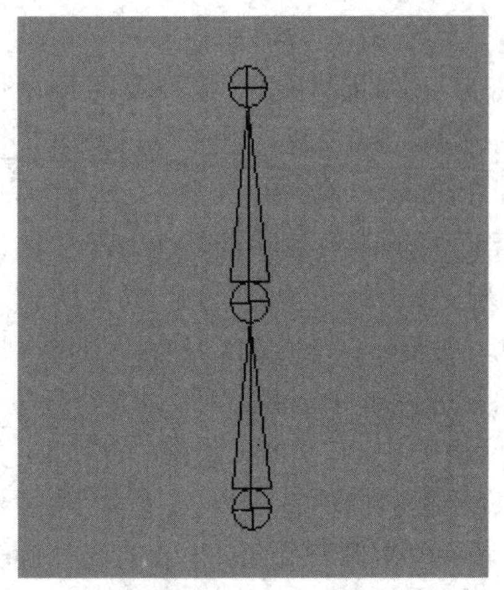
图 3-2-6 创建骨架

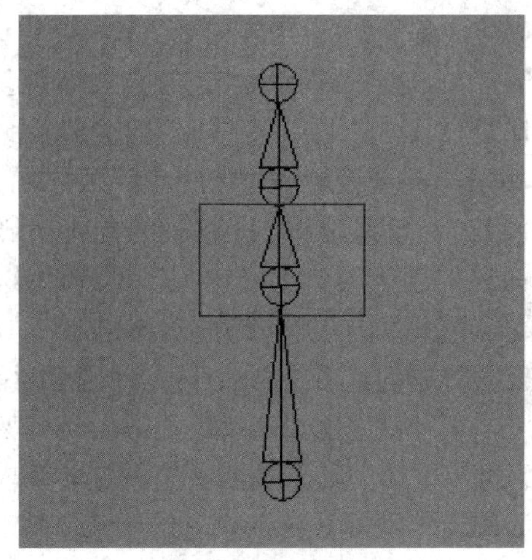
图 3-2-7 插入骨架

3. 镜像关节

可以镜像复制出一个骨架链的副本。当镜像骨架链时，关节的属性、IK 控制柄等同时被镜像复制，但约束、连接和表达式不能复制在骨架链的副本中。

(1)点击“镜像关节”命令右侧的方块，打开“镜像关节选项”对话框(图 3-2-8)。其中“镜像平面”项像面镜子，决定了产生镜像关节链副本的方向，(包含“XY”、“YZ”、“XZ”)；“镜像功能”项决定镜像复制的骨架与原始骨架的方向关系，包含“行为”(镜像的骨架将与原始骨架具有相对的方向，并且旋转轴与对应副本的相反方向)，“方向”(镜像的骨架将与原始骨架具有相同的方向)。“重复关节的替换名称”的“搜索”项，可以查询相应命名的骨架；“替换项”可以在文本输入框中输入相应命名，来替换“搜索”项中的骨架名称。例如，创建一段骨架链(注意左下方的“轴向”)(图 3-2-9)。

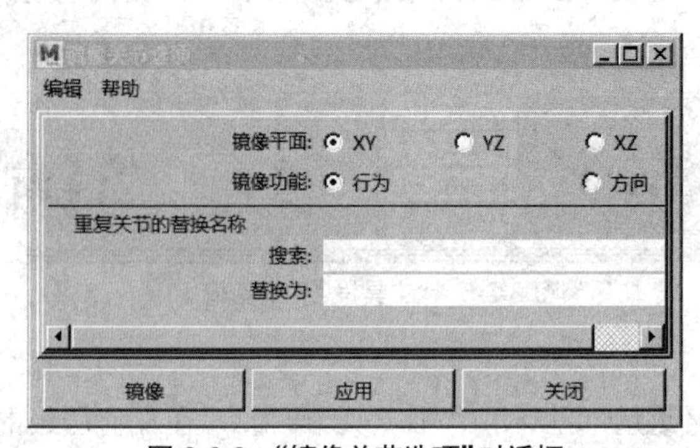

图 3-2-8 “镜像关节选项”对话框

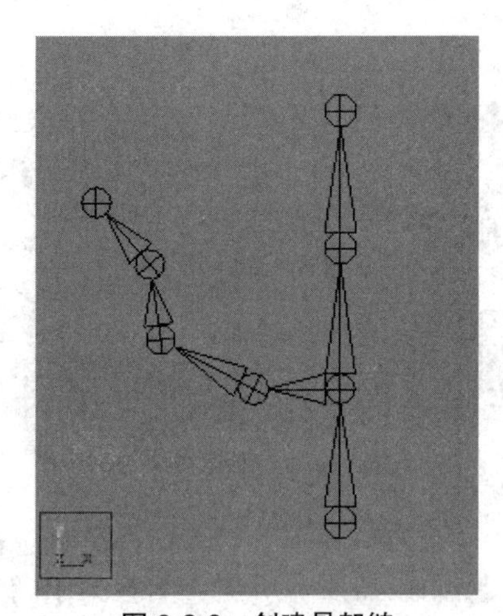
图 3-2-9 创建骨架链

(2)选择需要复制的骨骼链(图 3-2-10)，在“镜像关节选项”对话框中，将“镜像平面”项设置为“YZ”、“镜像功能”项设置为“方向”，镜像出骨骼链副本(图 3-2-11)。

图 3-2-10 选择骨骼链

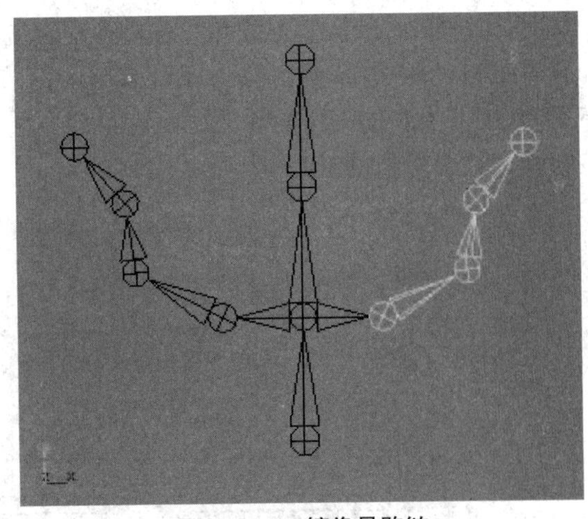

图 3-2-11 镜像骨骼链

4. 确定关节方向

创建骨架链之后，重新定义调整某些关节的位置（可以参考“创建关节”中“方向设置”）。

5. 移除关节

可以从骨架链中移除所选择的一个关节，剩余的关节和骨骼则结合为一个骨架链（注意，每次只能移除一个关节）。例如，创建创建一段骨架链，选择一段需要移除的关节（图 3-2-12）。点击“移除关节”命令后剩余骨架连接成新的骨架链（图 3-2-13）。

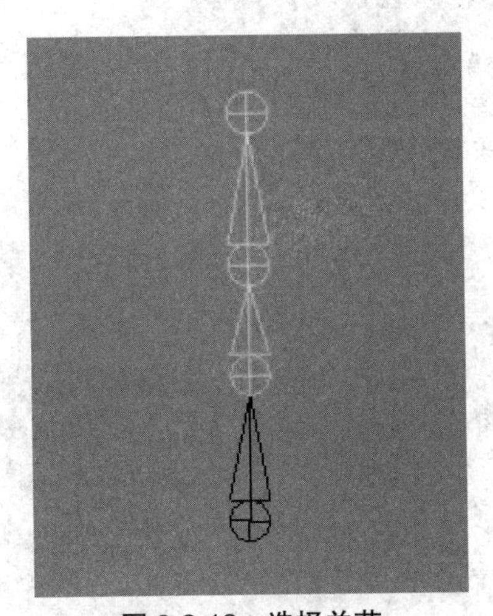

图 3-2-12 选择关节

图 3-2-13 新的骨架链

6. 连接关节

可以使用两种不同的方式将关节连接成骨骼链。点击“连接关节”命令右侧的方块，“连接关节选项”对话框（图 3-2-14）。其中，“模式”项中包含“连接关节”（是先选择一条骨架链中的根关节，再选择另一条骨架链中除根关节之外的任何关节，移动进行连接选择关节的父级别关节，形成一个新的骨架链），“将关节设为父子关系”（是先选择一条骨架链中的根关节作为子物体，与另一条关节链中除根关节之外的任何关节连接起来，产生新的关节，形成一个新的骨架链，建议使用“将关节设为父子关系”）。例如，创建两端段骨架链，选择一段骨架链的跟关节，再选择一段骨架链的关节（图 3-2-15）。将“模式”项设置为“连接关节”，点击“应用”按钮观察效果（图 3-2-16）。将“模式”项设置为“连接关节”，点击“应用”按钮观察效果（图 3-2-17）。

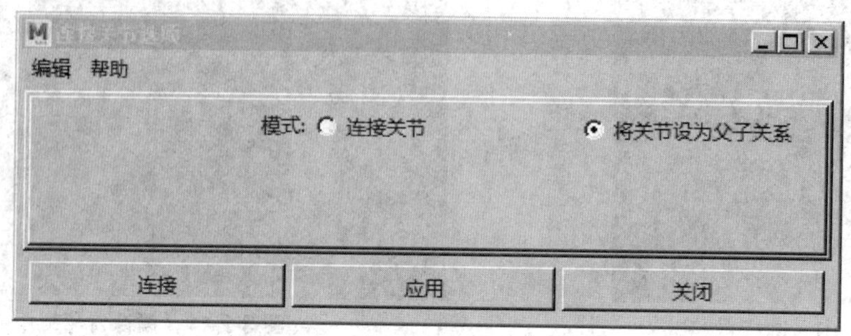

图 3-2-14　“连接关节选项”对话框

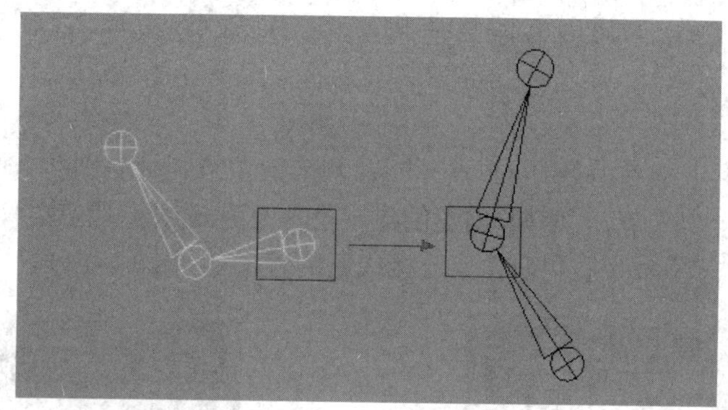

图 3-2-15　选择关节

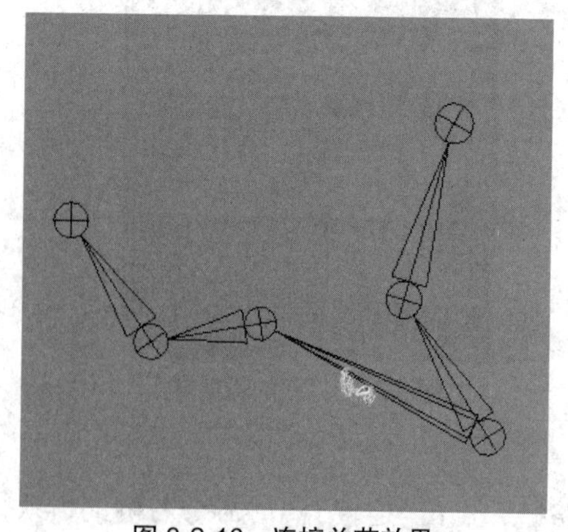

图 3-2-16　连接关节效果

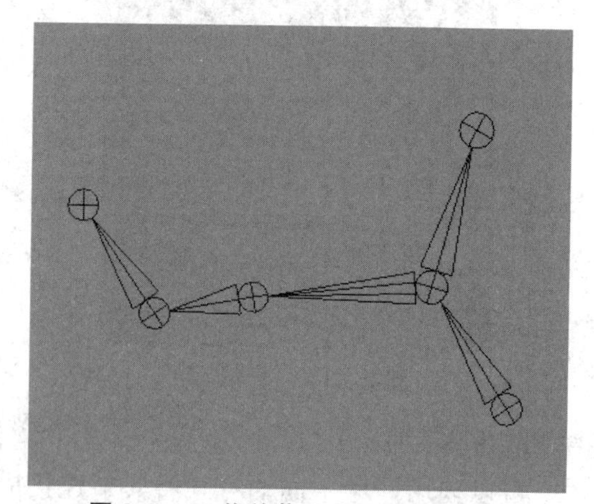

图 3-2-17　将关节设为父子关系效果

7. 断开关节

可以断开除根关节外的任何关节和骨架链，将单独的一条骨架链分离成两条骨架链。例如，创建一段骨架链，选择关节（图 3-2-18）。点击“断开关节”命令，观察效果（图

3-2-19）。

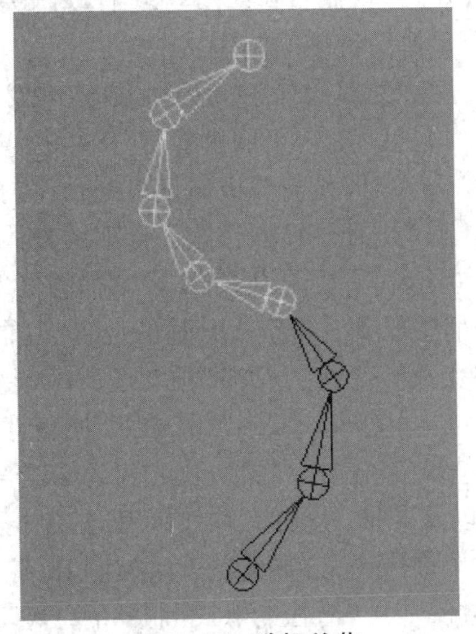

图 3-2-18 选择关节

图 3-2-19 断开关节效果

8. 重定骨架根

通过选择关节，重新设定根关节在骨架链中的位置，从而改变骨架链的层级关系。例如，创建一段骨架链，选择关节（图 3-2-20），点击“重定骨架根”命令，观察效果（图 3-2-21）。

图 3-2-20 选择关节

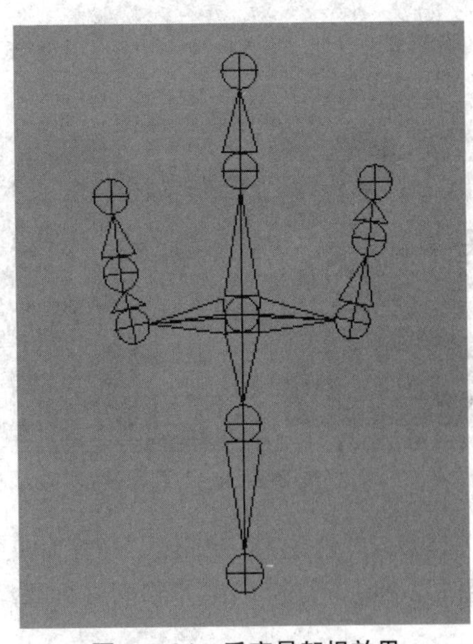

图 3-2-21 重定骨架根效果

9. 创建 IK 控制柄

骨骼运动的术语称作动力学，其中骨骼动画包括两种类型的动力学，分别是正向动力学（FK）和反向动力学（IK）。正向动力学（FK）是一种通过层级控制物体运动的方式，即创建骨骼后通过关节的旋转，旋转父级别关节带动子级别关节旋转，也就是说骨骼创建后前向动力学（FK）就已经形成。反向动力学（IK）恰恰与正向动力学（FK）相反，是由子级别关节带动父级别关节的运动。简单地说，正向动力学（FK）多是依靠“旋转工具”进行动画关键帧的制作，反向动力学（IK）多是依靠“移动工具”进行动画关键帧的制作。

（1）点击“创建 IK 控制柄”命令右侧的方块，打开“工具设置”对话框（图 3-2-22）。其中，“当前解算器”项选择 IK 控制柄的解算器类型，包括“旋转平面解算器”和“单链解算器”两种类型，“旋转平面解算器”是一种常用的 IK 方式（但是需要极向量来配合控制骨架链的整体方向），“单链解算器”可直接使用“旋转工具”进行旋转操作改变骨架链整体方向（但是在动作细节上很难控制）；“自动优先级”项勾选后，将自动设置 IK 控制柄的优先权；“解算器启用”项默认是选择状态，便于将 IK 控制柄生成到骨架链上合适的位置；“捕捉启用”项默认是选择状态，IK 控制柄将始终捕捉到终止关节位置；“粘滞”项勾选后，如果使用其他 IK 控制柄控制某个关节时，这个 IK 控制柄将黏附在当前位置；“优先级”控制骨架链中的 IK 控制柄设置优先权，优先权为 1 的 IK 控制柄将首先控制关节，优先权为 2 的 IK 控制柄将在优先权为 1 的 IK 控制柄之后控制关节，以此类推；“权重”项设置 IK 控制柄权重值；“位置方向权重”项设置 IK 控制柄权重值的位置或方向，该数值是 1 时控制 IK 控制柄的位置，该数值是 0 时控制 IK 控制柄的方向。该数值是 0.5 时控制 IK 控制柄的位置、方向的平衡。例如，使用“创建 IK 控制柄”命令，创建一段骨架链，骨架链多是两段骨骼组合而成。（图 3-2-23）。

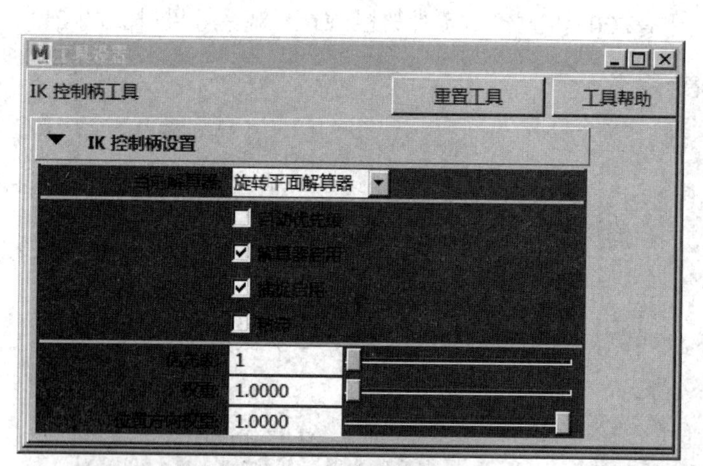

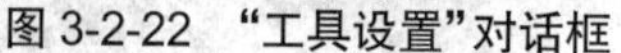
图 3-2-22　“工具设置”对话框

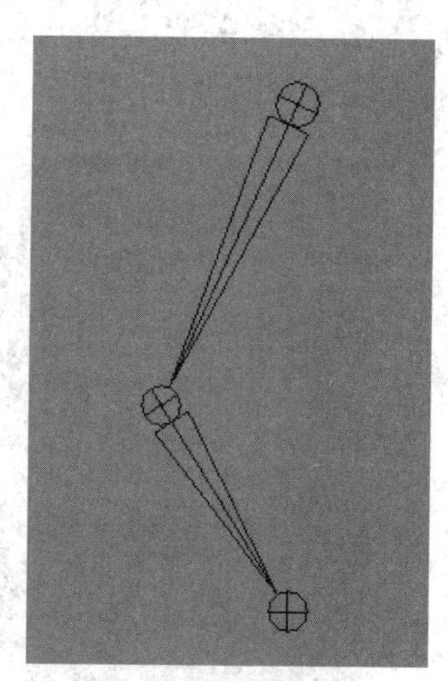

图 3-2-23　骨架链

（2）点击“创建 IK 控制柄”命令后（使用默认选项即可），先选择跟关节再选择末端关节（图 3-2-24），通过对 IK 控制柄进行移动即可控制骨架链的运动（图 3-2-25）。

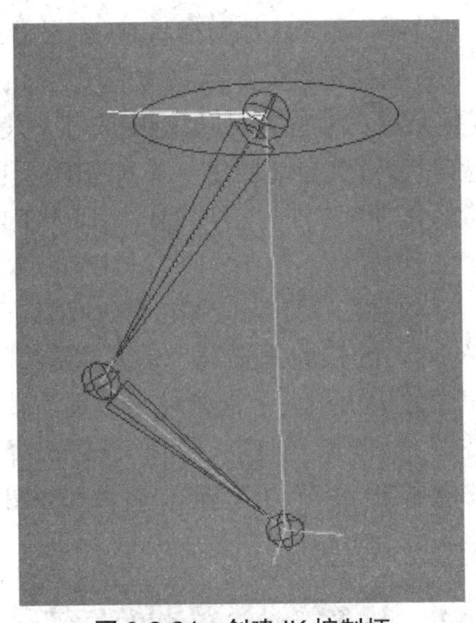

图 3-2-24 创建 IK 控制柄

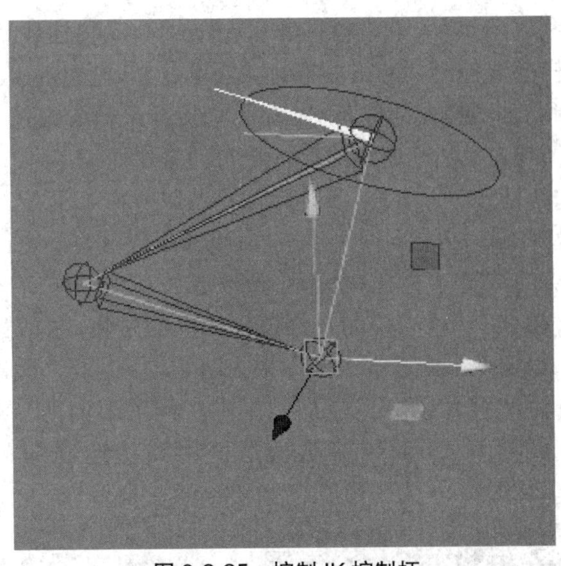

图 3-2-25 控制 IK 控制柄

（3）点击菜单栏中“创建”→“NURBS 基本体”→“圆形”命令，将其放置到骨骼链的中间位置，选择菜单栏中“编辑”→“历史”命令，选择菜单栏中的“修改”→“冻结变形”→“居中枢纽”命令（图 3-2-26）。先选择圆形再选择 IK 控制柄，点击菜单栏中的“约束”→“极向量”命令，形成一个骨骼方向控制器，观察效果（图 3-2-27）。

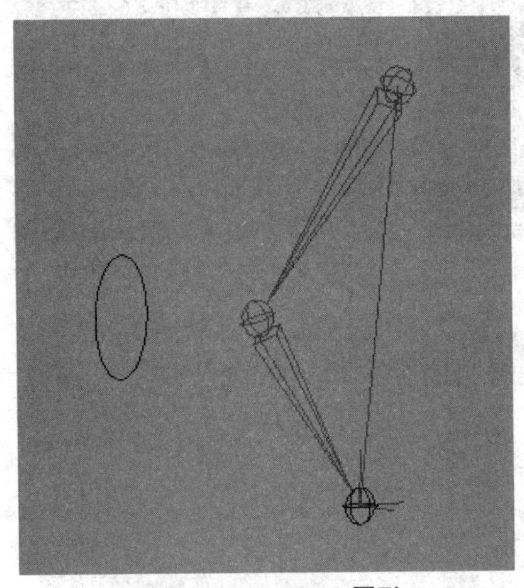

图 3-2-26 NURBS 圆形

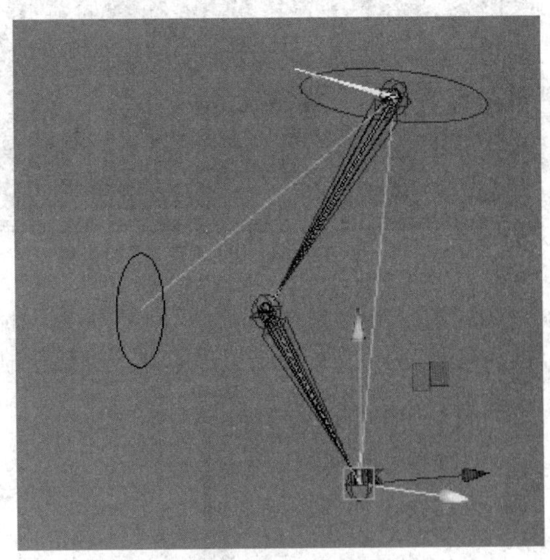

图 3-2-27 极向量

10. 创建 IK 样条线控制柄

IK 样条线控制柄是以 NURBS 曲线来控制骨架链中的关节位置和方向，多用于表现胡须、触角等类似物体。

（1）点击“创建 IK 样条线控制柄”命令右侧的方块，打开“工具设置”对话框（图 3-2-28）。其中，“根在曲线上”项默认是选择状态，IK 样条线控制柄的开始关节会被约束到 NURBS 曲线上，即可以控制骨架链；“自动创建根轴”项勾选后，自动在根关节创建变换点，利用此点‘关节进行移动和旋转；“自动将曲线结成父子关系”项默认是选择状态，如果 IK 样条线控制柄的根关节有父级别物体，创建的 IK 样条曲线也会是该父级别物体的子物体；“将曲线捕捉到根”项勾选后，IK 样条曲线的起点将捕捉到根关节位置，骨架链中的每个关节将自动适应曲线的形状；“自动创建曲线”项默认是选择状态，会自动创建一条 NURBS 曲线，曲线的形状将与骨架链的摆放方向相匹配；“自动简化曲线”项自动创建一条简化的 NURBS 曲线，简化程度由“跨度数”数值来决定；“跨度数”项控制 NURBS 曲线上 CV 控制点的数量；“根扭曲模式”项勾选后，调节根关节动画时，其他关节可产生轻微的扭曲动作；“扭曲类型”项控制骨架链中扭曲的发生，包括“线性”（均匀的扭曲骨架链全部），“缓入”（扭曲效果由末端关节向根关节逐渐减弱），“缓出”（扭曲效果由根关节向末端关节逐渐减弱），“缓入缓出”（扭曲效果由中间关节向两端逐渐减弱）。例如，创建一段骨架链，选择“创建 IK 样条线控制柄”（使用默认选项即可），先选择根关节再选择末端关节（图 3-2-29）。

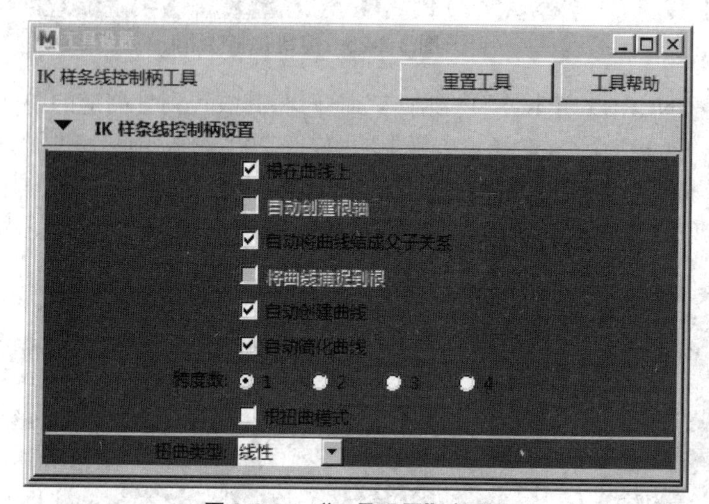

图 3-2-28　“工具设置”对话框

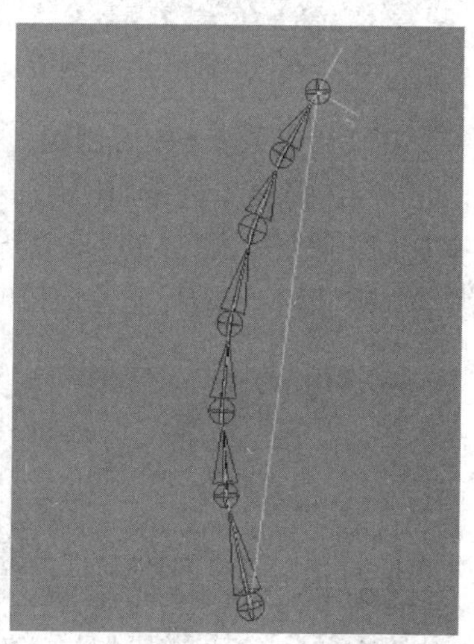

图 3-2-29　创建 IK 样条线

（2）选择菜单栏中的“窗口”→“大纲”命令，在“大纲”选择“curve1”（图 3-2-30），在“操作界面”的空白处点击鼠标右键，选择“控制顶点”（图 3-2-31）。

图 3-2-30　大纲

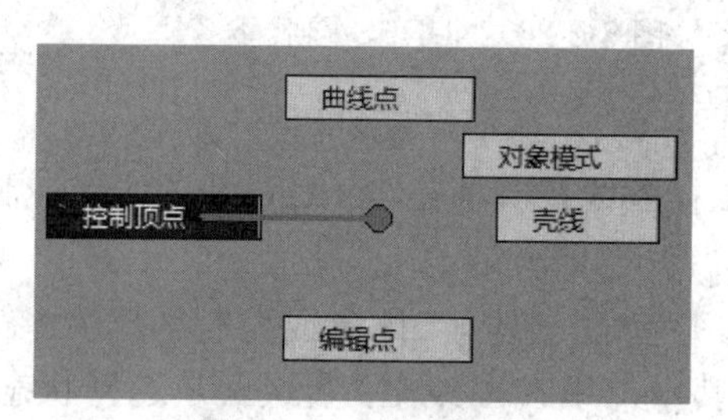

图 3-2-31　控制顶点

（3）选择骨架链周边出现的曲线控制点（图 3-2-32），使用“移动工具”调节“控制顶点”，观察骨架链变化（图 3-2-33）。

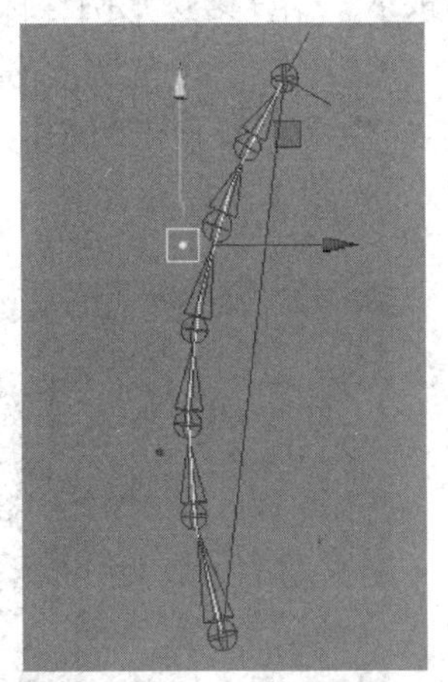
图 3-2-32 选择控制点

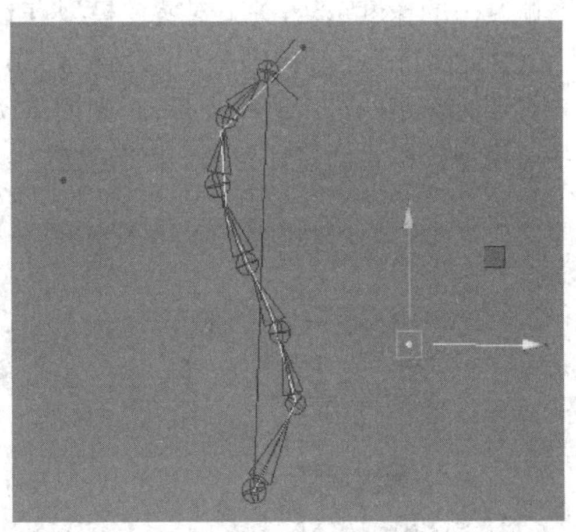
图 3-2-33 调节骨架链

3.2.2 骨骼的蒙皮

蒙皮就是将模型与骨架链进行连接，使模型能够跟随骨架产生各种动作，继而对模型进行动画的制作。蒙皮的制作十分简单，先选择骨架链的跟骨骼，再选择模型，点击菜单栏中的“蒙皮”→“绑定蒙皮”命令便完成蒙皮的操作了。

（1）点击“绑定蒙皮”命令右侧的方块，打开“绑定蒙皮选项”对话框（图 3-2-34）。其中“绑定到”项决定与哪个关节进行绑定包含“关节层次”（系统默认的选项，与骨架链中的全部关节进行绑定），“选定关节”（与选择的关节进行绑定），“对象层次”（与选择关节的整个层级进行绑定）；“绑定方法”为蒙皮影响模型的方式包含“最近距离”（仅基于与蒙皮点的近似，该选项可能会导致不恰当的关节影响，如右大腿关节影响左大腿上的邻近蒙皮点），“在层次中最近”（指定关节影响是基于骨架层次，该选项可以防止不恰当的关节影响，避免右大腿关节影响左大腿上的邻近蒙皮点），“热量贴图”（使用热量扩散技术分发影响权重，较热权重值接近关节，较冷权重值远离关节），“测地线体素”（使用网格的体素表示帮助计算影响权重），“蒙皮方法”为模型的蒙皮方法，包含“经典线性”平滑蒙皮变形效果，与早期 MAYA 版本相似，产生一定变形效果，“双四元数”（扭曲关节周围变形时保持网格中的体积），“权重已混合”中和“经典线性”与“双四元数”两种蒙皮方式，“规格化权重”项设定平滑蒙皮权重规格化的方式，包含“无”（禁用平滑蒙皮权重规格化），“交互式”（在添加或移除影响以及绘制蒙皮权重时规格化蒙皮权重值），“后期”（延缓规格化权重计算）；“权重分布”项（仅当“规格化权重”设置为“交互式”时才可使用，包含）。“距离”（距离越近的关节获得的权重越高），“相邻”（基于影响周围顶点的影响计算新权重）；“允许多种绑定姿势”项勾选后允许每个骨架有多个绑定姿势；“最大影响”项指影响蒙皮模型上每个蒙皮点的关节数量（模型简单可适当减少数值）。“保持最大影响”（蒙皮模型不能有比“最大影响”指定数量更大的影响数量）；“移除未使用的影响”项指减少场景数据的计算量、提高场景播放速度时；“为骨架上色”项指骨架和蒙皮模型点将变成彩色，使蒙皮模型点显示出与影响它们的关节和骨头相同的颜色；“在创建时包含隐藏的选择”项勾选后可绑定隐藏的模型；“衰减速率”项数值越大，影响减小的速度越慢，关节对蒙皮模型点的影响范围也越大，该数值越小，影响减小的速度越快，关节对蒙皮模型点的影响范围也越小。创建多边形圆柱体将其“高度”项设置为“6”、“转向细分”项设置为“30”、“高度细分”项设置为“40”（需要蒙皮的模型，一定要有充足的线段进行支撑，否则调节动画时，模型会产生错误），点击“创建关节”命令，按照模型的样式创建骨架链，骨架链摆放到模型的中间位置（图 3-2-35）。

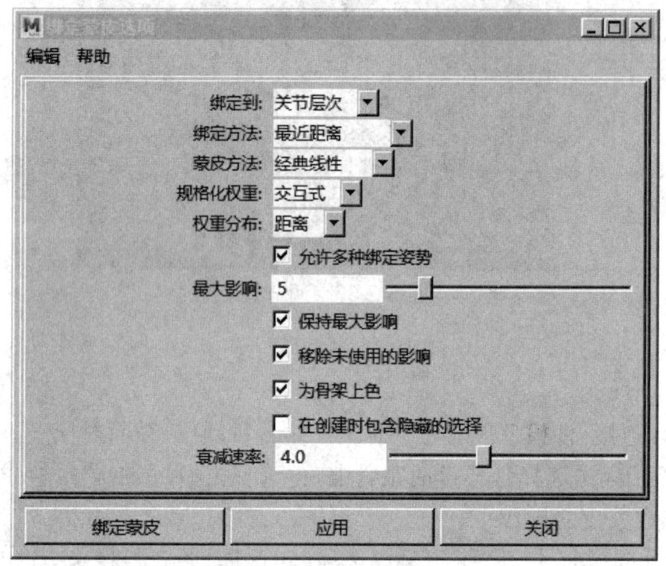

图 3-2-34 “绑定蒙皮命令选项”对话框

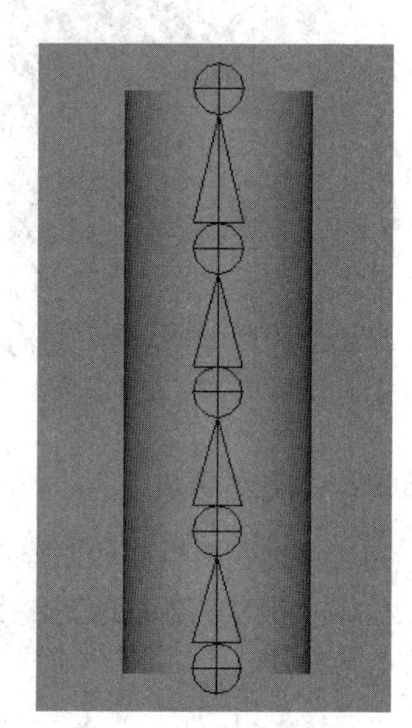

图 3-2-35 创建骨架链

（2）先选择骨架链的跟骨骼再选择模型，点击“绑定蒙皮”（使用默认设置即可）按钮，骨架链与模型蒙皮成功（图 3-2-36）。选择不同关节，使用“旋转工具”调试动画，观察效果（图 3-2-37）。

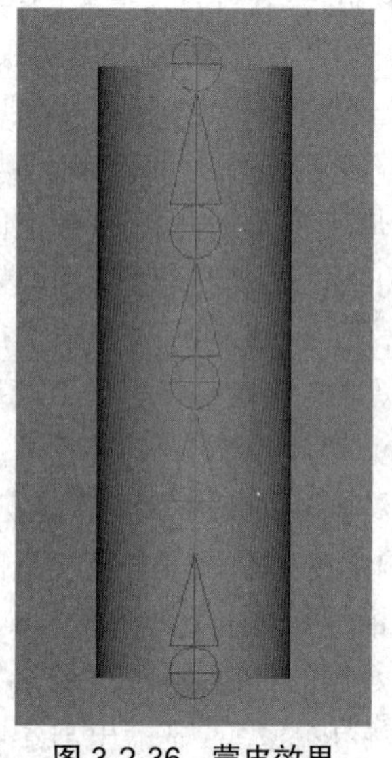

图 3-2-36 蒙皮效果

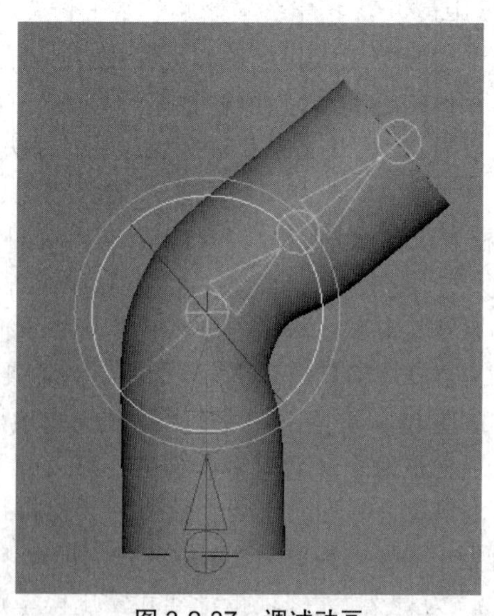

图 3-2-37 调试动画

（3）权重即骨骼控制模型范围的大小与力度的强弱。当完成蒙皮后接下来就需要对模型的权重进行合理分配（模型调节动画时，不产生扭曲或拉伸等影响画面效果的现象，证明权重分配合理）。而“绘制蒙皮权重”就是通过笔刷直接在模型表面修改蒙皮权重值，时时观察权重的修改结果，快速地对权重进行合理分配，产生平滑蒙皮动画效果。（图 3-2-38）点击“绘制蒙皮权重”命令右侧的方块，打开“工具设置”对话框（图 3-2-39）。其中“排序”项决定关节的显示顺序（选择不同的骨骼，模型相应的位置则显示出权重），包含“按字母排序”按字母顺序对关节名称排序。“按层次”按层次（父子层次）对关节名称排序。“平板”按层次对关节名称排序。“模式”选择不同的权重分配模式，包含“绘制”（通过在顶点绘制值来设定权重），“选择”（从绘制蒙皮权重切换到选择蒙皮点和影响）；“绘制选择”项可以绘制选择顶点，通过三个附加选项包含“添加”（绘制向选择添加顶点）、“删除”（绘制从选择中移除顶点）、“切换”（从选择中移除选定顶点并添加取消选择的顶点）可以设定绘制；“选择几何体”项可快速选择整个模型；“绘制操作”项可以指定绘制权重的方式；包含“替换”（根据笔刷设定的权重值替换蒙皮权重），“添加”（增大附近关节的权重影响），“缩放”（减小远处关节的权重影响），“平滑”（平滑关节的权重影响）；“剖面”项可以指定笔刷的样式。“权重类型”包含“蒙皮权重”（绘制基本的蒙皮权重，。“DQ 混合权重”（可以逐顶点控制“经典线性”和“双四元数”蒙皮的混合）；“规格化权重”项包含“禁用”（禁用平滑蒙皮权重规格化），“交互式”（通过输入权重值精确使控制权重大小），“后期”（延缓规格化权重计算），“不透明度”（可产生更平缓的变化获得更精细的效果），“值”（设置笔刷应用的权重值），“最小值 / 最大值”（设置权重的最小和最大绘制值（介于 0 和 1 之间的值））。

（4）先选择圆柱体，再在“绘制蒙皮权重”命令中选择“joint1”，使用笔刷对圆柱体绘制权重（全部成白色）（图 3-2-40）。此时，其他骨骼的权重则会消失，这些骨骼的权重值全部分配给“joint1”（“joint1”拥有全部权重），选择其他骨骼则不能控制圆柱体的运动，观察效果（图 3-2-41）。

图 3-2-38　显示权重

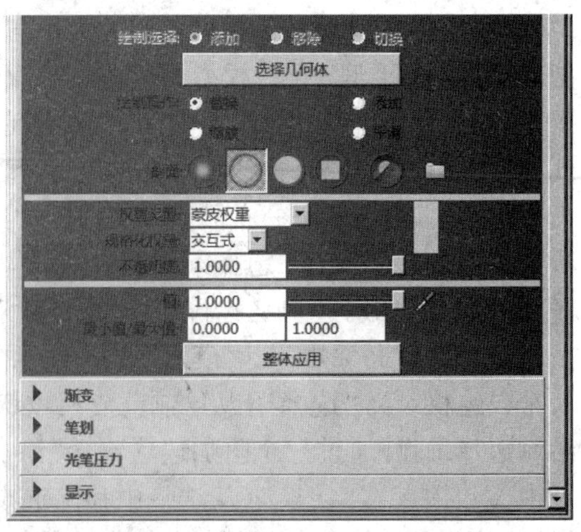

图 3-2-39 “工具设置”对话框

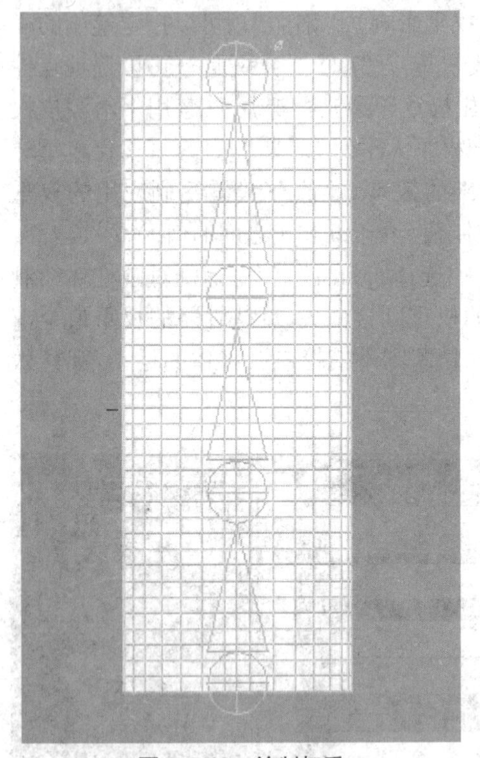

图 3-2-40 绘制权重

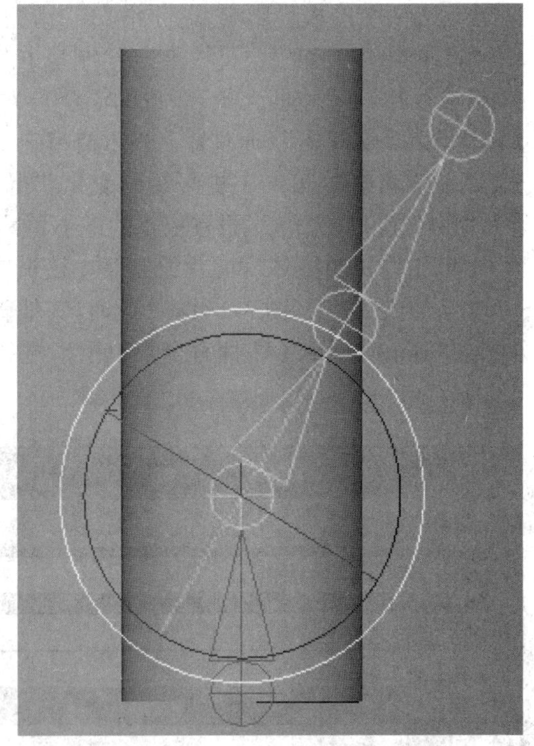

图 3-2-41 观察效果

3.3 关键帧动画

与传统动画一样，在三维软件中进行动画创作，面对的也有动画时间的问题。在MAYA中动画控制器提供了快速设置时间和关键帧的工具，如“时间滑块”“范围滑块”“播放控制器”等，可以方便快速地编辑动画参数（图3-3-1）。

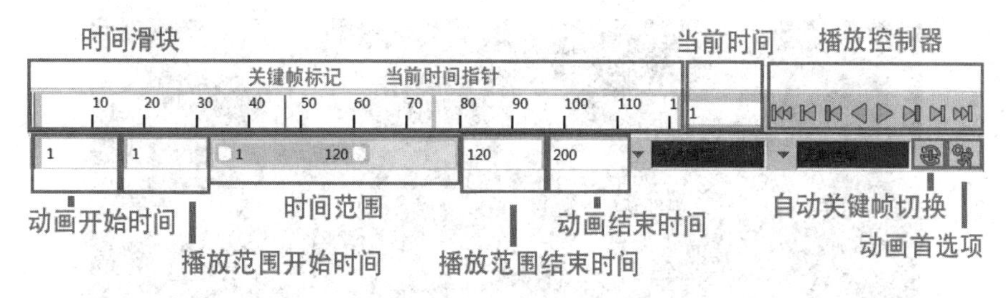

图 3-3-1　动画控制器

关键帧的设置十分简单，首先选择要设置关键帧的模型，选择“动画”模块，点击菜单栏中的“关键帧”→“设定关键帧”命令（或按“S”键），即可对选中的模型设定关键帧。也可以使用“设置平移关键帧”“设置旋转关键帧”“设置缩放关键帧”等命令，对模型的属性单独进行关键帧的设置（或按“Shift+W”“Shift+E”“Shift+R 键”）（图 3-3-2）；也可以激活“自动关键帧切换”，自动记录关键帧的数值，还可以在通道栏中，选中需要模型的属性，然后再在属性名称上单击鼠标右键，在弹出的菜单中选择“为选定项设置关键帧”（在属性名称输入框中出现红色标记）（图 3-3-3）。

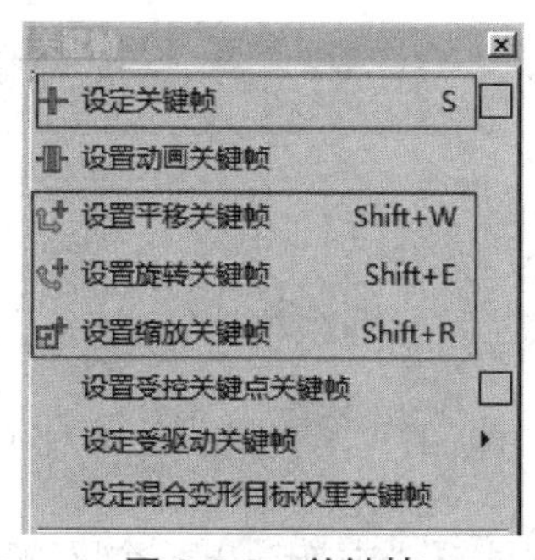

图 3-3-2　关键帧

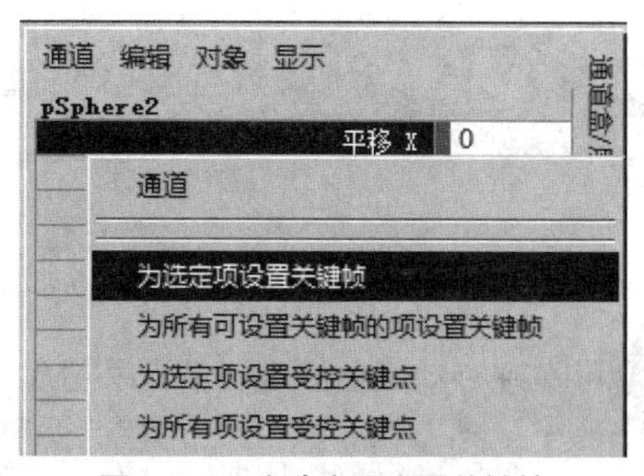

图 3-3-3　为选定项设置关键帧

关键帧设置完成后，点击菜单栏中的“窗口”→“动画编辑器”→“曲线图编辑器”命令，可以使用“曲线图编辑器”编辑关键帧（图 3-3-4）。通过调节动画曲线来控制动画的形态，是最便捷的方式。所以调节动画曲线是编辑关键帧的最主要的工具（图 3-3-5）。

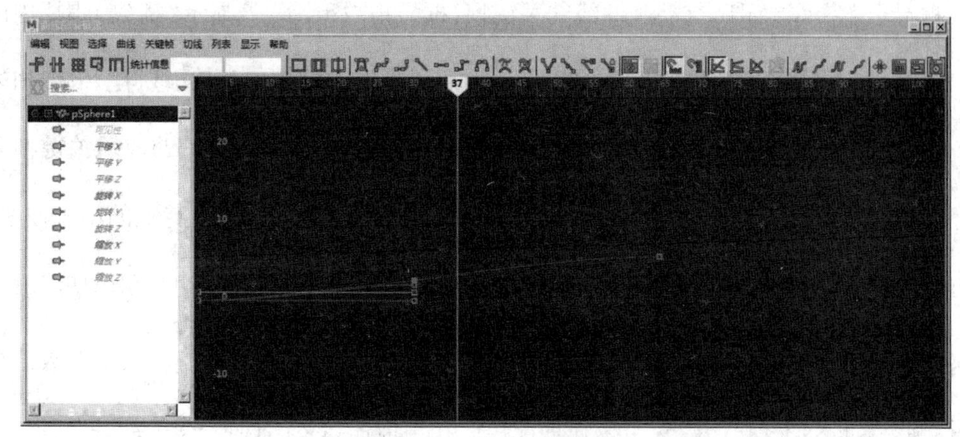

图 3-3-4　曲线图编辑器

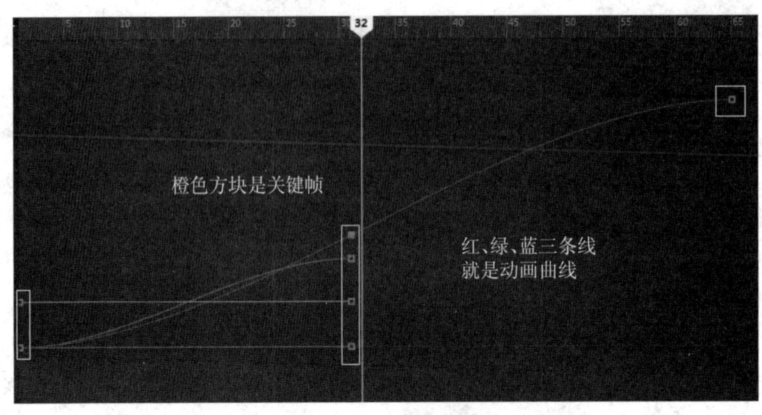

图 3-3-5 动画曲线

“曲线图编辑器”的工具栏（图 3-3-6）中的命令，基本能满足工作中对于曲线调节操作要求。

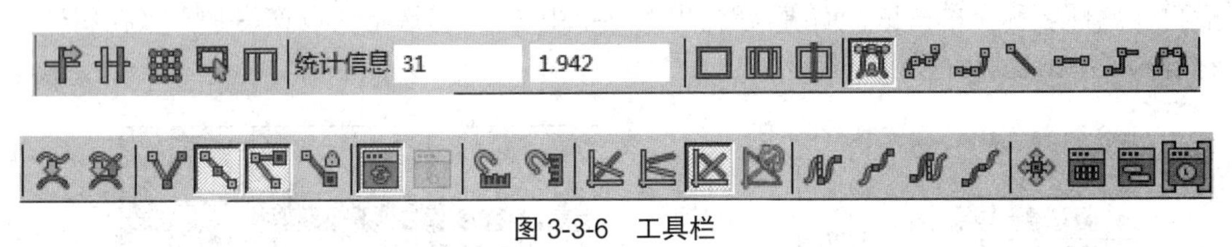

图 3-3-6 工具栏

移动最近拾取的关键帧工具可以通过鼠标操作来控制关键帧和切线；插入关键帧工具可在现有动画曲线上设置新关键帧；晶格变形关键帧工具该工具可对关键帧组形成晶格变形器进行整体控制；区域工具可在曲线图编辑器中拖动出一个区域，对区域内的时间和数值关键帧进行缩放调节；重定时工具可对关键帧的播放速度进行控制；统计信息左侧输入框显示关键帧的时间、右侧输入框显示关键帧的数值；框显全部显示所有动画曲线的关键帧；框显播放范围显示“播放范围”内的所有关键帧；使视图围绕当前时间居中显示当前选择的关键帧；自动切线根据相邻关键帧值将曲线值调节成最大点或最小点；样条线切线在选定关键帧的前后关键帧之间创建一条平滑的动画曲线；钳制切线创建具有线性曲线和样条曲线特征的动画曲线；线性切线将关键帧曲线创建成直线；平坦切线将关键帧切线的入切线和出切线设定为水平；阶跃切线将创建出切线为平坦曲线的动画曲线；高原切线可以展平数值相等的关键帧；缓冲区曲线快照可以在曲线快照和当前曲线之间切换；交换缓冲区曲线在原始曲线与当前的已编辑曲线之间切换；断开切线可以分别操纵入切线和出切线控制柄且互不会影响；统一切线对入切线或出切线控制柄的操纵能够均匀地影响其反向控制柄；自由切线长度移动切线时可改变其角度和权重；锁定切线长度移动切线时可改变其角度和权重；自动加载曲线图编辑器“曲线图编辑器”的开关；从当前选择加载曲线图编辑器将选择物体显示到“曲线图编辑器”中；时间捕捉自动将关键帧放置整数时间单位值；值捕捉自动将关键帧放置整数值；在绝对视图中显示曲线可在视图中沿水平或垂直方向观察曲线；在堆叠视图中显示曲线每条动画曲线会使用自身的轴向显示；在规格化视图中显示曲线按比例缩放显示动画曲线；重新规格化曲线可将视图中显示的曲线重新规格化；前方无限循环前方无限重复动画曲线；前方无限循环加偏移除无限重复动画曲线，还将曲线最后一个关键帧值连接到原始曲线第一个关键帧值的位置；后方无限循环后方无限重复动画曲线；后方无限循环加偏移除无限重复动画曲线，还将曲线最后一个关键帧值连接到原始曲线第一个关键帧值的位置；未约束的拖动，其中包含受约束的“X 轴”拖动，受约束的“Y 轴”拖动，将光标操纵器切换到有轴或无轴状态进行操作；打开摄影表加载当前对象的动画关键帧；打开 Trax 编辑器加载当前对象的动画片段；打开时间编辑器加载时间编辑器。

（1）新建一个场景，点击动画首选项，在弹出的“首选项”对话框中将“播放速度”项设置为“实时[24fps]”（图 3-3-7），在场景中创建一个多边形球体，拖至网格之上，选择球体点击“历史”→“居中枢纽”→“冻结变换”命令（图 3-3-8）。

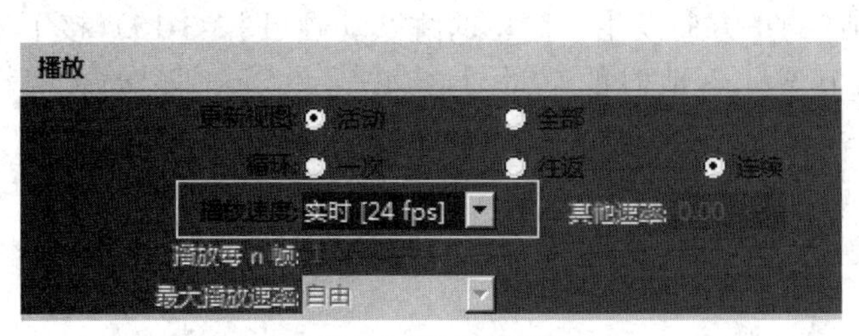

图 3-3-7　首选项

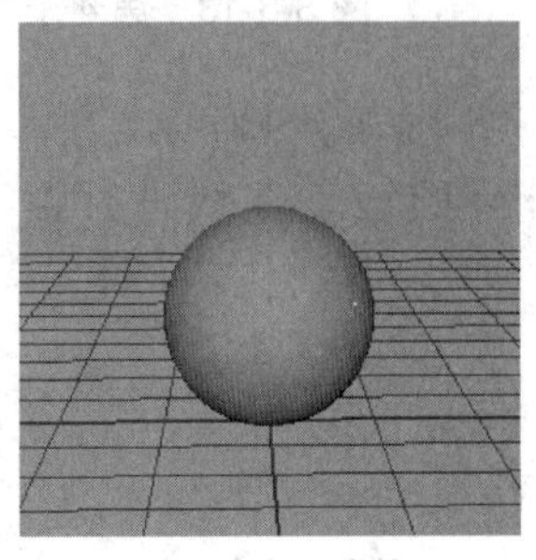
图 3-3-8　球体

（2）在“设置动画结束时间中”输入“48”（图 3-3-9），将时间指针移至第 4 帧处，选择球体设置第 1 个关键帧（按“S”键，时间滑块中出现关键帧标记）（图 3-3-10）。

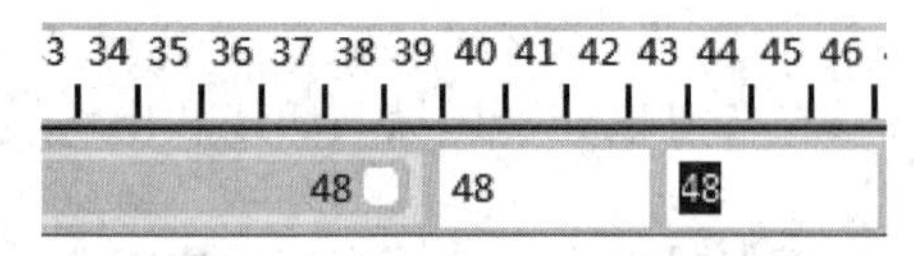

图 3-3-9　设置动画结束时间

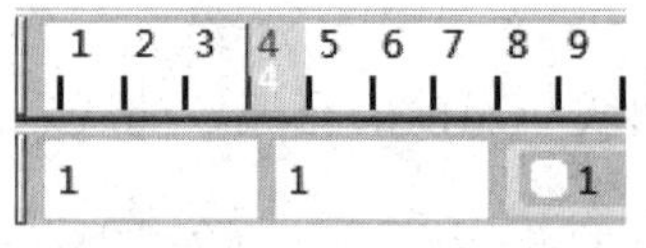

图 3-3-10　记录第 1 个关键帧

（3）将时间指针移至第 24 帧位置，在球体的“平移 Y”项输入“10”，设置第 2 个关键帧（图 3-3-11），将时间指针移至第 44 帧位置，在球体的“平移 X”项输入“20”，设置第 3 个关键帧（图 3-3-12）。

pSphere1	
平移 X	10
平移 Y	0
平移 Z	0
旋转 X	0
旋转 Y	0
旋转 Z	0
缩放 X	1
缩放 Y	1
缩放 Z	1

图 3-3-11　第 2 个关键帧

pSphere1	
平移 X	20
平移 Y	0
平移 Z	0
旋转 X	0
旋转 Y	0
旋转 Z	0
缩放 X	1
缩放 Y	1
缩放 Z	1

图 3-3-12　第 3 个关键帧

（4）将时间指针移至第 14 帧位置，在球体的“平移 Y”项输入“8”，设置第 4 个关键帧（图 3-3-13），将时间指针移至第 34 帧位置，在球体的“平移 Y”项输入“8”，设置第 5 个关键帧（图 3-3-14）。

pSphere1	
平移 X	3.75
平移 Y	8
平移 Z	0
旋转 X	0
旋转 Y	0
旋转 Z	0
缩放 X	1
缩放 Y	1
缩放 Z	1

图 3-3-13　第 4 个关键帧

pSphere1	
平移 X	16.354
平移 Y	8
平移 Z	0
旋转 X	0
旋转 Y	0
旋转 Z	0
缩放 X	1
缩放 Y	1
缩放 Z	1

图 3-3-14　第 5 个关键帧

（5）播放动画，球体沿着“X 轴”的正方向发生了简单的跳跃动画（图 3-3-15），接下来对球体的运动曲线进行调节，调节球体落地时的重量感，点击菜单“窗口”“动画编辑器”“曲线图编辑器”（图 3-3-16）。

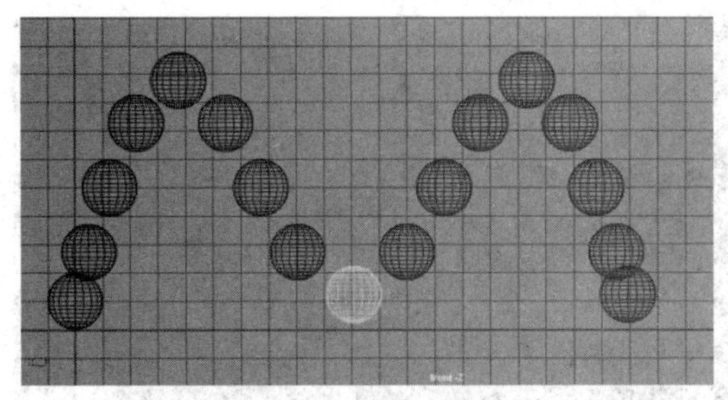

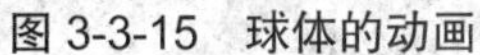

图 3-3-15 球体的动画

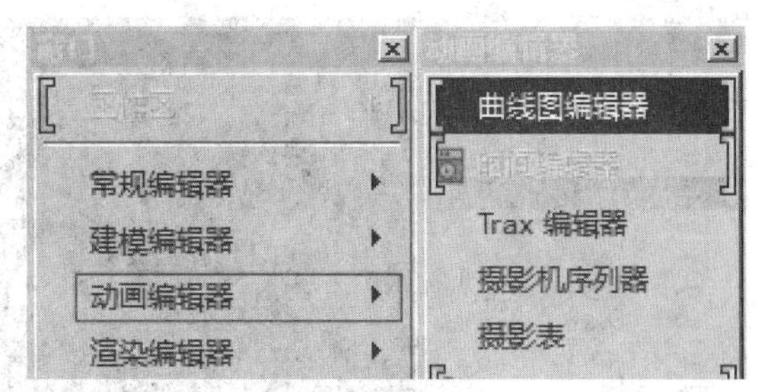

图 3-3-16 “曲线图编辑器”命令

（6）在“曲线图编辑器”中选择球体的 Translate Y，显示“Y 轴”运动（图 3-3-17）。分别选择第 14 帧位置关键帧与第 34 帧位置关键帧，通过控制手柄将动画曲线扩大（图 3-3-18）。

（7）分别选择第 4 帧位置关键帧、第 24 帧位置关键帧与第 44 帧位置关键帧，通过控制手柄将动画曲线缩小（图 3-3-19），再次播放球体动画，观察与为调节曲线动画的区别（图 3-3-20）。

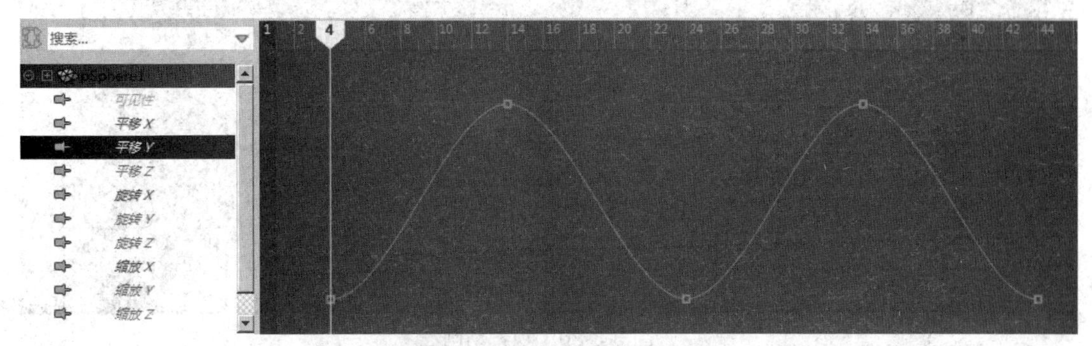

图 3-3-17 球体“Y 轴”运动

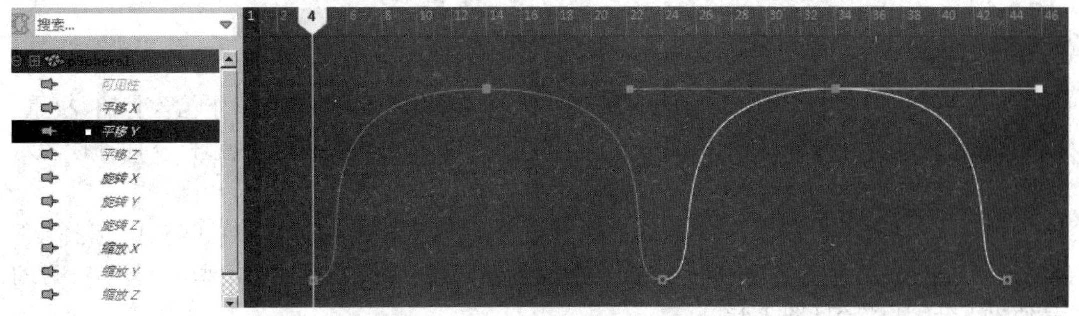

图 3-3-18 调节动画曲线

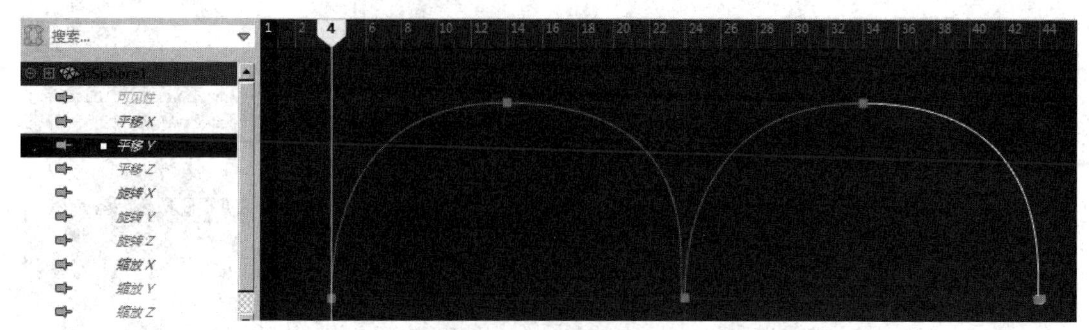

图 3-3-19 缩小曲线

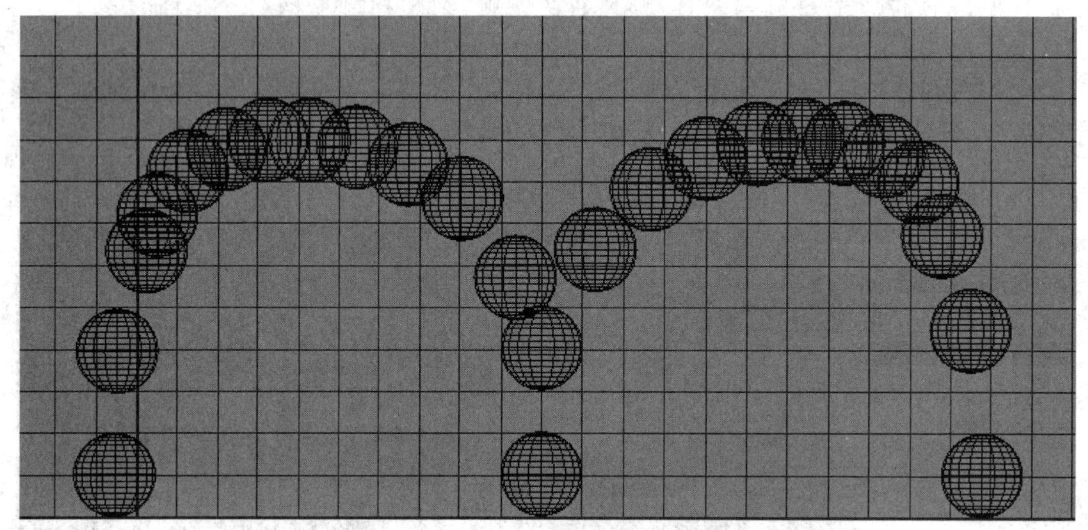

图 3-3-20 观察动画

3.4 项目实战

动画顾名思义即运动的画面，如果说“画面”是一个项目的身体，“运动”就是项目的灵魂。“运动”的好坏直接影响整体项目的优劣。通常三维动画环节的制作包含骨骼、权重、控制器、调试动画等内容，利用下面的案例，将动画的制作过程进行一下梳理，从而使读者对动画制作有更深入的了解。

(1) 导入“尾巴”文件，在“右视图”中进行观察（图 3-4-1）。在菜单栏中选择“骨架”→“创建关节”命令，按照模型的位置摆放骨架链，将骨架链放置在模型中间位置，目的是使权重分配更均匀（图 3-4-2）。

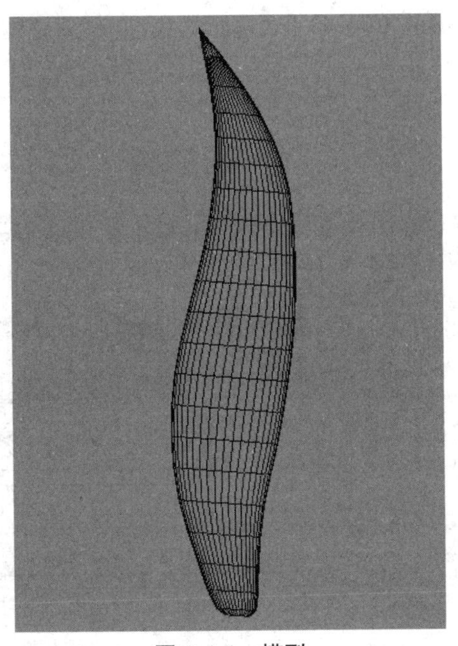

图 3-4-1　模型

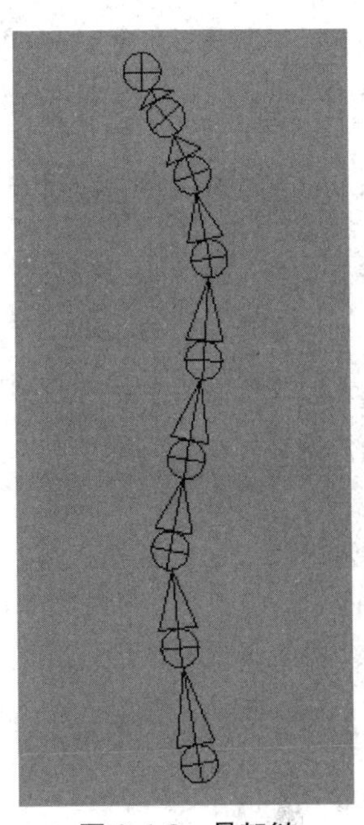

图 3-4-2　骨架链

（2）先选择“joint1”，再选择尾巴模型，点击菜单栏中的“蒙皮”→“绑定蒙皮”命令，旋转骨骼，观察权重分配情况（图 3-4-3）。若权重分配不合理，可先选择尾巴模型，再点击菜单“蒙皮”→“绘制蒙皮权重”命令，使用笔刷重新对尾巴模型权重进行分配（图 3-4-4）。

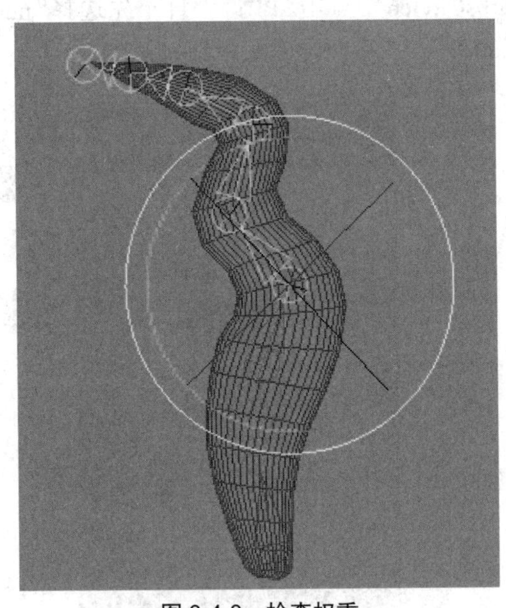

图 3-4-3　检查权重

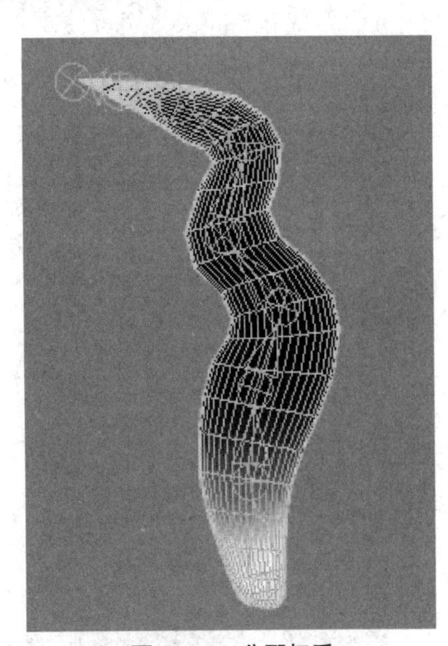

图 3-4-4　分配权重

（3）点击菜单栏中的“创建”→“NURBS 基本体”→“圆形”命令（即调节动画的控制手柄），点击菜单栏中的“编辑”→“历史”命令，点击菜单“修改”→“冻结变形”→“居中枢组”命令，将圆形吸附到“joint1”的中心点（图 3-4-5）。选择圆形（默认名称 nurbsCircle1），再选择“joint1”，点击菜单“约束”→“方向”命令右侧的方块，打开“方向约束选项”对话框，勾选“保持偏移”项，点击“应用”按钮（图 3-4-6）。

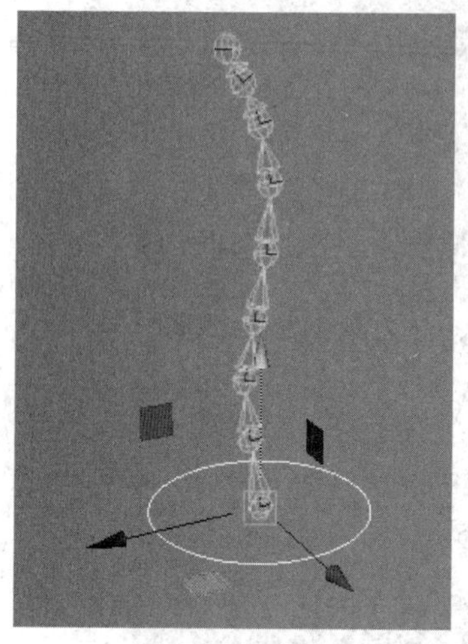

图 3-4-5 吸附

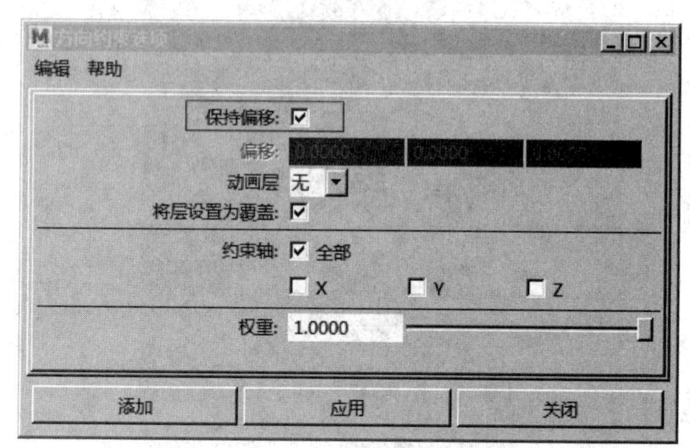

图 3-4-6 “方向约束选项”对话框

（4）依照此操作，再创建出 7 个圆形（从下向上的名称依次是 nurbsCircle2、nurbsCircle3 直到 nurbsCircle8），分别与剩余骨骼（从下向上的名称依次是 joint2、joint3 直到 joint8）进行“方向约束”（图 3-4-7）。再从上向下依次选择圆形，例如先选择“nurbsCircle8”，再选择“nurbsCircle7”，点击“P”键，创建“子父关系”（“nurbsCircle8”是子级别，“nurbsCircle7”是父级别）。先选择“nurbsCircle7”，再选择“nurbsCircle6”，点击“P”键。直至先选择“nurbsCircle2”再选择“nurbsCircle1”，最终“nurbsCircle1”是所用圆形的父级别（图 3-4-8）。

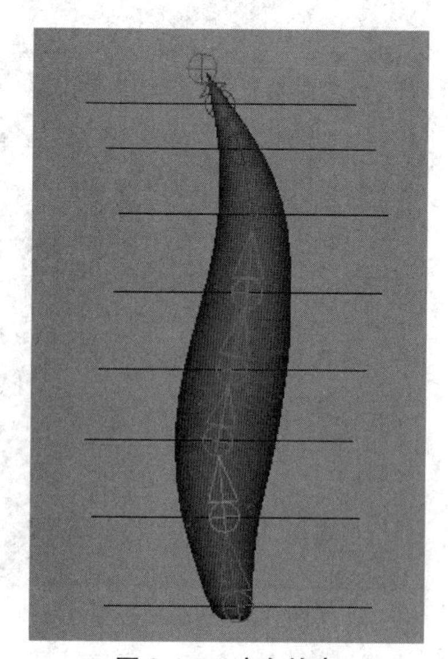

图 3-4-7 方向约束

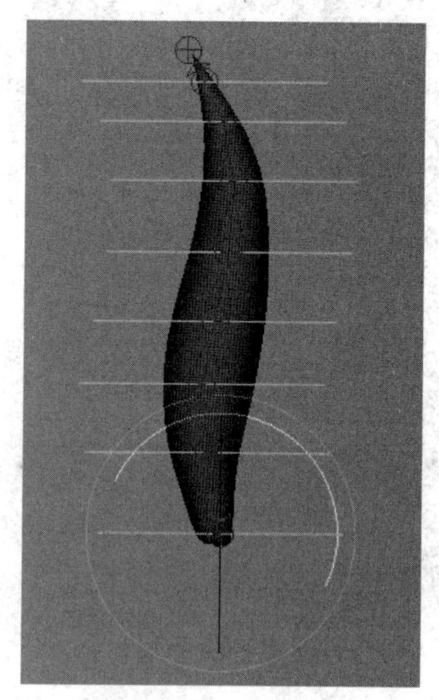

图 3-4-8 子父关系

（5）点击菜单栏中的“创建”→“NURBS 基本体”→“圆形”，创建圆形（nurbsCircle9），也将其吸附到“joint1”的中心点，然后点击菜单栏中的“编辑”→“历史”命令，点击菜单栏中的“修改”→“冻结变形”→“居中枢纽”命令(图 3-4-9)。选择菜单栏中的“窗口”→“大纲视图”命令,在“大纲视图”中点击“joint1”与“nurbsCircle1”(图 3-4-10)。

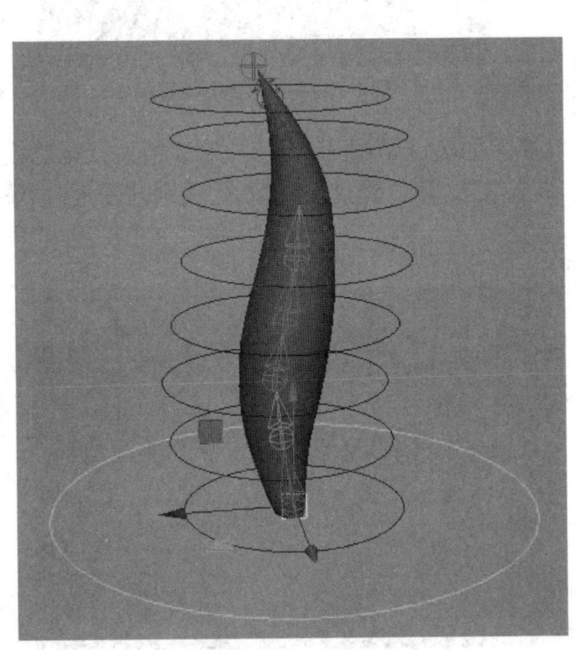

图 3-4-9　圆形

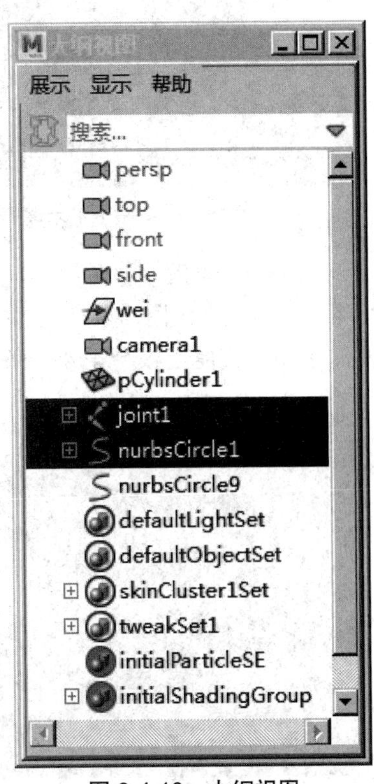

图 3-4-10　大纲视图

(6)按鼠标中键(滚轮)将两者拖至到“nurbsCircle9”上,此时“nurbsCircle9”是“joint1”与“nurbsCircle1”的父级别物体(图 3-4-11)。在“设置动画结束时间”中输入“48”(图 3-4-12)。

图 3-4-11　父级别

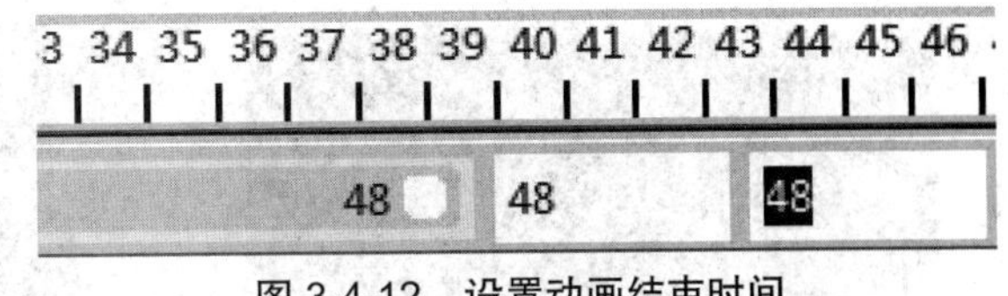

图 3-4-12　设置动画结束时间

(6)将时间指针移至第 1 帧位置,按照提示的关键帧图片,调节控制手柄设置尾巴模型第 1 个关键帧(每使用过一次手柄按“S”键,或是激活“自动关键帧切换”记录每一次关键帧的调节,所有关键帧都按照此方法调节)(图 3-4-13)。将时间指针移至第 4 帧位置,按照提示的关键帧图片,调节控制手柄设置尾巴模型第 2 个关键帧(图 3-4-14)。

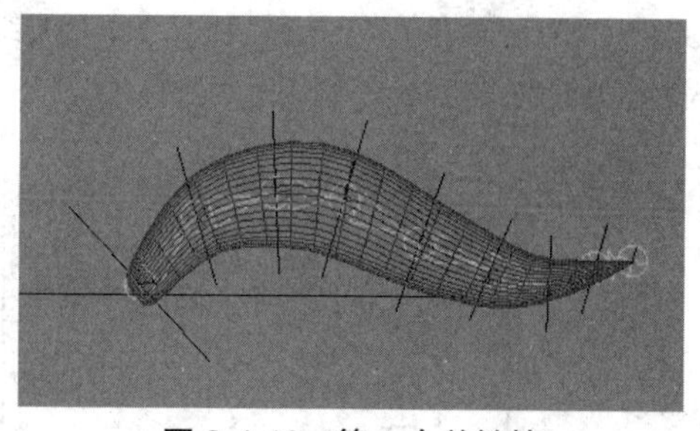

图 3-4-13 第 1 个关键帧

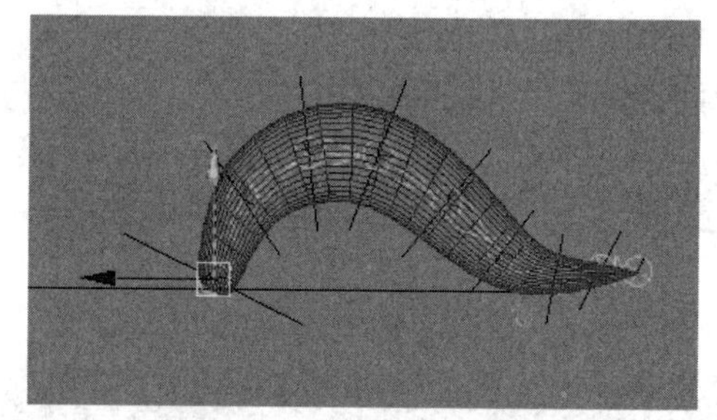

图 3-4-14 第 2 个关键帧

（7）将时间指针移至第 10 帧位置，按照提示的关键帧图片，调节控制手柄设置尾巴模型第 3 个关键帧（图 3-4-15）。将时间指针移至第 24 帧位置，按照提示的关键帧图片，调节控制手柄设置尾巴模型第 4 个关键帧（图 3-4-16）。

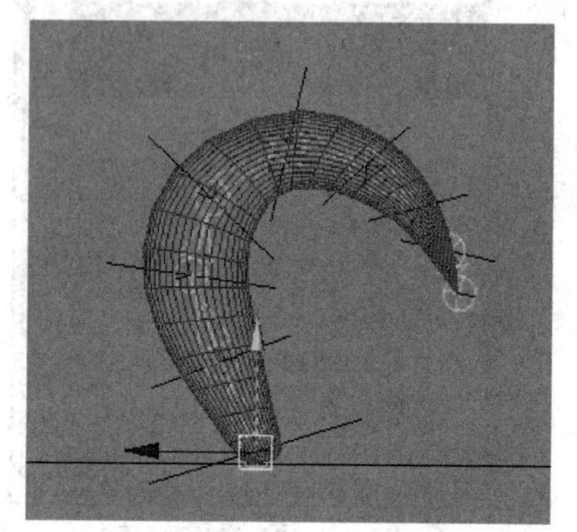

图 3-4-15 第 3 个关键帧

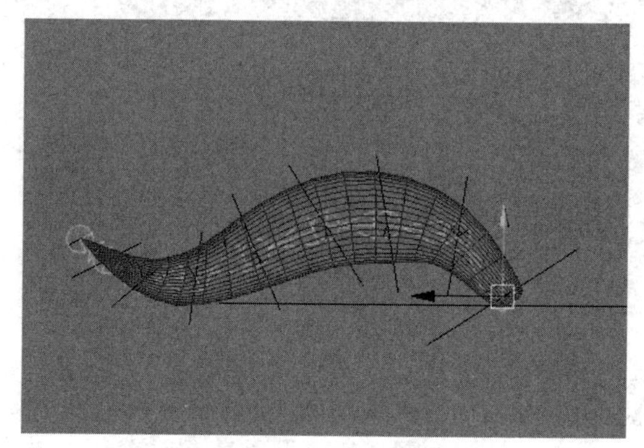

图 3-4-16 第 4 个关键帧

（8）将时间指针移至第 32 帧位置，按照提示的关键帧图片，调节控制手柄设置尾巴模型第 5 个关键帧（图 3-4-17）。将时间指针移至第 40 帧位置，按照提示的关键帧图片，调节控制手柄设置尾巴模型第 6 个关键帧（图 3-4-18）。

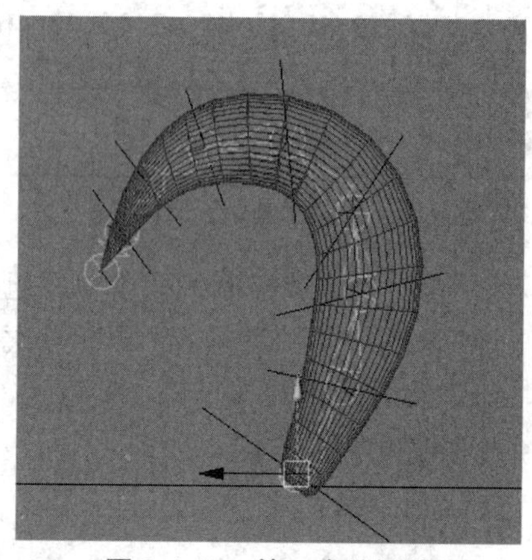

图 3-4-17 第 5 个关键帧

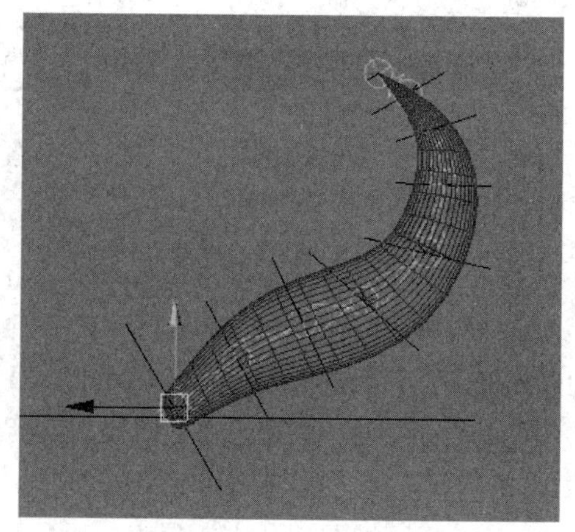

图 3-4-18 第 6 个关键帧

（9）选择“nurbsCircle1”圆形，在“时间滑块”中，将时间指针拖至第 1 个关键帧位置，按鼠标左键选择“复制”命令（图 3-4-19）。将时间指针拖至第 48 帧位置，按鼠标左键选择“粘贴”命令。按此方式，分别复制其余“nurbsCircle”圆形关键帧，再将时间指针拖至第 48 帧位置，进行粘贴（图 3-4-20）。

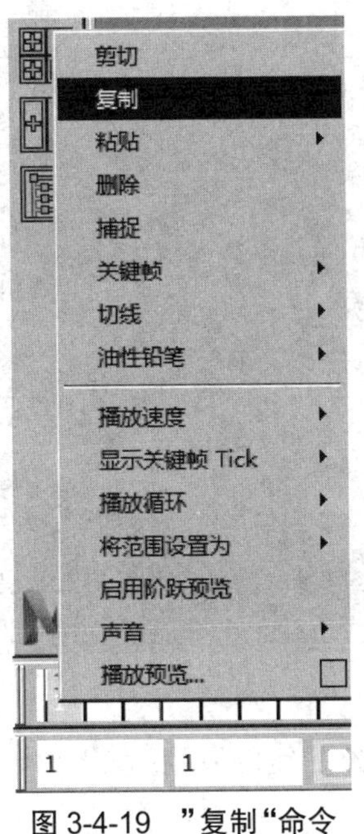

图 3-4-19 ”复制“命令

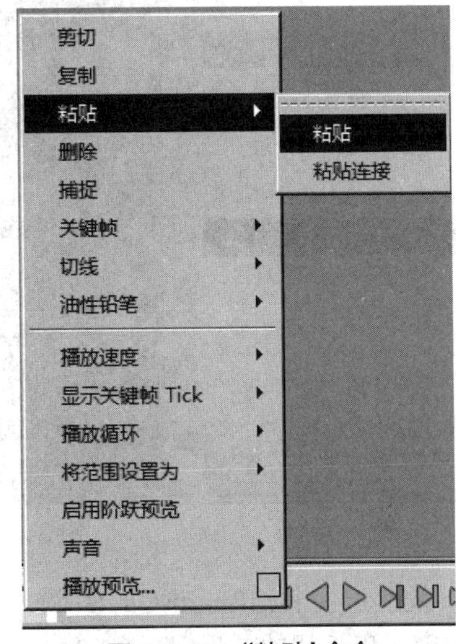

图 3-4-20 “粘贴’命令

（10）选择“nurbsCircle1”圆形，点击菜单栏中的“窗口”→“动画编辑器”→“曲线图编辑器”命令，选择“旋转 X”（图 3-4-21）。在图表中将“关键帧”的曲线调节圆滑（可使用图表中的各种工具，或是使用鼠标调节控制手柄；在不影响动画的情况下，也可删除影响曲线圆滑度的关键帧）（图 3-4-22）。

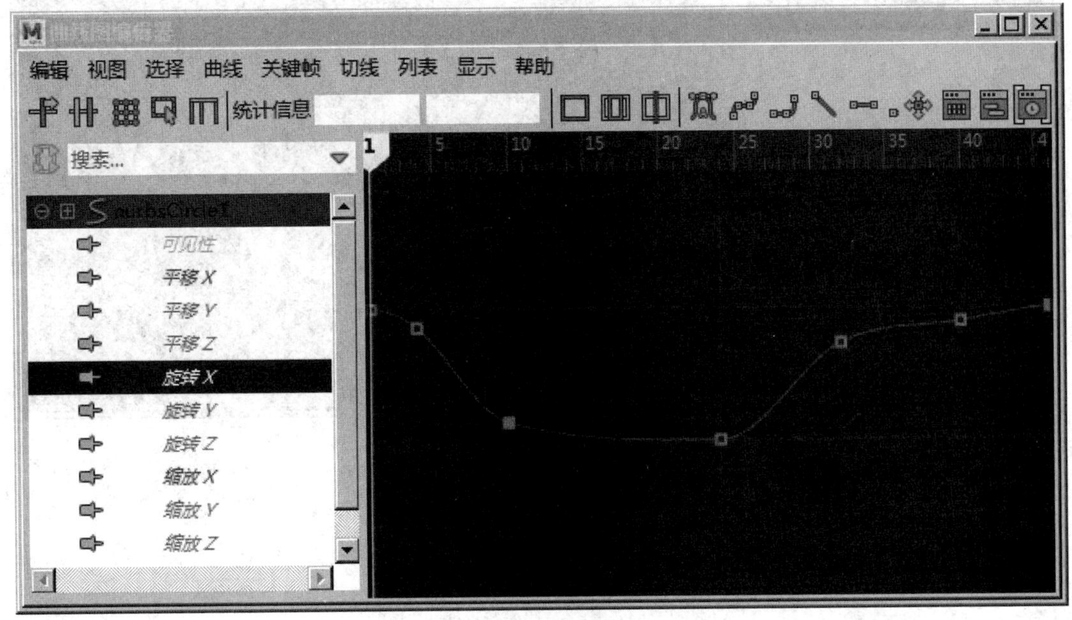

图 3-4-21 旋转 X

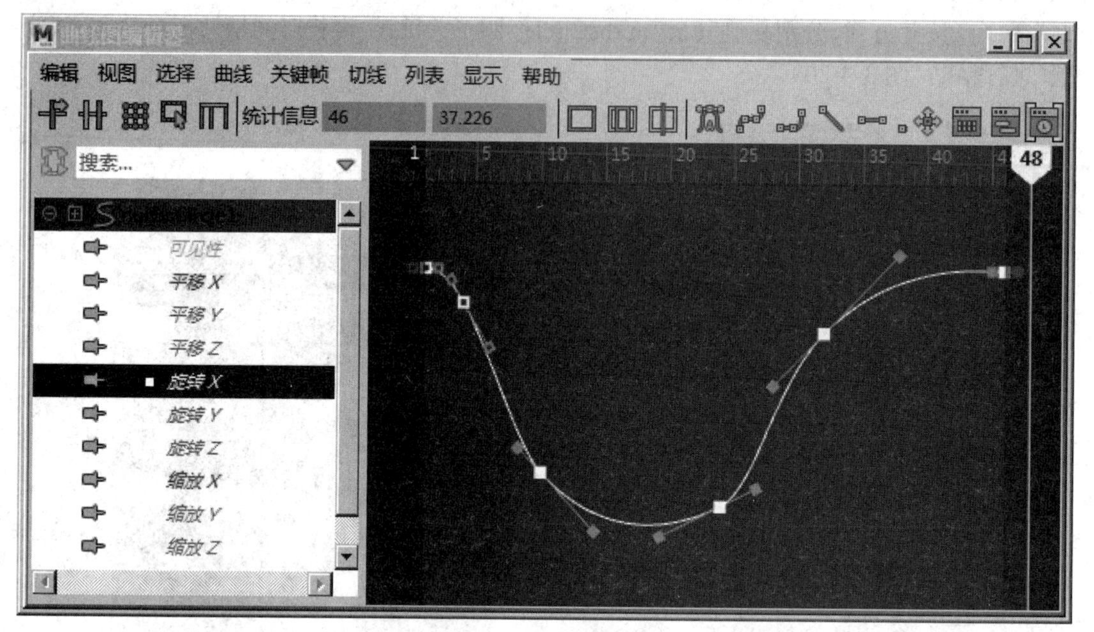

图 3-4-22 调整曲线

（11）依次选择其他“nurbsCircle”圆形，调节其“旋转 X”曲线的圆滑度（图 3-4-23），播放动画观察尾巴摇摆的效果（图 3-4-24）。

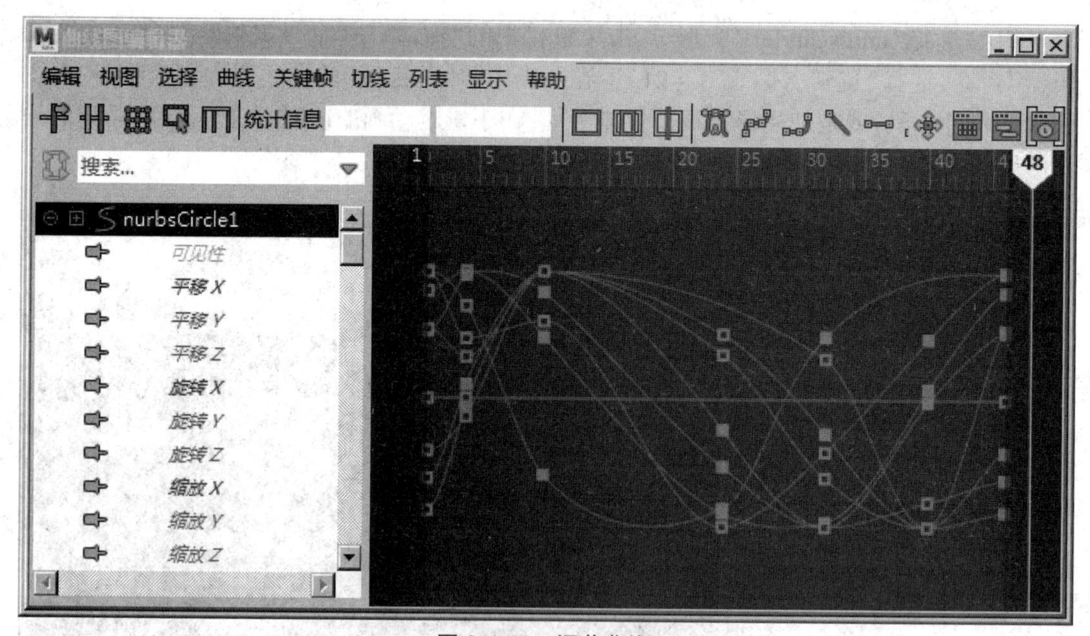

图 3-4-23 调节曲线

图 3-4-24 摇摆的效果

3.5 课后练习

参考所提供的走路关键帧素材(图 3-5-1),使用模型制作出相应走路动画,需要注意走路动画的时间、速度以及节奏的把握。

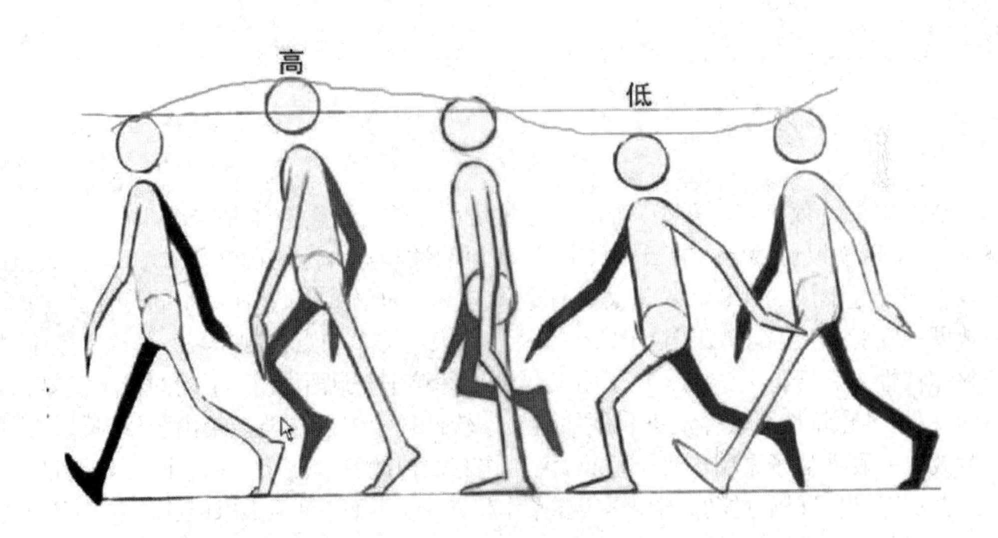

图 3-5-1 课后练习

特效篇

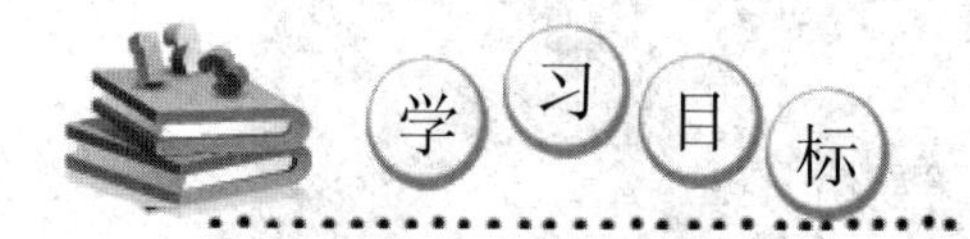

通过学习粒子特性的相关知识，了解三维特效与二维特效的不同之处，掌握运用粒子制作特效的方法与流程。在任务实现过程中：

- 掌握粒子的基本设置；
- 掌握粒子发射器的设置与动画制作；
- 掌握力场的调节方法；
- 熟悉粒子与力场的关系。

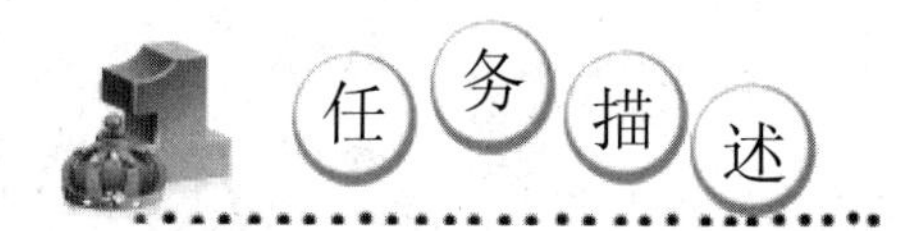

【情境导入】

MAYA 中的特效有多种类型，而粒子特效是常见的类型。粒子是一个十分特殊、抽象的概念，多用于模拟自然界中的云、雨、水等，有流动性和随机性的自然现象，或是由大量细小元素合在一起形成的现象。粒子又具有个体与整体的双重特性，使用不同特性会生成不同的效果，如制作雨、雪等效果，粒子的个体特性就表现得多一点。制作雾、水、火等效果，粒子的整体特性就表现得多一点。粒子中又包含软件粒子与硬件粒子，不同的粒子渲染方式也不同，根据各自特性分软件渲染和硬件渲染。软件粒子多制作能渲染出阴影、反射、折射的特效效果。硬件粒子采用图形卡渲染，多制作有规律的特效效果。粒子既可以通过关键帧动画来实现，也可以通过动力学来实现，操作起来十分灵活，希望大家能够深入学习，掌握制作方法，制作出炫目多彩的特效效果。

粒子效果

4.1 粒子基础知识

粒子是制作特效动画最常用的方式，很多特效动画技术都是使用粒子生成的。时至今日，其功能越来越强大，在实际运用中，粒子特效也发挥到了极致。使用 MAYA 的特效系统，在状态栏中选择“FX”模式 FX 即进入特效命令的选择，在“FX”模式中包含了多种特效模式。下面我们将对粒子的操作命令进行系统性的学习。

4.1.1 粒子的创建

选择菜单栏中的“nParticle”“nParticle 工具”命令（图 4-1-1），此时在“操作界面”中点击鼠标左键，出现的物体即是粒子（图 4-1-2）。

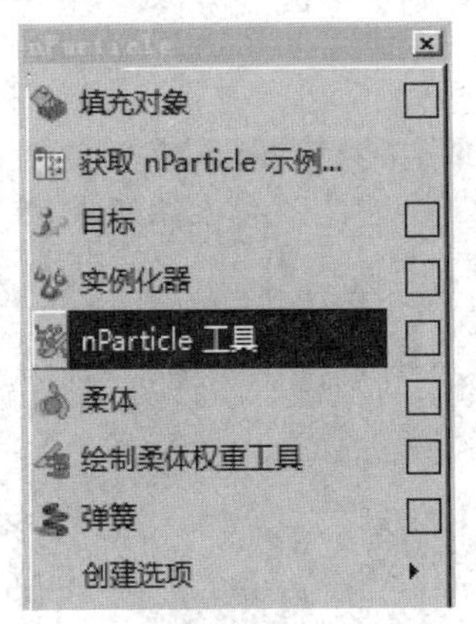

图 4-1-1 “nParticle 工具”命令

图 4-1-2 粒子

点击“nParticle 工具”命令右侧的方块，打开“工具设置”对话框（图 4-1-3），其中，“粒子名称”项为创建的粒子命名；“解算器”项是粒子的计算方式，“保持”项控制粒子的运动速度和加速度属性；“粒子数”每次创建的粒子数量；“最大半径”项是当“粒子数”大于 1 时，粒子的创建随机分布在一个球形区域中；“草图粒子”项勾选后可绘制连续的粒子流草图；“草图间隔”项控制粒子之间的像素间距；“创建粒子栅格”项创建平面或立体的阵列式粒子；“粒子间距”项在栅格中设定粒子之间的间距；“放置”项创建阵列的方式，包含“使用光标”（使用光标方式创建阵列），“使用文本字段”（使用文本方式创建粒子阵列）；“最小角”项是 3D 粒子栅格中左下角的 X、Y、Z 坐标；“最大角”项是 3D 粒子栅格中右上角的 X、Y、Z 坐标。在“粒子数”项输入“30”，“最大半径”项输入“10”，观察效果（勾选“草图粒子”项观察粒子创建的不同）（图 4-1-4）。

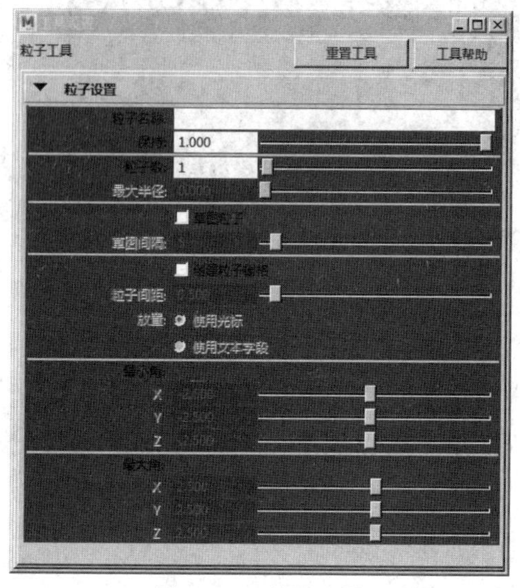

图 4-1-3 粒子工具

图 4-1-4 粒子效果

勾选“创建粒子栅格”项，“放置”项设置为“使用光标”，分别在对角的位置点击鼠标左键，会依照对角的范围形成矩形，在矩形内生成粒子（图 4-1-5）。如果“放置”项设置为“使用文本字段”（“最小角”项“最大角”项使用默认设置），则会形成立方体，在立方体内生成粒子（图 4-1-6）。

图 4-1-5 使用光标

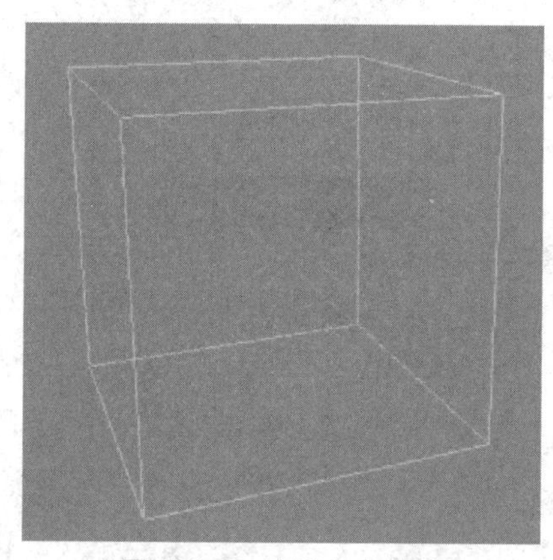

图 4-1-6 使用文本字段

4.1.2 粒子发射器的创建

顾名思义粒子发射器就是发射粒子的物体，它可以控制发射粒子的数量和细节级别等。简单来说，粒子与粒子发射器的关系，就像炮与炮弹的关系。

选择菜单栏中的“nParticle”→“创建发射器”命令（图 4-1-7），在“操作界图”中生成发射器（字母 N 是默认的力场）（图 4-1-8）。

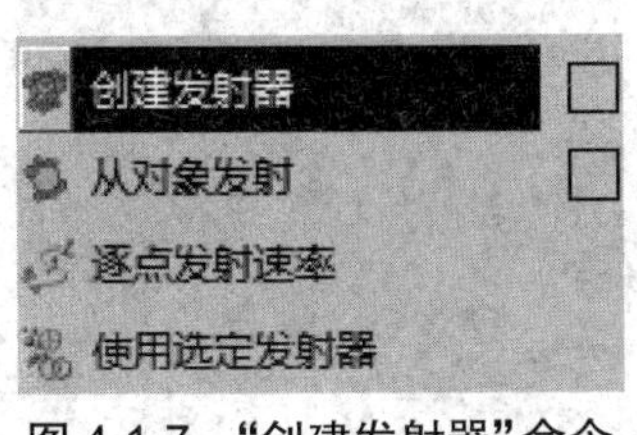

图 4-1-7 “创建发射器”命令

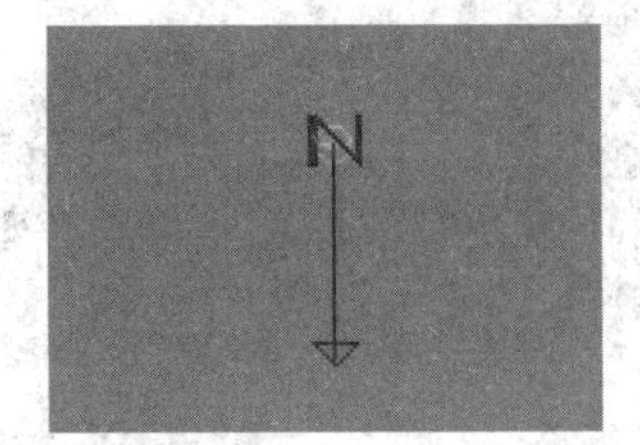

图 4-1-8 发射器

点击“创建发射器”命令右侧的方块，打开“ ”对话框（图 4-1-9）。其中“发射器名称”项是创建的发射器命名；“解算器”项是发射器的计算方式；“基本发射器属性”的，“发射器类型”项为发射粒子的方式，包含“泛向”（粒子向所有方向发射），“方向”（粒子向指定的方向发射），“体积”（从闭合的体积发射粒子（在“属性编辑器中”还包含“表面”“曲线”两种方式））；“速率（粒子数 / 秒）”项设置每秒种发射粒子的平均速率；“对象大小决定的缩放率”、“发射器类型”项选择“体积”时才可用，勾选后发射粒子的对象的大小会影响每帧的粒子发射速率，对象越大发射速率越高；“需要父对象 UV（NURBS）”项“发射器类型”选择“NURBS 曲面”时才可用，勾选后可以使用父对象 UV 驱动一些参数值；“循环发射”项控制发射的随机编号序列，包含“无”（禁用 timeRandom）：不会启动使用。“帧”（启用 timeRandom），在下面的“循环间隔”项中指定的帧数重新启动）；“循环间隔”项启动随机编号序列的间隔（帧数）。“距离 / 方向属性”的，“最小距离”项设置发射器发射粒子的最小距离；“最大距离”项设置发射器发射粒子的最大距离；“方向 X”、“方向 Y”、“方向 Z ”项设置发射器发射粒子的位置和方向；“扩散”项设置发射器发射粒子的扩散角度。“基础发射速率属性”的，“速度”控制发射粒子的初始发射速度及速度倍增；“切线速率”项设置曲面和曲线的切线分量大小；“法线速率”项设置曲面和曲线的法线分量大小；在“体积发射器属性”中，“体积形状”按照体积的形状发射粒子。包含“立方体”“球体”“圆柱体”“圆锥体”“圆环”；“体积偏移 XYZ”为体积发射器的位置偏移）；“体积扫描”项为体积发射器的旋转范围；“截面半径”项控制圆环的实体部分的厚度；“离开发射体积时消亡”项勾选后发射的粒子将在离开体积时消亡。“体积速率属性”的，“远离中心”控制粒子离开“立方体体积”或“球体体积”中心点的速度；“远离轴”项控制粒子离开“圆柱体体积”“圆锥体体积”或“圆环体体积”中心轴的速度。“沿轴”控制粒子沿所有体积的中心轴移动的速度；“绕轴”项控制粒子绕所有体积的中心轴移动的速度。“随机方向”项调节粒子的不规则性；“方向速率”项在指定的发射器方向上增加速度；“按大小确定速率比例”项勾选后缩放体积粒子的速度也相应变化。在实际的操作中，选择“属性编辑器”中的“emitter”，其中的选项与“发射器选项”相同，在其下方多出“纹理发射属性”项，其作用是通过贴图控制粒子颜色与范围（图 4-1-10）。

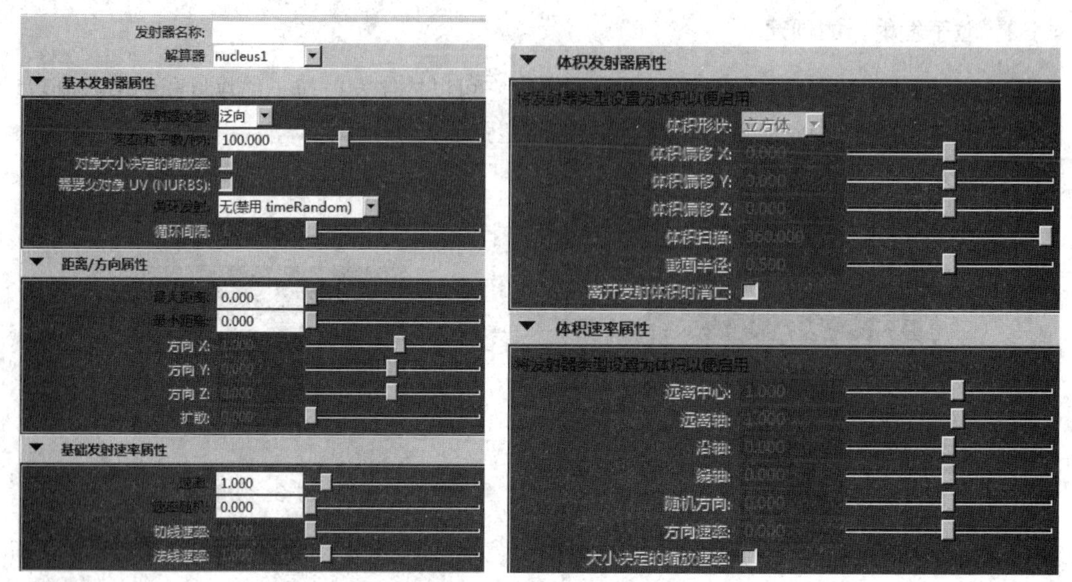

图 4-1-9　发射器选项

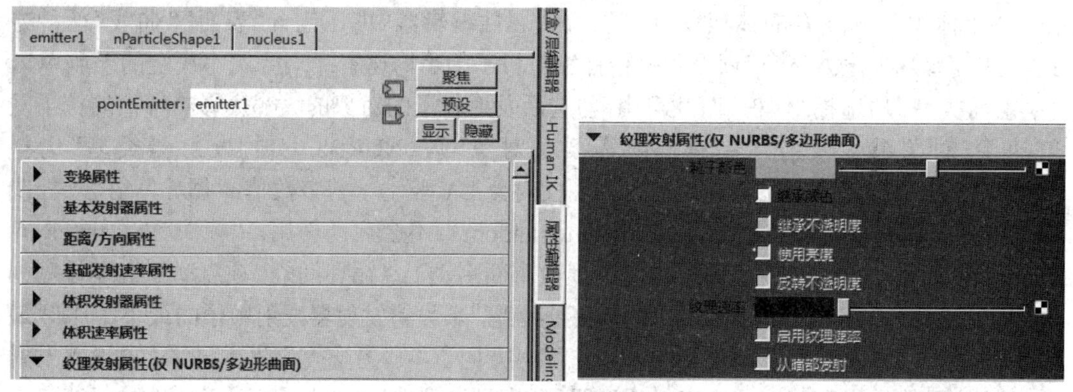

图 4-1-10　emitter 属性编辑器

选择“属性编辑器”中的“nParticleShape”，也可以对粒子的效果进行调节(图 4-1-11)。其中，“启用”项勾选后下方选项则可以进行调节，反之不可以进行调节。“计数”项用于显示粒子数量和发生碰撞的总数；“寿命”项用于控制粒子显示时间的长短，(包括“永生”“恒定”“随机范围”“仅寿命 PP”)；“粒子大小”项用于调节粒子的大小及半径比例；“碰撞”项用于控制粒子碰撞特性，包括“碰撞强度”、“反弹”、“摩擦力”及“粘滞”；“动力学特性”项用于控制粒子的质量、阻力以及权重等；“力场生成”项可以在粒子与其他特效间产生一个吸引力或排斥力；“旋转”项可以调节每个粒子添加旋转效果，“风场生成”项可以对粒子生成风的效果。“液体模拟”项可以使粒子模拟出液体效果；“输出网格”项可以将粒子转换成多边形网格，同时还可以调节粒子所对应的网格的类型大小等；“缓存”项调节粒子的缓存；“发射器属性”项调节发射粒子的数量和细节级别等；“着色”调节粒子的形状、颜色和不透明效果等；“每粒子(数组)属性”项可以调节每个粒子的位置、速度和加速度不同的数值，也可用表达式或渐变贴图实现；“添加动态属性”项可以添加粒子常规属性、不透明度和颜色；

“目标权重和对象”项 控制权重从 0 到 1 的变化，数值越大就越平滑。

选择“属性编辑器”中“nucleus”可以对粒子核的效果进行调节（图 4-1-12）。其中，“启用”项勾选后粒子会具有动力学效果，反之则无动力学效果。“可见性”项勾选后在场景中会显示 nucleus 节点的图标。“变换属性”项用于调节 nucleus 解算器的变换属性，包括“位置”、“方向”和“缩放”等属性；“重力和风”项用于控制 nucleus 解算器的重力和风力属性。“地平面”用于调节具有动力学碰撞效果的平面；“解算器属性”项用于控制 nucleus 解算器的计算精度；“时间属性”项用于控制 nucleus 解算器的时间；“比例属性”项用于控制 nucleus 解算器的时间与空间的比例。

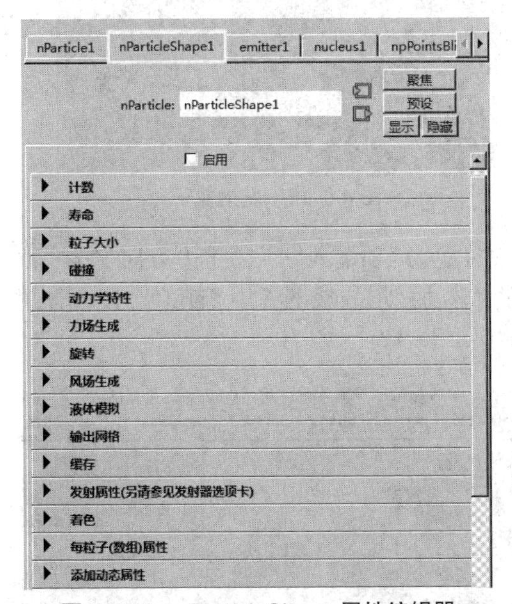

图 4-1-11　nParticleShape 属性编辑器

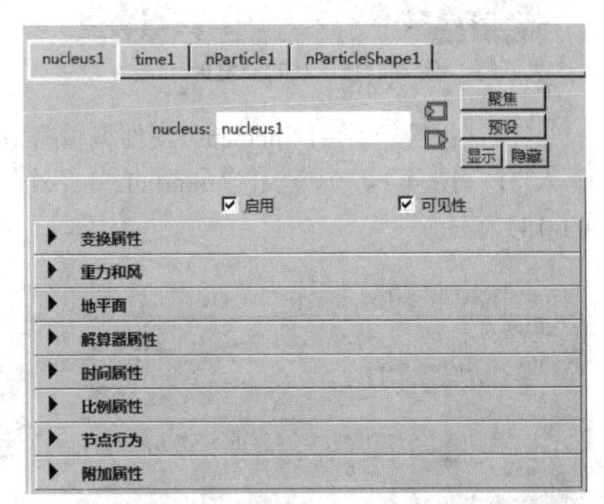

图 4-1-12　nucleus 属性编辑器

创建粒子还包含“从对象发射”命令（图 4-1-13），其属性与“创建发射器”命令基本相同，“从对象发射”命令与“创建发射器”命令最大的区别是“从对象发射”命令是利用物体进行粒子的发射（图 4-1-14）。

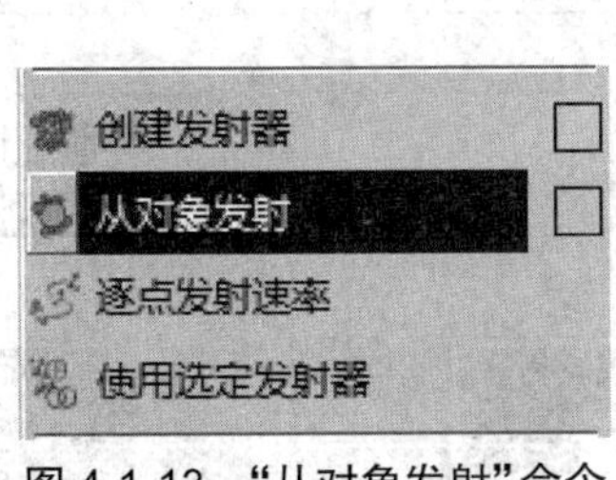

图 4-1-13　“从对象发射”命令

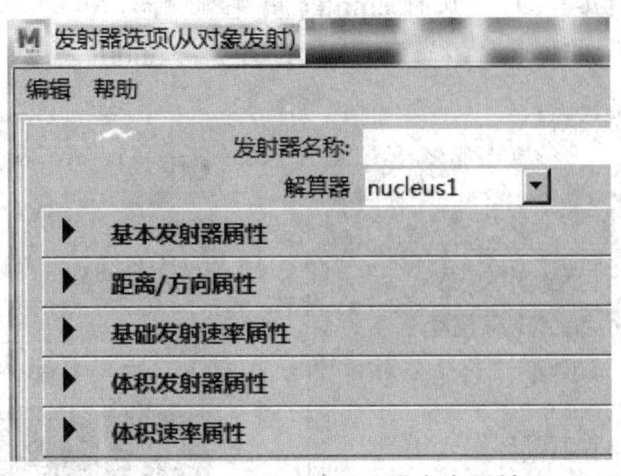

图 4-1-14　“从对象发射”命令属性

（1）创建一个多边形平面，再选择菜单栏中的“nParticle”→“从对象发射”命令，在场景中生成出带有发射器的多边形平面（图 4-1-15），在“时间滑块”中点击播放，出现粒子效果（图 4-1-16）。

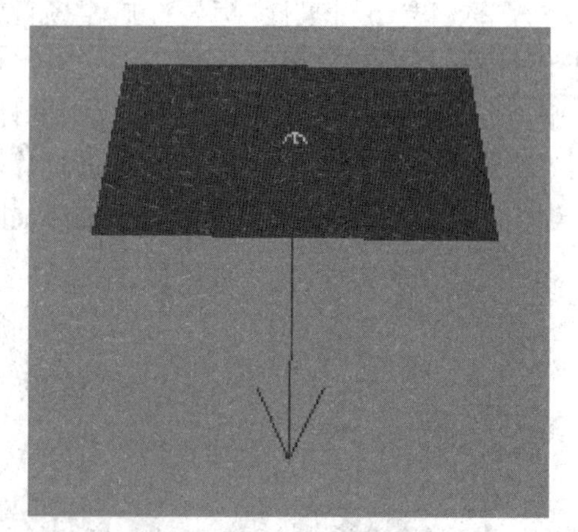

图 4-1-15 从对象发射

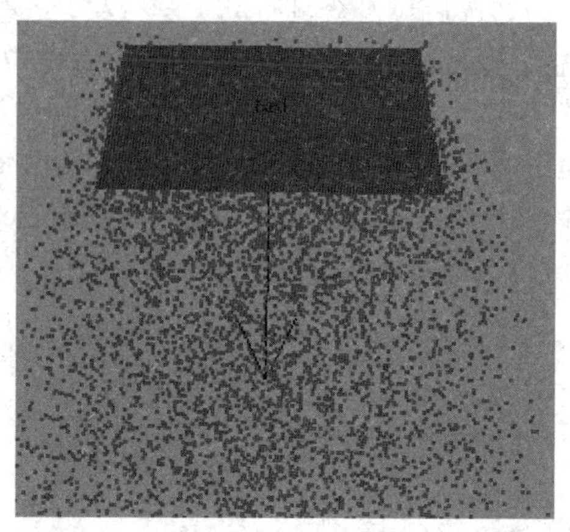

图 4-1-16 发射粒子

（2）选择粒子后，在“nucleus”属性编辑器中，在“重力”项输入“1”、“重力方向 Y 轴”项输入“1”（图 4-1-17），点击“nParticleShape1”的“添加动态属性”中“颜色”按钮（图 4-1-18）。

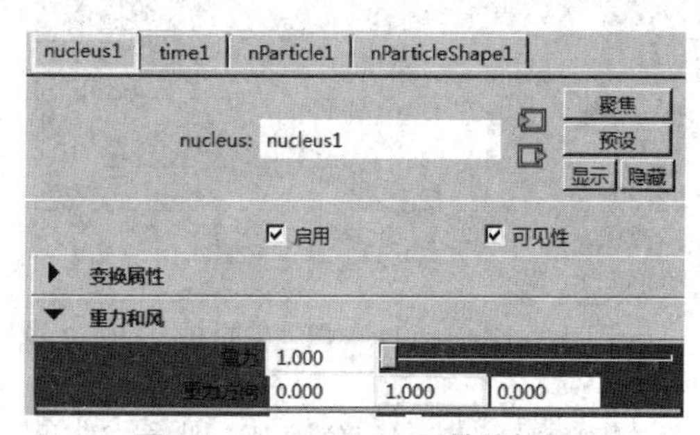

图 4-1-17 nucleus 属性编辑器

图 4-1-18 nParticleShape1 属性编辑器

（3）在弹出的“粒子颜色”对话框中，勾选“添加每粒子属性项后”点击“添加属性”按钮（图 4-1-19）。选择 emitter 属性编辑器，在“基本发射器属性”的“发射器类型”项中选择“表面”、将“速率（粒子 / 秒）”设置为“50000”（图 4-1-20）。

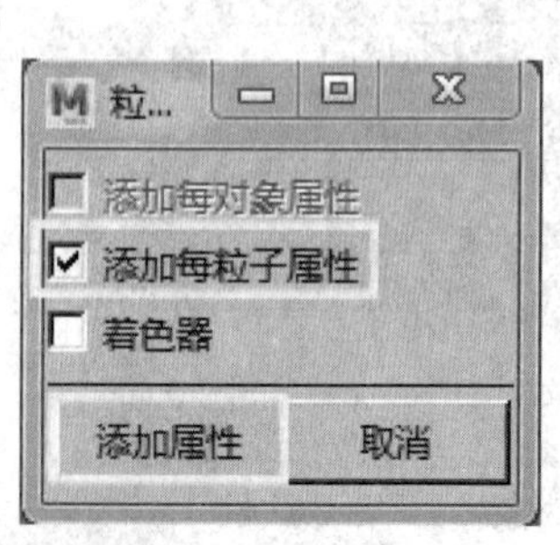

图 4-1-19 粒子颜色

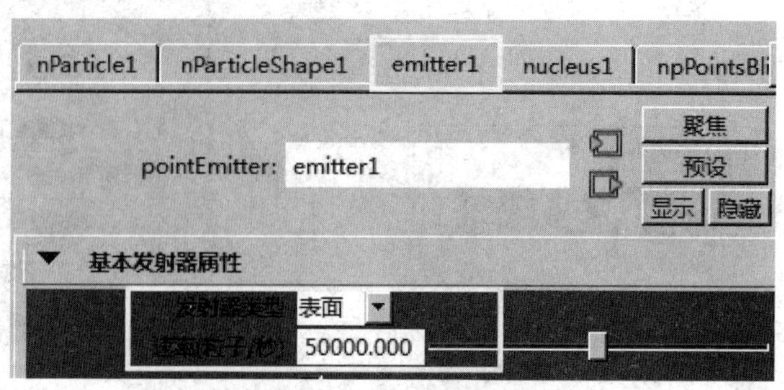

图 4-1-20 emitter 属性编辑器

（4）在“纹理发射属性（仅 NURBS/ 多边形曲面）”的“粒子颜色”项中导入“颜色”素材、勾选“继承颜色”项（图 4-1-21），在“时间范围”中将时间最大范围设置为“500”（图 4-1-22）。

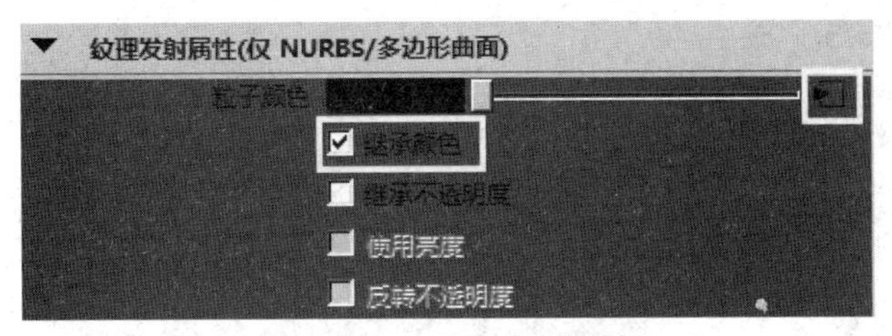

图 4-1-21 纹理发射属性

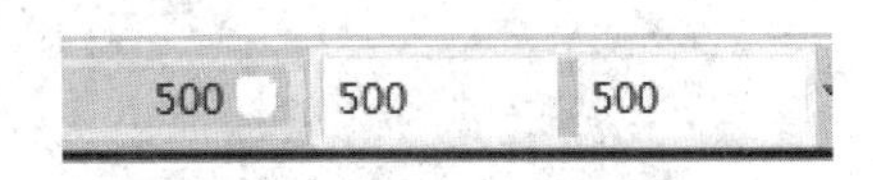

图 4-1-22 时间范围

（5）在“时间滑块”中点击播放，出现带有颜色的粒子效果（图 4-1-23），进入“顶视图”观察效果（图 4-1-24）。

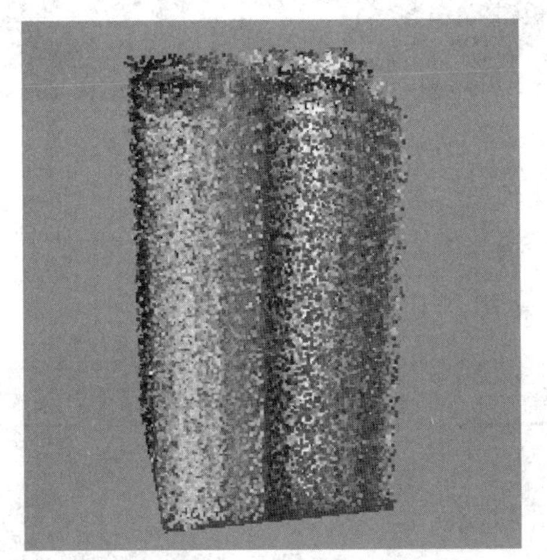

图 4-1-23 发射粒子效果

图 4-1-24 最终粒子效果

当然，“从对象发射”命令也可以放置到运动的物体之上，进行粒子的发射。下面利用粒子制作飞弹效果。

（1）导入“飞弹”案例（图 4-1-25），对曲线和多边形圆柱体进行运动路径动的动画关联，在“连接到运动路径选项”对话框的“前方向轴项中选择”“Z”（图 4-1-26）。

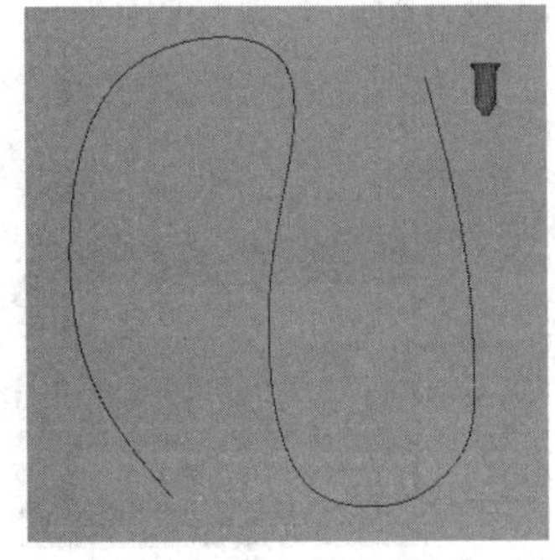

图 4-1-25 导入素材

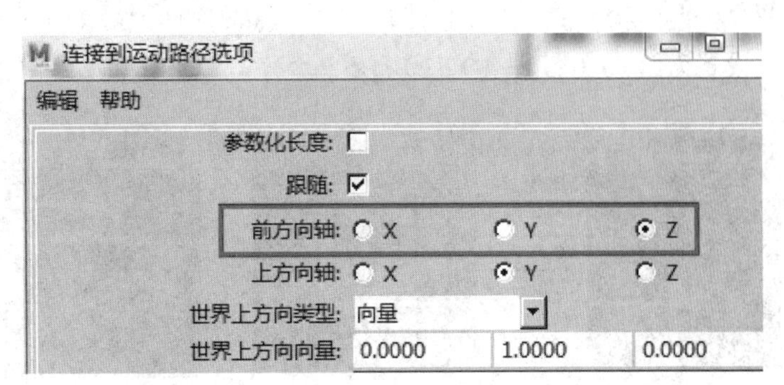

图 4-1-26 “连接到运动路径选项”对话框

(3)选择飞弹底部中心位置的“点”级别，点击“从对象发射”命令(图 4-1-27)，在 nParticleShape1 属性编辑器中点击“寿命”，将“寿命模式”项设置为“恒定”、“寿命”项设置为“1”(图 4-1-28)。

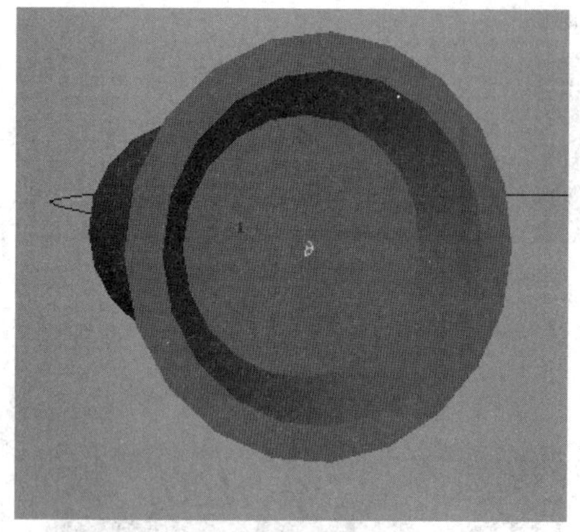

图 4-1-27　从对象发射

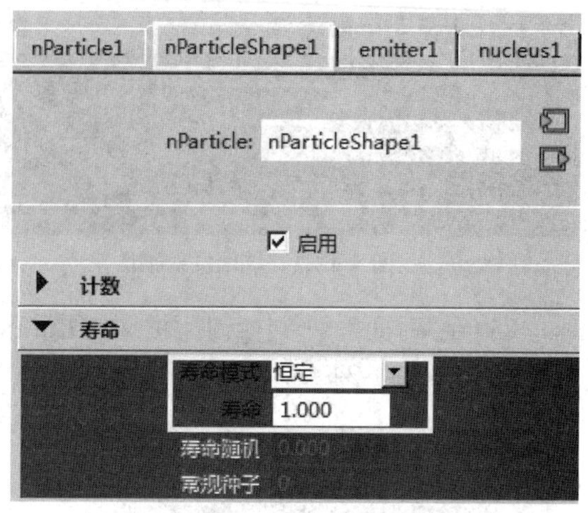

图 4-1-28　寿命

(4)点击“着色”，将“粒子渲染类型”项设置为“云”(图 4-1-29)。在 emitter 属性编辑器的“基本发射器属性”中，将“发射器类型”项设置为“方向”、“速率”项设置为“5000”(图 4-1-30)。

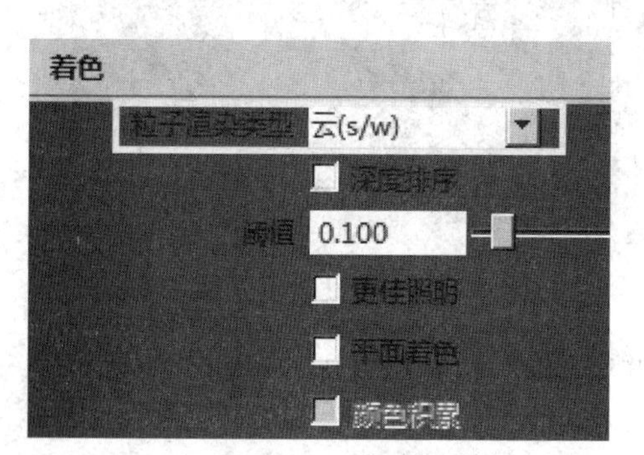

图 4-1-29　着色

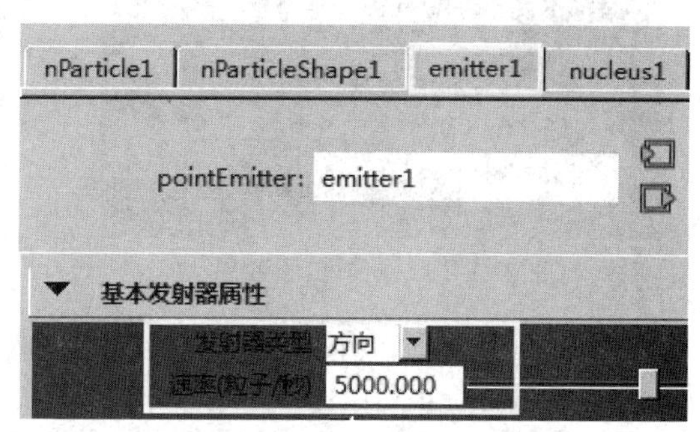

图 4-1-30　基本发射器属性

(5)在“距离 / 方向属性”中，将“方向 Z”项设置为“-1”(“方向 X”项设置为“0”)、“扩散”项设置为“0.5”(图 4-1-31)。在 nucleus 属性编辑器中点击“重力和风”，将“重力方向”项设置为“0、0、0”(图 4-1-32)。

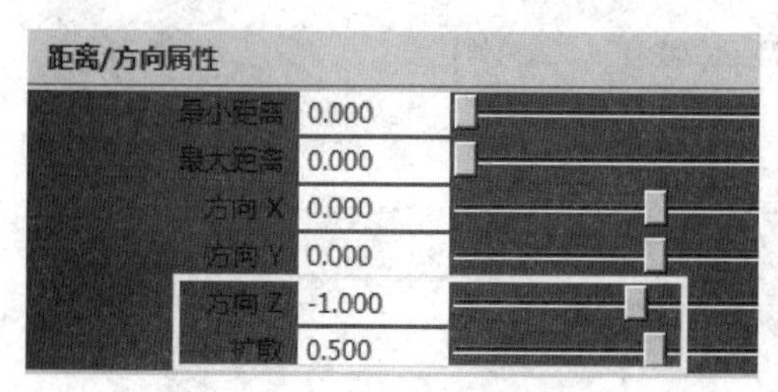

图 4-1-31　距离 / 方向属性

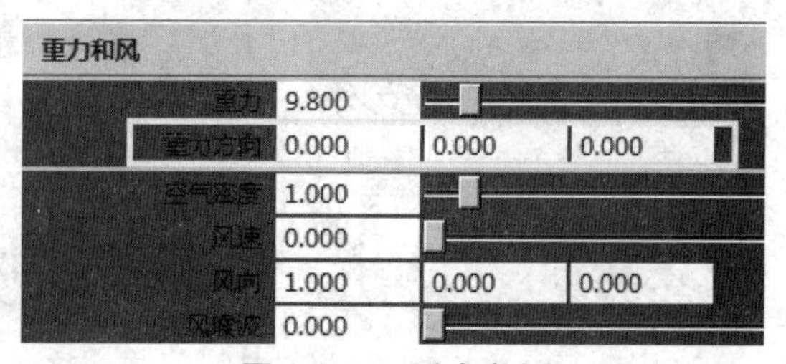

图 4-1-32　重力方向

（6）创建多边形圆球，选择菜单栏中的“效果”“火”命令（图 4-1-33）。在“时间滑块”中点击播放，选择火的粒子，打开渲染编辑器（图 4-1-34）。

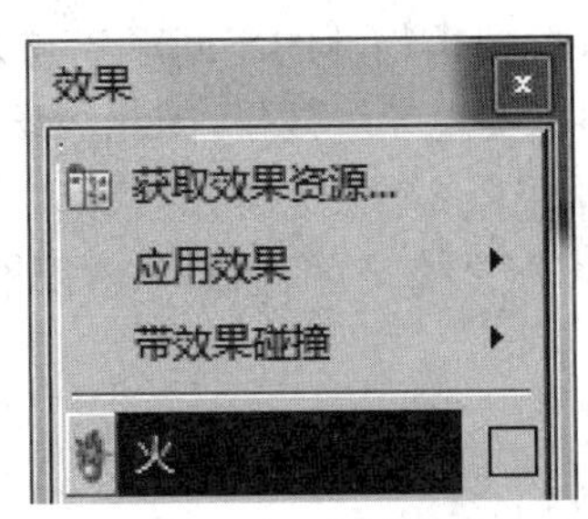

图 4-1-33 “火”命令

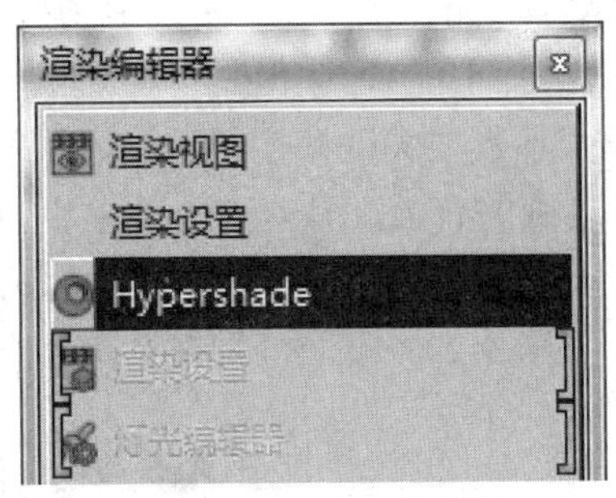

图 4-1-34 渲染编辑器

（7）在“particleCloud2”材质上点击鼠标右键选择“为网络制图”（图 4-1-35）。在“particleCloud2”节点上点击鼠标右键选择“将材质指定给视口选择”，将“火”效果赋予“飞弹”的粒子之上（图 4-1-36）。

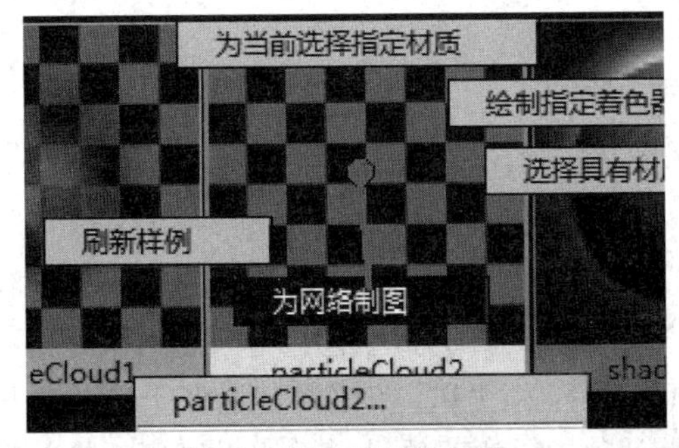

图 4-1-35 为网络制图

图 4-1-36 将材质指定给视口选择

（8）在“时间滑块”中点击播放，出现粒子效果（图 4-1-37）。点击“渲染视图”命令得到最终效果（图 4-1-38）。

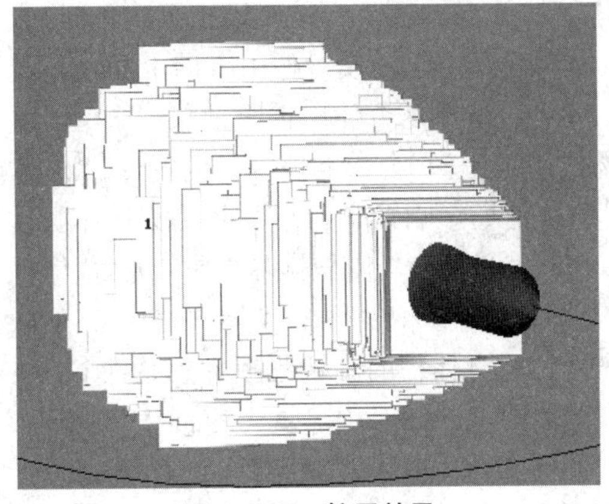

图 4-1-37 粒子效果

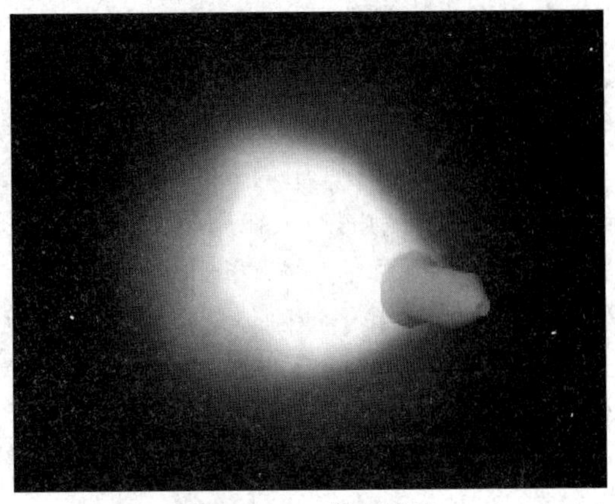

图 4-1-38 最终效果

4.2　粒子与场

MAYA 中的“场”可以模拟出物体受到外力作用而产生的不同特性。“场”是一个抽象的概念，虽然不能看到，但是可以影响看到的物体，可以模拟出物体的不同形式与方向的运动。“场”不需要关键帧实现动画，只是调节相应数值即可实现动画效果，因此，“场”是制作动力学动画的有力工具。点击菜单栏中的“字段 / 解算器”命令弹出“场”对话框，“场”共有 10 种，分别是“空气”“阻力”“重力”“牛顿”“径向”“湍流”“统一”“漩涡”“体积轴”“体积曲线”。（图 4-2-1）下面分别对其进行介绍。

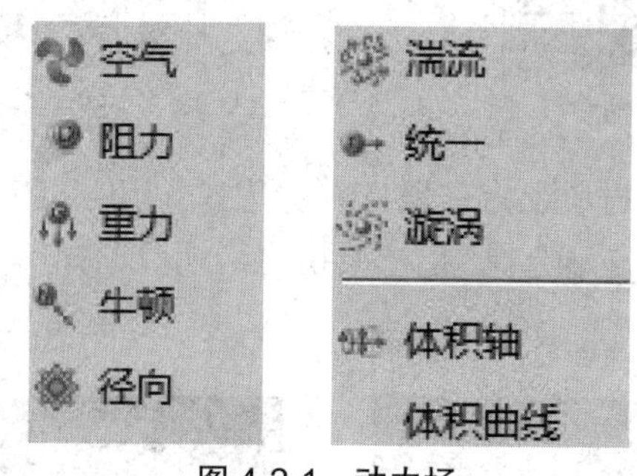

图 4-2-1　动力场

4.2.1　空气

“空气”场可以模拟移动空气的效果，加快或降低连接到空气场的对象的速度。其中包含 3 种类型，分别是“风”“尾迹”“扇”。点击“空气”场后方的方块打开“空气选项”对话框（图 4-2-2）。其中，“空气场名称”按钮设置空气场的名字；“风”按钮设定近似于风的效果的默认值；“尾迹”按钮设定近似于阵风效果的默认值；“风扇”项设定近似于风扇效果的默认值；“幅值”项设置空气场的强度（该选项设定沿空气移动方向的速度）；“衰减”项设置空气场的强度随着距离变化而变化的影响值；“方向 X”“方向 Y”“方向 Z”项设置空气吹动的方向；“速率”项设置空气场中粒子运动速度的快慢，“继承速率”项是当空气场是子物体时，空气场力本身的运动速率给空气带来的影响；“继承旋转项是当空气场是子物体时，空气场本身的旋转给空气带来的影响）；“仅组件”项勾选后空气场仅对作用方向上的物体起作用，反之对所有物体作用都是相同的；“启用扩散”项选择是否使用扩散效果；“扩散”项调节扩散的效果；“使用最大距离”项设置空气场作用范围，不会影响范围外的物体；“最大距离”项设置力场的最大作用范围；“体积形状”项决定场影响粒子 / 刚体的区域；“体积形状”项包含“无”“立方体”“球体”“圆柱体”“圆锥体”“圆环”；“体积排除”项勾选后，体积定义空间中场对粒子或刚体没有任何影响；“体积偏移 X”“体积偏移 Y”“体积偏移 Z”项从场的位置偏移体积；“体积扫描”项定义除立方体外的所有体积的旋转范围；“截面半径”项定义圆环体的实体部分的厚度。导入“粒子栅格”文件（nucleus 中“重力方向 Y”项输入“0”），点击菜单“字段 / 解算器”→“空气”命令，此时可在“属性编辑器”中进行调节，“幅值”项输入“10”、“方向”项输入“1、0、0”、勾选“扩散”项并输入“1”，在“时间滑块”中点击播放，观察效果（图 4-2-3）。

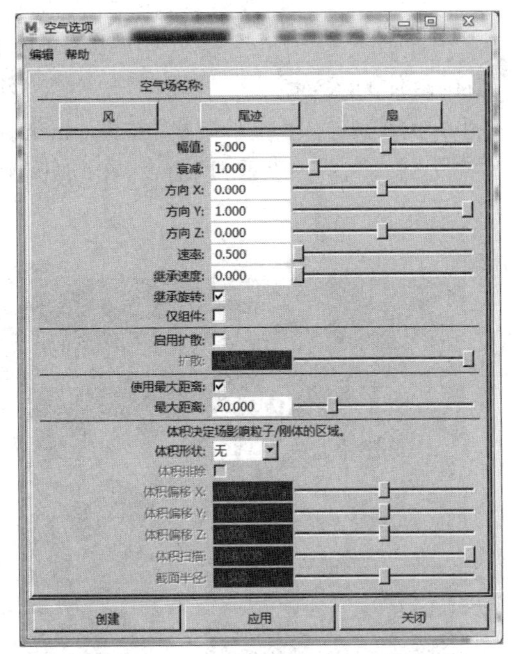

图 4-2-2 “空气选项”对话框

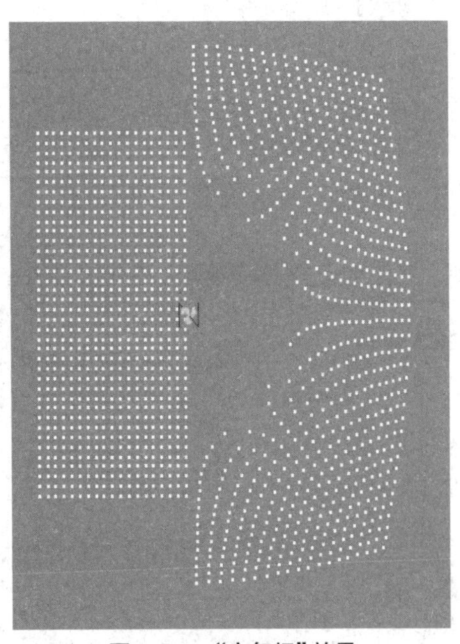

图 4-2-3 “空气场”效果

4.2.2 阻力

“阻力”场多用于给物体增大摩擦力或制动力，从而改变物体的运动速度。其属性与“空气”场基本相同，使用时可参考“空气”场的属性设置（图 4-2-4）。导入“粒子栅格”文件，点击菜单栏中的“字段 / 解算器”→“阻力”命令，此时可在“属性编辑器”中进行调节，“幅值”项输入“50”，在“时间滑块”中点击播放，观察效果（图 4-2-5）。

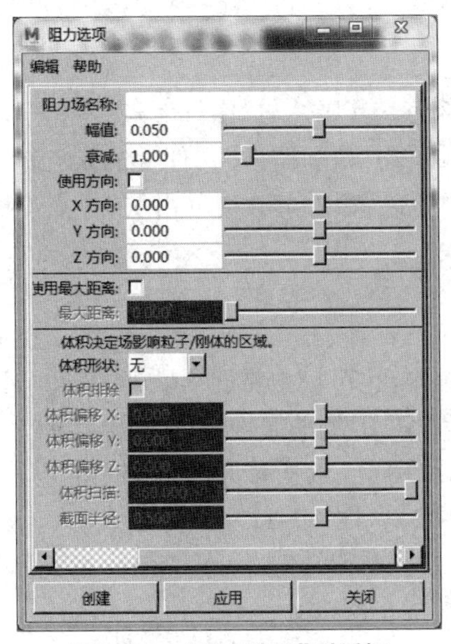

图 4-2-4 “阻力选项”对话框

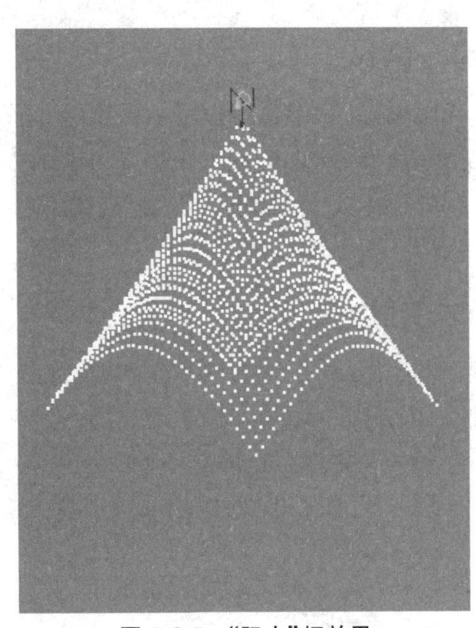

图 4-2-5 “阻力”场效果

4.2.3 重力

“重力”场用于模拟地球的地心吸力，可产生自由落体的运动效果。其属性与“空气”场基本相同，使用时可参考“空气”场的属性设置（图 4-2-6）。导入“粒子栅格”文件（nucleus 中“重力方向 Y”项输入“0”），点击菜单栏中的“字段 / 解算器”→“重力”命令，在“时间滑块”中点击播放，观察效果（图 4-2-7）。

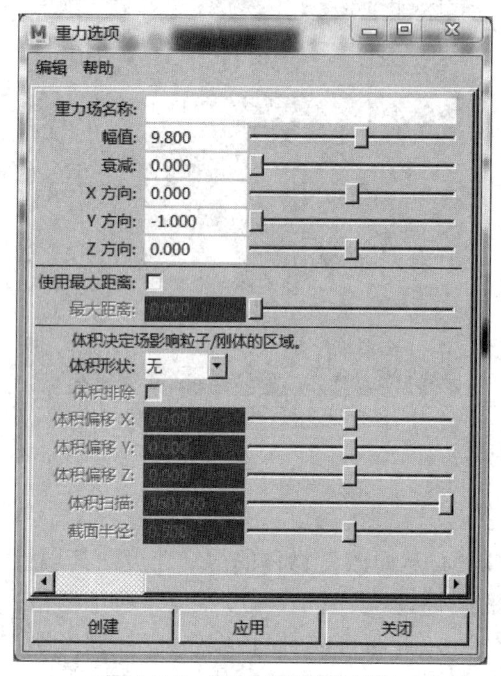

图 4-2-6 “重力选项”对话框

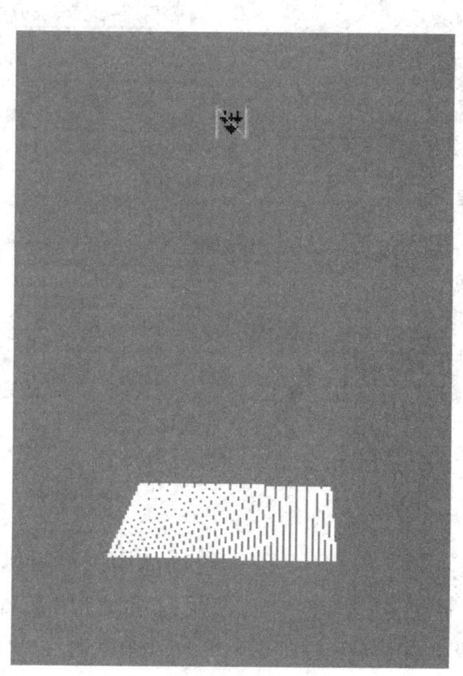

图 4-2-7 “重力”场效果

4.2.4 牛顿

“牛顿”场用于模拟物体相互作用下的引力和斥力。其属性与“空气”场基本相同，使用时可参考“空气”场的属性栏中的设置（图 4-2-8）。导入“粒子栅格”文件（nucleus 中“重力方向 Y”项输入“0”），点击菜单“字段 / 解算器”→“牛顿”命令，在“时间滑块”中点击播放，观察效果（图 4-2-9）。

4.2.5 径向

“径向”场可以将周围物体从中心位置向四周推出，也可模拟将四周散开的物体聚集的效果。其属性与“空气”场基本相同，使用时可参考“空气”场的属性设置（图 4-2-9）。导入“粒子栅格”文件（nucleus 中“重力方向 Y”项输入“0”），点击菜单栏中的“字段 / 解算器”→“径向”命令，在“时间滑块”中点击播放，观察效果（图 4-2-11）。

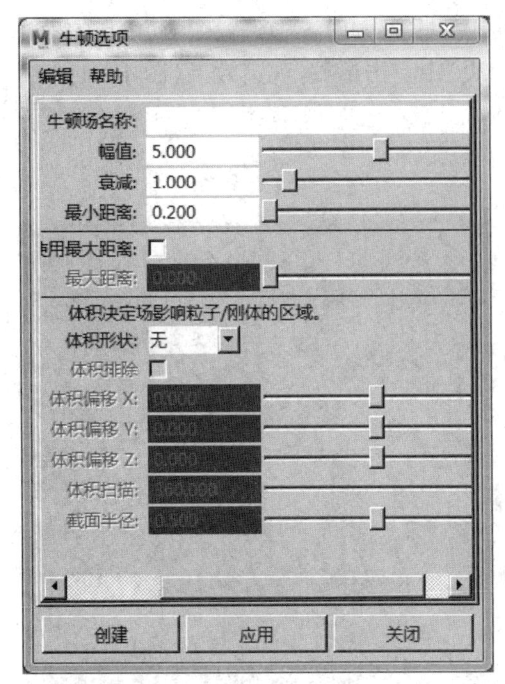

图 4-2-8 “牛顿选项”对话框

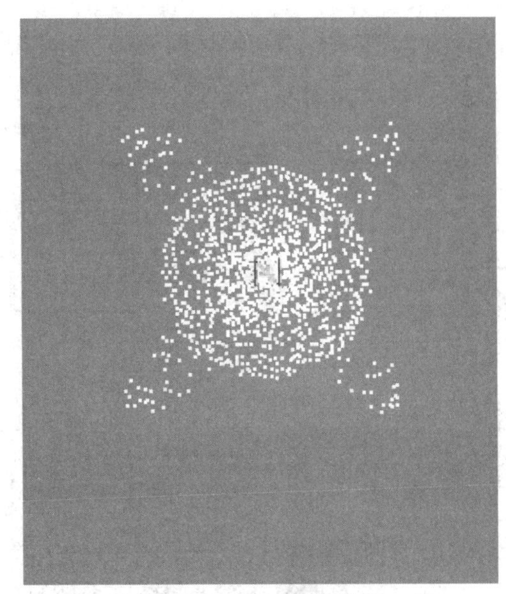

图 4-2-9 “牛顿”场效果

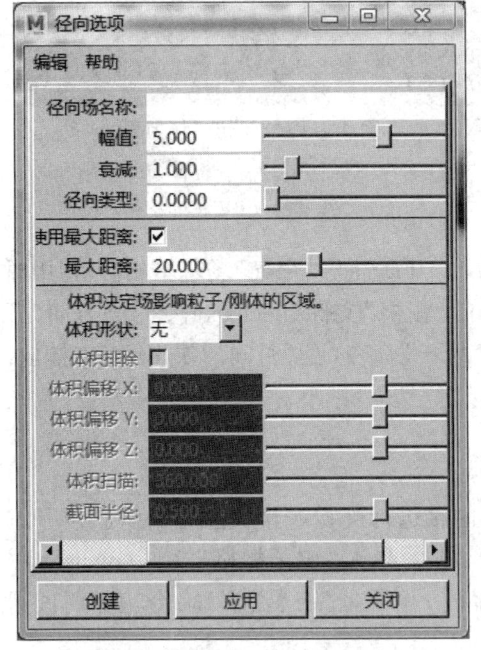

图 4-2-10 “径向选项”对话框

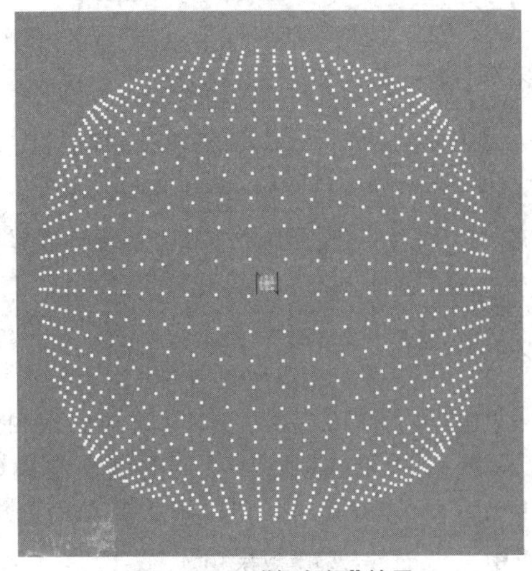

图 4-2-11 “径向场”效果

4.2.6 湍流

“湍流”场可使受影响的物体产生不规则运动。其属性与“空气”场基本相同，使用时可参考“空气”场的属性设置。其中，“噪波级别”调节湍流不规则的级别；“噪波比”噪波的权重比例（图 4-2-12）导入“粒子栅格”文件（nucleus 中“重力方向 Y”项输入“0”），点击菜单栏中的“字段 / 解算器”→“径向”命令，在“时间滑块”中点击播放，观察效果（图 4-2-13）。

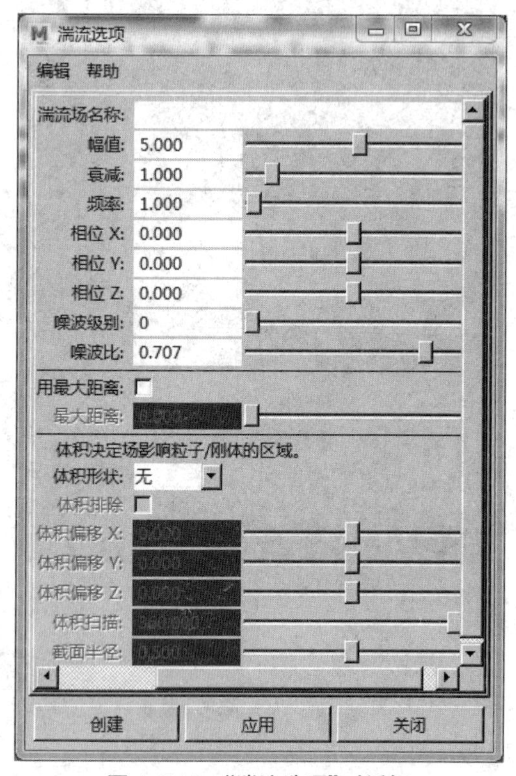

图 4-2-12 “湍流选项”对话框

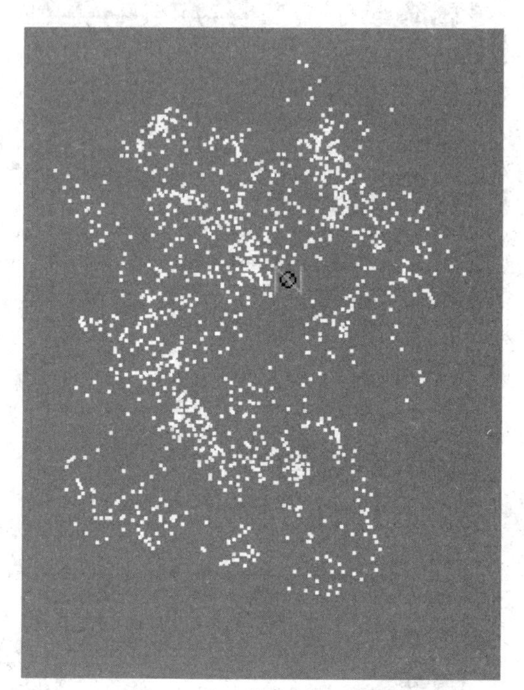
图 4-2-13 “湍流”场效果

4.2.7 统一

“统一”场可将受影响的物体向同一个方向移动。其属性与“空气”场基本相同，使用时可参考“空气”场的属性设置（图 4-2-14）。导入“粒子栅格”文件（nucleus 中“重力方向 Y”项输入“0”），点击菜单栏中的“字段 / 解算器”→“统一”命令，在“时间滑块”中点击播放，观察效果（图 4-2-15）。

4.2.8 漩涡

“漩涡”场将受影响物体以漩涡形式围绕指定的轴进行旋转。其属性与“空气”场基本相同，使用时可参考“空气”场的属性设置（图 4-2-16）。导入“粒子栅格”文件（nucleus 中“重力方向 Y”项输入“0”），点击菜单拉面中的“字段 / 解算器”→“漩涡”命令，在“时间滑块”中点击播放，观察效果（图 4-2-17）。

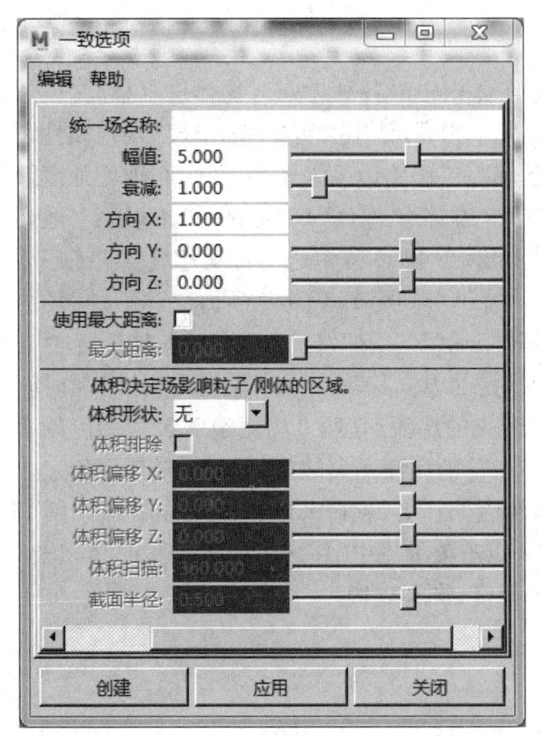

图 4-2-14 “一致选项”对话框

图 4-2-15 “统一”场效果

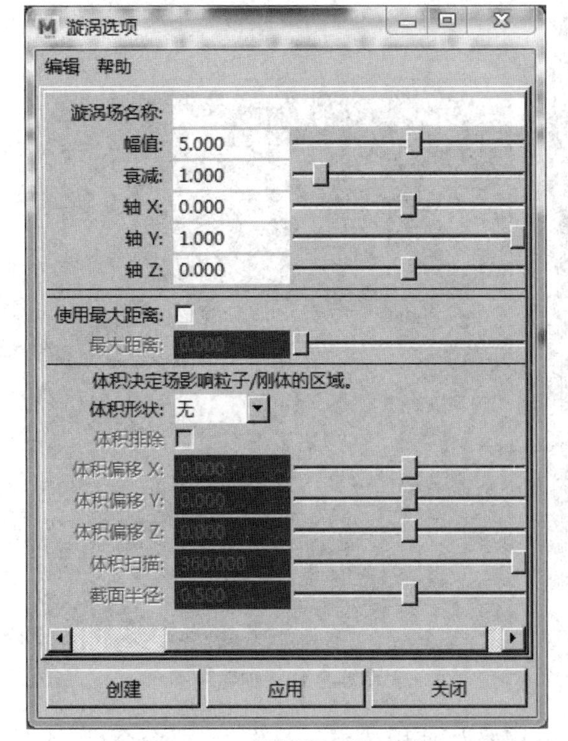

图 4-2-16 “漩涡选项”对话框

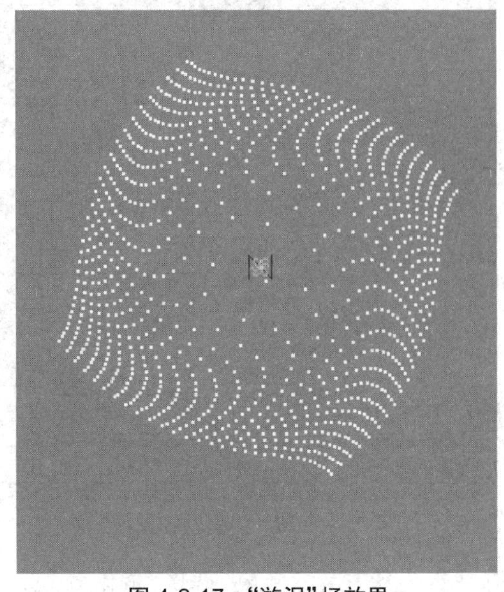

图 4-2-17 “漩涡”场效果

4.2.9 体积轴

“体积轴”场是一种局部作用的范围场，可在体积中沿各种方向对物体进行移动，类似多种场的特点的结合。其部分属性与“空气”场基本相同，使用时可参考“空气”场的属性设置（图 4-2-18）。其他，“反转衰减”项勾选后“体积轴”场的边缘强度最大，中心轴处强度最弱；“远离中心”项调节粒子远离“体积轴”场（“立方体”“球体”）中心的移动速度；“远离轴”项调节粒子远离“体积轴”场（“圆柱体”“圆锥体”“圆环”）中心的移动速度；“沿轴”项调节粒子沿所有“体积轴”场中心轴的移动速；“绕轴”项调节粒子围绕所有“体积轴”场中心轴的移动速度；“方向速率”项调节所有“体积轴”场“X”“Y”“Z”项方向的添加速度；“方向 X”“方向 Y”“方向 Z”沿着“X”“Y”“Z”轴指定的方向移动粒子；“湍流”项调节随时间变化的湍流的强度；“湍流速率”项调节随时间变化的湍流速度。“湍流频率 X”“湍流频率 Y”“湍流频率 Z”项控制适用于发射器边界体积内部的湍流函数的重复次数，低值会创建非常平滑的湍流；“湍流偏移 X”“湍流偏移 Y”“湍流偏移 Z”项调节体积内平移湍流；“细节湍流”项调节第二个更高频率湍流的相对强度。点击菜单栏中“字段 / 解算器”→“体积轴”命令，将“体积轴”场放大 5 倍，在其内创建粒子栅格（图 4-2-19）。

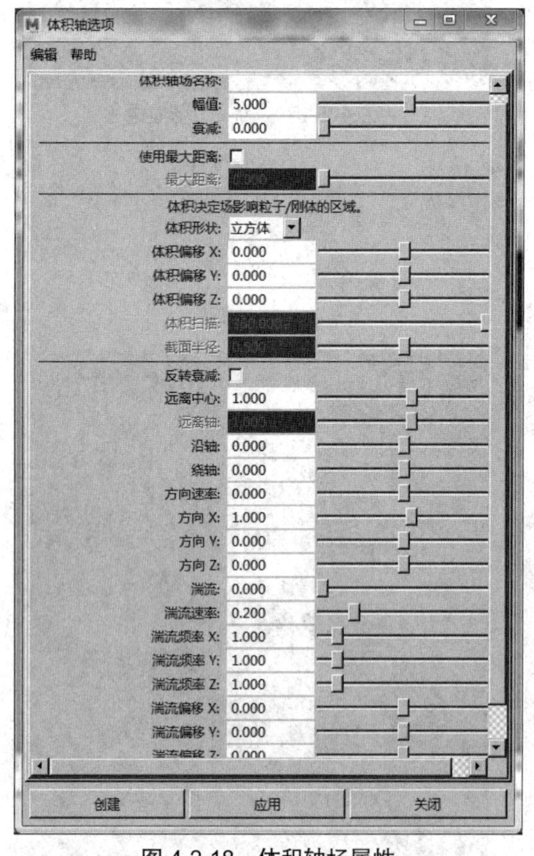

图 4-2-18 体积轴场属性

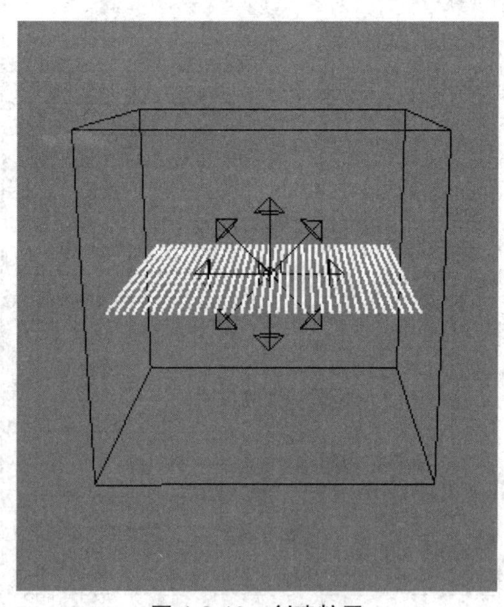

图 4-2-19 创建粒子

再次选择在“体积轴”场，点击“字段 / 解算器”“使用选定对象作为源”命令（图 4-2-20）。点击“nucleus1”属性编辑器在“重力和风”中将“重力方向”项设置为“0、0、0”，在“时间滑块”中点击播放，观察效果（图 4-2-20）。

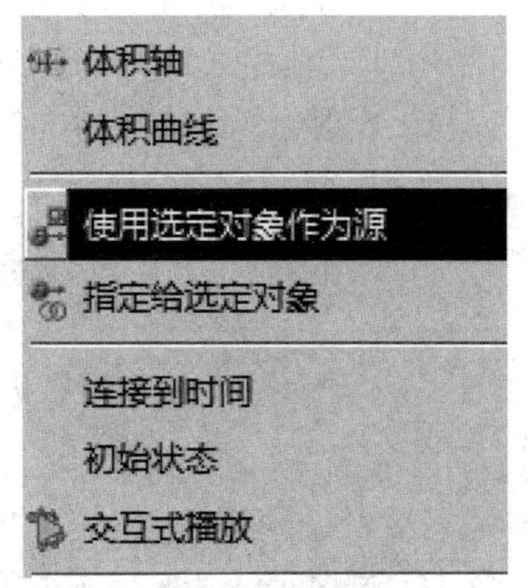

图 4-2-20 “使用选定对象作为源”命令

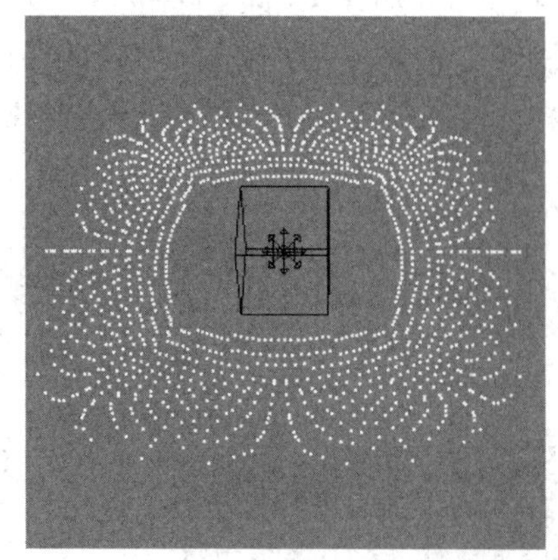

图 4-2-21 体积轴效果

4.2.10 体积曲线

“体积曲线”场可沿曲线移动粒子。虽然“体积曲线”场命令后方没有属性编辑键，但是可以在“属性编辑器”中对其进行调节，其与“体积轴”场的“属性编辑器”类似，使用时可参考“体积轴”场的属性设置。导入“粒子栅格”文件（nucleus 中“重力方向 Y”项输入“0”），点击菜单栏中的“字段 / 解算器”→“体积曲线”命令（图 4-2-22），在“时间滑块”中点击播放，观察效果（图 4-2-23）。

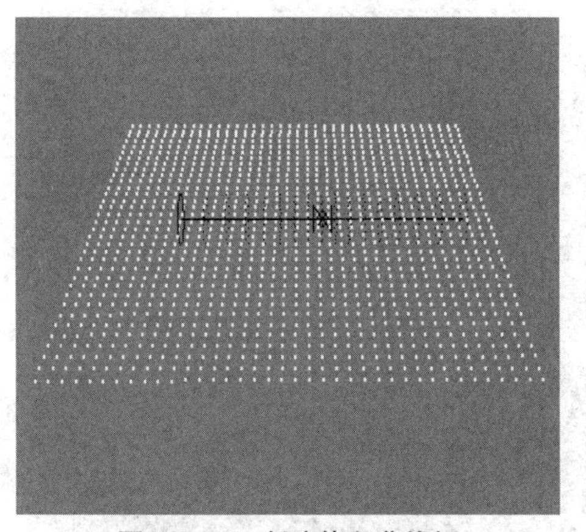

图 4-2-22 创建体积曲线场

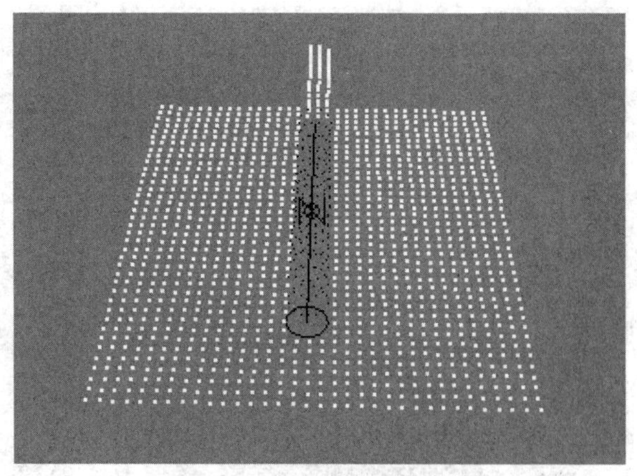

图 4-2-23 体积曲线场效果

4.3 粒子的碰撞与替换

4.3.1 粒子的碰撞

粒子在实际项目运用中，可能需要与其他物体产生碰撞的效果，所产生的效果更加真实震撼。在 MAYA 中有两种产生粒子碰撞的方式，一种是经典方式，另一种是使用 nParticle 粒子碰撞的方式。

1. 经典方式

（1）点击菜单栏中的“nParticle”→“创建发射器”命令（在“nParticle”中包含两个“创建发射器”，现在所选择的是菜单下方的“创建发射器”命令，即经典模式的“创建发射器”）（图 4-3-1），再创建一个多边形平面，调节大小后放置在“粒子发射器”下方（图 4-3-2）。

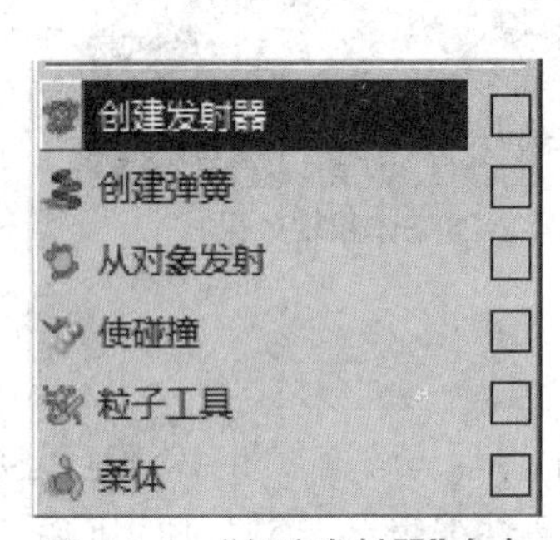

图 4-3-1 “创建发射器”命令

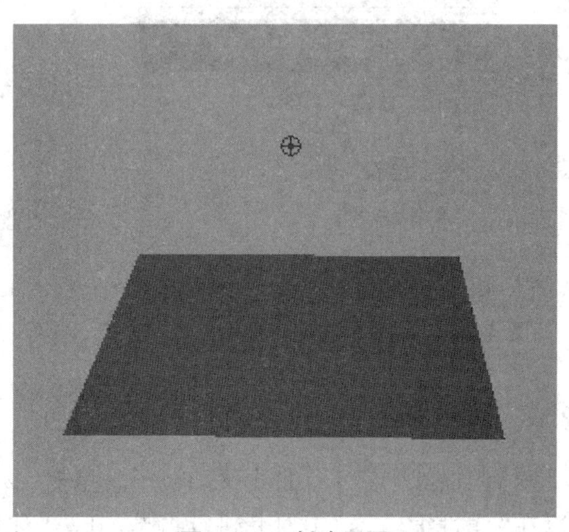

图 4-3-2 创建平面

（2）在“时间滑块”中点击播放，先选择粒子再选择（图 4-3-3）。点击菜单栏中的“nParticle”→“使碰撞”命令产生粒子碰撞（图 4-3-4）。

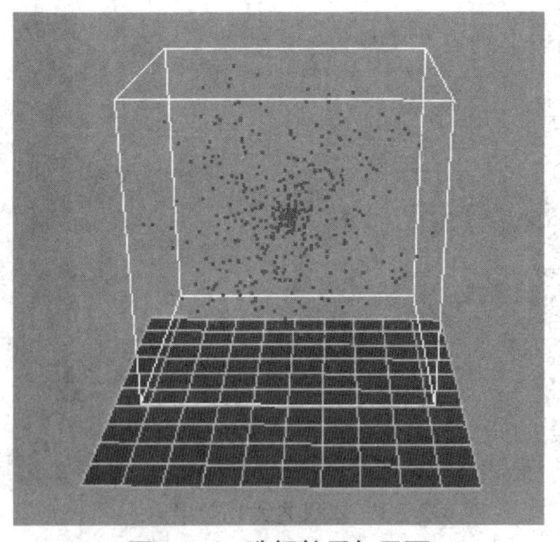

图 4-3-3 选择粒子与平面

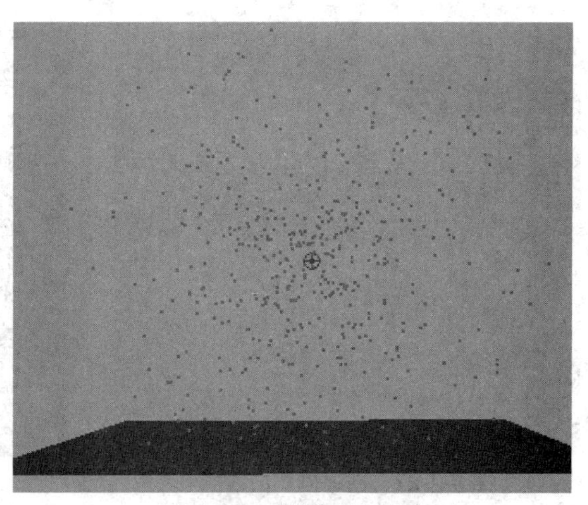

图 4-3-4 粒子碰撞效果

（3）可以选择粒子在“属性编辑器”的“particleShape1”中的“渲染属性”（图 4-3-5），“粒子渲染类型”项选择“球体”、“半径”项输入“0.1”，方便观察粒子碰撞效果，再点击菜单栏中的“字段 / 解算器”→“重力”命令，继续观察粒子碰撞效果（图 4-3-6）。

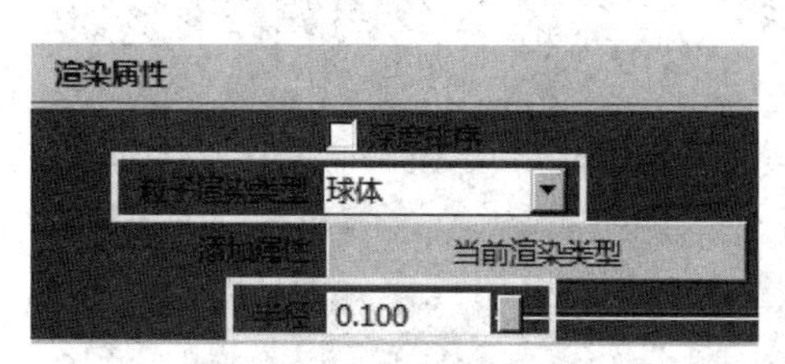

图 4-3-5　渲染属性

图 4-3-6　粒子碰撞效果

（4）选择粒子在“属性编辑器”的“geoConnector1”中的“几何体连接器属性”可以调节碰撞效果（图 4-3-7）。其中“细分因子”项调节镶嵌细分曲面中多边形的近似数量；“弹性”项调节反弹程度；“摩擦力”项调节碰撞粒子在弹离碰撞曲面时其平行于曲面的速度减小或增大的量。将“弹性”项输入“0.5”、“摩擦力”项输入“0.3”，观察最终效果（图 4-3-8）。

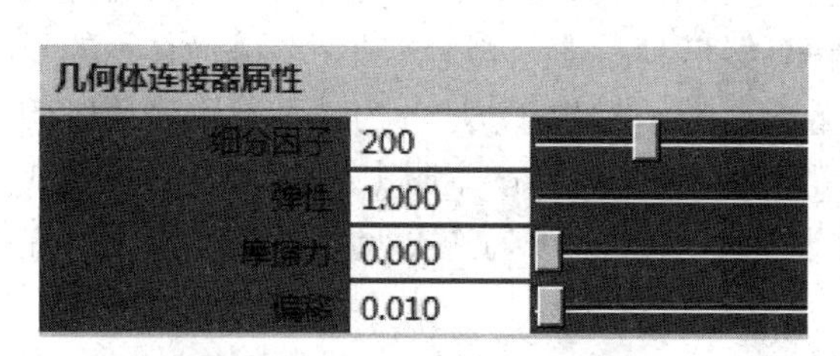

图 4-3-7　几何体连接器属性

图 4-3-8　最终效果

2.nParticle 粒子

（1）点击菜单栏中的“nParticle”→“创建发射器”命令（现在所选择的是菜单上方的“创建发射器”命令）（图 4-3-9）。选择粒子在“属性编辑器”的“particleShape1”中的“着色”中进行调节，将“粒子渲染类型”选择为“球体”（图 4-3-10）。

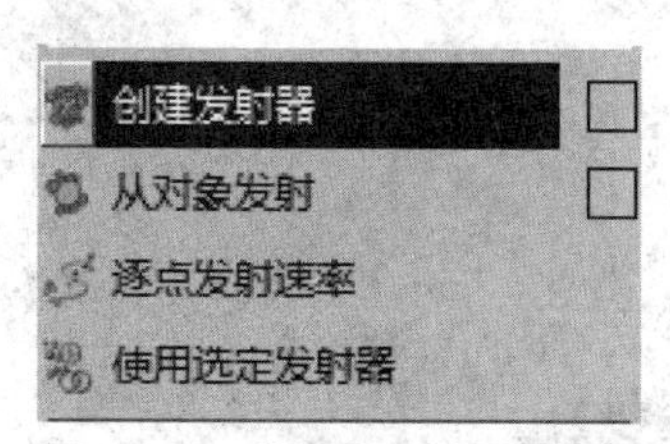

图 4-3-9　“创建发射器”命令

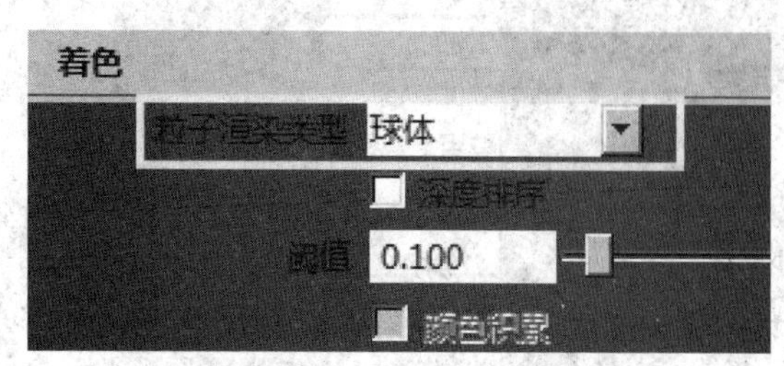

图 4-3-10　粒子渲染类型

（3）再创建一个多边形平面，调节大小后放置在“粒子发射器”下方，点击菜单栏中的

“nCloth”→“创建被动碰撞对象”命令(图 4-3-11)。在“时间滑块”中点击播放观察效果(图 4-3-12)。

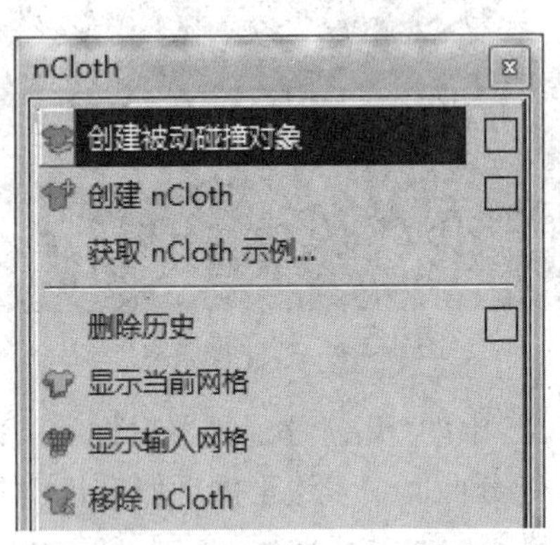

图 4-3-11　“创建被动碰撞对象”命令

图 4-3-12　观察效果

(4)此时的粒子虽然与平面产生了碰撞,但是粒子失去了活力。选择粒子对“属性编辑器”的“nParticleShape1”“碰撞”进行调节(图 4-3-13)。“碰撞”项勾选后产生碰撞效果,反之则没有碰撞效果;“自碰撞”项勾选后粒子将互相碰撞,反之则不相互碰撞;“碰撞强度”项调节粒子之间的碰撞强度;“碰撞层”项选择当前粒子指定给特定的碰撞层;“碰撞宽度比例”项调节粒子“半径”值的碰撞厚度;“自碰撞宽度比例”项调节粒子“半径”值的自碰撞厚度;“解算器显示”项选择显示当前粒子某个解算器信息;“显示颜色”项调节碰撞体积的显示颜色;“反弹”项为粒子发生碰撞时的偏转量或反弹量;“摩擦力”项为粒子发生碰撞时的运动阻力程度;“粘滞”项与“摩擦力”项类似,都是对粒子运动产生阻力;“最大自碰撞迭代次数”项为粒子自碰撞的模拟最大迭代次数。将“自碰撞”项勾选、“反弹”项输入“1”,在“时间滑块”中点击播放观察效果(图 4-3-14)。

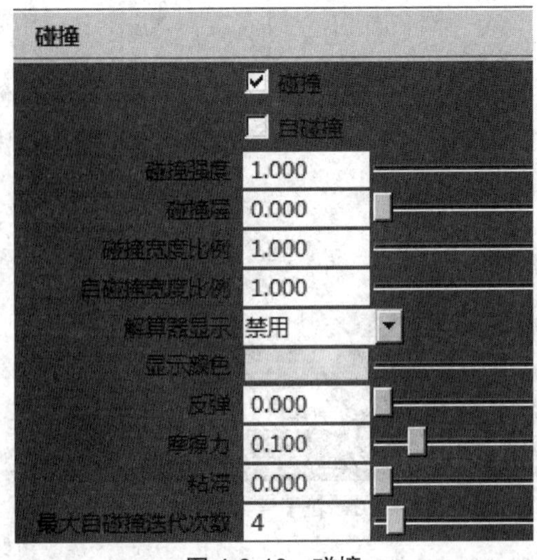

图 4-3-13　碰撞

图 4-3-14　观察效果

（4）点击菜单栏中的“nParticle”→“粒子碰撞事件编辑器”命令可指定粒子碰撞事件的详细信息，设定源粒子消亡、指定从事件发射的新粒子数量等等效果（图 4-3-15）。其中，“更新对象列表”按钮当添加或删除粒子对象和事件时更新列表显示；“选定对象”项显示选定对象；“选定事件”项显示选定事件；“设置事件名称”项用于更改选定事件的名称；“正在创建事件 / 编辑事件”项显示当前是处于事件创建模式还是事件编辑模式；“新建事件”按钮创建新的碰撞事件；“所有碰撞”项勾选后在每次粒子碰撞时都执行事件，不勾选系统根据“碰撞编号”进行粒子碰撞事件；“碰撞编号”项设定碰撞事件的号码。“事件类型”的“类型”项包含“发射”（勾选后原粒子对象在碰撞事件后继续活动），“分割”（勾选后原始粒子对象在碰撞事件后消亡）；“随机粒子数”项勾选后每个碰撞事件创建目标粒子的随机数；“粒子数”项设定碰撞事件后的目标粒子数量；“扩散”项设定碰撞事件后的目标粒子的扩散；“目标粒子”项指定目标粒子对象；“继承速度”项设定目标粒子继承的源粒子速度的百分比。“事件动作”的“原始粒子消亡”项勾选后原粒子在碰撞事件后消亡；“事件程序”项用于输入当指定的粒子与对象碰撞时将被调用的 MEL 脚本“事件程序”；“创建事件”按钮创建碰撞事件；“删除事件”按钮删除碰撞事件；“关闭”按钮关闭“粒子碰撞事件编辑器”。在“粒子碰撞事件编辑器”中，勾选“发射”项、“粒子数”项输入“5”、“扩散”项输入“0.5”，“继承速度”项输入“0.1”，勾选“原始粒子消亡”项，点击“创建事件”按钮（图 4-3-16）。

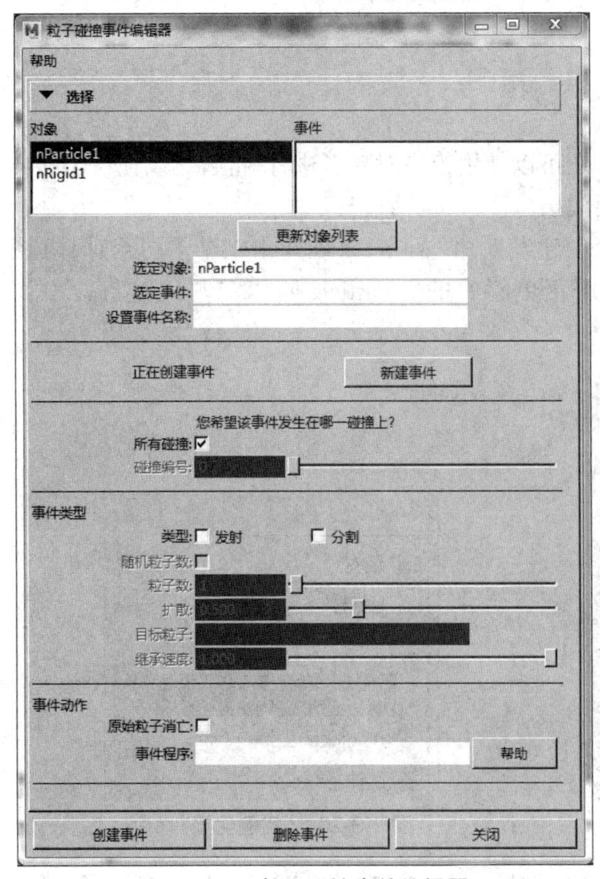

图 4-3-15　粒子碰撞事件编辑器

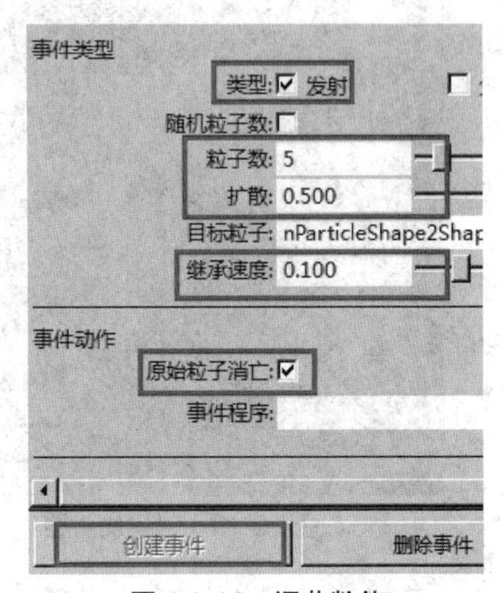

图 4-3-16　调节数值

（5）在“时间滑块”中点击播放，选择粒子在“属性编辑器”的“nParticleShape2Shape”中的“寿命”中进行调节，“寿命模式”项选择“恒定”、“寿命”项输入“1”，“着色”中的“粒子渲染类型”项选择“条纹”，勾选“颜色积累”项，“线宽度”项输入“1”，“发现方向”项输入“2”，“尾部褪色”项输入“0”，“尾部大小”项输入“1”（图 4-3-17）。在“时间滑块”中点击播放观察效果（图 4-3-18）。

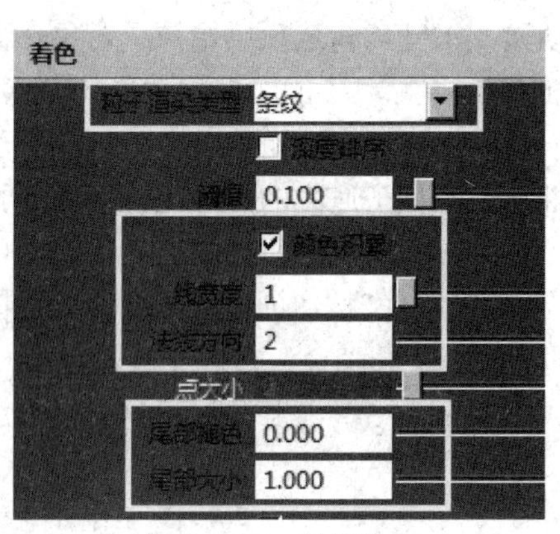

图 4-3-17　调节数值

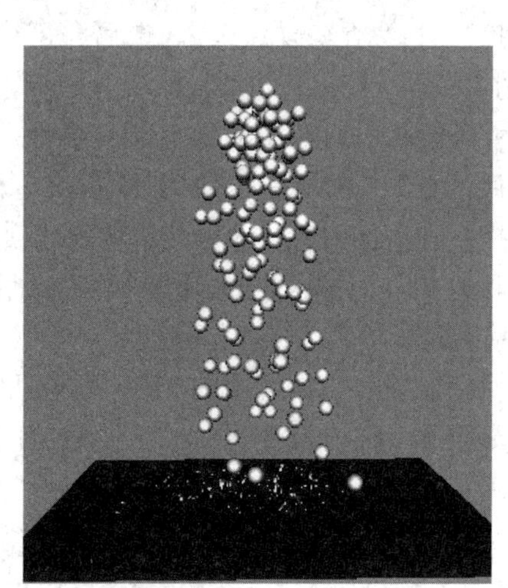
图 4-3-18　最终效果

4.3.2　粒子替换

粒子发射除了默认的各种粒子类型，还可以使用模型对粒子进行替换，可以使粒子的形式更丰富更灵活，创造出更多精彩的画面效果。

（1）点击菜单栏中的“nParticle”→“创建发射器”命令，再创建出一个多边形球体（图 4-3-19）。先选择球体，再选择粒子，点击菜单栏中的“nParticle”→“实例化器”命令（图 4-3-20）。

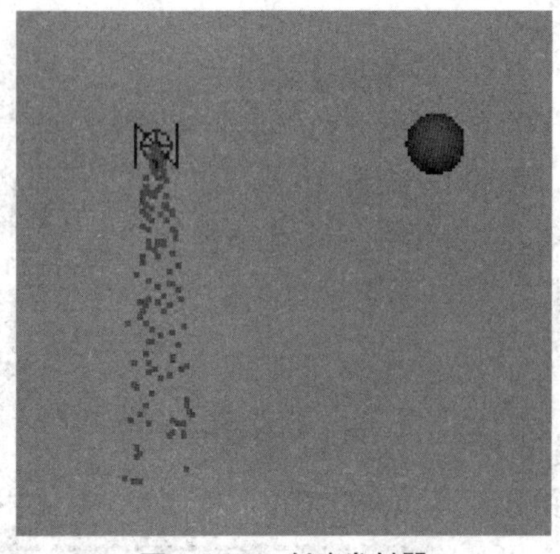
图 4-3-19　创建发射器

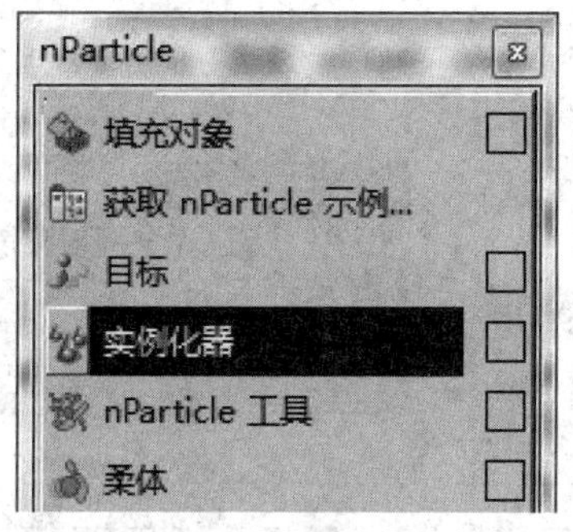

图 4-3-20　“实例化器”命令

（2）在“时间滑块”中点击播放观察替换效果（图 4-3-21）。此时调节原始多边形球体，被替换的粒子球体也随之变换（图 4-3-22）。

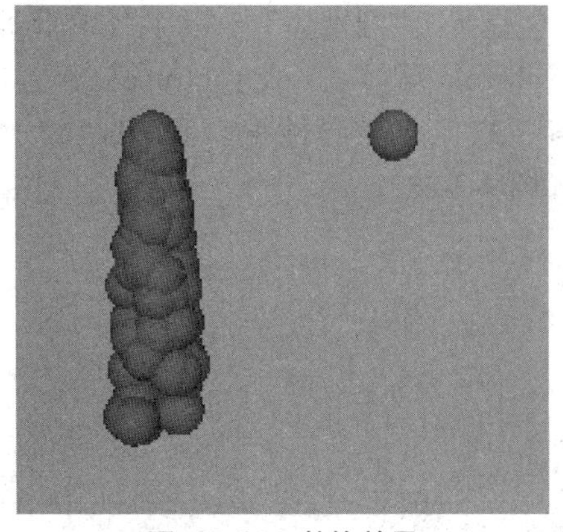

图 4-3-21　替换效果

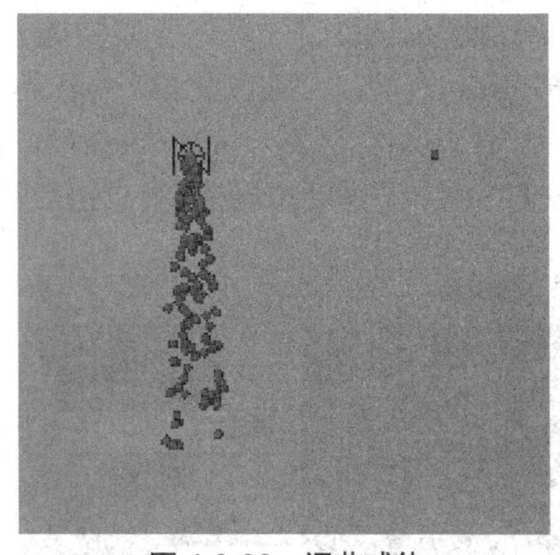

图 4-3-22　调节球体

（4）此时是替换一个物体，也可替换多个物体。导入“粒子替换”文件（图 4-3-23），点击菜单栏中的“nParticle”→“实例化器”命令的方块，打开“粒子案例化器选项”对话框，勾选“允许所有数据类型”项（图 4-3-24）。

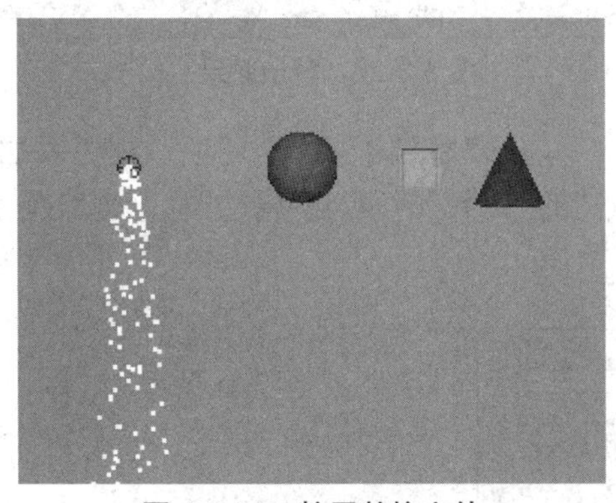

图 4-3-23　粒子替换文件

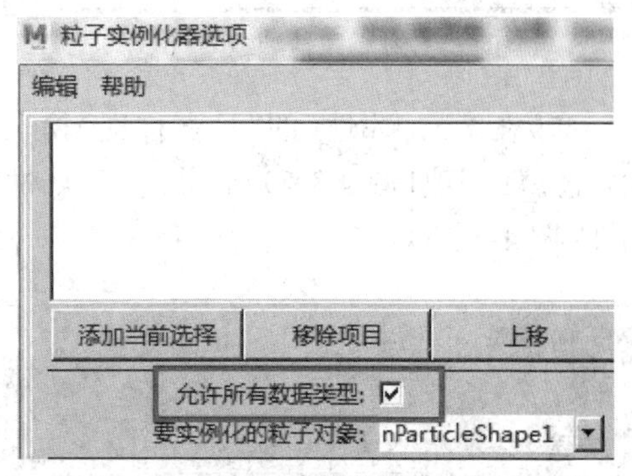

图 4-3-24　“粒子案例化器选项”对话框

（5）选择球体、正方体，再选择粒子，点击“粒子案例化器选项”对话框下方的“创建”按钮（图 4-3-25）。在“时间滑块”中点击播放观察效果（图 4-3-26）。

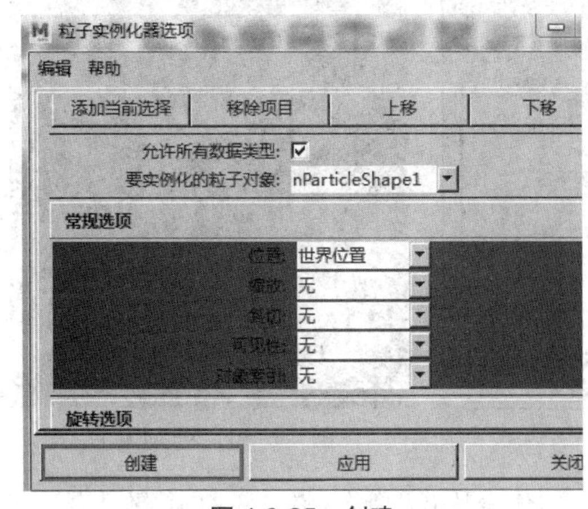

图 4-3-25　创建

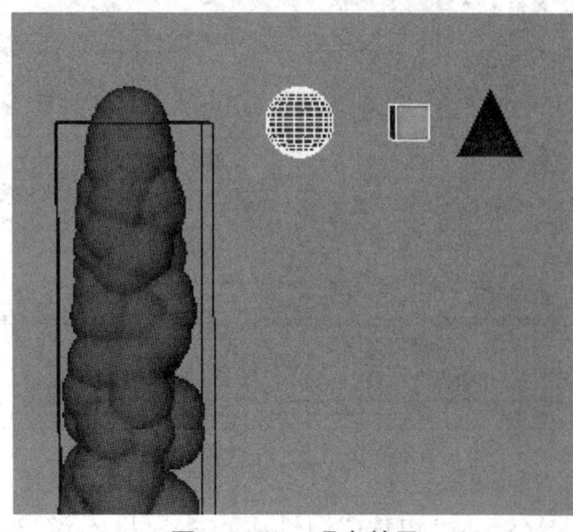

图 4-3-26　观察效果

（6）此时显示只有“球体”，需要进一步调节才能显示出“圆锥体”。在“属性编辑器”中打开“instancer1”，在“案例化器”中记录“0 表示 pSphere1（球体）、1 表示 pCube1（正方体）、2 表示 nucleus1、3 表示 nParticle1（粒子）”（图 4-3-27）。在“属性编辑器”的“nParticle-Shape1”中的“添加动态属性”中点击“常规”按钮（图 4-3-28）。

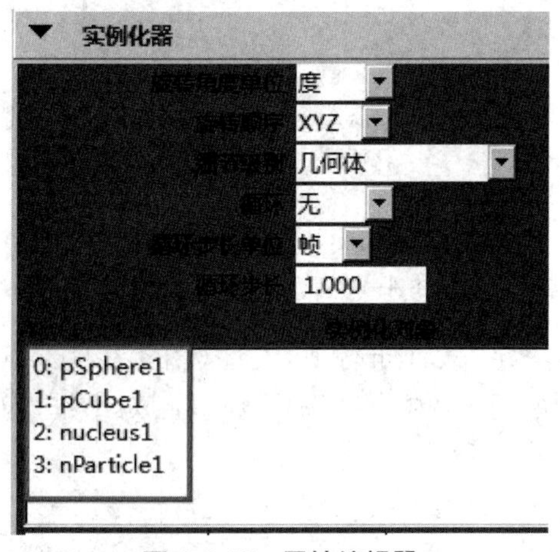

图 4-3-27　属性编辑器

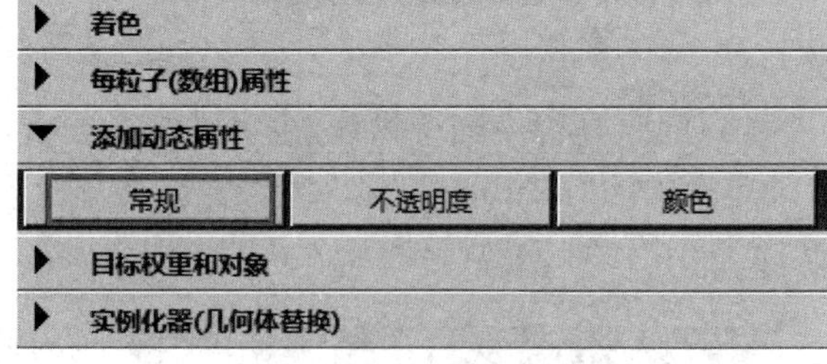

图 4-3-28　替换效果

（7）在“添加属性”的“长名称项”输入“NUM”、勾选“每粒子（数组）”项、勾选“添加初始状态属性”项（图 4-3-29）。此时在“属性编辑器”的“每粒子（数组）属性”显示出“NUM”属性（图 4-3-30）。

图 4-3-29　添加属性

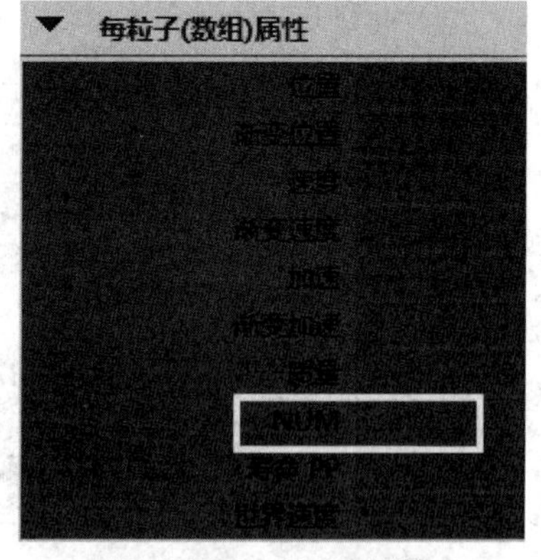

图 4-3-30　NUM 属性

（8）在“NUM”属性中点击鼠标右键，选择“创建表达式”命令（图 4-3-31）。在“表达式编辑器”的“表达式中”输入“nParticleShape1.NUM=rand（0，4）；”（图 4-3-32）。

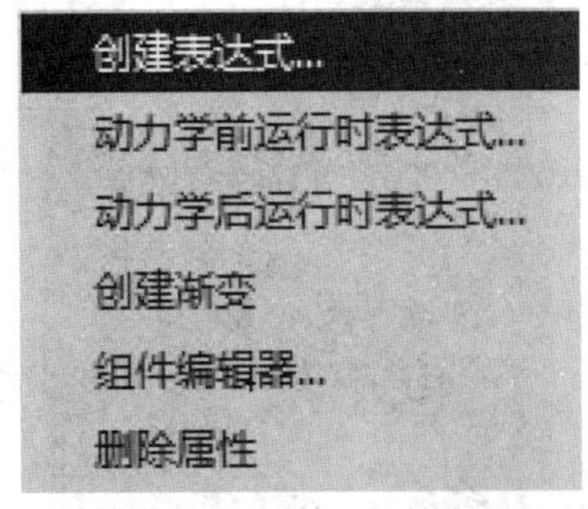

图 4-3-31 “创建表达式”命令

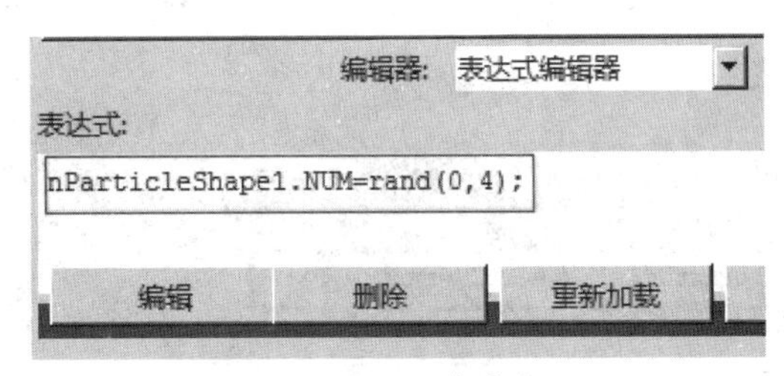

图 4-3-32 表达式

（9）选择粒子，在“属性编辑器”依次点击“nParticleShape1”和“实例化器”，将“常规选项”的“对象索引”项设置为选择“NUM”（图 4-3-33）。在“时间滑块”中点击播放观察效果（图 4-3-34）。

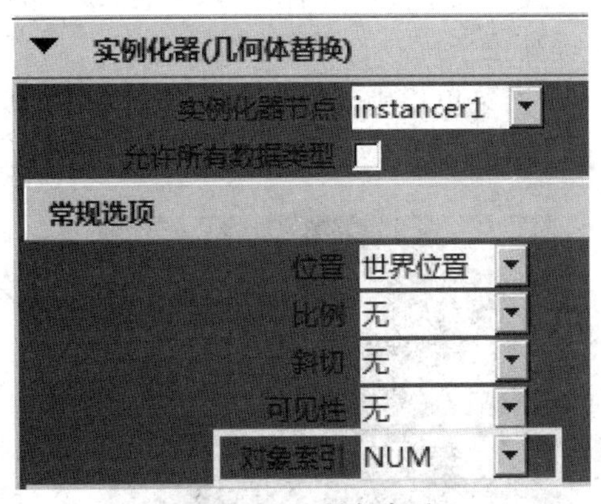

图 4-3-33 对象索引

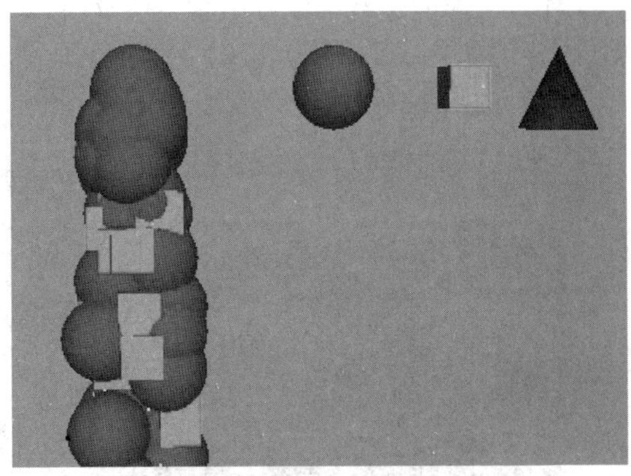
图 4-3-34 播放效果

（10）下面将圆锥体也进行替换。选择圆锥体在“属性编辑器”中点击“关注”，选择“instancer1”（图 4-3-35），点击“添加当前选择”按钮显示出“4：pCone1”（图 4-3-36）。

图 4-3-35 关注

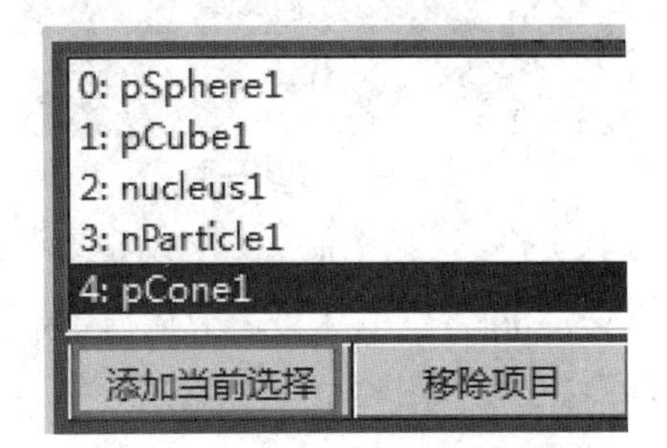

图 4-3-36 “添加当前选择”按钮

（11）将“属性编辑器”的“每粒子（数组）属性”中的“NUM”的“表达式”修改成“nParticleShape1.NUM=rand（0，5）；”（图 4-3-37）。在“时间滑块”中点击播放，3 个模型都完成替换，观察最终效果（图 4-3-38）。

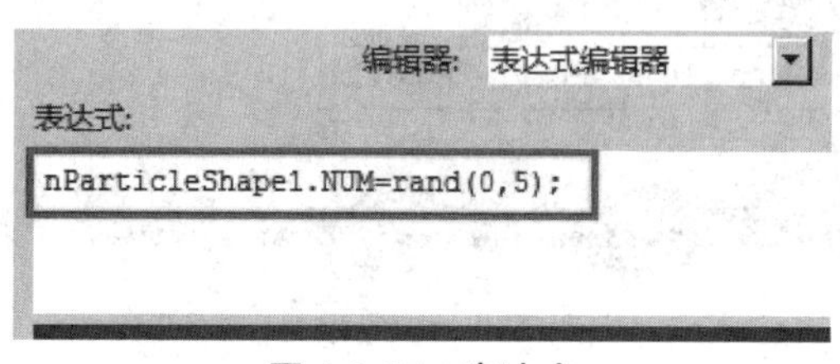

图 4-3-37 表达式

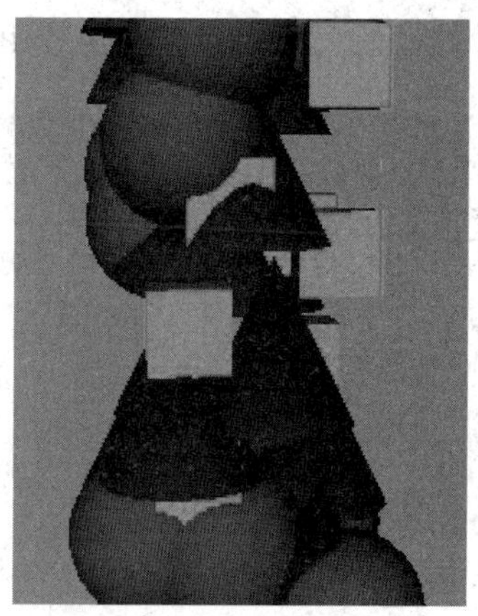

图 4-3-38 最终效果

4.4 项目实战

MAYA 中的特效制作方法较多，但粒子是较便捷且效果丰富的一种特效。通过以下的项目案例，将学习过的粒子知识综合进行练习，从而提高粒子特效的制作水准。

（1）在视图中创建一个多边形平面（图 4-4-1），点击菜单栏中的“nParticle”→“从对象发射”命令（图 4-4-2）。

图 4-4-1 创建平面

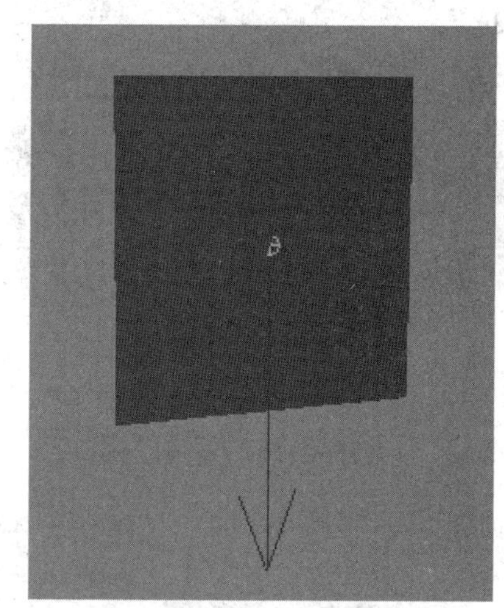

图 4-4-2 从对象发射

（2）在“属性编辑器”的“nucleus1”中的“重力和风”中将数值全部设置为“0”（图 4-4-3）。将“emitter1”“基本发射器属性”的“发射器类型”项设置为“表面”、“速率”项设置为“1000”，“基础发射速率属性”的“速率”项设置为“0”（图 4-4-4）。

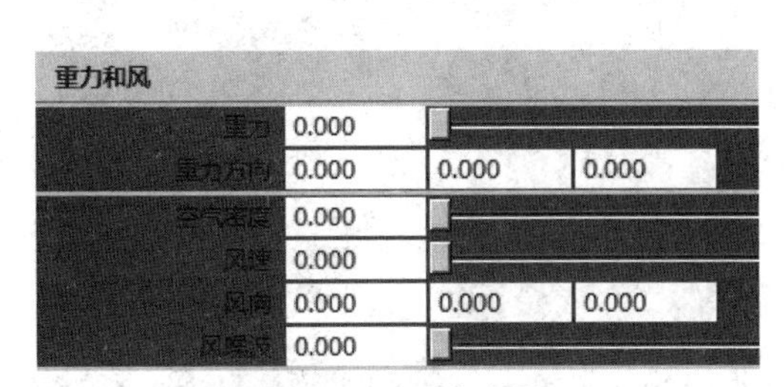

图 4-4-3　重力和风

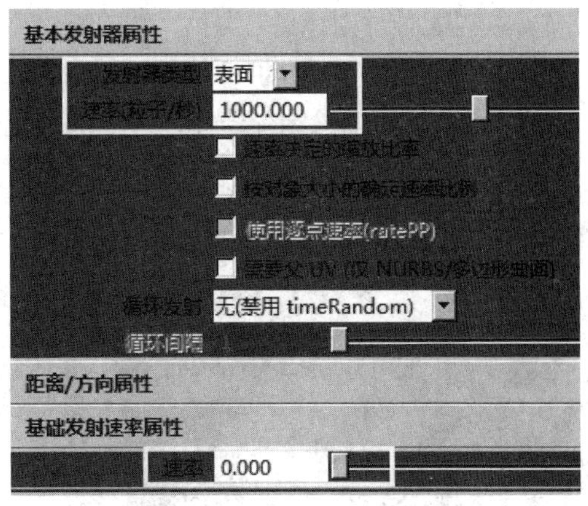

图 4-4-4　基础发射属性

（4）在“emitter1”的“纹理发射属性”中的“纹理速率”项中导入“LOGO”素材、勾选“启用纹理速率”与“从暗部发射”（图 4-4-5）。隐藏多边形平面，在“时间滑块”中点击播放观察粒子，粒子数量保持“5000”个左右即可，在“属性编辑器”的“nParticleShape1”中的“计数”项中可观察粒子数量（图 4-4-6）。

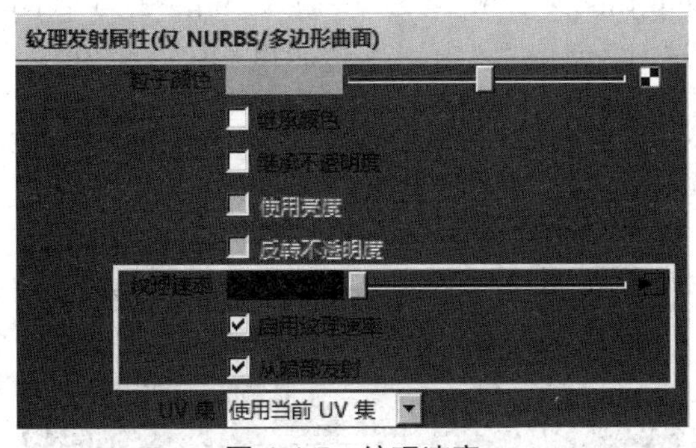

图 4-4-5　纹理速率

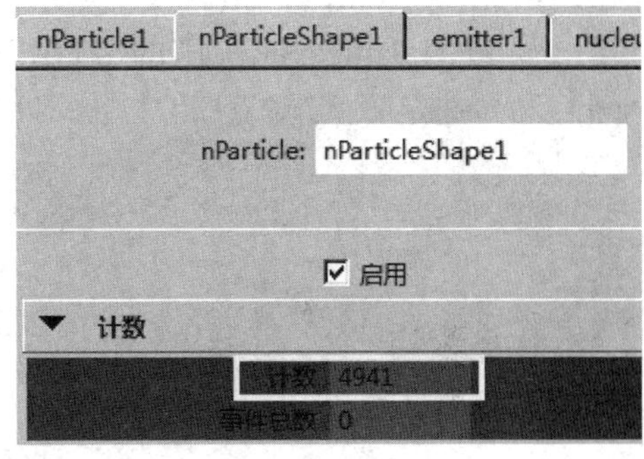

图 4-4-6　计数

（5）选择菜单栏中的“字段 / 解算器”→“初始状态”→“为选定对象设定”命令（图 4-4-7），这样现在的粒子状态即是初始状态，将在“emitter1”的“速率”项设置为“0”。选择粒子创建“湍流”场（图 4-4-8），将“湍流”场的“体积形状”项设置为“立方体”，放置在粒子之上。

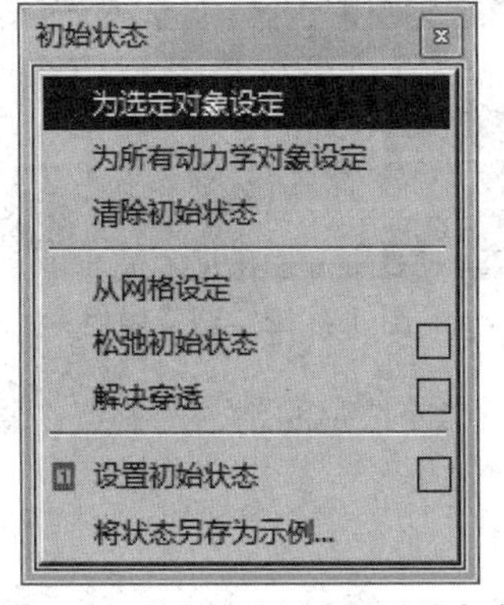

图 4-4-7　“为选定对象设定”命令

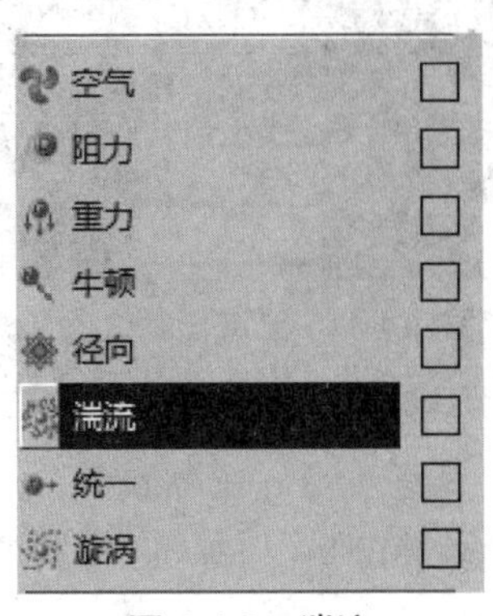

图 4-4-8　湍流

（6）拖动“时间指针”到第一帧位置，点击“Shift + W”键，记录“湍流”场记录的第 1 个关键帧（图 4-4-9）。拖动“时间指针”到第 50 帧位置，将“湍流”场放置在粒子下方，点击“Shift + W”键，记录“湍流”场的第 2 个关键帧（图 4-4-10）。

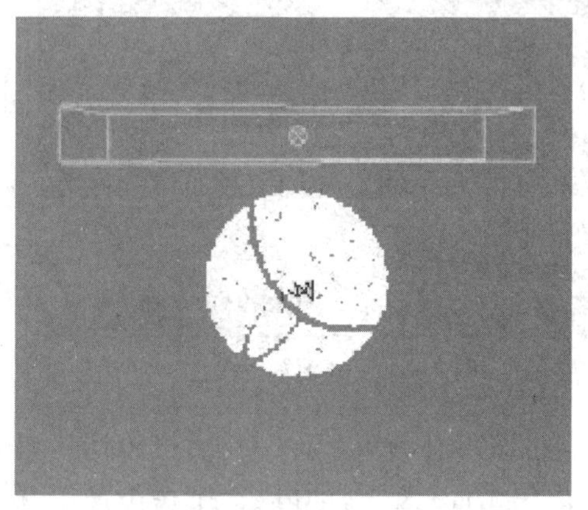

图 4-4-9　第 1 个关键帧

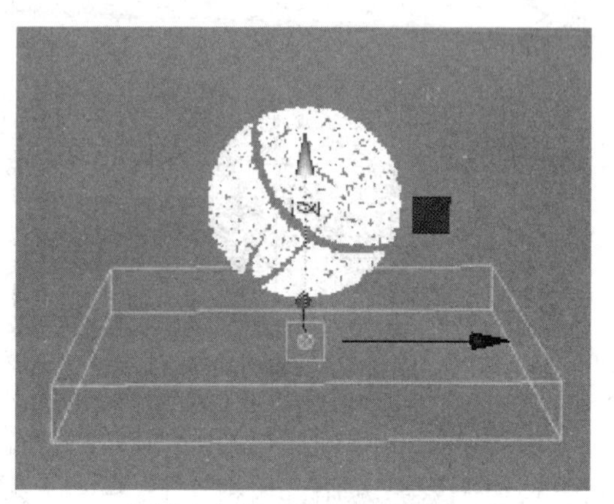

图 4-4-10　第 2 个关键帧

（7）在“湍流”场的“幅值”项输入“80”、“衰减”项输入“0”、“频率”项输入“20”、“相位 X”项输入“=time”、“相位 Y”项输入“=rand（time）”、“相位 Z”项输入“time*3.15”（图 4-4-11）。在“nParticleShape1”的“着色”中勾选“颜色积累”项、“不透明度”项输入“0.5”；“颜色”的“选定颜色”输入的“H230.、S0.8、V0.6”（图 4-4-12）。

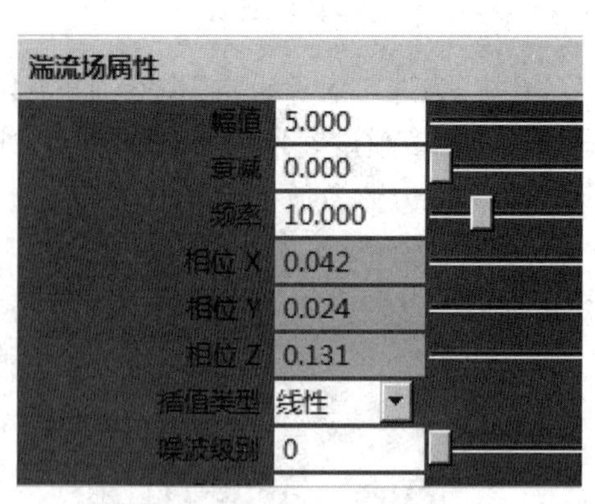

图 4-4-11　湍流场属性

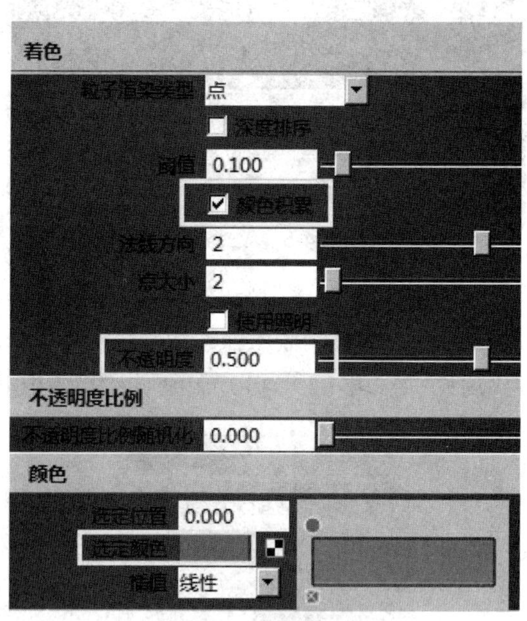

图 4-4-12　调节颜色

（8）点击“Alt+B”键直至视图变为黑色（图 4-4-13）。在“时间滑块”中点击播放，观察最终效果（图 4-4-14）。

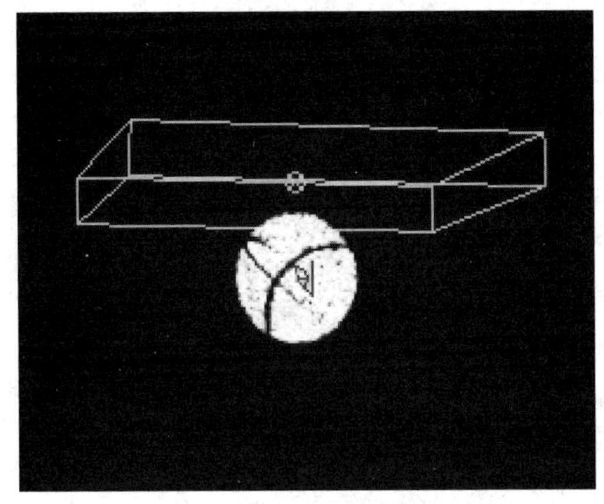

图 4-4-13　黑色视图

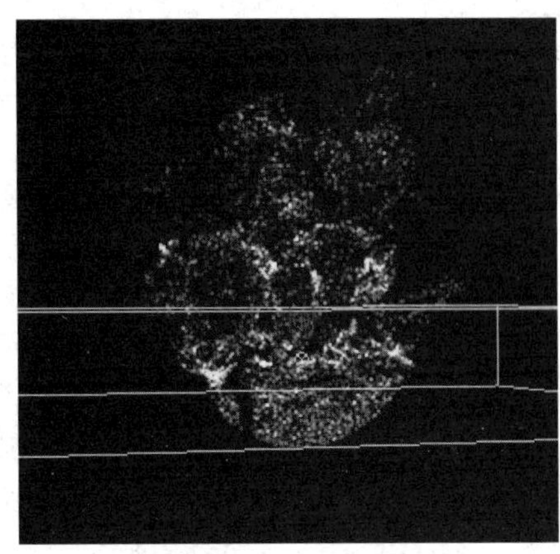

图 4-4-14　最终效果

4.5　课后练习

参考所提供的粒子星云素材（图 4-5-1），调节粒子的属性命令，结合动力场的使用，制作出浩瀚的星云运动效果。

图 4-5-1　课后练习